現代　沖縄農業論

持続可能な農業の構築に向けて

仲地　宗俊　著

筑波書房

はしがき

1972年５月15日、沖縄は第二次世界大戦後27年にわたるアメリカ軍の占領統治を経て日本に復帰した。2024年は日本復帰から52年になる。この間、沖縄の社会と経済は大きく変貌し、そのなかでこれまで沖縄の社会・経済のなかで大きな役割を担ってきた農業は大きく後退した。こうした現段階での沖縄農業の再編の方向を検討することが本書の大きな課題である。

復帰当初、アメリカ軍統治下におけるドル通貨から日本円への切り替えによる物価の高騰、本土資本の流入により経済が混乱するなかで、さらに農業においては、土地買い占めの横行、1971年の大干ばつと台風の襲来による被害なども重なり農家の農業離れが大きく増加し、農地面積は減少した。

一方、復帰後、アメリカ軍統治下においては施行されなかった日本政府の農業政策や制度の適用、沖縄振興開発計画に基づく各種事業の実施、生産基盤の整備などが急速に進められた。また復帰直後にはサトウキビの価格についても生産奨励金が加算され大幅な引き上げがなされた。さらに野菜の県外出荷も大幅に増加した。その結果農業粗生産額は、名目ベースで1973年の451億円から1985年には1,160億円に大きく増加した。もっとも、この時期物価も大きく上昇しており、農業粗生産額の増加も実質でみると物価の上昇率になんとかついていく水準であった。

しかし、1973年から1980年代の中期にかけて大きく伸びた農業粗生産額は1985年を頂点に頭打ちになり、1995年までは1,000億円を上回る水準を維持するが、1996年には1,000億円を下回り、以降横ばいから漸減の傾向で推移する（2001年以降は農業産出額）。この間、かつて沖縄農業の基幹作物をなしたサトウキビは大きく後退し、一方で肉用牛が増加するなど作目の構成は大きく変わった。農業生産の担い手である農家、農業就業人口は大きく減少した。特に離島地域においては、農業の後退は人口の減少をもたらし地域社会の維持を困難ならしめる状況に至っている。また復帰後の農業と環境に関わる問題として、農地からの土壌（赤土等）流出の問題も発生した。

2016年、2017年には農業産出額が1,000億円を超え、その動きが注目されたが2018年には再び1,000億円を下回り、2020年には910億円になった。近年、観光客の急速な増加[1)]や公共事業の拡大による経済の膨張が喧伝されるなかで、地域・島々では経済展開の格差の拡大のなかで生活の維持、社会の維持が困難になりつつある。農業はこれらの地域の社会を支える重要な柱をなしてきたが、農業をとりまく経済、環境の問題を含め農業の構造全般の変化が進みつつある。

こうしたことから、長期的に低迷の状況にある沖縄農業の構造の分析と持続可能な再編の方向を検討することが求められている。しかし、こうした地域の衰退、農業生産の後退はひとり沖縄のみの現象ではなく、日本農業全体もまた同様の傾向をたどってきている。沖縄農業の後退は日本農業全体において進行している傾向と軌を一にした流れと言えよう。

沖縄農業の構造は、独自の歴史的・社会的性格を基盤に明治以降、日本資本主義に巻き込まれるなかで構成されてきた。第二次世界大戦後はアメリカ軍の統治下に置かれ、1972年に施政権が日本に返還され、農業に関する政策や制度についても全国同一の枠に中に組み込まれた。したがって、沖縄農業の構造変化とその再編のあり方を検討するにあたっても、特に復帰後については我が国の経済の動きとの関連、農業を取り巻く政策および制度の中でとらえることが本書の課題を検討するうえでの大きな問題意識をなしている。

農業を取り巻く経済の大きな流れとしては、1980年代以降の資本主義経済における新自由主義の膨張、経済のグローバル化、規制緩和、貿易の自由化の拡大のもとで、国内における産業の空洞化、失業、格差が進み、地域経済と農業が衰退していった。このことは農村からの人口の流出だけでなく、食料自給率の低下をもたらし、国民生活を不安定なものにしている。

もっとも、こうした状況に対し一方では、2015年に国連において採択され、地球規模で推進が提起された「持続可能な開発目標（SDGs）」への取り組みも大きく広がりつつある。「持続可能な開発目標」とは、国際連合広報センターの説明によれば〔1〕、「将来の世代がそのニーズを満たせる能力を損なうことなしに、現在のニーズを満たす開発」と定義されており、その推進には、「人間と地球にとって包摂的、持続的かつレジリエント（強靭）な未来の構築に向けた協調的な取り組みが必要」が必要であり、さらに、「持続可能な開発を達成するためには、経済成長、社会的包摂、環境保護という３つの核となる調和が欠かせません」と謳っている。SDGsは、17の目標と169のターゲットから構成されており、政府、地方自治体、教育機関、企業などが広く取り組み、農業を取り巻く社会と経済の大きな流れとなっている。

さらに近年、世界的規模で社会と経済を揺さぶった大きな出来事として、新型コロナウイルスのパンデミックがある。新型コロナウイルスは2019年12月中国で発生したと言われ、わずかな期間で2020年３月にはパンデミックへと拡大した〔2〕。グローバル経済のもとでのヒト、モノの世界的な移動の規模の大きさと速さが、その急速な拡大につながったとされており、それぞれの国と地域の経済の安定化、強靭化が改めて主張されている2)。

これらのことは、社会と経済の構造が大きく変動しつつあることを物語っており、日本の経済とそれを構成する地域の経済の関係、地域経済自体の新たな構築に向けた検討が求められていると言える。農業は地域経済の一翼を担う重要な産業であり、特に沖縄においては、沖縄農業の個性の把握と持続可能な再編の方向を検討することが求められる。

本書では、沖縄農業をとりまくこのような社会的・経済的条件も踏まえて農業構造の分析課題を次のように設定した。

①　沖縄の農業は歴史的に本土と異なった過程をたどってきたことからその歴史的性格を把握する。

②　1972年の日本復帰以降の農業生産の変化の過程と農業の構造を検討する。特に復帰後の日本の農業政策、法律、制度、振興計画が果たした役割と意義を整理する。

③　農業生産の担い手である農業経営体の存在形態、県域のなかでさらに農業の構造において独自の性格をもつ地域における農業の役割と意義について検討する。

④　沖縄農業において最も多くの農家が生産しかつ土地利用においても過半を占めるサトウキビについて近年の後退の傾向と生産費について分析する。

⑤　農業生産の基本的生産手段である農地の所有・利用関係の歴史的性格と今日の課題を検討する。

⑥　農業における新たな動きになっている農業の６次産業化および他産業の連携

の仕組みについて検討する。

⑦　復帰後、急速な土地改良、農地造成が進む中、各地で赤土等の流出が発生した。赤土等は海に流出し、海を変色させ、サンゴの成長を阻害し、さらに養殖業などにも害を及ぼした。農業生産が環境に与える負荷の改善は急務であり、赤土等流出防止の方向を検討する。

⑧　以上の検討を踏まえて、沖縄における持続可能な農業の構築に向けた課題をまとめる。

章立ての構成は序章と３部・９章構成とした。序章は、「はしがき」と本論をつなぐ章として、「はしがき」の問題意識を敷衍したうえで、地域農業としての沖縄農業を分析する視点と方法について述べた。Ｉ部では現代の農業の構造を理解するうえで必要な歴史過程の整理を行った。章立ては第１章戦前期（明治・大正・昭和戦前期）、第２章アメリカ軍による統治期とした。第１章では、沖縄において近代的土地所有が成立する以前のいわゆる「地割制」のもとにおける農地の使用の仕組みと近代的土地所有の成立、その後の農業展開の特性を整理した。第２章では、第二次世界大戦後アメリカ軍の統治下における農業生産の特徴について整理した。

Ⅱ部は現段階の沖縄農業の構造問題の特性の検討を行った。章立ては第３章から第６章である。第３章では復帰後の農業をとりまく諸条件の急速な変化と農業の変化の側面を検討した。特に復帰後の「沖縄振興計画」における農業の位置づけに注目した。第４章では農業経営の構造と、農業生産において独自の性格をもつ県内の地域における農業の位置づけと農業の役割を検討した。第５章は、長年、沖縄農業の基幹作物と言われてきたサトウキビの変動と収益性の問題を取り上げる。第６章は、農業生産の基本的な生産手段である農地の所有と利用の関係の歴史的過程を通してその特性を把握する。

Ⅲ部は沖縄農業の新たな展開と再編の方向を検討した。章立ては第７章から第９章である。第７章は農業の新しい動きとしての６次産業化の展開の過程で顕われた課題、さらに第８章は農業と環境の共生の問題として赤土等の流出防止対策の問題をとりあげた。第９章はこれまでの検討を踏まえて持続可能な農業再編の方向と課題をまとめた。

注

1）2020年は、新型コロナウイルス感染拡大の影響により入域観光客は大幅に減少した。沖縄県文化スポーツ部観光政策課の資料によれば、2020年（暦年）の入域観光客数は、前年2019年に比べて63.2%減少した。沖縄県文化スポーツ部観光政策課「令和２年（暦年）入域観光客概況」(https://www.pref.okinawa.jp/site/bunnka-sports/kankoseisakuka/kikaku/statistics/tourists/documennts/r2rekinen.pdf)（2021年10月25日　最終閲覧）。

2）新型コロナと経済の関係については多くの論評がなされているが、ここでは、以下の論考をあげる。

　森本卓郎「新型コロナ禍は行き過ぎたグローバル資本主義への警告」（農文協編『新型コロナ19氏の意見　われわれはどこにいて、どこに向かうのか』農文協ブックレット、2020年５月。

　古沢広裕「逆転した産業ピラミッドを正し、第１次産業を基本とした自然共生社会へ　グローバルから『グローカル』への構造変革」（前掲、農文協編『新型コロナ19氏の意見　われわれはどこにいて、どこに向かうのか』）。

引用および参考文献

〔１〕国連広報センター「持続可能な開発のための2030アジェンダ―よくある質問」国際連合広報センターホームページ　https://www.unic.or.jp/news_press/features_backgrounders/31635/（2021年６月３日　最終閲覧）。

〔２〕前掲、農文協編『新型コロナ19氏の意見　われわれはどこにいて、どこに向かうのか』、編集部作成の「新型コロナウイルス感染症（COVID-19）をめぐる動き」年表。

内閣府『2020年Ⅰ　世界経済の潮流―新型コロナウイルス感染症下の潮流―』、2021年１月、p.3.

もくじ

付記　本書の記述と関連する筆者の既公表論文は下記のとおりである。

第１章は、仲地宗俊「沖縄における農地の所有と利用の構造に関する研究」（第１章、第２章、第３章）（『琉球大学農学部学術報告』第41号、1994年12月）を再構成・加筆した。

仲地宗俊「戦前期沖縄農業における土地利用形態の地域性」（農耕文化研究振興会『農耕の技術と文化』21, 1998）を参照した。

第２章は、仲地宗俊「アメリカ軍統治下における沖縄の農業」（戦後日本の食料・農業・農村　第３巻（Ⅱ）、編集担当　甲斐　諭『高度経済成長期Ⅱ―農業構造の変貌―』、農林統計協会、2014年12月）を再構成・加筆した。

前掲、「沖縄における農地の所有と利用の構造に関する研究」を参照した。

第６章、第２節は、仲地宗俊「沖縄県における農地中間管理事業の取り組みと今後の課題」（公益社団法人　全国農地保有合理化協会『土地と農業』NO.48、2018年３月）を参照した。

第３節は、仲地宗俊「沖縄県における農家及び農業経営体の構成と農地の貸借―『2015年農林業センサス』にみる」（沖縄農業経済学会編集『沖縄の農業と経済』第７号（2017－18年版）、2019年３月、を参照した。

全体にわたる叙述の方法は以下のとおりとした。

1．文中の個人名について敬称は略した。

2．作物の名は、カタカナ書きとするが、行政資料、統計等に利用については「ひらがな」を使用した。

3．文中の「年」は原則として西暦で表記し、適宜、日本年号を（　）に記した。

4．「農林業センサス」「世界農林業センサス」は文中では、「農業センサス」とした。

5．統計表で、内訳の数値を四捨五入したことにより内訳の計と合計が一致しない場合がある。

6．文中の注は上付きカッコ)、引用および参考文献は上付き〔　〕で示した。

直接引用は「　」で示し、スラッシュ「／」は行替えを示す。長めの引用は、要点を箇条的にまとめ、１字下げ、最終行の次を１行空けとした。

参考文献は、参考とした文献または統計数値の根拠とした資料を示した。

7．引用・参考文献の出版年は西暦に統一した。ただし、引用文中の文献・資料については、引用元文献・資料のママとした。

序章　地域農業分析の視点と方法

本書は、持続可能な沖縄農業の再編への方向を検討することを目的としているが、地域の経済は日本経済全体さらには国際的な経済の変動とも大きく関連している。したがって、まず今日の資本主義全体の変動と地域経済の関りについての認識を述べることにしたい。

第二次世界大戦後の我が国の経済政策は、基本的に工業化を推し進め工業製品を輸出することによって経済の成長を追求する体制を目指した。農業政策はその枠組みのなかで工業製品の輸出を拡大するためのアメリカの農産物輸入を受け入れる条件を作る方向で策定されていった。自立経営の育成、構造改善の推進を目指した1961年の農業基本法は日本農業を開放経済に適応させるための体制づくりをねらった基本法であった。しかし、農業基本法が目指した方向は、機械化と畜産部門における経営規模の拡大が一定進んだことを別にすれば多くの面で失敗した。農基法農政のもとで、農産物輸入の自由化が進み、生産の担い手は大幅に減少し、農業生産の基盤である農地も減少、さらに農業生産の合理化を強力に推し進めた政策の下で、化学肥料・農薬の多投入によって農業生産を取り巻く生態系の破壊が進んだ。農業構造の脆弱化は早くから指摘されていた。

農業基本法によって枠付けられた農業政策は1990年代には行き詰まり、1999年には農業基本法に代わる「食料・農業・農村基本法」が制定された。「食料・農業・農村基本法」においては、農業基本法において推進された生産性追求一辺倒の政策が見直され、「持続可能な農業」、「多面的機能の発揮」といった考え方が取り入れられた。

経済全体の動きで言えば、農業基本法から「食料・農業・農村基本法」にかけての時期はまた第二次世界大戦後の国際的な経済秩序が大きく変動し再編が進んだ時期でもあった。その大きな波は新自由主義の台頭と広がりである。経済における新自由主義の理論を背景に1980年代にイギリスのサッチャー政権とアメリカのレーガン政権によって唱道された新自由主義政策は、小さな政府を前面に掲げ、公共部門の民営化、民間資本の活用、規制緩和や競争、グローバリゼーションを推し進めるものであった〔1〕。

一方、1989年には東ヨーロッパ社会主義諸国においていわゆる東欧革命が勃発し、これはやがて社会主義圏の中心にあったソ連の解体（1991年）につながり、資本主義諸国と対抗していた社会主義圏は崩壊した。体制的対抗勢力が存在しなくなった資本主義経済は、急速に生産と消費の規模を拡大させ、資本は瞬く間に世界を駆け巡り、巨大資本のもとに瞬時にして莫大な利益をもたらす世界的市場が形成された。それまでも進行していた経済のグローバル化がより急速にかつ広範に展開していった。

新自由主義政策が推し進めた規制緩和やそれと同時に進行した経済のグローバル化は資本主義経済の内包する矛盾を激化させた。その第１の点は、資本主義経済における拡大局面と後退局面の大きな変動である。資本主義経済における好況と不況（または恐慌）が循環的に現れることは資本主義経済が社会に登場した段階から指摘されており〔2〕、近年では、1987年にブラックマンデー（アメリカにおける株価暴落）が起こり、1997年にはアジア通貨危機が発生した。そして2008年には「100年に一度の経済危機」〔3〕と呼ばれるリーマンショックが起こった。ほぼ10年おきに経済危機が起こっており、そのたびに失業が増大し格差が拡大した。

第２の点は、資本主義経済のもとにおける市場機構そのものに内在するいわゆる「市場の失敗」への対応である。資本主義経済の市場機構には「市場の失敗」といわれる構造的機能不全が存することが知られている〔4〕。これらの機能不全の面はそれまで、政府の公共政策あるいは規制によってある程度カバーされてきた。しかし、新自由主義政策のもとでの規制緩和によって公共政策や規制は大きく後退し、その矛盾は「競争」、「自助努力」の名のもとに、市場経済のもとにおかれた弱者に直接負わされることになる。また無秩序な生産の拡大による巨大な生産装置やエネルギーの消費は「外部不経済」を生み出し、地球温暖化、環境破壊を加速化させた〔5〕。

我が国の資本と政治支配層もこうした新自由主義と経済グローバル化の流れに乗り、行政改革、公共部門の民営化、規制緩和、貿易の自由化を推し進めてきた。1980年代後半から90年代初期にかけて実態経済を上回る価格膨張（いわゆるバブル）が起こり、その後それが一気にはじけ不況に突入した。バブルの崩壊を境に日本経済は大きく減退（収縮）していく。「失われた20年」〔6〕と呼ばれる時期である。

1986年に労働者派遣法が制定され労働市場の規制が緩和されたことにより増加した非正規労働者の解雇、正規労働者のリストラが行われた。新卒の就職は困難になりその状況は「就職氷河期」と呼ばれた。一方、企業の側はより安い労働力を求め海外へ移転し、「産業の空洞化」が進んだ。2000年代半ばには「ワーキングプア」、「格差社会」という言葉がマスコミに登場し、これらのことは社会問題として浮かび上がってきた。さらに2008年のリーマンショックはこの状況をさらに悪化させた。2008年末には多数の失業者が生み出され、寝食の場もないことから「年越し派遣村」が設置された〔7〕。地方の経済は縮小し、人口の地方からの流出と都市への集中が進み、過疎化と「限界集落」とよばれる状況が出現した〔8〕。

貿易の体制では、第二次世界大戦後の国際的な貿易の秩序をなしていたGATTに代わって1995年にWTOが発足し、農産物貿易にも新たな枠が設定されることになった〔9〕。WTOでは各国の農業保護の政策が大きく制約され、農産物貿易においても市場原理がより強調された。WTOは意思決定において全加盟国のコンセンサスを必要とする全会一致方式であるが、その一方で貿易相手国同士の協定が可能なFTA（自由貿易協定）・EPA（経済連携協定）が次々と結ばれ〔10〕、さらにTPPへの参加等、外国の農産物を受け入れる政策が進められた。こうして、農産物の輸入は増大し、政府・マスコミからは農業の競争力強化が喧伝され、農業保護の政策は後退していった。その結果、農業産出額は低迷し、1980年代末まで約50％を維持していた食料自給率は2018年には37％に低落し〔11〕、生産の担い手である農家、農業就業者の減少も止まらない。

一方、世界的な動きとして、こうした新自由主義と経済のグローバル化のなかで、「持続可能な開発目標」（SDGs）の考え方が社会に広がりつつある。「持続可能な開発目標」の考え方は、蟹江憲史によれば〔12〕、1972年の「国連人間環境会議」（通称ストックホルム会議）に遡り、1992年の国連環境開発会議（通称地球サミット）、2000年の国連におけるミレニアム宣言（ミレニアム開発目標：MDGs）を経て、2015年９月の国連総会における「持続可能な開発のための2030アジェンダ」宣言において、経済、社会、環境の三つの側面が統合され、そのもとで「持続可能な開発」（SDGs）が掲げられたとされている。

SDGsの理念と目標、ターゲットについては、個別の経済や地域の実態からかけ離れた主張もあり、それらの検討と議論は必要であるが[1)]、その理念として掲げられている「持続可能な開発目標」は、各国のみならず地域の経済のありかたを検討するうえでも重要な視点をなすと考えられる。

さらに、2019年末に発生し、2020年の年明けから急速に感染が拡大した新型コロナウイルスは、たちまち全世界の人々の日常の生活を破壊し、経済、社会を混乱に陥れた。その急速な世界的な感染の拡大の背景には、世界にまたがる経済のグローバル化のもとでのヒト・モノの動きがあったことは広く指摘されている〔13〕。このことは経済のグローバル化を推し進める資本主義が生み出した社会的危機と言ってよいであろう。

こうした状況の中で、世界の生産と消費を操り人々を支配するグローバル資本への依拠、地域経済を衰退に追い込む成長論ではなく、それぞれの地域において国民経済をその内部で支える地域経済の強化再構築が求められている。

地域経済の捉え方には、いくつかの考え方があるが、前出、『経済学辞典』によれば〔14〕、「生産・流通にかんする核をもち、ある範囲の経済の地域的循環が独立して行われる場合に、はじめて地域経済が成立しうる」としている。同書は1994年の発行（第３刷）であるが、地域経済の問題が特に重視される理由として、①地域経済間の格差と、発展の不均衡をめぐる問題、②農業および中小企業の問題、③地域経済計画にかんする問題があげられている。このうち②の項目について、より具体的にみると、「巨大企業の活動がつねに全国市場を対象に行われるのに対し、農業および中小企業の活動は、その資本や労働力の調達において、その製品の販売において、また所得の発生・帰属にかんし、その地域の範囲に限られる傾向が強い。このため農業や中小企業が地域経済に占める地位は、それが国民経済に占める比重に比べていちじるしく重い」。「しばしば地域経済の問題が、すぐれて農業および中小企業の問題だといわれるのも、この点に根拠をもつが、それだけに今日これらの産業の遭遇する困難は、そのまま地域経済の問題としてあらわれるという事情がある」と記している。

このことを実態の面でみると、地域のなかでも特に遠隔の地域においては、農林水産業およびこれにつながる食料品製造業が産業の大きな柱をなしている。『令和２年国勢調査』による15歳以上の産業別就業人口構成における第１次産業の割合は全国では3.4％であるが、「2020年農業センサス」における農業地域区分でみると、その２倍の6.8％を上回る県が、東北地域で６県のうち４県、東山地域で２県のうち１県、近畿地域で６県のうち１県、中国地域で５県のうち１県、四国地域で４県のうち３県、九州・沖縄地域で８県のうち４県で、計14県にのぼっている〔15〕。また、遠隔地に位置する北海道・鹿児島県・沖縄県では、「食料品製造業」および「飲料・たばこ・飼料製造業」が製造業の大きな部分を占めている。時期は少しずれるが、「食料品製造業」および「飲料・たばこ・飼料製造業」が製造業に占める割合は、全国では従業者数で16.3％（2017年）、製造品出荷額等では12.6％（2016年）であるのに対して、北海道では、それぞれ47.9％、40.1％、鹿児島県では、45.3％、56.0％、沖縄県では53.5％、54.6％にのぼっている〔16〕2）。これらは主に畜産、水産、蒸留酒、砂糖に関連した産業であり3）、「食料品製造業」および「飲料・たばこ・飼料製造業」もそれぞれの地域の自然、歴史、文化を基盤として立地していると言える。

グローバル経済の変動に巻き込まれない安定的な地域経済を構築するためにはその土台となるべき地域産業―農業はその中核を担う―を強化していく方向を追求していくことが必要であろう。

農業を地域経済の一環として捉える場合の視点とアプローチの方法について、地域農林経済学会が1999年に「メゾ・エコノミクス」の考え方を提起している。そこでは、「メゾ・エコノミクスとして地域農林経済研究を『学』として体系化することの可能性を模索する」〔17〕なかで、地域農林経済学における地域概念として、三つの要素をあげている。(1) メゾ・エコノミー（中間領域）としての地域、(2) 地域主体―経済主体としての地域、(3)「地域」の総合性、である〔18〕。

「中間領域としての地域」に関して重要な点として、「地域はマクロレベルとミクロレベルとの間の幾段階もの広がりをもつ地理的空間領域である。重要な点は、この空間が、その空間の持つ意味（機能）との関連で何重もの多重層構造をなしており、一元的に地域の空間領域は規定できないことである」という点と、「本来的に開かれた空間単位である」点をあげている〔19〕。二つ目の「地域主体―経済主体としての地域」については、「地域問題のそれぞれの局面において、地域が意思決定原理の異なる経済主体の単なる集合体としてでなく一個の総体として、（中略）機能しており、その意思決定原理は、地域問題の性格によって異なる多様性をもったもの」としている〔20〕。三つ目の「『地域』の総合性」については、「マクロレベルで多くの場合セクター的に把握される農林業を国民が実態として総合的に具体性をもって認知できるレベルでもある」、としている〔21〕。

そのうえで、地域農林経済研究の現代的意義として、農林業が地域の自然環境・社会関係に直接的に影響を受ける地域「固有性」の強い産業であることに基本的視点をおいて、①それぞれの地域において展開されている農林業の普遍性と固有性を析出し、その地域産業としての強みと弱みに関する客観的評価の基準を提供すること、②地域農林業の普遍性と固有性とを形成させているメカニズムの解明、地域の農林業のあり方はその地域の社会構造のあり様を前提として成り立っているということの分析、③地域社会を取り巻く急激な環境変化を分析し、地域産業としての農林業の強みと弱みを客観的に評価し、発展の持続性を確保できること、をあげている〔22〕。

この地域農林経済学会の提起を承けるかたちで、原洋之介は、2007年に刊行した著書『北の大地・南の列島の「農」―地域分権化と農政改革―』において、農産物に対する保護の仕組みを撤廃し、農地利用等に関する規制を緩和し、農業に急激に市場競争原理を持ち込む農政を批判しつつ、「わが国農政を取り巻くこのような情勢を踏まえるとき、地域の経済や農業を捉え直すしっかりとした枠組みの構築こそが、緊急の課題といえよう」として、「メゾ・エコノミックス」の研究の取り組みと体系化を提起した〔23〕。

そのうえで、「これは、国民経済というマクロ・レベルと企業・農家・家計など個別の経済主体というミクロ・レベルとの『メゾ』つまり中間に位置する領域として明示的に『地域』を取り上げ、その経済社会の構造や仕組みを解明しようという相関科学的な試みである。地域とは、国民経済の構成部分であると同時に、その地の慣習に生きる人々の活動が作り出している個性的な全体でもある」〔24〕、とまとめている。

現在のマクロの経済は、新自由主義と経済グローバリズム、さらに2020年の新型コロナウイルスのパンデミックのもとで極めて不安定な状況にあり、そうした状況のもとでは地域経済を強固にする必要がある。農業は地域経済の重要な柱をなしており、その構造分析と再編の検討が重要な課題である。

以上の議論を踏まえて、経済の変動と地域の関係を整理すれば、以下のようになろう。

第1は、不安定な変動を繰り返すグローバル化した経済のもとで、持続的な地域経済を構築することが今日、重要な課題となっている。その場合、地域産業の主要な柱をなす農業に着目することがまず求められる。

第2は、先述した近年の我が国の食料自給率が先進国の中で最低の水準にあるという点についてである。食料供給の不安定性、将来における危険性については広く指摘されているが、経済の過度なグローバル化と新型コロナウイルスのパンデミックにより混乱する国際経済のもとで安定的な国民経済を形成するために食料自給率の引き上げはより重要な問題となっている。

そのためには、それぞれの地域において地域資源の活用と地産地消の経済を構築し、地域内で完結できない部分については、地域間で補完し合う関係の構築が課題となる。

第3は、すでに広く言われている農業のもつ多面的機能の意義である。農地と水資源、地域の多様な資源の活用、環境と景観の保全、これらは、風土と文化を含む地域の固有性に根差しており、こうした関係のもとで捉えることが重要である。関連して言えば、農林水産省は1999年に「食料・農業・農村基本法」を制定し、農業の「多面的機能の発揮」「持続的発展」を農業政策の基本的柱として打ち出したが、「多面的機能の発揮」「持続的発展」を進めるうえでも、それぞれの地域の特性に根差した視点が重要であろう。

第4は、高齢化社会への対応を組み入れた柔軟な産業の安定的な存続である。これまで我が国では、経済の成長を追い求め、先端産業を中心とした雇用、労働政策をとってきた。こうした産業構造のもとで高齢者は費用がかかる社会のお荷物として扱われている。

高齢者の多くは働く意欲を持っており、高齢者が体力と意欲に応じて働くことのできる場（産業）の形成は社会的な課題である。そのような場としては農業が最も柔軟であり可能性が高いと言えよう。そのために、それぞれの地域において農業の生産基盤を整え、生産の条件を整備していくことは21世紀の日本の産業の大きな課題である。大規模経営体のみの農業ではなく、高齢者等の就農も可能なそれぞれの地域の条件にあった農業の形成が必要である。

そこで、沖縄の地域性と農業についてみると、沖縄は気候的に温帯から亜寒帯が大部分を占める日本列島のなかで亜熱帯海洋性気候帯に属し、歴史的にも日本本土とは異なる過程をたどり、独自の社会と文化を維持してきた。農業の生産においても本土との相違や独自の性格が広く議論されてきた。

原洋之介は前出、『北の大地・南の列島の「農」』の中で、日本のなかでも強い個性をもつ北海道と沖縄の自然、歴史、社会の独自性をとりあげ、この二つの地域を「日本文明の『亜種』」として、日本のなかの他の地域とは異なる地域として位置づけている〔25〕。

「そしてこのふたつの亜種それぞれに、日本の単なる部品としての地方ではなく、ひとつのまとまりをもったユニットとしての個性ある地域がはたしてこれからうまれるのであろうか。経済のグローバル化と国内の地域分権化のなかで現在本当に問われている基本問題とは、結局この一点に帰着するのではなかろうか」〔26〕と提起している。

沖縄は日本社会の中ですぐれて独自の自然・歴史・社会の性格を有している。地域経済の構築、その中で地域固有性を活かしていくうえで農業は大きな役割を果たしていく可能性がある。また、日本農業の地域多様性を構成する重要な要素をなしている。本書はこのような視点で沖縄の農業を位置づけ、その構造を分析するものである。

こうした地域と農業に関する議論を踏まえて、持続可能な農業の構造を検討するにおいて以下の視点を設定した。第１の点は沖縄農業がたどった歴史的過程および歴史的性格の把握である。農業の生産においてはその地域の風土、文化、社会がその基層として存在し、そのことが生産の構造に反映されるが、特に沖縄の場合はそのことが濃厚である。したがって、この点の把握は重要である。

２点目は、農業の構造の分析である。ここでは復帰後に沖縄農業が直面した急激な変化の側面とそのもとにおける農家の存在形態、なかでも、沖縄県の重層的な地域構成―沖縄本島、離島地域―における農業の位置づけと役割の検討は大きな課題である。３点目は、沖縄農業において農家の大部分を占めてきたが1990年以降後退をたどっているサトウキビ生産の動きを検討する。４点目は、農業生産の基盤をなす農地の所有と利用の構造の分析である。このことは、沖縄の歴史・社会の性格と強く結びついており、先述した地域農林経済学会の、「地域農業のあり方はその地域の社会構造あり方を前提として成り立っている」という考え方にも対応する。

５点目は、特に現在および今後の農業のあり方の検討に関する問題として、近年農業に取り入れられた６次産業化の展開と課題、他の産業との連携による農業の多角的展開の検討である。

６点目は、沖縄の農業と環境の関連である。沖縄の島々から海に流出する赤土等の約80％は農地からの流出とされている。赤土流出を抑制・防止するうえにおいて、農地の管理、作物栽培の方法は重要な意味をもっている。この視点からの赤土流出防止の取り組みが重要である。

そして最後に、亜熱帯・島嶼における持続可能な農業の構築の方向を検討する。

以上の視点に対応するアプローチの方法は次のとおりである。

まず第１は、沖縄農業の歴史的性格の整理である。この点については、多くの先行研究があり、ここではそれらの成果を踏まえつつ、沖縄における近代的土地所有形成の前史段階の農地の利用形態と性格、近代的土地所有形成の遅れとその後の農地の所有と利用の特徴、農家経営の構造を整理する。さらに第二次世界大戦後、我が国全般の農業政策から切り離され、アメリカ軍統治下におかれた沖縄における農業生産の特徴—農地改革、農地法の欠如、農産物価格支持の弱さ、サトウキビ単作化の進行など—について整理する。農地改革の不実施、農地法の欠如は復帰後の農業にも影響を及ぼした。

第２には、1972年の日本復帰以降の農業生産の変化の過程と農業の構造を検討する。日本復帰によって日本の農政、農業に関する法律・制度が適用され、さらに、「沖縄振興開発計画」・「沖縄振興計画」、農業振興計画が策定され、農業生産基盤の整備が急速に進められた。そのもとで農業は大きく変動する。復帰後およそ10年はサトウキビ・野菜・豚が増加するが、その後の後退に転じ、特にサトウキビは大幅に後退した。一方で肉用牛、花き、果樹など新たな部門は拡大した。また、農家戸数と農業就業人口が減少し、農地も減少した。

第３は、農業生産の担い手たる農業経営の存在形態、農業経営体の経営組織の特徴として単一経営経営体が多いことの問題を検討する。

第４は地域・社会のなかで農業がもつ意義と役割についての検討である。沖縄の多層な地域のそれぞれの段階において農業は地域の社会を維持するうえで大きな役割を果たしてきた。しかしながら、日本復帰後、特に1990年代初期以降の農業の後退のなかで、離島や農村地域からの農業就業者の流出が進み、沖縄本島北部や離島地域では地域社会の維持が困難になりつつある。こうした状況のなかで、地域（なかでも離島）の社会を維持するためにどういう農業を構築するか。このことの検討が重要である。

この場合、「地域」の地理的範囲の把握が一つの問題になるが、本書では、沖縄県のなかでさらに地域を区分し、沖縄本島北部、沖縄本島中南部、沖縄本島周辺離島、大東諸島、宮古、八重山の地域を県内の地域単位とした。

第５は、作目の部門では、沖縄農業において７割から８割の農家が生産し土地利用においても普通畑の過半を占めるサトウキビの後退、10ａ当たり収量の傾向的低下、サトウキビの価格と生産費の関連を分析する。

第６は、農業生産の基本的生産手段である農地の所有と利用関係の構造を、歴史的過程を踏まえて検討することにより農地利用の今日的課題を検討する。

第７は、農業をめぐる新たな動きとして全国的な広がりで展開した農業資源の加工・流通、地域活性化を内容とする６次産業化の沖縄での取り組みと意義、課題について、農業の多角化と地域資源の利活用といった外延的拡大の視点から検討する。

第８は、環境との共生の課題である。日本復帰後の開発事業の急速な展開、土地改良等の事業が進むなかで、赤土等が流出し島々の周辺の海を汚染する状況が発生した。今日、流出する赤土等の大部分は農地からの流出であるとされている。赤土等の流出を防止する対策に如何に取り組むかは環境と共生していくための農業の大きな課題である。

第９は、以上の検討を踏まえて、持続可能な農業生産を構築していくうえで求められる農業再編の方向である。沖縄農業における多様性と多面的機能の形成、持続可能な生産の仕組みを構築していく方向の検討が求められる。

注

1）SDGsは、17の目標、169のターゲットからなるが、ターゲット項目の中には、「持続可能な開発」の理念にそぐわない項目もある。

例えば、「目標２．飢餓を終らせ、食料安全保障及び栄養改善を実現し、持続可能な農業を促進する」のなかの、2.bは、「ドーハ開発ラウンドの決議に従い、（中略）、「世界の農産物市場における貿易制限や歪みを是正及び防止する」と記されており、「目標17.持続可能な開発のための実施手段を強化し、グローバル・パートナーシップを活性化する」の、17.10は「ドーハ・ラウンド（DDA）交渉の結果を含めたWTOの下での普遍的でルールに基づいた、差別的でない、公平な多角的貿易体制を促進する。」と記されている。

（「我々の世界を変革する：持続可能な開発のための2030アジェンダ」外務省仮訳による）。外務省ホームページ

（https://www.mofa.go.jp/mofaj/gaiko/oda/sdgs/pdf/000101402_2.pdf　2021年　２月６日　最終閲覧）。

ここでは、貿易においてWTOの枠組みが前提とされているが、我が国について言えば、WTOは農産物の輸入における関税の引き下げ、農業を保護する政策の縮小を押し付け、農業生産と農村の後退をもたらした。「誰一人取り残さない」ことを崇高な理念として掲げるSDGsを推進するためのターゲットとしてそぐわない。

斎藤幸平は、『人新世の「資本論」』（集英社新書、2021年１月）のなかで、「SDGsは『大衆のアヘン』である!」と述べているが（同書、「はじめに」）、少なくとも、「持続可能な開発」を掲げるSDGsの理念と17の目標、169のターゲットについては、各国、国内の地域の実態を踏まえた議論が必要であろう。

2）農林水産省編『平成30年度　食料・農業・農村白書』では、「食料品製造業」「飲料製造業」の合計から「たばこ製造業・飼料・有機肥料製造業」を除いたものを「食料品製造業」として把握している。（同書、119ページ、図表1-6-2の注２）。

3）「食料品製造業および飲料・たばこ・飼料製造業」を構成する主な産業は、北海道では、畜産関連の製造業と水産関連の製造業が従業者数の48.4%、製造品出荷額の57%を占め、鹿児島県では、畜産関連の製造業、水産関連の製造業、蒸留酒・混成酒製造業、製茶業の計が、従業者数の55.0%、製造品出荷額の549%、沖縄県では、畜産関連の製造業、水産関連の製造業、砂糖製造業の計が従業者数の27.1%、製品出荷額の34.6%を占めている。

以下の北海道、鹿児島県、沖縄県の工業統計表による。統計の対象、時期は、文献〔16〕に同じ。

北海道ホームページ　平成29年工業統計確報」（www.pref.hokkaido.lg.jp/ss/tuk1010cmn/h29kougyoukakuho.htm）（2022年６月27日　最終閲覧）。

鹿児島県ホームページ「平成29年鹿児島県の工業について」（www.pro.kagoshima.jp/ac09/tokei/bunya/kogyo/kogyo/kakuhou29.html）（2022年６月29日　最終閲覧）。

沖縄県ホームページ「平成28年沖縄県の工業（「平成29年工業統計調査結果　確報」）」

（https://www.pref.okinawa.jp/toukeika/cm/28/k/cm_k（2018）top.html（2022年6月28日　最終閲覧）。

引用および参考文献

〔1〕「新自由主義」『経済学辞典』第3版、岩波書店、1994年3月、p.735.
櫻谷勝美/野崎哲也編『新自由主義改革と日本経済』、三重大学出版会、2008年3月、櫻谷勝美「第1章　現代世界と新自由主義」。
鶴田満彦『グローバル資本主義と日本経済』、桜井書店、2009年5月、pp.101-104.
〔2〕『大月　経済学辞典』、大月書店、1979年4月。pp.142-144.
〔3〕山家悠紀夫『日本経済の30年史―バブルからアベノミクスまで―』、岩波新書、2019年10月、p.157.
〔4〕『経済学辞典』第3版、岩波書店、1994年3月、pp.579-580.
〔5〕前掲、鶴田満彦『グローバル資本主義と日本経済』、pp.25-26.
小林弘明・廣政幸生・岩本博幸〔改訂版〕『環境資源経済学入門』、「第10章　環境問題の経済理論Ⅰ―外部性、公共財、ピグー税―」、泉文堂、2012年11月。
〔6〕朝日新聞「変転経済」取材班編集『失われた〈20年〉』、岩波書店、2009年4月。
〔7〕前掲、山家悠紀夫『日本経済の30年史―バブルからアベノミクスまで―』、pp.164-166.
宇都宮健児・湯浅　誠編『派遣村　何が問われているのか』、岩波書店、2009年3月。
〔8〕大野　晃『山村環境経済学序説』、農文協、2008年2月。
〔9〕農林水産省「WTOについて」輸出・国際局、2022年7月。
農林水産省webサイト（www.maff.go.jp/j/kokusai/kousyo/wto/pdf202207.wto.pdf）（2023年2月16日　最終閲覧）。
〔10〕農林水産省ホームページ
農林水産省「経済連携交渉等の状況について（農林水産関係）」農林水産省　輸出・国際局、2023年1月。（https://www.maff.go.jp/j/kokusai/renkei/fta_kanren/attach/pdf/index-3.pdf）（2023年2月16日　最終閲覧）。
〔11〕農林水産省ホームページ。「日本の食料自給率」（https://www.maff.go.jp/j/zyukyu/zikyu_ritu/01204.html）総合食料自給率（カロリー・生産額）品目別自給率（EXCEL：52KB）（2023年2月16日　最終閲覧）。
〔12〕蟹江憲史『SDGs（持続可能な開発目標）』、中公新書、2020年8月、「第2章　SDGsが実現する経済、社会、環境の統合」。
〔13〕森永卓郎「新型コロナ禍は行き過ぎたグローバル資本主義への警告」（農文協編『新型コロナ　19氏の意見　われわれはどこにいて、どこに向かうのか』、2020年5月）。
吉沢広裕「逆転した産業ピラミッドを正し、第1次産業を基本とした自然共生社会へ　グローバルから『グローカル』への構造変革」（前掲、（農文協編『新型コロナ　19氏の意見　われわれはどこにいて、どこに向かうのか』。
〔14〕前掲、『経済学辞典』、pp.866-867.

〔15〕「令和２年国勢調査　就業状態等基本調査」（労働力状態、就業者の産業･職業など）政府統計の総合窓口（e-Stat）（https://www.e-stat.go.jp）（2023年１月31日　最終閲覧）。

〔16〕以下の統計資料による。

経済産業省ホームページ

「平成29年（2017）工業統計表　産業別統計表データ　１　産業別別統計表（産業細分類別）」。

経済産業省ウェブサイト（https://www.meti.go.jp/statistics/tyo/kougyo/result-2/h29/kakuho/sangyo/index.html）（2019年８月14日　閲覧）。

「平成29年工業統計表　地域別統計表データ　１　都道府県別、東京特別区、政令指定都市別統計表」。

経済産業省ウェブサイト（https://www.meti.go.jp/statistics/tyo/kougyo/result-2/h29/kakuho/chiiki/index.html）（2020年１月17日　閲覧）。

なお、統計は「従業員４人以上の事業所に関する統計表」であり、従業者数は2017年（平成29）、製造品出荷額等は2016年（平成28）である。

〔17〕川村能夫・稲本志良「地域農林経済研究の研究方法と課題―メゾ・エコノミックスの構築をめざして―」（地域農林経済学会編『地域農林経済研究の課題と方法』、富民協会、1999年２月）、p.44.

〔18〕前掲、川村能夫・稲本志良「地域農林経済研究の研究方法と課題」、pp.48-52.

〔19〕前掲、川村能夫・稲本志良「地域農林経済研究の研究方法と課題」、p.49.

〔20〕前掲、川村能夫・稲本志良「地域農林経済研究の研究方法と課題」、pp.50-51.

〔21〕前掲、川村能夫・稲本志良「地域農林経済研究の研究方法と課題」、p.51.

〔22〕前掲、川村能夫・稲本志良「地域農林経済研究の研究方法と課題」、p.52.

〔23〕原洋之介『北の大地･南の列島の「農」―地域分権化と農政改革―』、書籍工房早山、2007年６月、p.14.

〔24〕前掲、原洋之介、『北の大地・南の列島の「農」―地域分権化と農政改革―』、p.15.

〔25〕前掲、原洋之介、『北の大地・南の列島の「農」―地域分権化と農政改革―』、pp.146-149.

〔26〕前掲、原洋之介、『北の大地・南の列島の「農」―地域分権化と農政改革―』、p.149.

Ⅰ部　沖縄農業の歴史過程

第１章　戦前期沖縄農業の構造

農業の構造は、それが立地する地域の自然条件と社会・経済的条件に規定される。沖縄の農業は、日本の農業のなかで47都道府県の一つという以上の独自の性格を持っている。自然条件について言えば、この地域が亜熱帯に位置しかつ多くの島嶼から成り立っているという地理的特性があり、社会・経済的条件については、近世期まで「琉球王国」として日本本土とは異なる歴史過程を経て独自の社会と文化を形成した。すなわち、15世紀前半に「琉球王国」が形成され、中国の王朝との朝貢関係を築く。17世紀初頭には薩摩島津氏の侵攻を受け、その支配下に置かれた。以後、中国との朝貢関係を維持しつつ、一方で徳川封建体制のもとに組み込まれる。明治期以降、日本の一県に組み込まれ、経済的には日本資本主義に包摂されていくが、生産や経済活動の底流には独自の構造が存続した。したがって、沖縄農業の構造を把握するには、その歴史的背景を把握することがとりわけ重要な意義をもつ。

本章では、沖縄農業の歴史過程を把握するために、明治期から昭和戦前期にかけての農業生産の基盤をなす農地の所有と利用の仕組み、農家経営の性格、生産力の推移等について整理する。

第１節　近代的土地所有形成の前史
―地割制のもとにおける農地の利用と農民―

農業の近代化は、その基本的な生産手段である農地の近代的所有の確立に始まるとされる。我が国においては、1872年（明治５）の壬申地券の発行、1873年（明治６）から1881年（明治14）にかけて実施された地租改正を経て土地の私的所有が公認され近代的土地所有が確立した。沖縄においては、明治期の諸変革は府県のそれとは異なった経緯をたどった。すなわち、1872年（明治５）に「琉球王国」が「琉球藩」とされ、1879年（明治12）に「琉球藩」が廃され沖縄県が設置される「琉球処分」と呼ばれる特異な過程をたどった。さらにそのなかで、土地制度、租税制度、地方制度は置県後も王国期の慣行が存続した[1)]。

明治中期まで存続していた旧慣の土地制度と租税制度は、1899年（明治32）から1903年（明治36）にかけて実施された「沖縄県土地整理」によって廃止され、私的土地所有が法的に認定され金納による租税制度が確立された。地方制度については、さらに遅れ、1908年（明治41）に特別市町村制の施行によって旧来の間切・「村」[2)]が廃され町村制に移行した。

土地整理が実施されるまで存続した旧慣土地制度は「地割制度」と呼ばれる農地利用の仕組みであり、農地は共同体の単位である「村」による共同体的所有のもとにおかれ、「村」の構成員である地人（＝農民）の間で、一定の期間ごとに割り替えを行い耕作された。土地整理は沖縄における近代的土地所有の始点をなすとともに、沖縄の農業・農民がより一層、日本資本主義に包摂されていく条件となった。

「地割制度」については、これまで、幅広い分野から多くの研究がなされているが、ここでは、沖縄農業の歴史過程を理解するうえで必要と思われる範囲でその概要をまとめておきたい[3)]。

明治期に沖縄県がまとめた『沖縄旧慣地制』、『沖縄県旧慣租税制度』によれば〔1〕、農地は地域やその利用の主体によって多くの種類に区分されていた。沖縄本島とその周辺離島では、大きく百姓地、地頭地、オエカ地、ノロクモイ地、仕明地、請地といった種類に区分され[4)]、宮古では田畠、八重山では上納田と自分田畠に区分された。

百姓地は「村」による管理のもとで、「村」の構成員である農民の間で一定の期間ごとに割り替えがなされ耕作された。売買や金銭貸借上の抵当とすることは禁じられた。貢租は間切や「村」を対象に課された〔2〕。地頭地は地頭[5)]の作得地として授けられた農地、オエカ地は間切や「村」の役人に与えられた役地、ノロクモイ地は共同体の祭祀を司るノロ（神女）に与えられた役地である。いずれも貢租が課され、売買・質入れは禁止された。

仕明地は、新たに開墾された農地で私有が認められた。請地は「村」の疲弊や人口の減少のために耕作できなくなった農地を王府が士族に払い下げた農地である。仕明地と同じように売買譲渡が認められた。

宮古の田畠と八重山の上納田、自分田畠はそれぞれの地域特有の農地であり、『沖縄旧慣地制』では、「其性質ニ至テハ即チ一般百姓地ト同視セサルヲ得サルナリ」とし、同資料の農地種類別一覧表の説明では、田畠と自分田については「島民相互ノ売買自由」とされている。

これらの農地の構成については、18世紀前期から中期には、百姓地67.1％、地頭地13.6％、オエカ地7.0％、ノロクモイ地1.3％、仕明請地5.7％、仕明知行1.5％、請地2.0％、払請地1.7％という構成になっており、百姓地が農地のほぼ70％を占めていた6)。時期は降って、明治中期には、百姓地59.7％、地頭地8.5％、オエカ地5.2％、請地2.5％、仕明地16.7％、開墾地7.4％となっている〔3〕。明治期には18世紀と比べて農地種類の区分が変動していただけでなく、対象の地域が異なる（宮古の田畠、八重山の上納田が百姓地、八重山の自分田畠が仕明地に含まれている。）ことから、単純に比較はできないが、明治期には、百姓地の割合がほぼ60％に低下したのに対して、仕明地など私有の性格をもつ農地が26.6％を占めている。

さて「地割」は、このうち主に百姓地を対象にした割り替えによる耕作の仕組みである。地割の仕組みは広く紹介されているが、その概要をまとめると次のようになる〔4〕。

①　割り替えは基本的には百姓地が対象とされたが、地域によっては地頭地、オエカ地、百姓摸合地、仕明地、明替地、雑種地なども対象になった。

②　地割の年限は「村」によって異なり、田では２年から30年、畑は２年から35年、雑種地では２年から50年までの幅があった。

③　耕地の配当を受ける者は「村」本来の構成員である地人（＝農民）である。
耕地の配当の方法は、仲吉朝助によれば、「村」から「與」（くみ）に配分され、さらに「與」から「與」中の地人に配分された。

④　耕地配当の単位は「地」と呼ばれ、一地の組立方として大きく、面積を基本とする方法、叶米を標準とする方法、人頭割に基づく方法の三つの種類があった。いずれの場合も、「村」内の耕地を、肥瘦、土地の便否、耕耘の難易によって組み合わせた。したがって、一地は散在する耕地片が組み合わされることになる。

⑤　耕地配当の基準は、人頭割、貧富割、貧富及耕耘力割、貧富及人頭割、貧富及勤功割および持地ノ変動ナシ、の六つのタイプがあった。

こうした地割における耕地配当の仕組みは、それぞれの間切・「村」における独自の方法で実施されたとされ、耕地の割り替えの期間、耕地配当の方法、耕地

表1-1　旧慣存続期の自作・自小作・小作農家構成（1894年、95年、96年平均）

(単位：戸、%)

	実数				構成比			
	総農家数	自作農	自小作農	小作農	総農家数	自作農	自小作農	小作農
県　計	70,971.0	34,422.3	20,144.7	16,404.0	100.0	48.5	28.4	23.1
沖縄本島及び周辺離島	55,853.7	24,777.3	18,477.3	12,599.0	100.0	44.4	33.1	22.6
首里・那覇	3,953.7	125.7	80.0	3,748.0	100.0	3.2	2.0	94.8
宮　古	7,494.3	7,468.0	4.3	22.0	100.0	99.6	0.1	0.3
八重山	3,669.3	2,051.3	1,583.0	35.0	100.0	55.0	43.1	1.0

出典：仲地宗俊「沖縄における農地の所有と利用の構造に関する研究」（『琉球大学農学部学術報告』第41号、1994年12月）、p.23、表1-2より引用。（原資料：『沖縄県統計書』）。
（原注）：この間の数値の変動が極端に大きい真壁、摩文仁、宜野湾、金武の各間切と鳥島を除く。

配当の基準は、地域や「村」によって大きく異なっていた。

地割制については、その起源、耕地配分の方法、変容などをめぐって多くの議論がなされたが、ここでは、農地の割り替え耕作のもとでの農地の使用（貸し借り）に注目したい。まず、前出『沖縄県統計書』の「農業」および「農家」の「自作小作別戸数及農業者」に基づいて、地割制が存続していた時期、1894年（明治27)、95年（明治28)、96年（明治29）平均の自作農・自小作農・小作農別の農家の構成を地域別にみると**表1-1**のようになる。

全体として言えることは、自小作農家、小作農家がかなりの割合で存在していることである。地域別にみると、沖縄本島及び周辺離島では自小作農33.1％、小作農22.6％と半数以上の農家が農地を借り入れている。首里・那覇では、1895年（明治28）で士族の割合がそれぞれ60.1％、55.4％を占め〔5〕、耕地も少ないことから〔6〕、農家はほとんどが小作農である。宮古ではほとんどの農家が自作農となっているが、八重山では自小作農の割合が43.1％にのぼっている。宮古を除けば、かなりの農家が農地を借り入れている。

農地の私的所有が認められる以前の「地割制度」のもとで農地の貸し借りはどのような形態をとっていたであろうか。前出、仲地宗俊「沖縄における農地の所有と利用の構造に関する研究」では、地割の対象にならなかった帰農士族が農地を借り入れていた可能性があること、農民の間でも相互の農地の貸し借りがあったことを指摘した。

ここでは「貸し借りの形態」と「貸し借りの手続き」についてみていきたい。前出『沖縄旧慣地制』には、地域ごとに農地の種類とそれに対する「課税」「売買」

表 1-2　地名（農地の種類）別「耕作ノ名称」（『沖縄旧慣地制』による）

地名（農地の種類）	島尻	中頭	国頭	離島	久米島	宮古	八重山
百姓地及浮掛地	自作、叶掛、作分	自作、叶掛、作分	自作浮掛	自作叶掛	自作叶掛		
旧地頭自作地	作分叶掛	自作	自作浮掛	自作叶掛			
旧地頭拾掛地	作分叶掛	叶掛	自作浮掛				
旧地頭質入地	叶掛	自作叶掛作分	自作浮掛	叶掛			
村持旧地頭地	叶掛	自作叶掛作分	自作浮掛	自作叶掛	自作叶掛		
オエカ地	自作叶掛	自作叶掛作分	自作浮掛	自作叶掛	自作叶掛		
ノロクモイ地	自作叶掛	自作叶掛作分	自作浮掛但 百姓地二同シ	自作叶掛	自作叶掛		
請地	自作叶掛	自作叶掛作分	自作浮掛				
田畠						自作貸借	自分田：自作小作 上納田地：自作
仕明請地	自作叶掛	自作叶掛作分	自作浮掛	自作叶掛	自作叶掛		
仕明知行	自作叶掛	自作叶掛作分	自作浮掛				

資料：沖縄県内務部第一課『沖縄旧慣地制』（明治 26 年 6 月 15 日）（『沖縄県史』21 旧慣調査資料、所収）より筆者作成。
注：1）資料では、農地の種類ごとに「課税ノ有無」「課税ノ方法」「売買ノ禁許」「売買ノ手続」「耕作ノ名称」「耕作ノ種類」「地割ノ慣例」「金融抵当ノ禁許」「貸借種類及手続」について説明がなされている。ここでは、そのうち「耕作ノ名称」の項目を抜き出して表示した。
2）「離島」の欄は、原資料では「島尻」の前に配置されているが、本表では「国頭」の次に配置した。
3）資料では、「首里」、「那覇」の欄もあるが、該当事項はないことから本表では省略した。
4）「耕作ノ名称」の読点は原資料のママとした。

「耕作ノ名称」「耕作ノ種類」「地割ノ慣例」「金融抵当ノ禁許」「貸借種類及手続」が一覧で記されている。そのうち「耕作ノ名称」（資料での項目の題目は「耕作ノ名称」であるが、その内容は農地使用の「権限」（自作または小作）となっている。）によって、「自作または小作」の形態をまとめると**表1-2**のようになる。

農地使用の形態は、農地の種類と地域によって異なっている。「百姓地及浮掛地」では、島尻、中頭では「自作、叶掛、作分」、国頭では「自作浮掛」、離島、久米島では「自作叶掛」の形態がある。「旧地頭地」[7]は、「旧地頭自作地」「旧地頭拾掛地」「旧地頭質入地」「村持旧地頭地」に区分されており、「旧地頭自作地」は島尻では「作分叶掛」、中頭では「自作」、国頭では「自作浮掛」、離島では「自作叶掛」の形態が記載されている。「旧地頭拾掛地」は、島尻では「作分叶掛」、中頭では「叶掛」のみ、国頭では「作分叶掛」である。「旧地頭質入地」および「旧村持地頭地」はほぼ同一で、島尻で「叶掛」、中頭で「自作叶掛作分」、国頭で「自作浮掛」で、離島では「旧地頭質入地」は「叶掛」、「村持旧地頭地」は「自作叶掛」となっている。

「オエカ地」「ノロクモイ地」は、各地域とも同じであり、島尻では「自作叶掛」、中頭「自作叶掛作分」、国頭「自作浮掛」、離島「自作叶掛」、久米島「自作叶掛」

となっている。

私有の性格をもつ、「請地」「仕明請地」「仕明知行地」については、島尻では「自作叶掛」、中頭「自作叶掛作分」、国頭「自作浮掛」と同一の利用形態となっている。宮古は農地の種類は「田畠」のみで、使用の形態は「自作貸借」、八重山では「自分田」で「自作小作」、「上納田地」は「自作」となっている。

小作には、「叶掛」「浮掛」「作分」の三つの形態が記載されている。「叶掛」は田村浩によれば、「百姓地ノ地割ヲ受ケシモノヨリ其ノ土地ヲ他人ニ貸與シ小作セシムルモノヲイフ、百姓地之割替ノ時ハ之ヲ引上グ、(中略)、叶掛ハ小作ノ意ナリ」としている〔7〕。

「浮掛」は、『沖縄旧慣地制』の「土地の種類」についての説明で、「是ハ純粋ナル百姓地ニシテ一村受持ノ幾部分ヲ或場合（村民減少ノ為メ総地ヲ耕作シ能ハサルカ若シクハ挙村疲弊ノ故ヲ以テ一時又ハ数年村外人ヲシテ小作セシムルノ類）ニ於テ予メ年期ヲ定メ又ハ無年期ニテ他人ニ小作セシメシ地ナリ」〔8〕と記されており、同資料の農地種類とそれに対する諸慣行を示した一覧表「百姓地及浮掛地」の備考欄では、「浮掛地ハ性質課税等百姓地ニ同ジ本村ヨリ他へ叶掛セシ土地ナル故地割慣例ナキモノトス」と説明されている。また、明治期の経済史家内田銀蔵は、「時ニ或ハ浮掛地トシテ居住人ニ永小作セシメ」〔9〕と述べている。

こうしたことから、「浮掛」は主に「村」が耕地配当の対象にならなかった居住人[8)]に貸し付けた永小作の性格をもつ小作だったと考えられる。

「作分」は、農商務省編『農務彙纂第四十四　小作慣行ニ関スル調査資料』の「明治末期ニ於ケル刈分小作分布状況」に、「茲ニ『刈分小作』ト云ヘルハ『刈分ケ』『作リ分』『分ケ作』等ノ名ヲ以テ予メ小作料ヲ定メズ年々収穫物ヲ地主小作人間ニ分配スル分益小作ノ方法ヲ指セルモノニシテ此ノ名称ヲ採リタルハ各地ノ例ニ於テ此ノ名称ヲ用フルモノ最モ多キニ由ル」〔10〕、と記されていることから「刈分小作」のことと考えられる。

同資料ではまた、「刈分小作」が分布する地域について、「此ノ小作方法ノ行ハルヽハ概ネ社会ノ文化ニ後レタル僻地ニシテ従来ヨリノ慣習ヲ改ムルニ到ラザル地方ナルガ如キモ、又山間地ニ於ケル陰地、冷水田、山畑又ハ水害、旱害等ノ為収穫一定セザル劣等地ナル為、便宜上此ノ方法ニ依レルモノ尠カラザルガ如シ」〔11〕と述べている。沖縄での分布地域としては、中頭郡中城村、国頭郡金武、国頭、大宜味、本部村各村、宮古島、八重山があげられている。呼称では「作リ分ケ」「刈リ分ケ」「植分ケ」が紹介されている。地主・小作の分配の割合は、全国的には地主４：小作６から地主６：小作４までの幅があるが、沖縄では５：５となっている〔12〕。

「刈分小作」は、農地の条件が悪く、生産が不安定な地域において行われた小作の慣行だったと言える9)。

次は農地の「貸し借りの手続き」についてである。この点については、前出、『沖縄旧慣地制』における農地の種類ごとの調査項目を基にまとめると次のようになる〔13〕。「百姓地及浮掛地」の場合、島尻では作分、叶掛のほかに「利切」のための耕作があり、中頭では作分、叶掛の手続きが「双方ノ示談」でなされ、国頭は「ナシ」となっている。離島では「双方ノ約定」でなされるとされている。旧地頭地については、島尻ではその種類によって、「旧地頭ト借受人トノ約定ニ依ル」、拾掛人を通した叶掛、質取人による叶掛など方法が記載されている。中頭では旧地頭自作地以外は全て「双方ノ示談」となっている。また国頭では、「旧地頭自作地」、「旧地頭拾掛地」、「旧地頭質入地」では「一個人ノ貸借ニ用ユル場合アリ」、「村持旧地頭地」では「村及間切ノ負債ノ如公共用ノ貸借ニ用ユ」、となっている。離島では、「旧地頭拾掛地」「旧地頭質入地」は記述ナシ、「村持旧地頭地」で「双方示談ニ依ル」、それ以外では「双方ノ約定ニ依ル」となっている。その他の「仕明請地」では「一個人ノ貸借ニ使用ス」、「仕明知行地」では「貸借自由」となっている。

以上は、沖縄県内務部による『沖縄旧慣地制』にまとめられた農地の貸し借りの形態および貸し借りの手続きであるが、そのほか、仲吉朝助が「取除地」及び「統並」と呼ばれる形態や「與」による小作の例をあげている。

取除地は、「而して男女六十歳以上に達すれば持地を村に返付し、村は之を『取除地』（とりぬきち）(原文ルビ)と唱え小作に付し、毎年十五歳の男女には『取除地』より配當す」〔14〕というもので、統並は、「少量の過不足は『統並』（となみ）(原文ルビ)なる方法を以て矯正す。トナミとは平均の意にして、豫め一坪に付き宅地は何程、田、畑、山野は何程と云う如き小作料を地人會に於て協定し、毎年村に於て過剰の配當を受けし地人より其の過剰に相當する小作料を徴収して、之を不足の配當を受けたる地人に給付せり」〔15〕というものである。

また、地割配當後の土地の取扱いとして、「地割配當を受けたる者が配當地に對する義務を怠りたるときは、村は其の配當地を引揚げて、怠納者の所属『與』に引揚げたる土地を交付して其怠りたる義務を『與』に負擔せしむ。『與』は此配當されたる土地を與中の希望者に、希望者なきときは各戸に其持地率に應じて配當し、又は之を配當せずして他人に小作せしむることあり、村も或は引揚地を『與』に交付せず、怠納者の義務は村内各地人に負擔せしめ、引揚地は村に於て之を小作に付する例も亦た少なからず」〔16〕といった例もあげている。

このほか、『沖縄県旧慣租税制度参照　壱』所収の「地割制度」では「村民ノ協議ニヨリ地割上ノ地ヲ組ミ立テ其ノ組ミ立テタル地ヲ抽籤ニヨリテ各自耕作ノ土地ヲ定ム其抽籤ニヨリ得タル土地遠隔ナル歟又ハ其他ノ事情ニヨリ交換ノ必要アルモノハ相互ノ合意ヲ以テ交換耕作スル等ハ全ク随意ナリトス」〔17〕という状況も記されている。この形態は配当地の交換と言える。

「地割制」については、その起源や農地の配分の方法が注目されてきたが、上記の史料および当時の報告書の事例から、耕地は地割の基準（これ自体多様であるが）に基づいて配分しつつも、利用については、地人家族の構成や年齢による配当の増減、交換耕作、農家間の貸し借り、「村」から農家への貸し付けなど多様な農地利用の形態があったことが分かる。こうした「貸し付け」は地割による耕地の配当だけでは維持できない共同体構成員の生活を補完する機能をもっていたと考えられる。

資料の制約から土地整理前の自小作農家・小作農家の割合と小作地の割合を同じ時期に対応させて把握することはできないが、1894年（明治27）から1898年（明治31）における自小作農家の割合が27.1～29.6％、小作農家の割合が21.9～24.0％とかなり高いのに対して、1890年（明治23）～1893年（明治26）の小作地率は10.6～12.7％にとどまっており、その割合は低い[10)]。このことから、多くの農家が小規模の農地を借り入れ、あるいは配当地を交換して耕作していた状況がうかがえる。

それでは、こうした農地の利用状況のもとでどのような作物が栽培されていたであろうか。土地整理前、1880年（明治23）、1881年（明治24）、1882年（明治25）の平均で示すと**表1-3**のようになる[11)]。土地整理前は農地面積が正確に把握されていなかったと考えられる（第2節、参照）ことから、甘藷など自給作物の

表1-3　1890年（明治23）、1891年（明治24）、1892年（明治25）平均の作付構成

（単位：%）

地　域	作付面積計	甘藷	サトウキビ	稲	麦類	豆類	雑穀	工芸作物	その他
県　計	100.0	37.3	9.8	17.9	7.6	9.2	16.1	1.9	0.1
沖縄本島北部	100.0	53.3	4.5	26.3	5.0	3.5	2.4	5.0	—
沖縄本島中部	100.0	44.3	13.7	16.4	8.2	13.8	2.5	0.9	0.2
沖縄本島南部	100.0	45.6	16.9	20.6	5.0	10.1	1.0	0.7	0.1
本島周辺離島Ⅰ	100.0	45.9	9.5	32.6	6.2	1.8	3.1	0.6	0.3
本島周辺離島Ⅱ	100.0	32.0	20.8	—	16.3	15.8	14.9	0.2	0.0
宮　古	100.0	11.0	2.1	1.4	10.2	10.7	62.1	2.5	—
八重山	100.0	23.9	1.5	34.1	2.4	2.4	26.7	3.0	0.2

出典：仲地宗俊「戦前期沖縄農業における土地利用形態の地域性」（『農耕の技術文化』21、農耕文化研究振興会、1998）、p51、表2より引用。（表題に西暦を加筆）（原資料：『沖縄県統計書』各年）。

注：本島周辺離島Ⅰは田のある島（伊平屋島、伊是名島、渡名喜島、久米島、慶良間諸島）である。
本島周辺離島Ⅱは田のない島（伊江島、粟国島）である。
（注は、本書引用にあたって加筆した。）

割合は相対的に小さくなっている可能性があることに留意する必要があるが、県全体としては、甘藷37.3%、稲17.9%、雑穀16.1%、サトウキビ9.8%、豆類9.2%、麦類7.6%という構成である。さらに地域によって大きな差があることもこの時期の作目構成の大きな特徴である。沖縄本島北部では甘藷の53.3%に次いで稲が26.3%を占める。沖縄本島中部では甘藷44.3%、稲16.4%、豆類とサトウキビがそれぞれ13.8%と13.7%でほぼ同じ割合である。沖縄本島南部では甘藷45.6%、稲20.6%、サトウキビ16.9%とサトウキビの割合が比較的大きい。沖縄本島と離島地域の差はさらに大きく、本島周辺離島Ⅰ（田のある島々）では甘藷45.9%に次いで稲が32.6%を占め、サトウキビの割合は小さい。本島周辺離島Ⅱ（田のない島々）では甘藷32.0%に次いでサトウキビが20.8%を占め、以下、麦類16.3%、豆類15.8%、雑穀14.9%となっている。この地域はサトウキビの割合が大きいことが特徴となっている。宮古では雑穀が62.1%と圧倒的な割合を占め、甘藷は11.0%、豆類と麦類がそれぞれ10.7%、10.2%である。雑穀は粟と考えられる。八重山では稲が34.1%と最も大きい割合を占め、次いで雑穀26.7%、甘藷23.9%である。

沖縄本島中部、南部及び本島周辺離島Ⅱ以外の地域においてサトウキビの割合が小さいのは、サトウキビは王府時代に作付けの制限がなされており、作付けが認められていたのは沖縄本島南部と中部の各間切と国頭の一部の間切及び伊江島に限定されていた[12]ことの影響と考えられる。1880年代の半ばには、久米島、宮古、八重山でも栽培されるようになるが、サトウキビ作付け制限が撤廃される

のは1888年（明治21）のことであり〔18〕、この時期はまだ作付け制限が解かれて間もない時期である。地域別の作付構成におけるもう一つの特徴は、宮古における雑穀（粟）の割合の大きさである。稲もサトウキビもない宮古では粟が主な代納の対象とされていたことによると考えられるが、その作付構成は他の食糧作物である甘藷を大きく上回っている。

次の点は地割制のもとにおける農業労働の問題である。このことに関しては、1768年（乾隆33）南風原間切の「耕作働方締方帳」13) が広く知られており、筆者もかつて、同史料を引用し地割制のもとにおける農業労働の性格を「駆り出し」労働と述べた〔19〕。

ここでは、さらに次の史料を加えたい。

その一つは、仲吉朝助による指摘である。仲吉は、前述の「耕作働方締方帳」の記述を紹介したうえで、「以上に依りて見れば、『與』は二種の目的にて成立せり、即ち一は貢租の連帯支辨にして、他の一は共同耕作なり」〔20〕と述べ、「與」を共同耕作の単位と捉えている。

また田村浩は、「而シテ百姓團體ハ共同シテ耕作ヲナスユイ組即チ寄合組ト稱スルハ百姓ノ共同耕作ヲ意味ス、他人ノ土地ト自己ノ土地ノ良否ニヨラズ、平等ニ耕作ヲナシ若シユイ組ノ一人差支ニヨリ労力ヲ出サヾル時ハ割返ヲ行ハシメタリ、而シテユイ組ハ労力ノ結合ニシテ百姓地ノ生産力ヲ増進セシメ、従ツテ上納ヲシテ確實ナラシムル強制耕作ヲ行ヒシハ私有ヲ認メズシテ團體有トナスノ必要ヲ見ルニ至ルモノトス」〔21〕と述べている。

さらに、来間泰男は労働の性格を租税の賦課と徴収との関係から検討し、「これらは『王府－地方役人』間では生産物地代であっても、『地方役人－百姓』間では労働地代＝賦役であることを示している」〔22〕としている。

すなわち、地割制のもとにおける地人（農民）は、「村」が共同体として所有、管理する耕地を一定の期間で割り替えしつつ、耕作についても、その程度は不明だが、少なくとも貢租の対象となる作物については強制を伴う共同労働がなされていたと考えられる。こうした地人の性格は、我が国近世期において近世小農と称され農業生産を担った自営農民とは、労働の性格や経済的性格が大きく異なっていたと言えよう。

梅木哲人は、地割制のもとにおける農民の性格について、「沖縄の農民を表現する場合、百姓という語では十分にその存在を言い表していない。仲吉朝助氏がかつて言ったように『地人即ち村、村即ち地人』であり、地人という言い方が沖縄農民を正確に表していると思う。というのは沖縄の農村は本土の近世村落と違い、一定の持高を持った百姓からなるというものではなく、地割制に参加している地人から成るからである。」〔23〕として、本土の近世農民との違いを指摘し、来間泰男は「このような仕組みの中では、個別経営の生産と消費・貢納、そして労働を含めた経済的管理は、すべて地方役人の手によって仕切られていたものと考えられる」〔24〕として、経営者としての主体の欠如を指摘している。

第2節　土地整理の実施と土地整理後の農地貸借

明治政府は、1899年（明治32）3月、「沖縄県土地整理法」〔25〕を発布し、沖縄県の土地制度の改革に着手する。「沖縄県土地整理法」は、従来、地割配当を行っていた土地を「其ノ配当ヲ受ケタル者又ハ其ノ権利ヲ承継シタル者ノ所有トス」（第2条）、とすることによって、地割制を廃止し、私的土地所有の権利を法律として認めた。土地整理の事業は1899年（明治32）から1903年（明治36）にかけて実施された。土地整理はそれまで「村」の所有・管理のもとにあった農地に私的所有の権利を認めるもので、沖縄における農業の歴史的画期をなした事業であった14)。その意義について西原文雄によると次のようにまとめられる〔26〕。

①　私的所有権の確立（法認）と所有者たる個人が納税主体となった。

②　沖縄社会が日本資本主義の体制下に深く組み込まれた。

③　沖縄における近代的諸制度の改革の条件が整えられた。

④　土地整理とそれに伴う諸改革が民衆の意識に変革をもたらした。

また石井啓雄は、土地整理がその後の沖縄農業の展開にもった意味と問題点として次の点をあげている〔27〕。

①　沖縄県土地整理は、「沖縄農業の、沖縄農民による、商品生産と生産力発展の胎動と、その近代的・ブルジョア的発展を孕んで行われたわけでは決してなかった」(p.9)。

②　「沖縄県土地整理によっても沖縄農民の貢租負担は、ほとんど軽減されなかった」(pp.9-10)。

③　「旧来の略奪農法によって痩せきった土地の地力を回復させる条件にも、

また農民層の下からの生産力発展の契機にもなりえなかった」(p.11)。

「土地整理」については、そのほかにも多くの議論が交わされたが、ここでは後の農地利用の問題とも関わる点として次の二つの点を指摘しておきたい[15)]。

その一つは、従来、地割の対象になっていた土地は、地割の配当を受けた者又はその権利承継者に所有の権利を認め、地割による配分を固定する一方、「但シ其ノ配当ヲ受クヘキ者多数ノ協議ニ依リ此ノ法律施行ノ日ヨリ一ケ年以内ニ地割替ヲ為スコトヲ得」(「沖縄県土地整理法」、第２条)〔28〕、とする「ただし書き」を追記し、配当地の調整を行う機会がつくられたことである。

ちなみに、『沖縄県土地整理紀要』に記載されている、最後の地割を行った「村」と行わなかった「村」の割合を地域別にみると、島尻44.6％：55.4％、中頭58.3％：41.7％、国頭80.7％：19.3％、という構成になっている〔29〕。島尻ではそれ以前の地割の結果をそのまま固定する傾向があったのに対して、国頭では農地の所有権が法的に認定される前に農地配当の平等化を図る傾向があり、中頭はその中間にあったことが言える。

二つ目は、村持以外の地頭自作地や地頭拾掛地、地頭質入地[16)]、ノロクモイ地のうち、「村持トナラサルモノ」は、その占有者またはその権利承継者の所有とされたことである(「沖縄県土地整理法」、第７条、第８条、第９条)。

ここには次のような問題が含まれていた〔30〕。

地頭地やノロクモイ地は、本来、作得地、役地であり、地頭や地方役人には、県制施行後、金禄や官給、民給が支給されるようになったことにより、これらの土地は百姓地に戻るべきであったが、従前の状態が続いた。

地頭に対しては、1880年(明治13)に禄制制定によって領地との関係が断たれたとされている(前掲、仲地哲夫「地頭」)。『沖縄県旧慣租税制度』では、地頭に対しては作得を家禄に組み入れ、地方役人、ノロに対しては、官給、民給が支給されることになったことから、地頭地、オエカ地、ノロクモイ地は百姓に戻るべきであるが実際はそれ以前の状態が続いていた、と記している[17)]。

「地割制」のもとで、地頭や地方役人層、ノロに与えられた農地は役地として支給されていたものであり、置県以降はそれぞれに家禄や官給、俸給が支給されるようになったことからこれらの土地は役地としての根拠はなくなるが、「沖縄県土地整理法」ではこれらの土地のうち、「村持ナラザルモノ」は、その土地を占有している者又はその承継者が所有することを認めている。「沖縄県土地整理法」における所有権の認定は、私的所有の権利を法的に認めたという点で大きな歴史的意義をもつが、他方では、旧地頭層や地方役人層の既得権と農民層との間の格差の固定化ももたらしたという面への留意も必要である。

さて、土地整理後、農家はどのように変化したであろうか。以下では土地整理以降昭和戦前期の農家の存在形態とその特徴についてみていく。

土地整理においては農地の所有権の法認、租税の金納化とともに、農地面積の測量もなされた。そこでまず、農地の面積の把握についてみていきたい。

土地整理前の農地面積は、『沖縄県統計書』において継続的に農地の面積が掲載されるようになった1890年（明治23）に２万5,027町歩で、その後徐々に増加し、土地整理直前の1898年（明治31）には３万6,458町歩になる。土地整理事業の期間に著しい増加をみせ、土地整理終了後の1904年（明治37）には６万3,005町歩が記録される。以後、農地面積は大正期、昭和戦前期を通してほぼ６万町歩で推移する（第４節　**図1-1**　参照）。しかし、土地整理直前の３万6,458町歩から土地整理終了後の６万3,005町歩へ増加は土地整理の期間４年間の増加としては不自然であり、これは、面積が増加したのではなく、土地整理前に把握されていなかった農地が土地整理にともなう測量の実施によって把握された結果と考えられる〔31〕。

土地整理前と土地整理後の農地貸借の変化について、農家の自作・自小作・小作別の構成の変化をみると（**表1-4**）、百姓地については配当の権利をもつ者に所有権が認められた結果、全体として、自作農の割合が増大し、自小作農、小作農の割合は小さくなっている。もっとも、その変化は地域的にはかなりの差があり、沖縄本島及び周辺離島では、自作農は土地整理前の43.7％から土地整理後は68.0％に高まり、自小作農は33.9％から22.9％へ、小作農は22.3％から9.2％に低下している。土地整理前、ほとんどが小作農として存在していた首里では、自作農は10.1％にとどまり、なお小作農が75.4％を占め、自小作農が14.5％を占めている。宮古では土地整理前からほとんどの農家が自作農であり大きな変化はない。土地整理事業によって土地整理前の農地の貸し借りはかなり整理され自作化されたが、自小作や小作は土地整理後も残された。

表1-4　土地整理前と後における自作・自小作・小作農家構成の変化

(単位：戸、%)

地域		実数				構成比			
		総農家数	自作農	自小作農	小作農	総農家数	自作農	自小作農	小作農
沖縄本島及び周辺離島	土地整理前	53,498.3	23,389.3	18,160.3	11,948.7	100.0	43.7	33.9	22.3
	土地整理後	58,091.7	39,480.3	13,284.0	5,327.3	100.0	68.0	22.9	9.2
首　里	土地整理前	3,056.0	41.3	16.0	2,998.7	100.0	1.4	0.5	98.1
	土地整理後	2,173.7	219.7	316.0	1,638.0	100.0	10.1	14.5	75.4
宮　古	土地整理前	6,918.7	6,892.3	4.3	22.0	100.0	99.6	0.1	0.3
	土地整理後	7,104.7	6,937.7	101.7	65.3	100.0	97.6	1.4	0.9
八重山	土地整理前	3,669.3	2,051.3	1,583.0	35.0	100.0	55.9	43.1	1.0
	土地整理後	3,291.7	2,675.0	509.7	107.0	100.0	81.3	15.5	3.3

出典：前掲、仲地宗俊「沖縄における農地の所有と利用の構造に関する研究」p.32,表1-6より一部引用（一部訂正）。
（原資料：『沖縄県統計書』）。
（原注）：1）土地整理前は1894年、95年、96年平均、土地整理後は1905年、06年、07年平均である。
2）比較の対象とした土地整理前の3ヵ年、または土地整理後の3ヵ年の間で変動が大きい以下の区・間切（村）島は除いた。那覇、真壁、摩文仁、具志頭、座間味、越来、宜野湾、金武、鳥島、多良間である。

農地の貸借の関係は、農地を多く所有する者から零細な農家あるいは農地を所有していない者への貸し付けのほか農家同士の貸し借りなど多様な形態があったと考えられるが、そのうち、大規模に農地を所有する者と零細農あるいは農地のない者との関係について、来間泰男らは、「ウェーキ＝シカマ関係」として特徴づけた〔32〕。ウェーキとは比較的規模の大きい農地を所有している資産家層であり、この層は、前代の地方役人の系譜を引く者や明治中期以降の商品経済の展開のなかで、商品を生産し販売することによって財を築いた刻苦勉励型のケースも存在したとされる〔33〕。先に、地割制の時期に役地の性格を有していた土地も一部は土地整理時に前代の地方役人に所有権が認められたことをあげたが、こうした土地もウェーキ層の資産の「原資」になったと考えられる。

ウェーキから農地あるいは金銭を借り、小作料や利子の代わりに労働力を提供するのがシカマ・イリチリ[18)]であり、ウェーキの農業経営を支えた。来間はこうしたウェーキ＝シカマ関係を「地主＝小作関係と区別」される古い関係と位置付け、大正後期以降没落していったとされる〔34〕。

第3節　農家存在の構造

土地整理後のもう一つの大きな変化は、農村へ貨幣経済が浸透し農民がその中に巻き込まれていったことである。土地整理によって農地の私的所有が法認されるとともに、地価が決定され、個々の農家が直接税金を負担する仕組みになった。

表 1-5　産業別就業者数の推移　（単位：人、%）

	総数	農業	水産業	鉱業	工業	商業	交通業	公務自由業	家事使用人	その他	無業
1920 年	290,193	212,951	7,909	3,667	35,693	15,131	5,854	5,395	125	3,468	3,130
構成	100.0	73.4	2.7	1.3	12.3	5.2	2.0	1.9	0.0	1.2	
1930 年	278,683	202,903	6,930	1,230	31,686	19,767	4,064	7,846	4,205	52	298,826
構成	100.0	72.8	2.5	0.4	11.4	7.1	1.5	2.8	1.5	0.0	
1940 年	251,771	186,850	5,243	2,239	22,326	17,309	4,683	9,679	2,492	950	—
構成	100.0	74.2	2.1	0.9	8.9	6.9	1.9	3.8	1.0	0.4	

資料：『大正 9 年国勢調査』『昭和 5 年国勢調査』『昭和 15 年国勢調査』より筆者作成。
政府統計の総合窓口（e-Stat）(http://www.e-stat.go.jp/)（C:/Users/Owner/Downlosds/)（2023 年 2 月 19 日　最終閲覧）。
向井清史『沖縄近代経済史』日本経済評論社、1988 年 5 月、pp.132-133.表Ⅳ-1　参照。
注：1）人数は小数点以下一桁で四捨五入した。
資料の原表題は、大正 9 年は「職業（大分類）別本業者本業ナキ従属者及家事使用人」、昭和 5 年は「産業（大分類）別人口」、昭和 15 年は「産業（大分類）および男女別有業者数（銃後人口）」である。
2）1930 年の「無業」には、職業分類の「其の他の無業者又は職業の申告なき者」が含まれると考えられる。

このことは、沖縄の農民・農村が日本資本主義の変動により深く巻き込まれていくことを意味する。

金城　功は明治末期の沖縄の経済状況について、1908年（明治41）の『琉球新報』の記事によりつつ、税金の滞納額が莫大な額に達していたうえに、1904年（明治37）に大干ばつが発生し、農家経済が大きな打撃を受けたことを紹介している[19)]。

大正期には、第一次大戦期に砂糖価格が上昇の傾向で推移し、1919年（大正８）、1920年（大正９）に急騰した後、翌21年（大正10）には一転暴落し、その影響を受けて沖縄経済は厳しい不況に落ち込む。さらに、1927年（昭和２）には金融恐慌、1930年（昭和５）、1931年（昭和６）には世界恐慌に見舞われ、経済の疲弊は長期化した[20)]。

産業の構造を産業別の就業者の推移とその構成の変化の観点からみると（産業別就業者数が時系列的に把握できる1920年（大正９）の「国勢調査」以降)、**表1-5**のようになる。

表1-5にみられる就業者数と産業別の構成の主な特徴として次の点があげられる。1920年において29万0,193人を数えた就業者数は、1940年（昭和15）には25万1,771人に減少している。産業別の構成では1920年に農業が73.4%を占め、1940年にもほぼ同じ割合を占めている。工業への就業者は1920年には総就業者数の12.3%を占めていたが、1940年にかけては、就業者数が減少するとともにその割

合も低下している。商業は1920年の5.2％から1930年（昭和５）には大きく増加し7.1％になるが、1940年には就業者が減少し割合も6.9％に低下している。それでも、1920年に比べて就業者数は増加し割合も高くなっている。総じて、就業者構成における農業の圧倒的高さと工業の割合の低さが特徴的である。

沖縄県の戦前期の経済構造について来間泰男は、「この時期における沖縄県の産業構成の特質は、工業が、自らを生み出した旧農業経営の胎内から独立の産業として分離するまでに発展することが弱く、その結果農業が大きな割合を占めたままになっている点に求められる」〔35〕と評している。

こうした工業部門の立ち遅れ、経済の変動、疲弊が続く中で多くの農民が海外移民あるいは出稼ぎとして県外へ流出していく。海外移民は1899年（明治32）（土地整理が始まった時期）頃から始まったとされるが、当初はその人数は少数にとどまった。しかし、1904年（明治37）の大干ばつの後、移民が急速に増加し、これ以降、時期によって増減はあるが多くの移民が海外に流出していく[21)]。移民が大きく増えるのは四つの時期がある。第１の時期は明治後期の1908年（明治38）から1908年（明治41）で、1907年（明治40）にはこの間最大の2,885人にのぼっている。大干ばつの後農家経済が大きな打撃を受けた直後である。第２の時期は1912年（大正元）の2,351人、第３期は1917年（大正６）、18年（大正７）、19年（大正８）の間で、1919年には4,187人が流出している。第４の時期は、1924年（大正13）以降の時期で、1931年（昭和６）、1932年（昭和７）を除いて、年間1,400人を上回る移民が流出している。

戦前期の海外移民は全国的にみられた現象であるが、1899年から1937年までの道府県別の出移民数は、沖縄県は広島県の９万6,181人に次ぐ６万7,650人にのぼり、1940年（昭和15）の沖縄の出移民率（現住人口に対する海外在留者数の割合）は全道府県のなかで最も高く、２位熊本県の4.78％の２倍を上回る9.97％の突出した割合を占めていた〔36〕。

沖縄からの移民は、人口に対するその割合が高いだけでなく、長男の移民が多いことと定着率が悪いことが、特徴としてあげられてきた。このことに関連して、『新沖縄文学』45号の「総特集・沖縄移民」の「座談会・沖縄にとって移民とは何か」で、沖縄と本土において広く移民の調査を行ってきた作家の上野英信が次のような発言をしている。沖縄移民の性格を的確に表していると思われることから（この部分の議論のテーマは「“長男”移民―その社会的背景」である）、主要な個所を引用する〔37〕。

「（前略）、非常に特徴的なことだと感じたのは、当時の家長なり嫡子なりの移民がきわめて多いことです。これは私にとって、大変衝撃的なことでした。（中略）、本土の場合、移民として海外に出ていくのは、貧農の次・三男が圧倒的に多いからです。（以下、略）」。

「それにしても、これはやはり大変なことですよ。東北地方の農民が、冬の間だけ東京へ出稼ぎにゆくのとは質が違います。（以下、略）」。

上野が指摘している「家長や長男が移民として出ていくことへの衝撃的な印象」や「東北の農民の出稼ぎとの質の違い」については、この座談会では回答は出されていないが、それは、家長や長男が家を離れることが比較的容易であったという沖縄の農家や共同体の性格が背景にあったことによるのではないだろうか。すなわち、第１節で述べたように、沖縄においては近世期において自立した小農経営が形成されず、戦前期においても、我が国の農村共同体の単位をなした制度として「家」の形成は弱く〔38〕、そのため農家の経営を軸にした縛りは弱く、世帯員は状況によって比較的容易に家を離れあるいは戻るという意識や社会的構造が横たわっていたと考えられる。

沖縄からの移民のもう一つの特徴として、「腰掛け的出稼ぎ移民」という面があったことも指摘されている〔39〕。

こうした、沖縄移民の特性とされる、長男移民、出稼ぎ移民、定着性の悪さは、また当時の沖縄社会の反映でもあった。

移民を農地との関連でみると、その性格が「出稼ぎ的」であるが故に、彼らはその土地を手放すのではなくいつか帰ってくる日のために親戚などに預けておく。石井啓雄はこうした農地の所有・利用の関係を「預け・預かり」22) の関係として性格づけた。

また戦前期は、外国への移民だけではなく、本土への出稼ぎ、植民地への移住者も多く、1935年（昭和10年）の県外在住者は３万2,335人、植民地在住者は１万7,614人にのぼっている〔40〕。安仁屋政昭は、本土への出稼ぎを「短期出稼ぎ型の工場労働者」と性格づけている〔41〕。

さてそこで、このような産業構造と経済状況のもとで、農家の存在はどのよう

表 1-6　農家の経営耕地面積規模別農家構成

		実数（戸）	構成（％）							
		農家総数	農家総数	5 反未満	5反〜1町	1〜2町	2〜3町	3〜5町	5〜10町	10町以上
農林省統計表 1938 年	都府県	5,232,704	100.0	34.5	33.7	24.7	5.5	1.5	0.2	
	沖縄県	90,238	100.0	54.5	28.5	12.0	3.1	1.5	0.4	
沖縄県統計書 1938 年	沖縄県	87,920	100.0	54.4	28.5	12.3	3.0	1.3	0.4	
沖縄県統計書 1938 年・39 年 40 年平均	沖縄県 全域	88,951	100.0	54.8	28.3	12.1	3.1	1.4	0.4	
	沖縄本島及び 周辺離島	65,933	100.0	60.2	27.6	10.1	1.7	0.3	0.1	
	宮古・八重山	14,917	100.0	33.1	25.7	22.7	10.1	6.6	1.8	

資料：農林水産省統計情報部『農業センサス累年統計書』（1983 年 2 月）、『沖縄県統計書』「耕地耕作面積ノ廣狭ニ依リ區別シタル農家戸数」より筆者作成。
（来間泰男『沖縄の農業』、日本経済評論社、1979 年 8 月、p.20,表 1-2　参照）。
注：1）「農林省統計表」は、1939 年・40 年の統計が記載されていないため、1938 年単年の数値をとり、比較の対象とした『沖縄県統計書』についても 1938 年単年とした。
2）沖縄本島及び周辺離島については、佐敷村、中頭郡具志川村、中城村は、規模間の数値の入れ違い、所有規模別と耕作規模別で同じ数値が記載されているなど不自然な個所があることなど不自然な個所があることから集計から除いた。

になっていたであろうか。視点を農家の側に転じていこう。土地整理以降の農家数の推移を大きくとらえると[23]、総農家戸数は、土地整理直後の７万7,984戸（1904年、05年、06年平均）[24] から大正末には８万5,000戸に増え、さらに昭和初期（1930年代前半）には９万2,000戸〜９万3,000戸に増える。しかし、1933年（昭和８）の９万3,187戸をピークに以降は徐々に減少し、1940年（昭和15）には８万9,357戸になる。

農家の経営耕地面積規模別の構成をみるために、都府県の経営耕地面積規模構成との比較を含めた規模別構成を**表1-6**に示した。都府県との比較は統計の制約上、「農林省統計表」1938年単年の数値である。特徴的な点は、沖縄県では５反未満層の割合が極めて大きく、５反〜１町層以上の層では小さいことである。特に１〜２町層では都府県の半分程度の割合である。３〜５町層では同じ、５〜10町層以上では沖縄県の方がやや大きい。『沖縄県統計書』1938年の数値は、1938年の「農林省統計表」と『沖縄県統計書』の規模別構成のずれをみるための表示である。農家の総数においては『沖縄県統計書』ではやや少なくなっているが、規模別の構成についてはほぼ同じである。

『沖縄県統計書』1938年・39年・40年平均は、沖縄県全体と地域別の経営規模別の構成を示した。沖縄県全体については、1938年・39年・40年平均の構成も『沖

表 1-7-（1）　耕地耕作規模別農家戸数の推移（3 年平均）（沖縄本島及び周辺離島）

（単位：戸、%）

	総農家戸数	5 反未満	5 反～1 町	1～2 町	2～3 町	3～5 町	5～10 町	10 町以上
1923～25 年	64,866	39,739	17,186	6,209	1,279	397	50	7
構成	100.0	61.3	26.5	9.6	2.0	0.6	0.1	0.0
1932～34 年	69,600	42,902	18,636	6,444	1,192	348	65	12
構成	100.0	61.6	26.8	9.3	1.7	0.5	0.1	0.0
1938～40 年	65,933	39,663	18,210	6,665	1,117	227	47	4
構成	100.0	60.2	27.6	10.1	1.7	0.3	0.1	0.0

資料：『沖縄県統計書』「耕地耕作面積ノ廣狭ニ依リ區別シタル農家戸数」より筆者作成。
注：1）年次は 3 年平均、戸数の数値は小数点以下四捨五入で示した。
　2）宮古・八重山は規模別構成が異なることから集計から除外した。
　3）沖縄本島及び周辺離島のうち、佐敷村、中頭郡具志川村、中城村は、集計から除いた。

表 1-7-（2）　耕地所有規模別農家戸数の推移（3 年平均）（沖縄本島及び周辺離島）

（単位：戸、%）

	総農家戸数	5 反未満	5 反～1 町	1～3 町	3～5 町	5～10 町	10～50 町	50 町以上
1923～25 年	59,068	34,878	16,200	6,830	955	162	42	1
構成	100.0	59.0	27.4	11.6	1.6	0.3	0.1	0.0
1932～34 年	61,674	36,396	17,071	7,293	704	173	36	1
構成	100.0	59.0	27.7	11.8	1.1	0.3	0.1	0.0
1938～40 年	58,711	33,878	17,093	7,056	530	131	23	1
構成	100.0	57.7	29.1	12.0	0.9	0.2	0.0	0.0

資料：『沖縄県統計書』「耕地所有面積ノ廣狭ニ依リ區別シタル農家戸数」より筆者作成。
注：表 1-7-（1）に同じ。

縄県統計書』1938年単年の場合とほぼ同じである。しかし、沖縄県のなかで地域別にみると、沖縄本島及び周辺離島と宮古・八重山の地域では、農家の経営耕地面積規模の構成は大きく異なる。沖縄本島及び周辺離島[25)]の規模別構成では、5反未満層の割合が県全体の場合よりさらに大きくなり、60.2%を占める。1～2町層までで98%を占めている。圧倒的な零細・下層規模層の堆積である。

戦前期沖縄農業における耕作面積規模の零細性については、これまでも指摘されているが、戦前期、その特性として、零細分散・多労多肥があげられた日本農業のなかにあっても、沖縄県の農家の経営耕地面積規模別の構成における零細・下規模層の割合の大きさは際立っている。

こうした、零細・下層規模層に大きく偏った農家の耕作規模構成の大正後期以降の時系列変化（1923～25年、1932～34年、1938～40年）を沖縄本島及び周辺離島を対象に見たのが**表1-7-（1）**である。1923～25年から1932～34年にかけては、農家数が全体として増加しており、そのなかで、5反未満層、5反～1

表 1-8　耕地所有規模別農家戸数に対する耕作農家戸数の比（3 年平均）
（沖縄本島及び周辺離島）（所有農家数＝100）

<table>
<tr><th></th><th>総農家戸数</th><th>5 反未満</th><th>5 反～1 町</th><th>1～3 町</th><th>3～5 町</th><th>5～10 町</th><th>10～50 町</th><th>50 町以上</th></tr>
<tr><td>1923～25 年</td><td>109.8</td><td>113.9</td><td>106.1</td><td>109.6</td><td>41.6</td><td>30.9</td><td colspan="2">16.3</td></tr>
<tr><td>1932～34 年</td><td>112.9</td><td>117.9</td><td>109.2</td><td>104.7</td><td>49.4</td><td>37.6</td><td colspan="2">32.4</td></tr>
<tr><td>1938～40 年</td><td>112.3</td><td>117.1</td><td>106.5</td><td>110.2</td><td>42.8</td><td>35.9</td><td colspan="2">16.7</td></tr>
</table>

資料：表 1-7-（1）、表 1-7-（2）より筆者作成。

町層、１～２町層の各階層も増えている。２～３町、３～５町層では減少しているが、５～10町層、10町以上の層では大きく増加している。1932～34年から1938～40年にかけては農家数が全体として減少し、５反未満層も減少するが、５～１町層は微減、１～２町層ではわずかながら増加している。２～３町層は減少しているが、３～５町層以上の層では大きく減少している。３～５町層以上の層は農業経営から大きく後退していることが分かる。

同様のことを耕地の所有規模別の構成でみたのが**表1-7-（2）**である。耕地所有戸数全体の傾向としては、1923～25年から1932～34年にかけて増加し、1938～40年にかけては減少している。規模別には、５反未満層では増加—減少、５反～１町層は増加—横ばい、１～３町層では増加—横ばいで推移している。変化が大きいのは３～５町層以上の層である。３～５町層は1923～25年以降一貫して大きく減少している。５～10町層は1923～25年から1932～34年にかけては増加するが、1938～40年にかけては大きく減少している。10～50町層も1923～25年以降一貫して減少している。３～５町層以上の層は農地所有の面においても大きく後退している。

そこでさらに、耕地の所有規模（**表1-7-（2）**）と耕作規模（**表1-7-（1）**）の対応関係を階層ごとにみたのが**表1-8**である。これは、ある規模の耕地を所有している農家数に対し同じ規模の耕地を耕作している農家がどの程度あるかを、所有農家数を100として示したものである。すなわち、この値が100を上回る場合は、耕地を借りている農家が多いと考えられ、100を下回る場合は耕地を貸している農家が多いことを意味している。

規模別にその関係を見ると、１～３町層までと３～５町以上層ではその関係が大きく異なっている。すなわち、１～３町層までの階層では、1923～25年、1938～40年の全期間で100を上回っていることから、これらの階層では耕地を借り入れている農家が多く、一方、３～５町以上の階層ではいずれも100を下回っており、これらの階層では耕地を貸し出している農家が多いと考えられる。所有している耕地と同じ規模を耕作している農家は３～５町層では42～43%、５～10町層では31～38%、10町以上層では16～32%にとどまる。３～５町以上層では大半の農家が耕地を貸し出していると言える。１～３町層を境に100を上回る階層と下回る階層が分かれていることは、１～３町規模までは家族労働力に農繁期にはユイマールを加えた労働力で耕作できるが、この規模を上回ると家族労働力では対応できず、貸し出していると考えられる。この３～５町層以上の耕地所有者が先述したウェーキと呼ばれる層をなしていたと考えられる。もっとも、３～５町層以上でも同じ規模を耕作している農家もあるが、それは、先述のウェーキ＝シカマ関係におけるシカマあるいはイリチリの労働やユイマール、さらには雇庸などで補っていると考えられる。

時系列傾向では特に、３～５町層以上の階層の1932～34年以降の低下が目立つ。３～５町層、５～10町層、10町以上層は、**表1-7-(2)** でみたように耕地の所有者としての戸数も大きく減少しており、この階層は、耕地の所有者としても大きく後退していったと言える。

耕地の所有と耕作の関係では、耕作規模では１～２町規模までで農家のほぼ98%を占め（**表1-7-(1)**）、３～５町層以上の規模は1932～34年以降耕作者としても、耕地の所有者としても、大きく後退していく。1930年の福岡県内務部「沖縄県小作ニ関スル調査」は、この時期の地主と小作の関係について、「糖業不況、労力欠乏等の為耕作熱減退し小作料は漸次低落の趨勢にあり而も内地と異なり地主の自作にも限定あるへきを以て地主は寧ろ弱気の位地にありて小作地の変換を恐れ居るもの丶如く小作料の維持にさえ困難を来しつ丶あり、それとて進んで軽減する温情も勇気もなく土地を擁して徒に不安の念に駆られつ丶あるの実情にあり。」〔42〕と述べている。また、向井清史は、大正後期以降の小作料率の推移を検討し、小作料は長期的に低落の傾向にあったことを示している〔43〕。

農地の貸し借りの形態では、前出、福岡県内務部「沖縄県小作ニ関スル調査」によれば、小作料を貨幣で支払う普通小作の形態が一般的とされているが、そのほかに、土地整理以前から存在した「刈分」、「労務を以て小作料に代ふる契約」（これが、「ウェーキ＝シカマ」関係のもとでの小作と考えられ、昭和期にも存続し

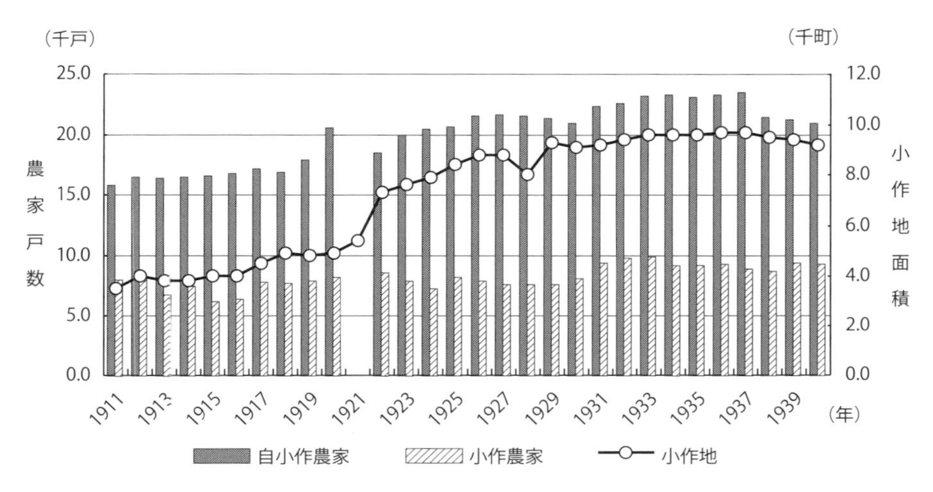

図1-1　自小作農家数・小作農家数および小作地面積の推移

資料：『沖縄県統計書』「自作及小作戸数」「農家戸口」「専兼別農家戸数」、「自作地及小作地」「耕地」「自作小作別耕地反別」より筆者作成。
注：1921年はデータを欠く。

ていたと考えられる。）があげられているが〔44〕、さらに、移民・出稼ぎが増える中で発生した「預け・預かり」といった形態、あるいは小規模農家同士の貸し借り（交換耕作）が混在していたと考えられる。

一方、農地を借り入れる側の農家について、その量的な推移をみると（**図1-1**）、自小作農家数は1919年から20年にかけて増加した後、1922年以降微減、1931年以降は横ばいで推移するが、1938年以降は減少に転じている。小作農家は1910年代初期の8,000戸台から1910年代中期には6,000戸台に減少するが、以降増加し、1920年代には7,000～8,000戸、1930年代には9,000戸台になる。総農家数に対する割合ではほぼ８～10％である。

小作地面積は1920年から1929年にかけて増加するが、1930年以降は横ばいで推移している。1920年代、自小作農家・小作農家の戸数はそれほど増加しないが、小作地の面積が増加する動きがみられたが、1930年以降はその動きも見られなくなる。先の**表1-8**と合わせてみると、１～３町規模で家族労働力で耕作できる上限の規模をなし、それ以上の展開はみられない[26]。

第4節　農業生産と農家経済

次に戦前期における生産と農家経済についてみておきたい。まず、作物作付けの変化についてである。土地整理以降の耕地面積と作物作付面積（土地利用）の推移を示すと**図1-2**のようになる。耕地面積は第2節でみたように、土地整理前は統計的把握が不十分であると考えられ、土地整理後はほぼ6万町歩で推移する。作物は、構成で捉えると、甘藷がほぼ40％を占め、サトウキビが25％、稲10％、豆類10％、残りは麦類、雑穀、野菜という構成であった。畑作農業としての姿が示されている。甘藷は主要な食糧作物して重要な作物であった。

サトウキビは早くから明治政府が沖縄農業における換金の主力作物として注目

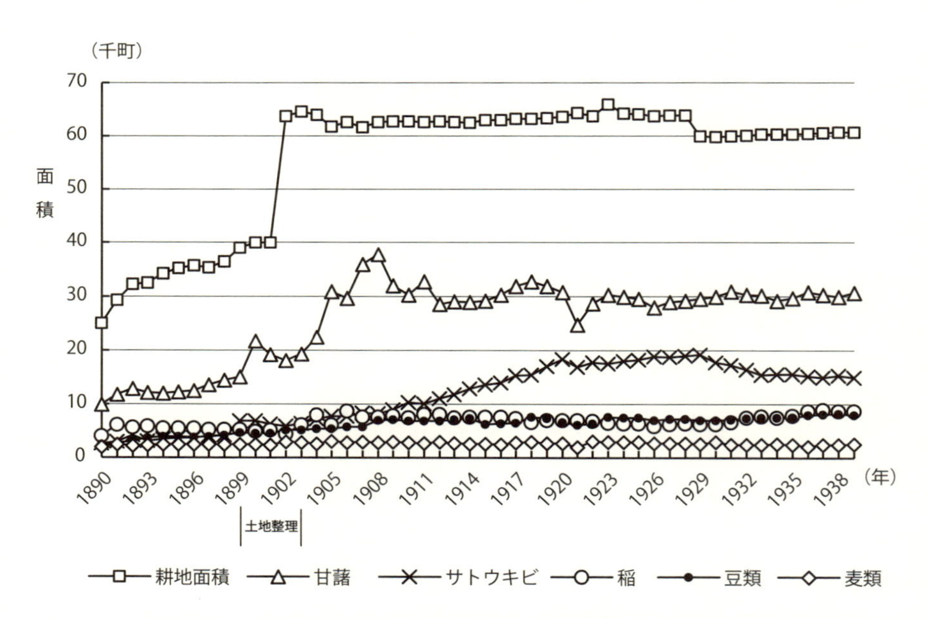

図1-2　戦前期の耕地面積および主な作物の作付面積の推移（1890年～1939年）

出典：前掲、仲地宗俊「戦前期沖縄農業における土地利用形態の地域性」、p.49の図2を一部修正した。（原資料：『沖縄県統計書』、「勧業」「産業」「農業」）。（加用信文監修『都道府県農業基礎統計』、農林統計研究会編、参照）。

注：1）耕地面積は、「自作地小作地」「作付及不作付」「総面積ト耕地牧場原野」による。1929年は「農業調査」が実施されている。1923年～25年、1929年以降は大東島が記載されている。
2）サトウキビは収穫面積である。1920年以降大東島を含む。
3）稲は水稲1期作、2期作の計である。

し普及を図った。1888年（明治21）に作付制限が撤廃されて以降、各地で面積が増大し、1920年（大正９）には収穫面積で１万8,318町、1929年（昭和４）には１万9,195町に達する[27)]。しかし、この時期が戦前期最高の面積で以後は緩やかに減少に向かう。もっとも、昭和初期から大茎種が普及したことにより夏植えの作型が増えており、栽培面積としては、1937年（昭和12)、1938年（昭和13)、1939年（昭和14）平均で２万町強になっている。

また、砂糖の製造についても、1881年（明治14）に農事試験場が設置され、諸作物の試作とともに砂糖製造に関する試験が主要業務として位置づけられた〔45〕。1906年（明治39）には、当時、製糖の主体であった含蜜糖（黒糖）からより商品性のある分蜜糖への切り替えを目指し、糖業改良事務局が設置され分蜜糖工場を建設しその普及を図っていく。糖業事務局は1912年（明治45）に廃止され、県立糖業試験場が設置された。さらに県立糖業試験場は県立農事試験場を那覇支場として管理下におく体制へと移行した。さらに、1920年（大正９）糖業試験場から農事試験場が分離、組織替え支場の独立等の過程を経て、1931年（昭和６）に県立農事試験場および糖業試験場が合併し沖縄県立農事試験場となった〔46〕。

砂糖の製造については、政府や沖縄県当局は含蜜糖から分蜜糖への移行を推進したが、分蜜糖の生産は砂糖生産量のほぼ３分の１にとどまり、砂糖生産の主流にはならなかった〔47〕。含蜜糖の生産の方法は、畜力または水力を動力源として搾汁車を回転させ、サトウキビを搾汁する方法であり、人手を要する工程は集団で労働力の交換しながら行う共同作業（ユイマール）で行った。1911年（明治44）からは石油や蒸気・ガスを動力源とする改良式製糖が導入され、昭和期に入ると改良式が増えてはいくものの、大部分は在来の畜力・水力に依存した。在来式による製糖方法は、農家にとっては自家労働力を加工部門に投入することによって所得を上積みするものであった。農工未分離の経済段階にあって農家は自ら製糖を行うことによって加工まで含めて自家労賃を確保せざるを得ない経済構造があった〔48〕。

ところで、作物の作付けについては、沖縄県立糖業試験場によって1915年（大正４）に刊行された『西原叢書　第二編　甘蔗栽培法』は、サトウキビの栽培について、永年の宿根（株出し）や連作は好ましくなく、輪栽（輪作）での必要を説いている。そして、「本県ニ於ケル輪栽ノ方法ハ今尚研究中ニ属スル」としつつ、サトウキビを中心とした4通りの作物作付けの方式を紹介している〔49〕。

すなわち、1年目、2年目はサトウキビとサトウキビ株出しを続けた後、3年目以降、サトウキビ株出し、あるいは甘藷または大豆を組み入れるという方法である。このような作付けの方式が実態としてどのくらい行われていたかは把握できないが、1930年（昭和5）の「沖縄県食糧農産物自給増殖奨励計劃書」では、沖縄県において食糧農産物や移出農産物が発達しない理由として、15の項目をあげており、その第三項目で次のことを指摘している。「本県農業ハ甘蔗甘藷ノ単一式農業而モ換金作物ニノミ偏シ複式農業ノ経営ニ進マズ故ニ土地利用労力ノ調節ニ合理的ナラザル事情多キコト」〔50〕。

今日の作物の構成からみれば戦前期の作物構成は多様な作物が栽培されていたようにみえるが、それでも全国的な視野から見れば「単一式農業ニ偏シ」、「複式農業ノ経営ニ進マズ」ということが沖縄農業の問題とされていた。

さて、こうした作物の作付けと一体をなす生産力については戦前期を通じて低い水準にあったが、そのなかで、生産力が上昇に向かった時期が大きく二つある。その一つは土地整理直後の時期である。土地整理を境に粳米1期、大豆、甘藷、サトウキビの反収が上昇する。この時期の反収の上昇については、土地整理事業の成果としてこれを評価する見解と評価しない見解があった〔51〕。評価する見解は、事業を実施した明治政府である。明治政府はその成果を高く評価し、土地整理は生産力を引き上げたとした。一方、仲吉朝助は、統計的に土地整理前と土地整理後の反収の変化を示し、土地整理後はむしろ反収が低下していることを主張した。しかし、仲吉の反収把握は、実態より少なく把握されていたと考えられる土地整理前の農地面積を基礎にして反収を算出していると考えられ、この場合は、当然、反収は実際より高くなる。土地整理の時期を基準とした主な作物の反収の推移は、土地整理前の高い水準から土地整理の時期に低下していき、土地整理後、徐々に上昇している。生産力は緩やかながら上昇したとみるべきであろう〔52〕。

次の画期は昭和の初期である。1930年（昭和5）から1938年（昭和13）にかけて、サトウキビと米の反収が大きく上昇する（**図1-3**）。

サトウキビについては、昭和初期まで主に在来種から選抜された読谷山荻と呼ばれる品種が栽培されていた。大正末に台湾から大茎種系統の品種が導入され、昭和初期から急速に普及し、1933年（昭和8）には普及率が81.5%に達した。そ

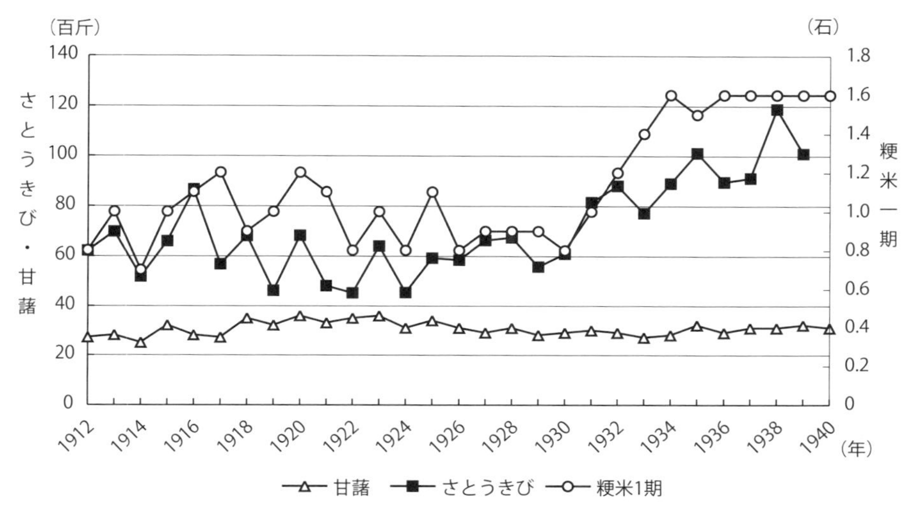

図1-3　大正期から昭和初期にかけての主な作物の反収の推移

出典：前掲、仲地宗俊「沖縄における農地の所有と利用の構造に関する研究」p.48,　図2-3、より引用（第１縦軸目盛変更）。（原資料：『沖縄県統計書』）
注　：１）さとうきび、1920年以降大東島を含む。
　　　２）米、1930年以降は粳米、糯米の区別はなく、水稲１期作である。

の大部分はPOJ2725とされている。大茎種の反収を在来種と比べると、在来種新植の5,893斤に対し大茎種は春植１万0,633斤、株出では在来種6,344斤に対し大茎種は9,438斤と、それぞれ80％、49％も高く、夏植では１万9,553斤もの反収が得られている〔53〕。またこの時期以降、サトウキビ作付けの作型で夏植が増え、また栽培技術の面では条植えに変わっていった〔54〕。

稲についてもこの時期いくつかの新しい品種が導入され、そのなかから1930年（昭和５）に台湾から導入された台中65号が、在来の稲に比べ反収が高く1934年に奨励品種に指定された28)。

サトウキビと稲の新品種の導入と反収が上昇した後の作付構成を示す**表1-9**のようになる。割合として最も大きいのは甘藷で、県全体で38.4％、国頭郡では43.8％を占める。甘藷に次ぐのはサトウキビであるが、地域的には差があり、国頭郡、八重山郡では相対的に割合が低い。稲は大正期に減少の傾向にあったが、1932年（昭和７）頃から増加し、1937年（昭和12)、1938年（昭和13)、1939年（昭

表1-9　1937年（昭和12）、1938年（昭和13）、1939年（昭和14）平均の作付構成

（単位：%）

地　域	作付面積計	甘藷	サトウキビ	稲	麦類	豆類	雑穀	工芸作物	野菜	緑肥作物
県　計	100.0	38.4	26.5	11.6	3.1	10.3	2.6	1.9	3.0	2.7
国頭郡	100.0	43.4	13.7	20.3	3.1	5.7	1.6	4.1	3.6	4.4
中頭郡	100.0	35.7	35.4	6.2	1.2	14.9	0.8	0.9	2.4	2.6
島尻郡	100.0	39.9	32.6	9.2	0.9	9.9	0.5	1.7	3.3	2.0
宮古郡	100.0	35.7	28.0	2.6	9.5	10.5	8.0	0.5	2.5	2.7
八重山郡	100.0	36.0	4.9	34.7	3.9	6.0	7.5	3.5	3.0	0.5

出典：前掲、仲地宗俊「戦前期沖縄農業における土地利用形態の地域性」、p.64, 表11より引用。（表題に西暦を加筆）。
（原資料：『沖縄県統計書』）。

（原注）：1）島尻郡は大東島を除き、首里・那覇を含む。
2）サトウキビは次年の夏植収穫面積を当年栽培面積として加えた（『糖業彙報』4号による）。ただし、昭和15-16年期の年期の収穫面積は把握できないことから、昭和13-14年期、昭和14-15年の平均で推定した。

和14）平均では作付け延べ面積の11.6%を占めている。特に国頭郡では20.3%、八重山郡では34.7%を占めている。**表1-9**では郡の単位で示したが、その他、島尻郡に属する離島地域でも稲が相対的に高い割合を占めている。畑作農業として特徴づけられる沖縄農業の中でもこの時期は地域による違いがなお大きかった。豆類は県全体では10.3%であるが、中頭郡では14.9%を占めている。雑穀は県全体では2.6%、宮古郡では8.0%、八重山郡では7.5%を占めている。

この時期の沖縄農業の生産構造の特質として大きく次のことがあげられる。第1は基盤整備の後れである。吉永安俊は、戦前期の水利改良および区画整理に関する資料に基づき、土地改良および区画整理が実施された面積割合は水田で26%、畑では6%、としている〔55〕。きわめて低い割合である。

第2は生産技術の低位性である。石橋幸雄は、『帝国農会報』第26巻2号（1936年）に「沖縄農業の貧困」と題する論考を寄せ、沖縄農業を全国の農業と比較し、経営耕地面積が著しく零細性であること、耕地の利用度が低いこと、土地生産性が低いこと、技術が後進的であることを指摘し、なかでも労働手段の貧弱さについて、「沖縄の農業は正に数個の鍬とヘラ（甘藷の挿苗に用ゆ）の農業と云ってよい」〔56〕と述べている。

第3は生産力の水準の低さである。来間泰男は、1903年（明治36）から1942年（昭和12）までの米、小麦、甘蔗の反当収量の推移を全国と比較し（甘蔗については台湾と比較）、経時的に上昇はしているが、全国の水準に比べれば、昭和期においてもなお大きな格差があることを指摘した〔57〕。

一方、向井清史は、明治以降の農業生産の変化を統計的に整理し、サトウキビ、稲の新品種の導入、および新品種の導入に伴う肥料投入量の増加などをあげその増大の側面を強調した〔58〕。「農業生産力の上昇をもたらした新生産力体系を、さし当たり耐肥性品種の導入とそれに対応した肥料投入の増加と特徴づけることができるが、さらに忘れてならないのは新生産力体系への移行が労働投入における量的及び質的変化をも同時に随伴したことである」〔59〕。

しかし、戦前期沖縄農業の前進面を強調した向井も、その全体的な結論としては、「1930年代における新生産力体系への移行＝技術革新は跛行的に進行し、新生産力体系の基盤は極めて脆弱なものであった」。「（前略）新生産力体系はアダ花としての意味しかもちえなかった」〔60〕とし、その限界を述べている。

こうした生産力、技術と相互に関連する農家の経営は次のような性格を持っていた。戦前期における農家経営の構造については、前出、仲地宗俊「沖縄における農地の所有と利用の構造に関する研究」で農林省経済更生部『昭和11年度農家経済調査報告』を基に検討したので、ここではその結果を踏まえて特徴を整理すると次のようになる〔61〕。

① 農家の主な生産部門としては、農産加工、養畜、「耕種その他」の三つの部門が柱をなした。農産加工はサトウキビを原料とした黒糖の生産、養畜は豚の飼養である。「耕種その他」は甘藷が主体をなしていた。

こうした農家経済の特性について、沖縄の歴史研究家仲原善忠は「沖縄の経済は、芋を作って食べ更に砂糖を売って米その他を買うという太い線で貫かれている」〔62〕と評し、向井清史は、「戦前期沖縄農業の経営組織は、甘蔗、甘藷の耕種部門を主とし、養豚を従とするタイプが基本的であった」と評した〔63〕。

② 農業経営費は、府県に比べて自作農では66.8％、自小作農で61.3％、小作農では47.7％の水準にあり、費目別には、加工原料費と光熱動力費、家畜費が府県に比べて高いのに対し、飼料費は自作農3.3％、自小作農5.0％、小作農14.1％、農具費は自作農22.4％、自小作農8.1％、小作農8.9にとどまっている。肥料費も少なく、府県に比べて自作農46.2％、自小作農37.1％、小作農32.8％の水準である。

加工原料費と光熱動力費が高いのは黒糖の製造にかかる費用と考えられる。家畜費は豚の素畜費、衛生管理等に要する費用と考えられる。これに対して飼料費は低い。飼料は残渣を利用した飼育によるものと考えられる。

農具費の少なさについては、前出石橋幸雄の指摘とも符合する。

③　支払い小作料は府県に比較して自小作農で28.3％、小作農で17.9％と低い。

④　耕地1反当たり労働日数は、府県に比べて自作農225.3日、自小作農135.1日、小作農148.8日と、多労多肥と特徴づけられた我が国一般の農業よりさらに多労の状態にあった。

⑤　これに対し、家族農業従事者1人当農業所得は、自作農64.8％、自小作農46.5％、小作農44.8％の水準にとどまっている。経営の効率性の低さを物語っている。

⑥　さらに、農業固定装備率は府県に対して自作農37.7％、自小作農54.5％、小作農66.5％の水準であり、農業への投資の水準も低かった。

第5節　小括

沖縄においては農業生産の基盤をなす農地の近代的土地所有の成立は遅く、1899年（明治32）から1904年（明治36）にかけて実施された土地整理事業によってなされた。土地整理以前の農地の所有と利用は、共同体である「村」の共同体的所有のもとにおかれ、「村」の構成員である地人によって、割り替え耕作がなされた。この仕組みは「地割制」と呼ばれた。地割制のもとでは、耕地は地人家族の構成（人数、男女別、年齢）によって耕地が配当され、耕作は役人の「駆り出し」によってなされた。こうした仕組みのもと我が国近世期におけるいわゆる近世小農は形成されなかった。

地割についてはこれまで農地の配分の仕組みが主に注目されてきたが、割り替えと割り替えの間における「村」と地人、地人相互の貸し借りが広くなされ農地の配分と耕作の実態のずれを補完していたと考えられる。

土地整理によって、農地の私的所有が制度として確立されるとともに地価が定められ、租税の金納制が敷かれた。土地整理は、地割制を解体し土地制度を「近代化」—私的土地所有の形成—するが、このことは一方では、沖縄の農業・農民が日本資本主義のなかに巻き込まれていく新たな契機もなした。しかも、産業における工業化への展開は弱く、就業者の7割以上は農村に滞留した。

こうした状況のなか、税金の滞納や自然災害によって農村は経済的に疲弊が進み、多くの農民が移民として海外へ流出し、また県外へ出稼ぎ労働者として流出していく。もっとも移民も出稼ぎ的であり、短期的な賃金稼ぎが特徴とされた。こうした出稼ぎの背景には、近世紀を通していわゆる「家」の制度が形成されず、個々の農民が家や共同体を離れやすい社会的構造としてあり、その契機としては農民の経済的疲弊があった。

そこでは、経営に投資して生産を拡大する方向ではなく、労働力を切り売りして生計を維持する方向に向かわざるをえなかった。

農家の耕作規模別階層の構成では、５反未満層、５反～１町層、１～２町の層が農家戸数の97％を占める零細・下層農が堆積する構造が形成された。耕地所有者の規模別の推移では、２～３町以上の層が大正後期以降減少し始め、1930年代初期にはその動きはさらに大きくなる。耕地の所有と耕作の規模ごとの対応では、５反未満層、５反～１町層、１～２町層では、耕作農家数が所有農家数を上回り、３～５町層以上の層では、所有農家数が耕作農家数を上回っている。すなわち、２～３町層を境に、耕地を借り入れる農家層と貸し出す農家層に分かれている。耕作面積では１～２町層が家族労働に農繁期にユイマールを加えた労働力で耕作できる上限をなしていた。この規模を上回り家族労働で耕作できる上限を上回る農地は貸し付けた。この層がウェーキと呼ばれる資産家層をなしていたと考えられる。しかし、この層も大正後期以降の労働力の流出、小作料の低下傾向の下で後退していく。

自小作農・小作農、小作地の時系列的推移では、1920年代は自小作農家数、小作地面積が増加した。しかし、1930年代には自小作農家数、小作地面積は横ばいで推移する。

生産力の水準は低い状態が続くが、昭和の初期には、サトウキビと水稲で新しい品種が導入され、肥料の投入量がふえるなど上昇する兆しがみえた。しかし、生産の基盤の立ち後れ、経営の零細性、貧弱な労働手段のもとで、農業の経営としての機能は脆弱であり、資本を投下して生産を拡大するメカニズムは作用するには至らず、経済の状況は戦時体制から戦時に巻き込まれていく。家族労働力で対応できる面積は１～２町が限界をなしていたと考えられ、生産基盤の整備と労働手段の改善は戦前期農業の大きな課題であった。

注

1）旧慣存続の把握と用語については、安良城盛昭「『旧慣温存期』の評価」、同「『旧慣温存期』の評価・再論」（『新・沖縄史論』沖縄タイムス社、1980年7月）参照。

2）1907年（明治40）に「沖縄県及島嶼町村制」によって町・村が設置される以前の沖縄における地域の単位。間切は現在の市町村の範囲に相当し、複数の「村」から構成される。「村」は現在の字・集落の範囲に相当する。本書では現在の地方行政単位である村と区別するため「村」と表記する。

3）仲地宗俊「沖縄における農地の所有と利用の構造に関する研究」（『琉球大学農学部学術報告』、第41号、1994年）、第1章第2節を要約した。

4）農地の種類の区分の方法は、資料によって若干異なる。

5）首里王府の上級支配層。間切・「村」を領有した。参考：仲地哲夫「地頭」（『沖縄県史』別巻、沖縄近代史辞典、1977年3月）。

6）前掲、『沖縄県旧慣租税制度』（『沖縄県史　21』（旧版）、所収）、p.208の表、（各離島を含まない。）元文検地（1737年～1750年）による。

7）「地頭地」については「旧」が付されているが、この時期、地頭には禄が給されるようになったことから、作得地としての地頭地は、建前上は存在しないという状況になっていたことによると考えられる。

「地頭ナルモノハ明治十三年録制々定以降該役地ノ関係ヲ離レ明治十七年ヨリ其ノ耕作人之ヲ作地セリ」（沖縄県内務第一課『沖縄旧慣地制』明治26年6月、『沖縄県旧慣租税制度』（『沖縄県史』21（旧版）旧慣調査資料、1968年、所収、p.155）。

8）首里・那覇の下級士族で農村に移住し農業に従事した者。帰農士族。

9）沖縄県の刈分小作については、そのほか、前掲、『農地制度資料集成　補巻一』昭和48年3月、の「第三篇　特殊小作慣行」の付録「第二　大正年代ニ於ケル刈分小作一覧表」（農林省編「大正十年小作慣行調査」中ヨリ抜粋」）。

福岡県内務部（地方小作官　牛島英喜）による「沖縄県小作ニ関スル調査」（昭和5年3月）でも記されている。（『沖縄県史』15（旧版）、雑纂2、に収録）。

10）『沖縄県統計書』による。1890年（明治23）から1893年（明治26）の間は、自小作農、小作農に関する数値がなく、1894年（明治27）から1898年（明治31）の間は、小作地に関する数値がない。

11）仲地宗俊「戦前期沖縄農業における土地利用形態の地域性」（農耕文化研究振興会『農耕の技術と文化』21、1998）pp.50-53.を要約した。

12）国頭地方でサトウキビの栽培がなされていた間切は、「沖縄県旧慣租税制度」および金城功『近代沖縄の糖業』（ひるぎ社、1985）、p.18では、金武、本部、今帰仁の3間切および伊江島とされているが、安次富松蔵『校注・舊琉球藩ニ於ケル糖業政策』（天野哲夫　校注、1976年1月）では、国頭間切でも栽培されていたとしている（同書、pp.55, pp.61）。

13）同史料は、島尻役所から各間切に出された「耕作上に関する間切内法」の取り調べに対する回答の形式になっている。他の間切では間切内法・村内法から該当すると思われる条項を抜き出して報告しているが、南風原間切では「耕作働方締方帳」が報告されている。史料の日付は乾隆33年戊子五月（1768年）、島尻役所への届は明治25年10月（1892年）に「島乾第七五三号」への回答の形になっている。「琉球産業制度資料」（仲吉朝助編集）（小野武夫編『近世地方経済史料　第９巻』、吉川弘文館、1932年）の「農事に関する間切、村内法」の項に収録されている。

なお、同史料は「琉球産業制度資料」では「南風原間切内法」として分類されているが、『沖縄県14　雑纂１　資料編４』（1989年）に収録されている南風原間切の「間切内法」、「村内法」には、この条項は確認できない。

14）土地整理事業に関する主な論文は、西原文雄「土地整理」（『沖縄県史　別巻　沖縄近代史辞典』、1977年）に紹介されている。

15）前掲、仲地宗俊「沖縄における農地の所有と利用の構造に関する研究」、第１章第４節、参照。

16）地頭質入地については、「質取主又ハ其ノ権利ヲ承継シタル者ノ所有トス」と規定されている。（「沖縄県土地整理法」第８条）。

17）前掲、『沖縄県旧慣租税制度』、pp.204-205.では、置県後の地頭地、オエカ地、ノロクモイ地存在の問題について次のように述べている。

地頭地については、「廃藩置県ノ折地頭ノ作得ハ巨細取調ヲ為シテ皆家禄ノ一部ニ編入シテ下附スルコトヽナシ（中略）爾来地頭地ハ当然地頭トノ関係ヲ離レテ百姓ニ戻ルヘキモノナルハ理ノ当然ナリ然ルニ明治十七年県令甲第一三号ハ拾掛地又ハ質入地ヲ村ニ引揚ルコトヲ禁止シタルノミナラス置県以来ニ引揚ケタル小作地ヲ原小作人ニ返付スルコトヲ命シタリ故ニ今日ニ至リテモ尚ホソノ儘トナルモノトス、他日土地ノ処分ヲ為スニ当リテハ尚ホ調査ヲ要スルコトヽ信ス」。

オエカ地については、「明治十三年廃藩置県以来ハ此等地方吏員ニハ更ニ官給及民給ノ俸ヲ受ケシムルコト、為シヲヘカ地ヨリ生スヘキ収益ト換ラシメタルモノナルカ故ニヲヘカ地ハ当然従来ノ百姓地ト為ナスヘキ筈ナルニ当時明ラカニヲヘカ地ヲ百姓地ト為スノ令達ナキヲ以テ今日ニ至ル迄旧藩中ト同シク地方吏員相伝テ之レカ使用収益ヲ為セルモノ往々アリ」。

ノロクモイ地については、「ノロクモイ地トハ神官ノ役地ナリ其ノ性質制限等前項ノヲヘカ地ト豪モ異ナル所ナシ唯ヲヘカ地ハ置県以来百姓地ト為シタルモノ多ク今日ニ役地ノ姿トナレルモノハ少キカ如ト雖トモノロクモイ地ニ至リテハ別ニ俸給ヲ受クルニ至リタルコト他ノ地方吏員ト異ナルコトナキニ係ラス旧来ノ『ノロ』ニ於テ収益ヲナセルハ殆ント一般ナルカ如キ」。

18）前掲、来間ら「近代沖縄農村におけるウェーキ=シカマ関係」。（文献〔32〕）。

19）明治期の移民の背景を分析した論考として、金城　功「移民の社会的背景」（『沖縄県史』７、移民、図書刊行会、1989年10月、（復刻第一刷））、がある。

20）大正中期の砂糖価格の暴落から昭和恐慌まで続く長期の県経済の不況は、沖縄近代史のなかでは「ソテツ地獄」と称された。

安仁屋政昭・仲地哲夫「慢性不況と県経済の再編」「『そてつ地獄』と昭和恐慌」（『沖

縄県史』第３巻、経済、1972年４月）。

高良倉吉「不況下の沖縄」「ソテツ地獄」（『沖縄県史』第１巻、通史、1976年３月）。

来間泰男「ソテツ地獄」（『沖縄県史別巻　沖縄近代史辞典』、1977年３月）。

「主食としての米や雑穀はもちろん、甘藷までも手に入らないので、やむなく野生のソテツの実や、幹をくだいた粉などを食べるような庶民生活の苦しさを、時に中毒死者を出すこともあるという点を象徴的にとらえて表現したことば。」

追記：本稿脱稿後、「ソテツ地獄」という用語について、「歴史用語での使用は不適切」、という考え方が提起されている。詳しくは、来間泰男「不作に備え近世から食糧に」「再考『ソテツ地獄』㊤」、(「沖縄タイムス」2024年４月10日　文化11面)、同「歴史用語での使用は不適切」「再考『ソテツ地獄』㊦」、(「沖縄タイムス」2024年４月11月　文化11面）を参照されたい。

21）移民人数の推移については、表やグラフの形で広く紹介されていることから、ここでは推移の主な点だけを示す。

『沖縄県史』第７巻、移民、図書刊行会、1989年10月、(復刻第一刷）に、付表「第１表　国別、年次別、移民数」が収録されており、同書、「第１章　総説」（石川友紀　執筆）「第２節　沖縄県出移民史」で、同表のグラフ化がなされている。

そのほか、『新沖縄文学』45、「総特集・沖縄移民」の「沖縄移民関係資料」に表とグラフ（石川友紀　作成）が収録されている。

22）「預け・預かり」は、石井啓雄による用語であり、移民に出た者がその所有する土地を親戚に「預け」、一方、その土地を引き受ける側は「預かる」関係をいう。石井は、「それは必ずしも小作という概念ではない。地代も自立化しない。」と述べている。

石井啓雄・来間泰男『日本の農業　106・107　沖縄の農業土地問題』、農政調査委員会、1976年12月、p91.

23）『沖縄県統計書』を基に、加用信文監修『都道府県農業基礎統計』農林統計協会、1983年、向井清史『沖縄近代経済史』、日本経済評論社、1988年５月、第Ⅵ章を参照した。

24）「自作及小作戸数」の1904年、05年、06年平均は８万0,626戸となっている。

25）沖縄本島の市町村のうち、佐敷村、中頭郡具志川村、中城村について、規模別の数値の入れ違い、所有規模と耕作規模の数値が同一など、不自然な数値があることから、これら三村を除外した。

26）向井清史は、1920年代の農民層分解を「自小作前進」と捉えている。(前掲、向井『沖縄近代経済史』)。

27）サトウキビの作付面積（収穫面積）については、1920年（大正９）から大東島のサトウキビ面積が加わるようになる。大東島のサトウキビ面積は1920年（大正９）から1929年（昭和４）までは、1,600 ～ 2,000町、1930年（昭和５）以降は1,300 ～ 1,500町で推移する。

28）宮里清松・村山盛一「稲」（『沖縄県農林水産行政史』第４巻、によれば、台中65号は1928年（昭和３）に台湾からに導入され、1930年（昭和５）から沖縄県農業試験場の品種試験に組み入れられ、1934年（昭和９）に奨励品種に指定された。

引用および参考文献

〔１〕沖縄県内務第一課『沖縄旧慣地制』明治26年６月、『沖縄県旧慣租税制度』（『沖縄県史』21（旧版）旧慣調査資料、1968年６月、所収）。
〔２〕「旧藩中ニ於テハ主ニ間切ヲ以テ納税人ト認メ間切内ニ於ケル賦課徴収ノ事ハ一切之ヲ間切番所ニ放任シ唯仕明知行仕明請地等ニ付テハ請地状所有者ヲ以テ納税人ト認メタルモノニテ（中略）然ルニ置県後徴収上便宜ヨリ一村ヲ以テ納税者ト認メ藩制中個人別ニ納税セシメタル仕明地請地等ニ対スル租税ニ至ル凡テ之ヲ村ニ於テ徴収シ納付スルノ組織ト改メタルモノ」（前掲、『沖縄県旧慣租税制度』『沖縄県史』21（旧版））。
〔３〕1897年（明治30）の『沖縄県農商務統計表』。原表の表題は「田畑」である。
前掲、仲地宗俊「沖縄における農地の所有と利用の構造に関する研究」（p.18.表1-1-(2)）参照。
〔４〕『沖縄県旧慣租税制度参照　壱』の「地割制度」（前掲、『沖縄県史』21（旧版）旧慣調査資料、所収）。
仲吉朝助「琉球の地割制度（第二回）」（史學会『史學雑誌』、第39編、1928年）、p.592.
〔５〕『沖縄県統計書』明治28年・明治29年、「戸数及人口」「本籍人員ノ族別」。
〔６〕『沖縄県統計書』明治16年「農業」。
〔７〕田村　浩『琉球共産村落の研究』、沖縄風土記社、1969年（初版1921年）、p.237.
〔８〕前掲、『沖縄旧慣地制』、p.155.
〔９〕内田銀蔵「沖縄ノ土地制度」（沖縄県農林水産部『戦前期の沖縄農地制度資料―沖縄県土地整理事業関係―』平成９年３月、所収）、p.5.
〔10〕農地制度資料集成編纂委員会『農地制度資料集成　補巻一』昭和48年３月、の「第三篇　特殊小作慣行」「二　本邦ニ於ケル刈分小作」の付録「第一　明治末期ニ於ケル刈分小作分布状況」（「大正二年三月農商務省編「農務彙纂第四十四　小作慣行ニ関スル調査資料」中ヨリ抜萃）、p.553.
〔11〕前掲、「第一　明治末期ニ於ケル刈分小作分布状況」、p.553.
〔12〕前掲、「第一　明治末期ニ於ケル刈分小作分布状況」、pp.555-560.
〔13〕前掲、『沖縄旧慣地制』農地の種類別の表。
〔14〕前掲、仲吉朝助「琉球の地割制度（第二回）」、p.580.
〔15〕前掲、仲吉朝助「琉球の地割制度（第二回）」、pp.591-592.
〔16〕前掲、仲吉朝助「琉球の地割制度（第三回）」、pp.808-809.
〔17〕「地割制度」（前掲、『沖縄県旧慣租税制度参照　壱』）、p.348.
〔18〕前掲、金城功『近代沖縄の糖業』、p.32.
沖縄県令甲第五十四号（明治21年12月７日）「従来甘蔗坪数ニ制限有之候処自今此制限ヲ解ク」（『沖縄県史料』近代２　西原叢書及糖業関係資料　p.682）。

〔19〕前掲、仲地宗俊「沖縄における農地の所有と利用の構造に関する研究」、pp.16-17. 参照。
〔20〕仲吉朝助「琉球の地割制度」（前掲、『史学雑誌』）、pp.445-446.
〔21〕前掲、田村　浩『琉球共産村落の研究』、pp.420-421.
〔22〕 来間泰男「沖縄における家族農業経営の成立前史――八世紀琉球の社会経済構造」、（磯辺俊彦編『危機における家族農業経営』、日本経済評論社、1993年）、p.188.
〔23〕梅木哲人「近世農村の成立」（『新琉球史　近世編（上）』、琉球新報社、1989年）、pp.200-201.
〔24〕前掲、来間泰男「沖縄における家族農業経営の成立前史――八世紀琉球の社会経済構造」、p.195.
〔25〕『沖縄県土地整理紀要』「土地整理ノ業務」（前掲、『沖縄県史』21（旧版）旧慣調査資料、所収）、pp.603-606.
〔26〕西原文雄「土地整理」（前掲、『沖縄県史別巻、沖縄近代史辞典』）。
〔27〕石井啓雄・来間泰男『日本の農業　あすへのあゆみ　106・107　沖縄の農業・土地問題』（農政調査員会、1976年12月）、pp.9-11.
〔28〕文献〔25〕に同じ。
〔29〕前掲、『沖縄県史』、21（旧版）、旧慣調査資料、所収、pp.608-609.
〔30〕前掲、仲地宗俊「沖縄における農地の所有と利用の構造に関する研究」pp.27-28.参照。
〔31〕前掲、仲地宗俊「沖縄における農地の所有と利用の構造に関する研究」pp.29-30.参照。
〔32〕詳しくは、来間泰男・波平勇夫・安仁屋正昭・仲地哲夫「近代沖縄農村におけるウェーキ＝シカマ関係」（沖縄国際大学南島文化研究所『南島文化』創刊号、1979）。
〔33〕前掲、来間ら「近代沖縄農村におけるウェーキ＝シカマ関係」、p.195.
〔34〕来間泰男『沖縄の農業』、日本経済評論社、1979年８月、pp.19-20.
〔35〕来間泰男「戦前昭和期における沖縄県の経済構造について」（『沖縄歴史研究』（八号）、1970年９月、p.23.
〔36〕『新沖縄文学』45、1980年６月、沖縄タイムス社、沖縄移民関係資料、第１表、第２表。
〔37〕前掲、『新沖縄文学』45号、沖縄タイムス社、pp.23-24.
総特集　沖縄移民、座談会　沖縄にとって移民とは何か
座談会メンバー：上野英信、大城立裕、小松　勝、西原文雄、新崎盛暉
〔38〕前掲、来間泰男「沖縄における家族農業経営の成立前史――八世紀琉球の社会経済構造」。前掲、仲地宗俊「沖縄における農地の所有と利用に関する研究」第２章第３節、参照。
〔39〕前掲、『新沖縄文学』座談会、大城立裕、西原文雄の発言、p.24, p.31.
〔40〕『沖縄県史』７　移民　1989年　復刻版第一刷　付表　第21表　県外在住者調、第22表　殖民地在住者調。
〔41〕安仁屋政昭「県外出稼ぎと県内移住」（前掲『沖縄県史』７　移民）。
〔42〕福岡県内務部「沖縄県小作ニ関スル調査」、昭和５年３月。『沖縄県史』15、雑纂２、

pp.484-485.
〔43〕向井清史『沖縄近代経済史』、日本経済評論社、1988年５月、pp.273-284.
〔44〕前掲、「沖縄県小作ニ関スル調査」、p.469.
〔45〕沖縄県農業試験場『沖縄県農業試験場百年史』、1981年、p.14.
〔46〕前掲、『沖縄県農業試験場百年史』、１部、沿革、第２章「明治時代における農事試験場の業務経過」、第３章「大正、昭和前期における糖業、農事、両試験場の経緯」。
〔47〕『浦添市史』別巻、統計にみる近代浦添、「砂糖生産の推移（沖縄県・1890～1939年期）」
原資料：『沖縄県統計書』「甘庶の作付反別及収穫高」「製糖戸数」「含蜜製糖」など。
前掲、来間泰男『沖縄の農業』、p.28. 参照。
〔48〕前掲、来間泰男「戦前昭和期における沖縄県の経済構造について」を参考にした。
〔49〕『沖縄県史料』近代２　西原叢書及糖業関係資料、p.68.
前掲、仲地宗俊「戦前期沖縄農業における土地利用形態の地域性」、pp.61-62. 参照。
〔50〕『沖縄県農林水産行政史』第11巻、1981年、所収（抄録）。
〔51〕来間泰男「土地整理事業」（『沖縄県史』１　通史（旧版）1976年３月）、pp.435-436.
前掲、仲地宗俊「沖縄における農地の所有と利用の構造に関する研究」、pp.29-31. 参照。
〔52〕前掲、仲地宗俊「沖縄における農地の所有と利用の構造に関する研究」、pp.29-31. 参照。
〔53〕『沖縄県糖業要覧（昭和９年）』（『沖縄県農林水産行政史』第11巻、1981年、所収）、pp.528-530.
〔54〕前掲、『沖縄県糖業要覧（昭和９年）』、pp.529-530.
〔55〕吉永安俊「沖縄水利の実態分析と畑地灌漑に向けての小規模水利開発に関する研究」（『琉球大学農学部学術報告』第37号、1990年12月）、pp.74-77.
〔56〕石橋幸雄「沖縄農業の貧困」（『帝国農会報』第26巻第２号）、1936年２月、p.22.
〔57〕前掲、来間泰男『沖縄の農業』、「第１章　戦前期」、pp.24-25.
〔58〕前掲、向井清史『沖縄近代経済史』、第Ⅱ章　沖縄農業の発展過程。
〔59〕前掲、向井清史『沖縄近代経済史』、p.71.
〔60〕前掲、向井清史『沖縄近代経済史』、pp.80-81.
〔61〕前掲、仲地宗俊『沖縄における農地の所有と利用に関する研究』、第２章第２節、参照。
〔62〕仲原善忠「沖縄現代産業・経済史」（昭和二十七年『おきなわ』十八号）（琉球政府文教局『琉球史料』第九集　文化編１　一、学術附録）、p32.『仲原善忠選集』上巻、沖縄タイムス社、昭和44年７月、『仲原善忠全集』第一巻、歴史篇、1977年４月、沖縄タイムス社、に収録。
〔63〕前掲、向井清史『沖縄近代経済史』、p.93.

第２章　アメリカ軍統治下における農業

1945年８月14日、大日本帝国政府はポツダム宣言を受諾し連合国に降伏した。沖縄では３月26日にアメリカ軍が慶良間諸島に上陸、続いて４月１日には沖縄本島中部に上陸し住民を巻き込んだ激烈な地上戦が展開された。アメリカ軍は沖縄本島に上陸後すぐに米海軍軍政府布告第１号「米国軍占領下ノ南西諸島及其近海居住民ニ告グ」（権限の停止）<ニミッツ布告>を発布し、米国海軍軍政府の樹立と沖縄に対する日本政府の行政権の停止を告げた[1)]。以降、1972年（昭和47）５月15日に施政権が日本に返還されるまで、沖縄はアメリカ軍の統治下におかれることになる。

本章では、アメリカ軍の統治下におかれていた時期の沖縄農業の特徴について整理する。この時期の経済は軍事基地の維持を目的としたアメリカ軍の経済政策により産業構造の急速な３次産業肥大化が進んだ。そのもとで農業生産においては大きく四つの点が構造的特徴をなした。その第１は第二次世界大戦末期の地上戦において生産基盤の多くが破壊され農地面積が減少したうえ生産基盤整備が大きく立ち後れたこと、第２は行政的に日本本土から切り離されたことにより日本政府の農業政策の枠組みから切り離されたこと、第３はそうした状況のもとで作物の構成ではサトウキビ単作化が進行し、そして第４の点として農家の経営が脆弱であったこと、である。

第１節　アメリカ軍の経済政策と産業構造

アメリカ軍の沖縄占領統治の目的は、当初は日本本土攻撃の基地として、日本軍の降伏後は、ソ連との対立、中華人民共和国の成立を受けて極東におけるアメリカの防衛拠点としての軍事基地の建設とその維持にあった[〔1〕]。統治の仕組みもまたその目的のために編成され、経済政策もその一環として実施された。

アメリカ軍統治下における経済政策は、時期によって変化しており、来間泰男はその過程を、1945年から1958～60年までを第１段階、1958年～60年以降を第２段階として二つの段階に分けて整理している[〔2〕]。

第１段階は、さらに、第１期（1945 ～ 46年）、第２期（1946 ～ 50年）、第３期（1951 ～ 60年）に分けられ、第１期は県民がアメリカ軍のキャンプに収容されアメリカ軍の労務と共同作業によって生活を維持することを余儀なくされた収容生活の時期、第２期はアメリカ軍による「経済統制」が破綻し生産活動が復活し始める時期、第３期は企業の自由競争、産業開発、「外国」貿易、財政・通貨制度の安定・健全化、資金の長期貸付などが進められる時期、として特徴づけられる。

第２段階は、第１段階の経済運営が行き詰まり、日本資本を中心とする「外資」の導入、そのための通貨の切り替え（軍票からアメリカドルへの切り替え）が実施され、金融公社の設立など経済支配の再編がなされた時期である。

「外資」の導入は1958年（昭和33）９月12日付け高等弁務官布令第11号によって、通貨の切り替えについては９月15日付け同布令第14号によって発布された。布令第11号は、「琉球列島米国民政府及び琉球政府の根本目的は、輸入への依存度を減少し、輸出による所得を増加し、且つ琉球住民の適切な生活水準を維持するための健全且つ活気ある経済を発展せしめるため、琉球の資源を最大に活用することを援助することである。／高等弁務官及び行政主席は、琉球人との共同若しくは外国資本単独の何れを問わず、前述の目的の達成に全面的実質的寄与をすると同時に、投資者側も適当な利益を受ける如き外国資本の投資を歓迎する。（以下、略）」〔3〕ことを謳っている。

通貨の切り替えについては、アメリカ軍は1946年４月から1947年８月の間に３回も通貨の変更を行い〔4〕、1948年６月には４度目の通貨変更を行い通貨をB型軍票（B円）に統一し、1950年４月にB型軍票円と米国ドルの為替レートを１ドル＝120B円に設定した〔5〕。

１ドル＝120B円の為替レートの設定について牧野浩隆は、その経緯と意味を次のように述べている〔6〕。「基地建設を可能にする経済的諸条件を整備しなければならないという視点」から、「基地建設の見地からインフレは絶対防止しなければならない」という点と、一方で「基地労働者の確保を可能とする最低水準の賃金補償という視点をレート決定の基準とすること」があり、「これは労働者の生活費をできるだけ安く抑えること、すなわち、食糧、その他必需品の物価を抑制するという前述のインフレ防止と結びつき、食糧など“輸入に有利”なB円高の為替レートを決定する大きな論拠となった」。

また、1958年の「外資」の導入と通貨のアメリカドルへ切り替えについては、牧野は、「資本取引および貿易・為替を自由化するなどいわゆる自由化体制を経済政策の根幹としたうえで、それを通貨面からより一層確実なものにする手段としてドル通貨を採用するに至った」とし、そのねらいは、「沖縄経済開発に必要で莫大な資本需要に対する『資本の不足分』を『外資導入』によって補填する点にあった」、と述べている〔7〕。

そのうえで、「良質で安価な外国製品の輸入増大は消費者の立場からすれば多大なメリットである」が、そのことは反面、「沖縄経済の発展を阻害するマイナスのインパクトを秘めているものであった」とし、その内容として、「製造業の自由な展開を阻害すること」、「地元資本をして第３次産業たる輸入販売業に追いやる可能性が高かったこと」をあげている。しかし、「自由化体制」の下では、「安全かつ確実な資本増殖方式を追求する個別資本の次元」からは「海外から輸入して販売する方法」が「最も合理的な行動様式」であると説明している〔8〕。そしてこのことと産業のかかわりについて、「沖縄経済の構造的特異性として第３次産業の異常な膨張と第２次産業の脆弱性や低迷が指摘されるところであるが、上述の論理が働いた必然的帰結である部分も大きいのである」、と述べている〔9〕。

こうしたアメリカ軍の基地の維持を目的とした経済の仕組みは、第３次産業が大きく拡大し、第２次産業も増大したのに対し、第１次産業が縮小する経済の

表 2-1　アメリカ軍統治下における産業別就業人口と国民所得の構成（単位：%）

	1950	1955	1960	1965	1970
就業人口（年次）	100.0	100.0	100.0	100.0	100.0
第 1 次産業	60.2	54.3	43.3	32.7	21.5
第 2 次産業	7.7	8.3	11.4	17.4	19.4
第 3 次産業	31.9	37.4	45.1	49.8	59.1
国民所得（年度）		100.0	100.0	100.0	100.0
第 1 次産業		27.8	15.0	15.8	8.8
第 2 次産業		10.0	12.0	16.8	17.8
第 3 次産業		62.3	73.0	67.4	73.3

以下の資料より筆者作成。
琉球政府企画局統計庁『1965 年臨時国勢調査報告』第 1 巻、沖縄総括編、「産業（大分類）別就業者数及び割合（1940 年～1965 年）」1968 年。
沖縄県『第 17 回沖縄県統計年鑑』「市町村別・男女別 15 歳以上産業別就業者数（昭和 45 年）」、1974 年。
琉球政府企画統計局『第 3 回　琉球統計年鑑』「産業別国民所得」、1957/58 年。
琉球政府計画局統計庁『第 5 回琉球統計年鑑』「産業別国民所得」、1960 年。
琉球政府企画局統計庁『第 15 回沖縄統計年鑑』「産業別国民純生産（1963 年～1970 年度）」、1970 年。
注：琉球銀行調査部『戦後沖縄経済史』付録「金融経済統計」表 10-5、1984 年 3 月、および仲地宗俊「沖縄における農地の所有と利用の構造に関する研究」（琉球大学農学部学術報告）第 41 号、1994 年）を参照した。

構造を生み出した。産業別就業人口の構成では、第3次産業就業者は1950年の31.9%から70年には59.1%に、第2次産業は7.7%から19.4%へ上昇したのに対して第1次産業は60.2%から21.5%に低下した。また、国民所得の産業別構成では、1955年から1970年にかけて、第3次産業は62.3%から73.3%へ、第2次産業は10.0%から17.8%へ上昇したのに対して、第1次産業は27.8%から8.8%に低下した（**表2-1**）。

こうして、第二次世界大戦前、農業が産業構成の大きな比重を占め、農業を主体として成り立っていた沖縄の産業は、第1次産業の急速な縮小、第2次産業の一定の拡大のなかで第3次産業が肥大化するという経済構造に変化した。

第2節　農業生産の基盤と「農業政策」の枠組み

さて、このような経済政策と産業構造の変化のなかで農業生産はどのように変容していったか。まずあげられることは、農業の基本的生産手段である農地が大きく減少したことである[2)]。農地面積は、戦前期（1940年）の6万0,580町（6万0,079ha）から、戦後初期、1950年（昭和25）には3万1,824町（3万1,561 ha）と、戦前期の52.5%に減少した[3)]。この要因は沖縄戦における農地の破壊、アメリカ軍の基地建設のための土地接収による減少と考えられる。その後、耕地面積は徐々に増加はしていくが、戦後最大になる1964年（昭和39）でも5万6,428haであり[4)]、戦前期の水準を回復することはなかった。

さらに、アメリカ軍統治の時期、生産基盤の整備も大きく立ち後れた。琉球政府『沖縄農業の現状』（1970年度）によれば、1970年（昭和45）までに整備事業が完了したのは1969年の総耕地面積5万3,047haの7%にすぎなかった。また、沖縄総合事務局農林水産部『沖縄農業の動向と将来の方向』、1975年、によれば、1947年（昭和22）から71年（昭和46）までの耕地1ha当たりの農業基盤整備投資額は、同じ時期の本土における1ha当たり基盤整備投資額の34.2%にとどまっている。

水田の状況について、琉球農業研究指導所の『業務工程』（1953年度）の1952年度「水田の乾湿状況調査」の報告によれば、当時の基盤整備状況は、水田面積2,833町のうち普通田が2,146町（75.8%）、天水田が687町（24.2%）となっており、普通田のなかでも湿田と半湿田が1,399町（65.2%）を占め、乾田は747町（34.8%）

にとどまっている[5)]。

こうした状況のもとで、1950年（昭和25）の作物の生産は、戦前、1940年（昭和15）を100とした指数（％表示）で、水稲（1期、2期計）で作付面積94％、生産高49％、甘藷はそれぞれ79％、37％、甘蔗は5％、4％、大豆58％、46％、麦類118％、62％にとどまった[〔10〕]。

また畜産の部門でも、家畜の飼養頭数が大きく減少した。例えば、戦前期1940年と比較した戦後1946年（昭和21）の頭数は、肉用牛が2万9,828頭に対して1,991頭、馬が3万9,808頭に対して7,731頭、豚が12万8,793頭に対して1万4,064頭という状態だった。戦前期沖縄の農家の主要な換金家畜であった豚の飼養頭数は、沖縄戦による激減から徐々に増加はしていくが、飼養者数は1956年（昭和31）の60,124戸をピークに減少し、復帰前年の1971年（昭和46）には20,755戸（農家総数の34.4％）にまで減少した[〔11〕]。

次に取り上げられるべき点は、沖縄が日本の施政権から分離された結果、日本本土において実施された農業政策が沖縄には及ばなかったということである。その第1の点は、戦後日本農業再建の基礎をなした農地改革が実施されず[6)]、それに続く農地法も適用されなかったこと、第2の点は戦後農業の展開を牽引した食糧管理法や農産物価格支持の制度がなかったこと[7)]、第3の点は、我が国戦後農政の枠組みをなした農業基本法が施行されなかったことである。

第1の農地の問題については、1945年10月に、住民に必要な土地を割り当て使用させる「割当土地制度」がとられ、1950年2月に、「土地所有権認定証明中央委員会」が設置され、1951年4月1日付けで土地所有権証明書が交付された[8)]。

農地改革が実施されずまた農地法も適用されなかったことは、農地の所有と利用の関係は戦前期の慣行が引き継がれることになり、その後の沖縄農業における農地の所有と利用の関係において大きな問題を残した[9)]。

すなわち、農地改革が実施されあるいは農地法が適用されていたとすれば、所有権が耕作者に移っていたであろう小作地が広範に存在したことである（このことについては、第6章でとりあげる）。日本復帰直前に沖縄での農地法適用の準備のために実施された『農地一筆調査』[10)]によれば、農地全体に占める貸し付け小作地の割合は約2割であるが、その中には会社・法人・自治体、不在村者による農地の所有と貸し付けがあり、在村者による1町以上の農地の貸し付けも存在した。これらの貸し付け農地は農地法の規定に従えば、国による買収、小作人への売り渡しの対象となったものである〔12〕。

また、農地の貸借における戦前来の「預け・預かり」慣行11）も広く存続した。『1971年沖縄農業センサス』によれば、借り入れの相手方による借入地の構成で、「親せきから預かって耕作している土地21.7%、「その他の個人から借り入れて耕作している土地」46.1%、「個人以外から借り入れている土地」32.2%という構成になっている（第６章　参照）。

農地改革が実施されないもとで農地の所有権をめぐる問題が具体的に争われたのが、大東諸島（南大東島・北大東島）における農地の所有権獲得をめぐる問題である。大東諸島においては1951年（昭和26）から1964年（昭和39）の長期にわたり農民と製糖会社の間で農地の所有をめぐる係争が続いた。以下、南大東村誌編集委員会編『南大東村誌（改訂）』（1990年１月）によって大東諸島における農地の所有権獲得の過程を見ることにする。

南大東島は沖縄本島の東方約360㎞の海上に位置し、1899年（明治32）まで無人の島であったが、1899年に八丈島出身の玉置半右衛門が開拓に乗り出し、明治政府から無償貸し下げを受け、1916年（大正５）に玉置商会が東洋製糖株式会社と合併したことにより、南大東島・北大東島の開拓地は同社に移譲された。さらに1938年（昭和13)、東洋製糖株式会社が大日本製糖株式社と合併したことにより、農地は大日本製糖株式会社の所有となった。こうして、南大東島・北大東島の農民は製糖会社から農地を小作することにより耕作を行った〔13〕12）。

戦前、南大東島において大日本製糖社（1943年、商号を日糖興業株式会社に変更）が所有していた土地は、琉球財産管理課の管理下に置かれた〔14〕。こうした状況に対し大東島島民は、土地を島民の所有とするよう求めて運動を開始した。

農地の所有権の認定を求める南大東島島民の主張の主な根拠は、①明治期の入植時、玉置半右衛門が開拓移住者に対して30年の貸下げ期間経過後は所有権が認められることを条件に耕作割当を行ったこと、②戦前期の会社支配に復することへの不安、③所有権が確保されることによる安定した農業経営の確立、といったことがあげられるが、さらに、日本本土における農地法の施行も主張を支える理論的根拠としてあげられている〔15〕。

農地法への言及は、「第１回　土地所有権問題の陳情書」（1951年７月２日）で、

「日本内地においても既に農地調整法による小作制度の改革が行われ、(以下略)」[16]といった認識が示されており、また、1959年6月21日の「土地所有権獲得期成会結成大会の宣言文」[17]では、「果たして、日糖の意図するところは何であるか、(中略)、琉球に於いては、日本に於ける農地法が適用されない。又これに類似した諸法規の制定がなされていない事と又会社の一方的な手段策謀により獲得した所有権であるにも拘らず、所有権絶対性の原則をたてに権益追及をなし、又我々住民に小作制度を押し付けようと、企図しているものと思料される。」

「又日本農地法第一条に『農地はその耕作者自らが所有することを最も適当であると認めて、耕作者の土地の取得を促進し、その権利を保護し云々』とある。この目的こそは、戦後民主化された日本農民の地位の向上と生活安定を図り、産業発展に寄与せしめる趣旨にほかならない」として、土地所有権の維持を企図した日糖社の姿勢を批判し、農地法の精神を前面に押し出している。

さらに、1961年（昭和36）9月の南・北大東村長から米琉合同土地諮問委員会宛陳情書では、「日本に於ける農地改革、自作農創設という国家の方針からしても、いさぎよく農民の所有権認定に自ら協力するのが、会社のとるべき途であると確信すること」[18]を訴えている。

農地の所有権の帰属を巡る南・北大東島島民と日糖社の係争は、1964年（昭和49）7月に米琉合同土地諮問委員会において、農地の所有権は島民に帰属することで認定された。この間13年もの年月を要した。新垣進は、農地法が適用されておれば、当然農民に払い下げられるべき土地であったと述べている[19]。

アメリカ軍統治下における沖縄農業の本土との農業政策・制度との大きな違いの第2の点は、食糧管理法の適用がなかったことである。

沖縄を占領統治したアメリカ軍の初期の課題は、食糧の確保にあった。戦後直後の主な食糧作物は甘藷と稲であった。甘藷は戦後早くから生産され、1948年から1949年の間は過剰生産の状況にあったとされる[20]。しかし、1947年に「甘藷てんぐすバイラス病」「いもぞう虫」が発生し、「甘藷てんぐす病」については、「特に甘藷栽培の盛んな離島地域ほど蔓延して被害も著しく、島によっては甘藷畑のすべて全滅するという事態にまで陥」るが、1952年（昭和27）から防除の取組が始まり、1966年（昭和41）に無病地率94%に達したとされる[21]。

甘藷生産の統計的な把握では、1951年（昭和26）から徐々に増加し、作付面積では1953年（昭和28）の２万2,095町（２万1,912ha)、収穫量では1955年に32万2,000㌧になるが、この時期をピークに以降は急速に生産が減少していく。戦前期最高時1908年（明治41）に比べると、作付面積では56.4％、収穫量では43.4％である〔22〕。

もう一つの主要な食糧作物であった稲については、食糧管理法がない状況のもとで、独自の制度として、1959年（昭和34）に「米穀需給調整臨時措置法」が施行され[13]、卸売価格が外国産米穀の輸入価格または島内産米穀の買入価格を超過する場合は、「差益額」を徴収し、逆に欠損が生じた場合はこれを補償するとした。1965年（昭和40）には「稲作振興法」と「外国産米穀の管理および価格安定に関する立法」が制定された。「稲作振興法」では、稲作の生産振興地域を指定し、「水田の改良事業」や「耕種改善事業」の補助を行うこととした。「外国産米穀の管理及び価格安定に関する立法」では外国産米の輸入を行う業者から課徴金を徴収した。

しかし、こうした制度のもとでも外国産米の輸入は年々増大し、沖縄のコメ需要量（島内米生産量＋輸入量）に占める外国産米の割合は、1961年（昭和31）の63.5％から、1963年には92.8％になり、以後、1968年（昭和43）まで90％前後で推移する〔23〕[14]。外国産米は初期には、韓国産、ビルマ産のコメが多かったが、1963年以降はアメリカの加州米が増えてくる〔24〕。

水稲の生産については、1951年（昭和26）から統計数値が継続的に把握できるようになる。1951年の作付面積8,863町（8,790ha)、収穫量７万9,247石（１万1,887㌧）から、作付面積は拡大、収穫量は増大し、1955年（昭和30）には１万2,532町（１万2,428ha)、３万1,057㌧に達する。しかし、この時期をピークとし（収穫量のピークは1960年の３万1,961㌧)、1960年（昭和35）まで横ばいで推移した後、1961年からは減少に転じる。特に1962年（昭和37）から1963年（昭和38）にかけては、作付面積9,717ha、収穫量２万5,082㌧から、作付面積3,901ha、収穫量7,680㌧へと大幅に減少する〔25〕。琉球政府が発行した『農政の歩み　1946年度～1967年度』におけるこの間の稲作生産の説明を要約すると次のようになる〔26〕。

①　水稲の生産は、1950年の１万㌧から1955年には３万㌧へと飛躍的に増大した。これは、終戦当時の食糧事情の緩和、農家の主要換金作物として積極的に生産意欲を刺激したこと、政府のダム、排水路等の建設による灌漑施設の充実によるものである。

② しかし、1952年から貿易庁が商業資金によって台湾、ビルマ、タイ等から食糧を輸入するようになり、また配給制から自由販売制と配給制の二本建への移行により、島産米穀は漸次、格差が縮小され、さらに、メリケン粉等の代用食が増加したことから販売量が漸減し売れ行きが不振となってきた。

③ 1953年、54年頃から北部地区や離島農村において青田売りが見られるようになり、稲作経営の安定を図る上で好ましくない事態にあった。

④ 政府は1957年から島産米穀共同集荷奨励補助策を実施した。

⑤ これらの政策の支えもあって、稲作は1955年から1961年度まで作付面積は1万2,000ha台を維持し、単位収量の増加もあって1961年度に戦後最高の3万1,961㌧を記録した[15)]。

⑥ 1962年度以降は作付面積及び生産高・反収ともに漸減の一途を辿り、1963年度には未曾有の干ばつで水田が枯渇し、畑地に転換されたため作付面積及び作付面積ともに激減し、1967年まで戦前を下回る水準で低迷を続けてきた。

稲作の後退についてはこうした要因があげられるが、さらに、生産基盤の貧弱さ、生産技術の低さもまた指摘しておかなければならない。生産基盤の貧弱さについては先述したが、そのほかに、1961年に設置された琉球政府模範農場において農業技術の研究と指導にあたった平野俊ら日本政府派遣の技術者は当時の沖縄の水田の状況と稲作技術について、

・水田には田ごとの灌排水溝がなく、田越しの水で用水をまかなっている。

・ヂャーガルとマージでは土壌が異なるから作物も土壌の性質に合わせて栽培しなければならないが、同じ肥料が同じ量、投入されている。

といった水田の灌漑排水施設等の生産基盤の貧弱さと、生産技術が低いことを指摘している[〔27〕]。

こうして、コメの生産は戦後一時期増大するが、食糧管理法による制度的支えがない状況のもとで外国産米の輸入の増大、干ばつといった自然災害も加わり大きく減少していく。

さて、日本本土における農政と異なった第3の点は農業基本法が施行されなかったことである[16)]。琉球政府は、農業基本法に代わる政策として、1970年（昭和45）7月、「農業に関する政策大綱」を定めた[〔28〕]。同大綱は、「亜熱帯農業の

確立」、「農業の近代化の促進」、「生産性の向上と農家の福祉の向上」を基本目標に掲げ、①「経営近代化に関する施策」、②「生産に関する施策」、③「流通及び価格に関する施策」、④「農業協同組合等団体の育成強化」、⑤「財政投融資の拡充強化」の施策を掲げたが、高良亀友によれば、「その理念と方法に裏付けられた施策が推進されたかどうかは伺（原文ママ）うことができない」〔29〕とされている。

農業基本法は、日本農業を経済の高度成長路線に適応する方向に編成していくことを目指したもので、そのなかで追求された自立経営農家の育成は進まず、一方では農産物輸入の自由化、担い手の減少が進行する。したがって、農業基本法が沖縄農業の改善に寄与しえたかは検討を要するが、沖縄農業の実態に即した基盤整備の促進、生産と流通における協業化の助長、流通及び価格に関する施策、農業災害対策等に関する基本的施策の体系は必要であったと言える。

第３節　サトウキビ単作化の進行

農業生産の基盤整備の立ち遅れと食糧管理法といった農産物価格支持の制度が欠如した状況のもとで、1950年代末から1960年代初期にかけて作物作付けの構成も大きく変化する。この変化は、戦後初期、主要な食糧作物と位置づけられた甘藷と稲の減少、その一方でのサトウキビの急速な増加、畜産については、戦前期サトウキビと並んで換金の対象とされた豚の減少（豚は飼養頭数については1950年代には増加するが飼養農家数は減少していく。）として表れる。こうして、1950年代までの甘藷、水稲など食糧作物を中心とした農業経済と経営の仕組みは崩れ、サトウキビ単作への依存へと移行していく。

1950年（昭和25）以降の主な作物の作付け（収穫）面積の推移を示すと**図2-1**のようになる。サトウキビの収穫面積は、1952年（昭和27）から56年（昭和31）までは徐々に増加し、1956年から1960年（昭和35）にかけてはほぼ横ばいで推移するが、1960年から急速に増大していく。この傾向は1965年（昭和40）まで続き、1965年にピークに達した後、1966年以降は減少に転じる。一方、戦前期には耕地面積の半分を占め食糧作物の中心をなした甘藷は1953年まで２万町を維持するが、1954年以降急速に減少する。また水稲は1960年まで１万町を維持しているが、63年に大旱ばつが起こったことにより大幅に減少し、以後減少の傾向をたどる。大豆も1960年以降減少する。また1953年に導入されたパインアップルも1953年以降

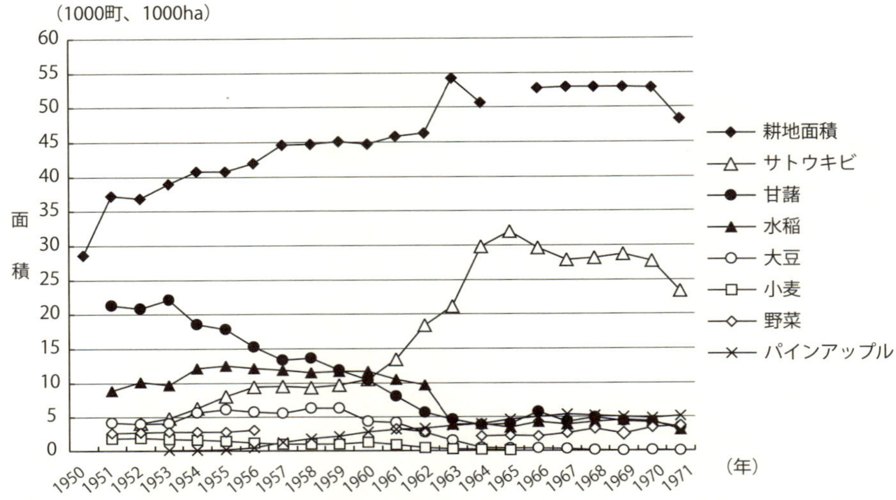

図2-1　耕地面積および主な作物の作付面積の推移

出典：仲地宗俊「アメリカ軍統治下における沖縄の農業」（『戦後日本の食料・農業・農村　第３巻（Ⅱ）　高度成長期Ⅱ―農業構造の変貌―』、農林統計協会、2014年12月）p.515、図3-11-1より引用。
（原資料：加用信文監修『都道府県 農業基礎統計』農林統計協会、1983年。琉球政府『琉球統計年鑑』、琉球政府『沖縄統計年鑑』、沖縄県『沖縄県統計年鑑』）

注：（原注）の一部を省略した。

（原注）：1）耕地面積1964年、1971年はそれぞれ、『1964年農業センサス』、『1971年農業センサス』の数値と考えられる。
2）パインアップルの面積は『第7回 琉球統計年鑑』1962年、『第11回 琉球統計年鑑』1966年、および第17回　沖縄県統計年鑑』1974年による。（注加筆：面積は在圃面積である。）
3）野菜の面積は『琉球統計年鑑』各年、『沖縄統計年鑑』各年、『沖縄県統計年鑑』各年による。（注加筆：1961年、1962年以外は収穫面積となっている。）
4）耕地面積の1964年以降、水稲、大豆、小麦の1959年以降、野菜1961年以降の単位は「ha」である。甘藷の面積単位の変更の時期は不明。
5）サトウキビの面積は収穫面積と考えられる。

増加していく。こうして、第２次世界大戦後、1950年代に、食糧作物を含めた品目が存在していた作目構成が、1950年代末から60年代初期を境に崩れ、サトウキビとパインアップルといった原料作物の単作化の方向に移行していくことになる。

1960年代初頭からサトウキビの面積と生産が急速に増大し、サトウキビ単作化が進んだことについては、「さとうきびブーム」とも称され戦後沖縄農業における大きな構造変化として、これまでも多くの分析、検討がなされているが、この過程はアメリカ軍統治下における沖縄農業の特徴をなしていることから、その背景について改めて整理しておきたい。

まず、ほぼ同時代の問題意識からサトウキビ単作化の要因をまとめた報告として、1965年６月の総理府特別地域連絡局による『沖縄における農業事情視察報告』がある。同報告はこの時期サトウキビ単作化が進行した要因として、次の七つの点をあげている〔30〕17)。

１）本土政府の甘味資源自給力強化対策にともなう関税と消費税の振替措置によって沖縄産糖に対する保護が厚くなったこと。(1959年)
２）国際糖価が比較的高水準で、とくに1962年の糖価暴騰ガ(原文ママ)スライド制であったため原料代が高騰し、生産意欲をかきたてた。
３）原料代上昇の結果、他作目より粗収入収益性が有利になった。
４）労力不足および兼業の増加に対しても、比較的収穫時期にしか労働を要しない作物であること。
５）1963年の大旱ばつによって、天水田はもちろん、用水不足田にさとうきびが作付けされたこと。
６）1960年頃から全面的に普及をみた優良品種*N.CO*(原文ママ)310は、耐風性、耐旱ばつ性が強く、耐風および旱ばつ常襲地である沖縄の自然条件に適していたこと。
７）大型分みつ糖の増設によって換金性が極めて高くなったこと。

これらの点について、その前段階にさかのぼって若干の説明を加えておきたい。製糖施設は戦争によって大きく破壊され、戦後初期の砂糖製造は、戦前来の畜力によって搾汁車を回転させるサーターヤーからの出発だった。琉球政府資源局「南西諸島の糖業」(昭和28年１月) によれば、終戦直後の製糖場残存施設は、改良製糖場41、在来製糖場 (畜力・水力) 439であった〔31〕。

政策の面で言えば、戦後初期の段階では食糧の確保が重視され、アメリカ軍は蔗園の焼却を指示するなど、サトウキビの生産には消極的であった。しかし食糧作物である甘藷などの生産が振るわないなか換金作物としてのサトウキビ生産への関心が高まり、琉球農林省・群島政府は経済の復興のために糖業の振興に取り組んでいった〔32〕。

琉球農林省は、1950年 (昭和25)「糖業復興計画」を立案し、軍政府に対し糖業再建に対する要請を行った。1952年11月には、琉球政府が「共同製糖場設置補助金交付規程」、「製糖場施設改善補助金交付規程」を定め、製糖施設を設置の支援をした。製糖場設置の助成もあり動力小型製糖工場が増加し、1958年末には、畜力95、動力小型製糖工場484、動力大型含蜜糖工場４、分蜜糖工場３になった[33]。

1952年に日本政府が琉球産含蜜糖を「南西諸島物資」として認める協定が締結された。これは沖縄産の含蜜糖を日本に輸入する場合は、関税を低減するというものである[34]。

一方、分蜜糖については、製糖産業関係者の要請によって1948年（昭和23）南大東島での製糖業が許可され、1951年（昭和26）から製糖工場の操業が始まる。同年沖縄本島南部に分蜜糖工場が設立された。1954年には分蜜糖も南西諸島物資として認定され、日本本土との貿易における特恵措置の対象となった[35]。

1959年（昭和34）２月、日本政府農林省の「国内甘味資源の自給力強化綜合対策」が策定され、沖縄産甘蔗糖もその対象と位置付けられた。そのなかで含蜜糖については、「奄美群島、沖縄、種子島等南西諸島の主要産物である黒糖については、経済事情の変化に伴い漸次需要が減退したので、（中略）分蜜糖製造への切り換えを促進するよう工場建設等に所要の便宜をはかるものとする」[36]と位置付けられた。含蜜糖については需要に限界があるとして分蜜糖への転換が求められたのである。

琉球政府では1959年に糖業振興法を制定し、「糖業審議会」、「生産計画」、「企業の許可」、「原料売買格の基準」、「融資」、「雑則」に関する事項が定められた。このうち「雑則」は「(統合整理の助成)」としてまとめられており、製糖業の統合整理を進める内容となっている[37]。

こうして、日本政府農林省の「国内甘味資源の自給力強化綜合対策」によって含蜜糖から分蜜糖への転換が求められ、琉球政府の「糖業振興法」によって製糖工場の大型化が進められた。これに対応して各地域で分蜜糖工場新設（増設を含む）を企図する資本家や農業団体によって小型製糖工場の買い上げまたは株転換がなされた。

『琉球農連五十年史』はこの状況を次のように記している。「これ等の小型工場は、もとより資本家の顧慮するところではなかった。しかるに、本土政府の甘味資源計画、特恵措置による分蜜糖の有利性に刮目した資本家は、濫立の様相を呈するまでに大型分蜜糖工場の建設に躍進してきたのである。分蜜糖生産の大型工場の出現は黒糖生産の小型工場の運命を制圧したのである。補助金まで交布して奨励した政府は、ここに分蜜糖会社をして、その工場域内に存在する小型工場を買収整理せしめる方策を講じたのである」〔38〕。

また、『中部製糖二十年のあゆみ』は「それまでは、共同製糖場の新設や改善に補助金を出して奨励してきたのに、こんどはまた補助金を出して、それらの工場を整理せざるを得なくなった」と記している〔39〕。

もっとも、小型含蜜糖製糖工場の統合整理の過程は地域によって異なった。例えば、宮古島では当時郡内にあった四つの農協が主導して大型分蜜糖工場を設立した。その背景には、当時宮古では小型黒糖工場が乱立し黒糖の品質が低下していた状況があり、日本政府による分蜜化への転換、琉球政府による小型製糖工場の整理、本土製糖資本との連携等があった〔40〕。

こうして、1966年（昭和41）には大型分蜜糖製糖工場は14社、15工場に増え、小型製糖工場は34カ所に急減した〔41〕。大型分蜜糖製糖工場の新設・増設は特に1958年の「外資」の導入、通貨のB型軍票から米国ドルへの切り換え以降急増しており、これらの製糖工場の多くは、本土の精糖資本との資本及び技術の連携を行っていた。大型分蜜糖工場の建設が相次いだことから製糖能力も大きくなり、サトウキビ生産が急速に増大していくことになる。

こうした大型製糖工場の新設・増設の動きのなかでサトウキビ生産の増大をさらに推し進めたのが価格の高騰である。サトウキビの価格は1961年（昭和36）は低落するが、1962年には急騰する。さらに1963年には東京精製糖上白相場が高騰し、原料価格が引き上げられ、1960年代初期にはサトウキビブームと呼ばれる状況が出現した。この時期のサトウキビ価格の決定方法は、サトウキビブリックスおよび東京精製上白現物相場にスライドさせる方法であった〔42〕。

また工場間の原料確保競争も激しく、「大型工場間の原料のうばいあいは激しく、ブリックス鑑定にも水増しをするのが常識とさえなって、19度のさとうきびが22度に計算されることも、まれではなかったといわれる」状況が生じた〔43〕。

さらに、農民の側でもサトウキビ価格の引き上げ運動が活発に展開された[18)]。

ちなみに、この時期のサトウキビ価格は、1955年（昭和30）までの1トン当たり11ドル～13ドルの水準から59年には15.77ドル、さらに62年には21.04ドル、63年には24.63ドルに上昇する〔44〕。こうした状況のもとで多くの農民が田を畑に換え、あるいは原野を開墾してサトウキビを栽培した。

しかし、原料価格の高騰は長くは続かなかった。1963年に粗糖の輸入が自由化

表2-2　サトウキビ作型別収益性　（単位：ドル）

年期	10a当たり				1トン当たり				1日当たり家族労働報酬	
	粗収益		第2次生産費		粗収益		第2次生産費			
	夏植	株出	夏植	株出	夏植	株出	夏植	株出	夏植	株出
1964/65	132.36	111.84	140.42	78.21	14.75	14.77	15.65	10.33	1.52	3.44
1965/66	115.85	98.99	140.63	75.61	16.24	16.25	19.71	12.41	1.20	3.28
1966/67	116.06	101.36	146.76	88.46	16.36	16.39	20.68	14.31	1.28	2.96
1967/68	135.23	142.93	151.29	106.72	16.61	16.75	18.58	12.50	1.92	4.56
1968/69	151.28	134.16	170.72	111.82	17.17	17.14	19.38	14.29	2.08	4.24
1969/70	140.09	119.97	179.16	117.14	17.29	17.41	22.11	16.99	1.52	3.44
1970/71	150.36	147.64	185.86	136.94	17.49	17.59	21.61	16.31	1.92	4.24

資料：池原真一『沖縄糖業統計』、農林統計協会、1973年、pp.434-440.　pp.489-490.（原資料：琉球政府企画局統計庁『沖縄統計月報』NO.176.1970）、琉球政府農林局『糖業年報』第12号（1972年3月）、より筆者作成。
注：10a当たり粗収益は、資料の「10a当蔗茎価格」をとった。

されるとサトウキビの価格は1964年（昭和39）には1トン当たり14.76ドルに急落し、以後は16ドル～17ドルの水準で推移する。こうしてサトウキビ生産は1965年をピークに停滞から後退の傾向で推移する〔45〕。

こうした1950年代の末から1960年前半にかけてのサトウキビ作の急増、単作化の進行は、この時期の国際糖価の高騰といった外的要因もあるが、1963年の大干ばつによる水稲の激減、にそれまで存在していた小型製糖工場の統合整理、大型製糖工場の建設といった政策誘導もその条件となった。

しかし、サトウキビ単作化の進行は、単にサトウキビの作付面積が増加したということだけではなく、作型の変化を伴っていた。株出し栽培の増大である。株出しは収穫後のサトウキビ株を更新せず、残った株から発芽させ育てる栽培法である。したがって、耕起の作業が省けるとともに植え付けの作業も省ける。その結果、経費の低減につながり、統計が把握できる1964/65年期以降、1日当たり家族労働報酬において株出しは夏植を2倍から最大2.7倍上回る（**表2-2**）。また夏植では植付けから収穫まで18カ月を要することに対し株出しでは12カ月で収穫できることから土地利用の回転を早めることができる。株出しは従前からなされてはいたが、**表2-3**が示すように、1960/61年期以降急速に増大していく。なかでも、株出し回数が3次・4次にわたる長期株出しの割合が増大していった（**表2-4**）。株出回数別面積のなかに占める3次・4次株出しの割合は、県全体でみると、1965/66年期20％、1967/68年期43％、1968/69年期以降は50％を超えるようになる。地域別には特に沖縄本島中部と南部において割合が高く、1968/69年

表 2-3　サトウキビ作型別収穫面積割合（単位：%）

年期	作型	沖縄 北部	沖縄 中部	沖縄 南部	宮古	八重山	計
1955/56	夏植	30.0	56.9	42.4	64.5	16.3	47.3
	春植	38.0	28.9	22.8	22.3	52.1	27.7
	株出	32.0	14.3	34.7	13.2	31.7	25.0
1960/61	夏植	58.6	70.1	53.8	72.7	42.6	60.6
	春植	18.6	15.0	13.6	16.0	21.6	15.8
	株出	22.9	14.9	32.6	11.4	35.9	23.6
1965/66	夏植	17.1	13.6	14.9	26.4	27.1	19.0
	春植	6.1	4.3	2.4	6.4	1.9	4.3
	株出	76.8	82.1	82.8	67.1	71.0	76.7
1970/71	夏植	17.5	6.6	10.2	28.5	31.3	18.0
	春植	9.8	6.2	3.5	3.6	2.1	4.8
	株出	72.7	87.2	86.4	68.0	66.3	77.1

資料：前掲、池原真一『沖縄糖業統計』pp.159-165. より筆者作成。（原資料：琉球政府経済局/農林局『糖業関係資料』第５号（1965 年５月）、第６号（1966 年５月）、琉球政府農林局『糖業年報』第９号（1969 年５月）、第 10 号（1970 年４月）、沖縄県農林水産部『糖業年報』第 14 号、（1974 年３月）。

表 2-4　サトウキビ株出回数別面積の割合（単位：%）

地域	年期	１次株出	２次株出	３次・４次	計	地域	年期	１次株出	２次株出	３次・４次	計
沖縄北部	1965/66	46	30	24	100	宮古	1965/66	50	35	15	100
	1966/67	39	29	32	100		1966/67	46	34	20	100
	1967/68	25	32	43	100		1967/68	39	33	18	100
	1968/69	34.5	24.0	41.5	100.0		1968/69	34.5	26.4	39.1	100.0
	1969/70	31.3	27.3	41.4	100.0		1969/70	33.2	29.3	37.5	100.0
	1970/71	30.0	29.0	41.0	100.0		1970/71	34.0	28.1	37.9	100.0
	1971/72	29.9	27.8	42.3	100.0		1971/72	35.3	28.7	36.0	100.0
	1972/73	31.3	25.9	42.8	100.0		1972/73	37.8	29.4	32.8	100.0
沖縄中部	1965/66	41	32	27	100	八重山	1965/66	57	35	8	100
	1966/67	29	29	42	100		1966/67	65	23	12	100
	1967/68	18	28	54	100		1967/68	49	44	7	100
	1968/69	19.8	17.6	62.6	100.0		1968/69	58.3	19.6	22.1	100.0
	1969/70	14.0	13.0	73.0	100.0		1969/70	60.9	19.2	19.9	100.0
	1970/71	14.4	13.4	72.2	100.0		1970/71	56.3	23.5	20.2	100.0
	1971/72	13.7	16.8	69.5	100.0		1971/72	61.8	28.4	9.8	100.0
	1972/73	14.1	13.6	72.3	100.0		1972/73	50.7	27.3	22.0	100.0
沖縄南部	1965/66	42	34	24	100	計	1965/66	46	34	20	100
	1966/67	30	29	41	100		1966/67	38	29	33	100
	1967/68	18	26	56	100		1967/68	26	31	43	100
	1968/69	14.6	13.4	72.0	100.0		1968/69	26.7	19.4	53.9	100.0
	1969/70	15.4	14.5	70.1	100.0		1969/70	26.2	20.1	53.7	100.0
	1970/71	13.1	13.2	73.8	100.0		1970/71	24.9	20.2	54.9	100.0
	1971/72	14.3	11.4	74.3	100.0		1971/72	22.8	19.4	57.8	100.0
	1972/73	17.7	13.7	68.6	100.0		1972/73	24.8	19.5	55.9	100.0

資料：琉球政府農林局『糖業年報』第 10 号 1970 年４月、沖縄県農林水産部『糖業年報』第 14 号（1974 年３月）より筆者作成。

注：1965/66 年期から 1967/68 年期までは整数で表記されている。

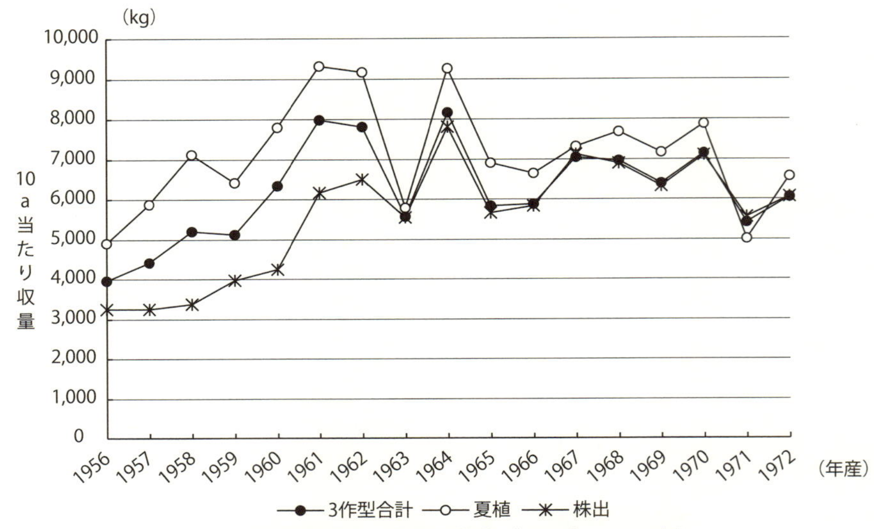

図2-2　サトウキビ作型別10a当たり収量の推移（1956年～1972年）

資料：沖縄県農林水産部『糖業年報』第14号（1974年3月）、第59号（2019年3月）より筆者作成。
注：春植は省略した。

期以降（中部では1969/70年期以降)、70％を超えるようになる。

また、株出しの拡大を技術的に支えたのは、サトウキビ新品種NCo310の存在があった。NCO310（文献ママ）は1950年代に導入され、1957年に奨励品種に指定された。同種は、「発芽がよく揃う」、「分けつ力が旺盛」、「蔗茎生産量が多い」、「株出しに適している」、といった特性を有し、奨励品種に指定されて以降、急速に普及していった〔46〕。

しかし、こうした長期株出しに依存した生産は、やがて生産に対する阻害要因をもたらすことになる。

前出の『沖縄における農業事情視察報告』は次のように指摘している。「まさにさとうきびブームの観を呈し、その結果搬出困難な奥の山地や、さとうきびの作付けに不適当と思われる強酸性土壌の地区まで栽培されたり、また改植すべき年次に達したものまで株出栽培の継続をするなど、地力の維持増強、病害防除、土壌侵食、肥培管理および生産性の向上等の面からみて好ましい状態とはいえない現状に立至った」〔47〕。

このことについて、1956年産から1972年産までのサトウキビの10ａ当たり収量の推移を示すと**図2-2**のようになる。この図から三つのことが読み取れる。ひとつは、1956年産から1961年産までは10ａ当たり収量が急速に伸びていること、二つ目は、しかし、収量の上昇は、1961年にほぼ8,000kgで頭打ちになり、1965年産以降は6,000kgから7,000kgの範囲で停滞している。さらに、1963年産以降、サトウキビ全体の10ａ当たり収量はほぼ株出しに収量に規定されるようになる。

こうした状況に対応して、総理府特別地域連絡局『沖縄における農業事情視察報告』は、その「第三部　むすび」の「Ⅱ　技術対策」のなかで、サトウキビについて、

ⅰ　地域別営農方式を確立し、生産適地を確立した作付指導

ⅱ　単位当たり収量向上のため、間作緑肥作物の導入等による地力維持および畑地かんがいの指導

を提起している〔48〕。

また、1967年から72年にかけて総理府技官として沖縄農業の技術支援に携わった丸杉孝之助は『沖縄農業の基本条件と構造改善』（1979年３月）のなかで、復帰直後の状況も踏まえ、サトウキビ単作・連作の問題とサトウキビ作の方向について次の点をあげている。

「沖縄農業の経営方式の問題点は単作であり、単作の焦点は連作という作付方式であり、さらにその中心課題は株出に凝集する。株出に技術的・経営的メスを入れて、この特殊な作付方式を生産性の高い方向に導くことが沖縄農業発展のイトグチである。それでは、現実に株出はどういう方向をたどりつヽ（原文ママ）あるだろうか」〔49〕。

そして、「地域別株出回数別面積の変化」および、伊江村、東風平村、南大東村、上野村、石垣市の1958/59年期から1976/77年期の作型別10ａ当たり収量の変化を図に示し〔50〕、「株出：夏植よりも反収変化は、伊江、南大東を除いて反収は下降線をたどっている。（中略）これは明らかに広い意味の株出にもとづく地力の減退といえるであろう」、と述べ、また反収の安定性について、「連作の不利の一つに気象条件に対する感受性の強まり、反収の不安定性がある」〔51〕ことを指摘した。

第4節　農業経営の構造

次の問題は、アメリカ軍統治下における農家の存在形態である。第1節でみたように、アメリカ軍の基地建設に伴い基地を維持するための経済の仕組みが形成されるなかで、産業の構成は、第3次産業の急速な肥大、第2次産業の緩やかな増加、第1次産業の縮小という傾向で進んだ。経済の性格は食料や消費物資の生産、製造ではなく、物資の流通・販売を中心とした経済として編成されていった。

農家の経済規模も零細で経営構造も脆弱であった〔52〕。農家経済の概要を1964年、65年、66年平均で都府県との比較でみると、農業所得は都府県に比べて44.8%、農外所得が58.4%、農家所得は52.0%にすぎない。農家経済余剰は67.7%と比較的格差が小さいが、これは家計費が46.4%と低いことによる。全体として経済規模が零細であることが言える。特に、農業経営費は都府県の28.8%にすぎず、その格差には著しいものがある。農業経営費ついてさらに費目別にみると、雇用労賃、動物費については都府県に近い額になっているが、戦後日本農業の生産力の上昇に大きく寄与した肥料費は39.4%、農薬費は13.3%にすぎず、さらに農機具費は4.6%であり、光熱労力費、土地改良・水利費にいたっては費目さえない状態である。1960年代中期における沖縄の農家の経営がいかに貧弱であったかが示されている。

こうした経営は生計を支える重要な手段をなすが、しかし、それだけで生計を維持することは困難であり、したがって現金収入を求めざるをえなかった。

この時期の非農家世帯に対する農家世帯の世帯員1人当たり所得水準は、高い年で1968年の64.2%、低い年では66年の55.6%にとどまっていた〔53〕。経済全体の第3次産業肥大化の進行と、農業経営の脆弱性のもとで農家の兼業化も急速に進んだ。兼業農家の割合は、「農業センサス」によれば〔54〕、1964年で69.0%、1971年で77.7%になっており、特にアメリカ軍の基地が集中している沖縄本島中部では1964年で79.7%、1971年には86.4%に達している。

この時期、経済の高度成長下にあった日本本土でも農家の兼業化が急速に進み、全国の兼業農家割合は、1965年の78.5%、1970年の84.4%に達する〔55〕。しかし沖縄における兼業化と本土における兼業化の進行の内容は大きく異なる。すなわち、本土における兼業化は、一方で稲作の機械化が進み、1970年代には稲作の機械化一貫体系がほぼ成立していた[56]。農業の機械化と兼業化が同時に進んだのである。しかし、沖縄においては、機械化は進まず、労働力の流出を補う技術的対応がないままに流出が進んだ。

こうした状況のなかで、サトウキビの栽培も省力が容易でかつ収益性もある株出し栽培が増加していった。生産手段への投資を行い経営を集約化することによって、農業所得を確保する方向ではなく、サトウキビ株出しによる省力、粗放経営がなされるようになる。

農家を農業経営組織という観点からみると、『1971年沖縄農業センサス』によれば、総農家戸数６万0,346戸のうち「農産物の販売のある農家数」は５万9,146戸である。販売農家の経営組織別内訳は単一経営が４万9,323戸で、83.4％を占め、複合経営は9,823戸、16.6％である。また単一経営農家の部門別内訳はサトウキビ67.2％、パインアップル3.2％、野菜7.6％、畜産19.1％である。農家経営のサトウキビへの単一化が大きく進んでいることが示されている[57]。

こうした、農業経営の構造について福仲憲は次のようにまとめている。「こうしてさとうきび＋養豚の経営組織では、経営費のほとんどを流動資本として投入することによって家族労働所得を期待するという、いわば『手から口へ』の経済循環である。そこには固定資本の増投によって労働の資本装備率を高め、農業の生産力の自立的な発展への論理は貫かれていない。ただ、技術構造における体質的な弱さをますます積み重ねるような、いわゆる『経営構造の脆弱性』が内発的に悪循環をくり返しているといえよう」[58]。

アメリカ軍統治下における沖縄の農業経営の性格を的確に表していると言える。

また、前出の総理府特別地域連絡局『沖縄における農業事情視察報告』は、「第一部　総論」の「Ⅱ　農業における部門別現状と問題点」のなかで、「１　農業経営部門」の項を設け、で次のようにまとめている（「(4) 要約」の部分）[59]。

１）沖縄農業は畑作農業であり、最近のさとうきび作の増加によって次第に経営は単純化の方向をとっているが、同時に地力維持、合理的な作付体系の面で検討されるべき問題が多い。

２）、３）は省略

４）経営規模拡大に関連して最近における山地開発はこれに対応して十全の土地保全対策がとられるべきである。

5）機械化協業化については生産農民を主体とするものが少なく、技術的、経営的側面からの育成指導が必要であろう。

さらに、同報告、「第三部　むすび」の、「I　今後における農政の基本的な考え方」、では、以下の点をあげている[60]。

1　沖縄農業を日本農業の一環として位置づけ、今後における農政の方向は本土における農政と軌を一にして推進すべきである。(以下、略)。

2　農業の生産性向上のために、土地基盤の整備と生産技術の向上を基軸とし、これら二つの技術対策を重点的に取り上げるべきであるが、農民の現状認識の段階からみて、生産技術の向上を優先しつつ、逐次土地基盤の整備に重点を志向することが必要である。

3　地域別、経営形態別に営農方式を確立する。すなわち、地域別には、沖縄本島北部・中部・南部と宮古群島、八重山群島などの地域的差異にもとづいて、さとうきび作及び養豚を基幹とする営農方式を策定し、今後発展が予想される経営形態として、農民的経営と企業的経営とを明らかにするような指導が望ましい。

4（省略)、5（省略)

同じく、「第三部　むすび」の、「II　技術対策（(＊）印は緊急を要するもの)」のなかで、後に、農業生産と環境の関連で問題となる土壌保全および土地改良についても指摘されており、紹介しておきたい[61]。

1　作物部門

(1) さとうきび（第2節で紹介)、(2) 水稲（省略)

(3) パインアップル

i（省略)、ii（省略)、

iii　段畑、敷草、等高線栽培による土壌保全の指導

2　畜産部門（省略)

3　農業土木部門

基本的態度として農民側における営農の必要性の認識の上で今後の農業土木事業を実施することが重要であるばかりではなく、事業実施に先行して、

土壌条件、水利条件を重点とした要土地改良調査など、十分な基礎調査を行うことが必要である。

(1) 畑地かんがい（省略）、(2) 地下水開発（省略）、(3) 干拓（省略）

(4) 開こん地対策

i　民間ベースによる開こん地に対し、土壌侵食防止、防風林設置等の指導を行うこと。（＊）

ii　（省略）

同報告で指摘されている、「地力維持、合理的な作付体系の面での検討」、「山地開発における土地保全対策」、「機械化協業化について技術的、経営的側面からの育成指導」、「地域別、経営形態別に営農方式を確立する」、「土壌保全の指導」等は、復帰後に沖縄農業の大きな課題として浮かび上がってくる事柄であり、1965年（昭和40）にこれらのことが指摘されていたことは注目される。

第5節　小括

アメリカ軍統治下において軍事基地の維持を目的とする政策が推し進められるなか、第3次産業が肥大化し第2次産業も増大するが、第1次産業が縮小する産業構造が形成された。この過程は地域における産業の成長によって、産業の移動が進んだのではなく、アメリカ軍の基地建設とそれを維持していくための経済政策によってもたらされた構造である。

農業については、生産の基盤たる農地が物理的に破壊され、農地の基盤整備も大きく立ち遅れ、家畜も激減した状態から再建せざるをえなかった。

政策的には、戦後日本農業復興の基礎をなした農地改革は実施されず、農地法、食糧管理法は適用されず、さらに農産物の輸入は自由といった体制のもとにおかれた。

こうした体制のもとで、所有権優先、耕作権が弱い戦前来の農地の所有と利用の関係が存続し、農地法の規定では認められない企業所有地、自治体が所有する小作地が存在し、農地の貸借においても「預け・預かり」の関係が存続した。

こうした状況のもとで、作物の構成は、戦後一時期、食糧作物である甘藷を中心とした戦前期に近い構成が崩れ、1960年代初期にはサトウキビ単作化が進んだ。

その背景には、琉球政府による糖業強化政策、旧来の小型動力製糖工場の整理・統合が進められ、1950年代後半から60年代前半にかけて大型分蜜糖製糖工場が次々に建設・増設される。この時期はアメリカ軍の「外資」導入の奨励、米国ドルへの通貨の切り換え政策があり、これらの大型分蜜糖工場は本土精糖資本との技術・資本連携がなされた。食糧管理法のようなコメの価格を支える制度がなく、水田の基盤整備、稲の生産技術の水準も大きく立ち遅れて、1963年の大干ばつにより稲作が大きな打撃を受けたこともあった。サトウキビの価格が高騰し、サトウキビ単作化が進行する。

しかし、第３次産業の肥大化、農業と非農業部門の所得格差のもとで、農業からの労働力が流出し、サトウキビ生産は省力で対応できかつ収益性もある株出しとその長期化に依存していく。サトウキビの長期株出しはやがて連作障害をもたらし、サトウキビは10ａ収量の面では低迷が続くようになる。

農家の経営については、都府県の農家に比べて経営への投資は少なく、所得の水準も低いレベルにあった。こうして、農家は農業生産への投資が少ない状況のもとで、サトウキビ株出しという栽培形態のもとで労働を省き、兼業等によって現金収入を求める方向に進んだ。

そうした中で、1965年の総理府特別地域連絡局による『沖縄における農業事情視察報告』は、沖縄農業の展開方向について重要な示唆を含むものであったが、それが十分具体化することなく復帰を迎えた。

注

１）中野好夫編『戦後資料　沖縄』（日本評論社、1969年）の「沖縄戦後史の時期区分と本書の構成」では、米海軍軍政府布告第１号（ミニッツ布告）の発布期日について、「上陸数日後」（p.4）と記されているが、宮里政玄著『アメリカの沖縄統治』（岩波書店、昭和44年）では、「1945年４月５日、米軍は沖縄本島中部の読谷村字比嘉に米国海軍軍政府を樹立し、ニミッツ布告を発布して軍政を施行することを宣言した。」（p.1）としており、照屋栄一編『沖縄行政機構の変遷』<資料編>（昭和55年）及び照屋栄一編『復帰10周年記念　沖縄行政機構変遷資料』（昭和57年５月15日）では、米軍の上陸と同日の４月１日としている。

２）農地面積の推移と基盤整備については、仲地宗俊「アメリカ軍統治下における沖縄の農業」（『戦後日本の食料・農業・農村　第３巻（Ⅱ）編集担当　甲斐　諭『高度経済成長期Ⅱ—農業構造の変貌—』、農林統計協会、2014年12月）、p.511．参照。

３）『1950年世界農業センサス』（琉球政府行政主席統計局『琉球統計報告』第２巻第７

号、1952年、所収）における「農家の経営する土地」および「その他の農業事業体の経営する土地」の合計。また、面積には「耕地」に「その他の農用地」のうちの「果樹園」を加えた。

なお、加用信文編『都道府県基礎統計』農林統計協会、1983年、では、1950年の耕地面積は２万8,600町（２万8,363ha）となっている。

４）琉球政府計画局『沖縄農業統計資料』1965年５月による。なお、前掲、『都道府県基礎統計』では５万0,702ha、『1964年農業センサス』では５万0,447ha、となっている。

５）農業研究指導所『業務工程』の「水田の乾湿状況調査」は宮里清松・村山盛一「稲」（『沖縄県農林水産行政史』第４巻）でも紹介されている。
前掲、仲地宗俊「アメリカ軍統治下における沖縄の農業」、pp.519-520. 参照。

６）沖縄においても農地改革が検討されたことは指摘されている。
来間泰男「沖縄における土地問題」（九州農業経済学会『農業経済論集』、第25巻、1974年10月）、p.20.
石井啓雄・来間泰男『日本の農業　106・107　沖縄の農業・土地問題』、農政調査委員会、p.72.
仲地宗俊「農地」「『割当耕作』制度下の土地利用とまぼろしの農地改革」（『沖縄県農林水産行政史』第３巻、1989年３月）。
「琉球列島における農業および経済復興について　報告書」（翻訳）（『沖縄県農林水産行政史』第12巻、1982年12月）。

７）来間泰男は、農地改革が実施されず、食糧管理法が適用されなかった状況を、「農地改革ぬき、食管制度ぬき、自由化つき」とまとめている。
来間泰男「日本農業の未来の縮図か」（『経済評論』、1971年９月）。

８）アメリカ軍統治下における沖縄の土地問題については、前掲、石井啓雄・来間泰男『日本の農業　106・107　沖縄の農業』、に詳しい。

９）前掲、仲地宗俊「アメリカ軍統治下における沖縄の農業」、p.508. 参照。

10）沖縄県の本土復帰前における農地の一筆ごとの所有形態および耕作状況を調査した基本台帳。1971年から1972年３月にかけて実施された。調査の結果は、沖縄県農林水産部『沖縄県における農地一筆調査結果報告書』（1974年２月）にまとめられている。
同調査結果については、前掲、石井啓雄・来間泰男『日本の農業　106・107　沖縄の農業』、仲地宗俊「沖縄における農地の所有と利用の構造に関する研究」（『琉球大学農学部学術報告』第41号、1994年）でも紹介されている。

11）本書、第１章第３節。前掲、石井啓雄・来間泰男『日本の農業　106・107　沖縄の農業・土地問題』、参照。

12）会社から農地を借りる形で経営する小作人のほか、小作人に雇われて農耕に従事する労働者がいた。小作人は、開拓入植者またはその承継人であり、「親方」と呼ばれた。「親方」に雇われた労働者は「仲間」と呼ばれ、沖縄県からの出稼ぎ労働者が多かった。

後には「仲間」のなかに資金を蓄え、小作権（耕作権）を買い入れ、小作人になるケースもでてきた、と言われる。

『南大東村史（改訂）』、南大東村編集員会、1990年1月、pp.136、p.218、p.227.

13）米穀需給調整臨時措置法（『沖縄県農林水産行政史』第13巻、1983年3月）。
「稲作振興法」「外国産米穀の管理及び価格安定に関する法律」（『沖縄県農林水産行政史』第14巻、1985年3月）。
宮里清松・村山盛一「稲」（『沖縄県農林水産行政史』第4巻）pp.117-118. pp.124-126.
前掲、仲地宗俊「アメリカ軍統治下における沖縄の農業」、pp.508-509. 参照。

14）コメの輸入量の割合については、コメの需要量を「補給米販売高＋島産米（精米換算）」とし、前掲、仲地宗俊「アメリカ軍統治下における沖縄の農業」p.509の記述を訂正した。

15）琉球政府『農政の歩み』では、米国会計年度で表記されているため、前掲、加用信文『都道府県　農業基礎統計』とは1年のずれがある。（引用者 注）。

16）沖縄でも日本本土と時期はずれるが農業基本法制定の動きはあった。1963年10月に行政主席の諮問機関として「農業基本問題調査会」が設置され、1967年6月にその答申が出され、1968年2月に琉球立法院の審議に付されるが7月に審議未了になり、翌1969年（昭和44）8月に可決された。しかし、当時の琉球政府行政主席が署名を拒否し発効されなかった、という経緯をたどる。
（「農業基本法案に関する立法院会議録」（抄録）（『沖縄県農林水産行政史』第14巻、1985年3月、所収）
前掲、仲地宗俊「アメリカ軍統治下における沖縄の農業」、pp.510-511、参照。

17）『沖縄における農業事情視察報告』（昭和40年6月）。
同報告は、沖縄県立図書館に「ガリ版刷り」が所蔵されており（総理府特別連絡局編『沖縄における農業事情視察報告書』に他の2冊の報告書とともに合冊されている。）、『沖縄県農林水産行政史』第14巻に抄録が収録されている。『沖縄県農林水産行政史』第14巻に収録されていない部分については、「ガリ版刷り」によった。

18）農民のサトウキビ価格引き上げ運動については宮古の範囲ではあるが、根間玄幸『沖縄　宮古島農民運動史』、オリジナル企画、宮古農民運動、1976年4月、を参照。

引用および参考文献

〔1〕中野好夫編『戦後資料　沖縄』「第1期　敗戦と占領の混迷」、日本評論社、1969年12月。
宮里政玄『アメリカの沖縄統治』、岩波書店、1969年4月。
「一　戦後初期の混迷期における沖縄統治（一九四五年四月―四九年一〇月）」。
「二　対沖縄基本政策の決定と沖縄統治方式の確立（一九四九年一〇月―五三年一月）」。

〔２〕来間泰男「沖縄経済の現局面と『七ニ年返還』」（『経済』№80、1970年12月）。
第２期の期間については、「アメリカ軍による経済統制とその破綻」（沖縄国際大学商経学部『商経論集』第６巻第１号、1977年８月）による。
前掲、仲地宗俊「アメリカ軍統治下における沖縄の農業」、p.505、参照。
〔３〕『アメリカ軍統治下の沖縄統治法規総覧　Ⅰ』、月刊沖縄社、1983年、p.207. 所収。
〔４〕琉球銀行調査部『戦後沖縄経済史』、1984年３月。Ⅰ留保政策と経済混迷（1945～1948）第２章　留保政策下の通貨問題（牧野浩隆　執筆）。
〔５〕前掲、『戦後沖縄経済史』、Ⅱ沖縄統治と経済復興への序曲（1947～1949）、第３章　経済復興への序曲、第３節　第四次法定通貨の変更、およびⅢ沖縄保有の決定と復興政策の展開（1949～1951）　第４章「１ドル＝120B円」の設定と沖縄経済の宿命、（いずれも牧野浩隆　執筆）。
〔６〕前掲、『戦後沖縄経済史』、Ⅲ沖縄保有の決定と復興政策の展開（1949～1951）第４章「１ドル＝120B円」の設定と沖縄経済の宿命　（牧野浩隆　執筆）、pp.189-190.
〔７〕前掲、『戦後沖縄経済史』、Ⅷ　経済政策の大再編と拡充強化（1957～1960）―沖縄統治方式の転換（その２）　第４章　自由化体制の特質と沖縄経済、（牧野浩隆　執筆）。p.603、p.604.
〔８〕前掲、『戦後沖縄経済史』、Ⅷ　経済政策の大再編と拡充強化　第４章　自由化体制の特質と沖縄経済（牧野浩隆　執筆）、p.607.
〔９〕前掲、『戦後沖縄経済史』、Ⅷ　経済政策の大再編と拡充強化　第４章　自由化体制の特質と沖縄経済（牧野浩隆　執筆）、p.607.
〔10〕沖縄朝日新聞社編集『沖縄大観』（『沖縄県農林水産行政史』第12巻、所収）、pp.629-630.
〔11〕前掲、仲地宗俊「アメリカ軍統治下における沖縄の農業」、p.518. 表3-11-4、参照。
〔12〕前掲、石井啓雄・来間泰男『日本の農業　106・107　沖縄の農業・土地問題』、pp.75-76.
前掲、仲地宗俊「沖縄における農地の所有と利用の構造に関する研究」、p81.
〔13〕『南大東村誌（改訂）』、南大東村誌編集員会、平成２年１月。
第一部　南大東島の自然　第二部　南大東島の歴史　第二章　玉置時代、第三章　東洋製糖時代（大正時代）、第四章　大日本製糖時代（昭和の戦前）
〔14〕前掲、『南大東村史（改訂）』、p.807.
〔15〕南大東島島民の主張については、前掲、『南大東村誌（改訂）』、「大東島土地問題の部」のうち、pp.799-810の資料による。
〔16〕前掲、『南大東村誌（改訂）』「第一回　土地所有権問題の陳情書」（1951年７月２日）、p.801.
〔17〕前掲、『南大東村誌（改訂）』「土地所有権獲得期成会結成大会　宣言文」（1959年６月21日）、pp.810-811.
〔18〕前掲、『南大東村誌（改訂）』「南・北大東村長より米琉合同土地諮問委員会宛陳情書」1961年９月、p.827.

〔19〕新垣進「法整備期—そのニ（一九五七年以降）」（砂川恵伸・安次富哲雄・新垣進「土地法制の変遷」）宮里政玄編『戦後沖縄の政治と法—1945—72年—』、東京大学出版会、1975年。
〔20〕「戦後　琉球農林水産業十年の歩み」（『沖縄県農林水産行政史』第12巻、所収）、p.48.
〔21〕前掲、「戦後琉球農林水産業十年の歩み」、p.48.
宮里清松・新垣良盛「甘藷」（『沖縄県農林水産行政史』第4巻、1982年3月）、pp.197-199.
〔22〕前掲、加用信文監修『都道府県　農業基礎統計』。
〔23〕琉球政府企画局統計庁『第13回　琉球統計年鑑』、1968年。
琉球政府「沖縄農業の現状」1955～1967年度、1970年度。
外国米輸入の割合については、前掲、宮里・村山「稲」、p.132. にも掲載されている。
〔24〕『琉球統計年鑑』第7回から第11回。
〔25〕前掲、加用信文監修『都道府県　農業基礎統計』。
〔26〕琉球政府『農政の歩み　1946年度～1967年度』、1969年3月、pp.3-4.
〔27〕琉球模範農場『沖縄の水稲とその栽培報告—亜熱帯地方水田の一指標—』、1963年。
前掲、仲地宗俊「アメリカ軍統治下における沖縄の農業」p.520. 参照。
〔28〕『沖縄県農林水産行政史』第14巻、pp.11-15.
〔29〕高良亀友『戦後沖縄農業・農政の軌跡と課題』、沖縄自分史センター、2006年11月、p.82.
〔30〕『沖縄における農業事情視察報告』、1965年6月。pp.51-52.（ガリ版刷り）。
該当部分は、山城栄喜・新垣秀一・来間泰男「さとうきび」（『沖縄県農林水産行政史』第4巻、1987年3月）にも紹介されている。
〔31〕前掲、「戦後　琉球農林水産業十年の歩み」（『沖縄県農林水産行政史』第13巻、所収）。「終戦直後」の年次は表記されていない。
〔32〕琉球政府経済局『糖業関係資料』第3号、1963年4月、所収の「戦後糖業年譜」、「戦後　琉球農林水産業十年の歩み」（『沖縄県農林水産行政史』第12巻）、「南西諸島の糖業」（昭和28年1月、琉球政府資源局）、（『沖縄県農林水産行政史』第13巻）。
〔33〕前掲、「戦後糖業年譜」、前掲、「南西諸島の糖業」p.206、池原真一『沖縄糖業統計』（農林統計協会、1973年3月）p.305. なお、同資料p.313の資料では分蜜糖工場は5工場となっている。
〔34〕前掲、「戦後糖業年譜」、前掲、「戦後　琉球農林水産業十年の歩み」、p.66.
〔35〕前掲、「戦後糖業年譜」、前掲、「戦後　琉球農林水産業十年の歩み」、pp.64-66.
〔36〕農林省「国内甘味資源の自給力強化綜合対策」昭和34年2月20日（『沖縄県農林水産行政史』第13巻、pp.633-636.
〔37〕「糖業振興法」池原真一『沖縄糖業統計』、農林統計協会、1973年3月、所収。
〔38〕『琉球農連五十年史』、1967年8月、p.773.
〔39〕『中部製糖　二十年のあゆみ』、1980年12月、p.81.
〔40〕根間玄幸『沖縄　宮古島農民運動史』、オリジナル企画、1976年4月、pp.117-126.
〔41〕前掲、池原真一『沖縄糖業統計』、pp.313-315.

〔42〕前掲、池原真一『沖縄糖業統計』「原料甘蔗売買価格の基準」、pp.469-476.
〔43〕前掲、『中部製糖　二十年のあゆみ』p.110.
〔44〕前掲、池原真一『沖縄糖業統計』、p.441.
前掲、仲地宗俊「アメリカ軍統治下における沖縄の農業」p.517. 参照。
〔45〕前掲、池原真一『沖縄糖業統計』、p.441.
〔46〕経済局農務課「主要農作物栽培要綱」（『沖縄県農林水産行政史』第13巻、所収）。
前掲、山城栄喜・新垣秀一・来間泰男「さとうきび」第四章、第二節（『沖縄県農林水産行政史』第４巻、1987年）。
〔47〕前掲、『沖縄における農業事情視察報告』、昭和40年６月。ガリ版刷り、p.52.
〔48〕総理府特別地域連絡局「沖縄における農業事情視察報告」（抄録）（昭和40年６月）（『沖縄県農林水産行政史』第14巻）。
〔49〕丸杉孝之助『沖縄農業の基本条件と構造改善』、琉球大学農学部、1979年３月、p.75.
〔50〕前掲、丸杉孝之助『沖縄農業の基本条件と構造改善』、pp.75-83.
〔51〕前掲、丸杉孝之助『沖縄農業の基本条件と構造改善』、p.81.
〔52〕前掲、仲地宗俊「アメリカ軍統治下における沖縄の農業」pp.513-514. 参照。
前掲、仲地宗俊「農地の所有と利用の構造に関する研究」、pp.76-77. 参照。
〔53〕琉球政府『沖縄農業の現状』、1970年度、p.142.
前掲、仲地宗俊「アメリカ軍統治下における沖縄の農業」pp.513. 参照。
〔54〕1964年センサス　琉球政府企画局統計庁『1964年農業センサス報告』第２巻総括編。
1971年センサス　農林省統計情報部『1971年沖縄農業センサス　沖縄県統計書』1973年３月。
前掲、仲地宗俊「アメリカ軍統治下における沖縄の農業」pp.513. 参照。
〔55〕農林水産省統計情報部『農業センサス累年統計書』「専兼別農家数」、1992年。
〔56〕宇佐美繁「農業の生産力構造」（磯辺俊彦・常盤政治・保志恂編『日本農業論』、有斐閣ブックス、昭和61年）pp.95-97.
暉峻衆三「高度成長期の展開―1950年代初頭から1970年代初頭まで―」（暉峻衆三編『日本の農業150年―1850～2000年―』有斐閣ブックス、2003年）pp.203-204.
〔57〕前掲、『1971年農業センサス』。前掲、仲地宗俊「アメリカ軍統治下における沖縄の農業」、p.514. 参照。
〔58〕福仲憲「沖縄農業の生産構造」（九州農業経済学会『農業経済論集』第25巻、1974年10月）、p.25.
〔59〕前掲、総理府特別地域連絡局『沖縄における農業事情視察報告』（抄録）（『沖縄県農林水産行政史』第14巻）、p.393.
〔60〕前掲、総理府特別地域連絡局『沖縄における農業事情視察報告』（抄録）（『沖縄県農林水産行政史』第14巻）、pp.395-396.
〔61〕前掲、総理府特別地域連絡局『沖縄における農業事情視察報告』（抄録）（『沖縄県農林水産行政史』第14巻）、pp.396-398.

Ⅱ部　沖縄農業の構造問題

第３章　日本復帰後の農業の展開

1972年（昭和47）５月15日、沖縄の施政権がアメリカ合衆国から日本国に返還された。いわゆる日本復帰である。この時期、アメリカ経済は深刻な不況とドル危機に見舞われ〔1〕、1971年８月には金とドルの交換停止（ニクソン・ショック）に追い込まれ、米国ドルと１ドル＝360円の固定相場でリンクされていた円は、12月のスミソニアン協定において１ドル＝308円の為替レートが設定された〔2〕。協定前のレートに比して大幅なドルの下落である。

このドルの切り下げによって沖縄経済は、貿易における為替差損、物価上昇など大きな打撃をこうむった。日本政府は円の変動相場制移行にともなって被る沖縄住民の差損分を給付金で支払う措置を講じたが、それは沖縄経済がこうむった不利益をカバーしうるものではなかった〔3〕1)。沖縄の復帰に際しては1972年５月15日から20日の間、１ドル＝305円のレートによる交換がなされた〔4〕。

一方、日本の経済も日本列島改造論が打ち出されるなかで過剰流動性の投入による土地投機が発生し、全国各地で土地買い占めが横行していた〔5〕。このように沖縄が日本に復帰した1972年はアメリカ、日本ともに経済が大きく混乱していた時期であった。

沖縄では、1971年に長期の旱ばつと台風の襲来によって農業が大きな打撃を蒙った。さらに、復帰記念事業として「沖縄国際海洋博覧会」が1975年に開催されることが決められたことから、土地買い占めや関連施設の建設など巨額の資金が投入され、経済の混乱が生じた〔6〕。

復帰による農業の変化としては、制度的には、それまで沖縄には適用されていなかった日本政府の農業政策・制度が適用された。また、政府、沖縄県による農業振興計画が策定され、そのもとで各種の事業が取り組まれるなどアメリカ軍統治下にはなかった農政が始動する。このことは復帰後の農業の展開を大きく規定する枠をなした。

農地造成、土地改良などの生産基盤の整備も進められ、なかでも、地下ダムの建設事業、特殊病害虫であるウリミバエ、ミカンコミバエの駆除事業は沖縄農業の生産基盤を大きく改善した。しかし一方、農業生産の担い手である農家戸数、農業就業人口、農業生産の基本的な生産手段である農地は減少していく。

本章では日本復帰、始動した農業政策と農業生産の変化を整理する[2)]。なお、農業政策に関して、法律・制度の適用については、これまでも多く取り上げられていることから、本章では農業振興計画を中心に取り上げる。また、農地法の適用は復帰後の農業の大きな変化の一つであるがこのことについては農地の移動と併せて第６章で検討する。

第１節　日本復帰に伴う法律・制度の適用

日本復帰に伴い、それまで沖縄に適用されていなかった「食糧管理法」、「農地法」、「農業振興地域の整備に関する法律」等および制度が適用された。もっとも、これらの法律は本則がそのまま適用されたのではなく、アメリカ軍の統治下にあった時期の空白を段階的に埋めていくための特別措置が講ぜられた。その法的根拠をなしたのが、「沖縄の復帰に伴う特別措置に関する法律」である。農林水産業に関する主な法律では、「農業委員会の委員の選挙権等に関する経過措置」、「農林共済組合法に関する特例等」、「農業者年金基金法に関する特例」、「小作地所有制限に関する特例」、「種苗の登録名称使用に関する特例」、「食糧管理法に関する特例等」、がある[3)]。その主な点をみると次のようになる。

まず「食糧管理法」について言うと、アメリカ軍統治下の沖縄においては「食糧管理法」はなく、コメについては独自の価格政策が採られていたが、1963年には生産が大きく減少し、外国からのコメの輸入が増大し、復帰時の1972年にはコメ作の面積は3,130ha、生産量は7,780㌧にすぎなかった〔7〕。そこで、「食糧管理法」の適用にあたっては、次のような特例が講じられた[4)]。

①　流通の規制は行わない。

②　米穀の政府買入れは行わず、復帰前の農協買入れを通した不足払いの制度が維持された。その場合の生産者からの買入れ価格は、復帰後５年間は復帰時の価格を基準とし、本土の生産者米価のアップ率を参酌して定め、その後10年間で本土と一元化する。

③　政府売渡し価格は、復帰時の価格を基準とし、本土の政府売渡し価格のアップ率を参酌して定め、1977年から10年間で本土の価格と一致させる。

また、当時本土で実施されていた稲作の減反・転作も、農業者の自主的な計画のもと、1971年に水稲が作付けされた水田であることを条件にして1972年２期作から実施された〔8〕。『沖縄県農林水産行政史』第４巻「稲」に掲載されている「転作等面積及び奨励金補助交付金額」[5)]によれば、稲作転換対策期の1972年から1973年は522haから601ha（休耕を含む）、1974年から1975年は180haから214ha、水田総合利用対策期の1976年から1977年は244haから294ha、水田利用再編対策期の1978年から1979年は342haから457ha、1980年以降は513haから多い年には582haが転作されている。転作対象の作物として最も多いのはサトウキビであった。こうして、アメリカ軍の統治下において減少を続けていた米作はさらに追い打ちをかけられることになる。

「農業者年金法」では、経営移譲要件、経営移譲年金等の受給資格期間についての特例措置、「農地法」では、小作地の所有制限に係る条項である６条１項の規定は、法施行の日から起算して６カ月間は適用しないことや市町村の区域の範囲に関する措置が設けられた[6)]。

「沖縄の復帰に伴う特例措置に関する法律」以外でも砂糖について、復帰前、「沖縄産糖の糖価安定事業団による買い入れ等に関する特別措置法」に基づいて糖価安定事業団が買い入れる仕組みになっていたが、復帰に伴い、同法は廃止され（1972年10月１日）、本土法の「甘味資源特別措置法」、「砂糖の安定価格等に関する法律」が適用された[7)]。

また、復帰前外国からの輸入関税が低く設定され、復帰によって消費生活の大きな影響を及ぼすと考えられる品目について、①本土で輸入割当品目となっている物資の沖縄特別割当、②消費生活物資の関税免税の措置が講じられた[8)]。

第２節　「沖縄振興開発計画」から「沖縄振興計画」（「沖縄21世紀ビジョン基本計画」）へ

復帰後の農業に関わる大きな変化として、個別の法律・制度の適用とは別に、沖縄の振興計画が策定され農業もそのなかで位置づけられるようになったことがある。農業における振興計画をみる前に振興計画全体の流れを整理しておきたい。

政府による沖縄の振興計画は、「沖縄振興開発特別措置法」（1971年12月制定、1972年５月15日施行）を法的根拠として策定された。「沖縄振興開発特別措置法」

は、「沖縄の復帰に伴い、沖縄の特殊事情にかんがみ、総合的な沖縄振興開発計画を策定し、及びこれに基づく事業を推進する等特別の措置を講ずることにより、その基礎条件の改善並びに地理的及び自然的特性に即した沖縄の振興開発を図り、もって住民の生活及び職業の安定並びに福祉の向上に資すること」（第１条）を目的とした特別措置法であった。当初、10年を期限とした時限立法であったが、10年後の1982年（昭和57）３月、さらにその10年後の1992年（平成４年）３月の２回、10年単位で延長され、2002年（平成14）３月31日まで継続された。

「沖縄振興開発特別措置法」は2002年３月に失効し、代わって「沖縄振興特別措置法」が制定された。「沖縄振興特別措置法」は大きく二つの点で「沖縄振興開発特別措置法」と異なる。まず、法律の名称から「開発」という文言が削除された。すなわち、「開発」ではなく、「振興」を対象とした特別措置として位置づけるということである。さらに、旧法の目的にあった「その基礎条件の改善並びに地理的及び自然的特性に即した沖縄の振興開発を図り」という記述が削除され、「もって沖縄の自立的発展に資するともに」という記述が加えられた。「沖縄振興特別措置法」は2012年３月に改正（４月１日施行）され、さらに2022年３月に改正（４月１日施行）された。

「沖縄振興開発特別措置法」および「沖縄振興特別措置法」では、沖縄振興のための計画を策定することが謳われており、それぞれの法律に基づく振興計画が策定された。これらの法律と「沖縄振興計画」（2012年５月以降、「沖縄21世紀ビジョン基本計画）の対応関係は次のようになっている。（年月は施行時とした。）

1972年（昭和47）５月　沖縄振興開発特別措置法（期限10年）沖縄振興開発計画
1982年（昭和57）４月　沖縄振興開発特別措置法（期限延長10年）第２次沖縄振興開発計画
1992年（平成４）４月　沖縄振興開発特別措置法（期限延長10年）第３次沖縄振興開発計画
2002年（平成14）４月　沖縄振興特別措置法　沖縄振興計画（2002年７月）
2010年（平成22）３月　沖縄21世紀ビジョン
2012年（平成24）４月　沖縄振興特別措置法（改正）
2012年（平成24）５月　沖縄21世紀ビジョン基本計画（沖縄振興計画　平成24年度～平成33

		年度）
2012年（平成24）９月		沖縄21世紀ビジョン実施計画（前期：平成24年度～平成28年度）
2017年（平成29）５月		沖縄21世紀ビジョン基本計画〔改定計画〕
2017年（平成29）10月		沖縄21世紀ビジョン実施計画（後期：平成29年度～平成33年度）
2022年（令和４）４月	沖縄振興特別措置法（改正）	
2022年（令和４）５月		新・沖縄21世紀ビジョン基本計画（沖縄振興計画　令和４年度～令和13年度）

1972年から2002年３月までは、「沖縄振興開発特別措置法」を根拠とした「沖縄振興開発計画」であり、2002年７月以降は、「沖縄振興特別措置法」に基づく「沖縄振興計画」が策定された。「沖縄振興開発計画」および「沖縄振興計画」は、復帰後の沖縄の社会経済の捉え方および振興の方向についての日本政府の考え方を示している。

1972年12月に策定された『沖縄振興開発計画』は、「この計画においては、沖縄の各方面にわたる本土との格差を早急に是正し、全域にわたって国民的標準を確保するとともに、そのすぐれた地域特性を生かすことによって、自立的発展の基礎条件を整備し、平和で明るい豊かな沖縄県を実現すること」[9] ことを目標に掲げ、「本土との格差是正」、「自立的発展の基礎条件の整備」が大きな柱をなした。

『沖縄振興開発計画』に続く、『第２次沖縄振興開発計画』（1982年８月）、『第３次沖縄振興開発計画』（1992年９月）は、章立ての構成と題目は異なるが、目標はほぼ同様の記述がなされている[9]。

一方、これらの政府・沖縄開発庁による「振興開発計画」とは別に、沖縄県は独自に、1993年９月、『平和で活力に満ち潤いのある沖縄県を目指して』（「沖縄県主要事業推進計画」）（平成４年度～平成８年度）を策定し、1995年５月にその改訂版を、さらに、1998年３月に、『沖縄県主要事業推進計画（後期）―国際都市沖縄をめざして―』（平成９年度～平成13年度）を策定した。1993年の『平和で活力に満ち潤いのある沖縄県を目指して』は「これまでの沖縄振興開発計画の基本方向を踏まえつつ、(中略)、当面、重点的に推進すべき主要施策事業を明らかにするとともに、県政の総合的、効率的な運営を図るための中期的な指針として、さらには県の主要施策の進行管理に資するため」〔10〕に策定されたもので、1998年の『沖縄県主要事業推進計画（後期)』は、1993年「計画」の後期版であるとともに、その副題にあるように、1996年11月に、沖縄県が、「21世紀のグランドデザイン」として策定した「国際都市形成構想」への対応〔11〕を企図した計画であった。

ところで、「国際都市形成構想」は復帰後の沖縄の経済振興の方向をめぐって大きな論争となった「構想」であり、農業の分野も大きくかかわったことから、若干触れておきたい。

論争の契機をなしたのは、1996年９月に沖縄県が発表した、『沖縄振興開発の課題と展望―国際都市沖縄をめざして―』とする報告書である。同報告書は「『第３次沖縄振興開発計画』の後期において重点的に振興すべき施策を明らかにし、その積極的な展開を図る」ために、「県勢の現状及び見通し、基本的課題、自立的発展への基本方向、21世紀を展望した県政の総合的施策の展開についてまとめ、本県の振興を図るための指針とする」〔12〕ことを目的としていた。

同報告書は、「Ⅴ　21世紀を展望した県政の総合的施策の展開」で、「１　世界に開かれた国際都市の形成」、「２　米軍基地の計画的かつ段階的返還と跡地利用の促進」、「３　平和創造の推進」、「４　自立的発展と交流を支える基盤の整備」、「５　創造性豊かな活力ある産業の振興」の５つの展開方向を掲げ､その「５」で、「(1) アジアのダイナミズムに対応できる産業基盤の整備と企業立地の促進」をあげ、「特に、自由貿易地域については、海外の自由貿易地域と競争し、内外の資本を導入し得る魅力ある仕組みを構築する必要があり、制度の改善や他の地域への設置を含め拡大を促進する」として、自由貿易地域の拡大の推進を打ち出した〔13〕。

この構想を推進するために1997年､「産業･経済の振興と規制緩和検討委員会(委員長　田中直毅）が設置され、７月には、同委員会の報告において、「2001年を期して県全域を対象とした自由貿易地域制度の導入を図る」〔14〕ことが提言された。

『産業・経済の振興と規制緩和等検討委員会報告』(田中委員会)を受けて沖縄県は、1997年11月に、『国際都市形成に向けた新たな産業振興策』をまとめた。その「Ⅰ　新たな産業振興策」の「1．基本認識」の項において、「(前段略)、これらの要因から産業の振興が後れ、県外依存度の高い脆弱な経済構造のまま推移し、「県民所得は全国最下位、失業率は全国平均の約2倍となる」といった厳しい状況のなかで、「現状のままでは地域経済の停滞や雇用不安等がさらに深刻化するのではないかという懸念も生じている。／一方、産業の空洞化等構造的な問題に直面している我が国の産業構造の現状や急成長を続けるアジア近隣諸国の動向等を踏まえ、国際化や情報化等の時代潮流の変化に適切に対応して、本県経済の自立へのプロセスを確立していくことが求められている」〔15〕、という認識が示され、こうした状況に対応する方向として、「本県の有する地域特性・資源を積極的に活用する新たな産業振興策を展開していく必要があり」として、「自由貿易地域制度や税制上の特例措置」「本土に先駆けた規制緩和の実施」「国際水準の空港、港湾、情報通信等のインフラ整備」「国内外の企業を誘致しうる魅力ある条件整備を図って」いくことがあげられ、「2．基本的方向」として「自由貿易地域の新たな展開」が打ち出された〔16〕。

そして、「Ⅱ.具体的施策」で、「自由貿易地域の新たな展開に向けた制度の拡充・強化」を述べ、「全県自由貿易地域制度」を導入する時期は、「2005年を目途とし、諸条件が整い次第、可及的速やかに実施する」〔17〕とされた。

続いて、「Ⅲ.期待される効果等」で、「全県自由貿易地域制度」のメリットについて記し、一方、「Ⅳ.自由貿易地域のあらたな展開に向けての対応」では、同制度からマイナスの影響を受けると考えられる分野についての対応策を述べている。その内容は、「農林水産業対策」「中小企業等対策」「県民生活への配慮」となっている〔18〕。「全県自由貿易地域制度」はその構想の段階から、農林水産業、中小企業、県民生活にマイナスの影響を与えることが認識されていたのである。

農林水産業についての対策は、「新たな視点に立脚した将来ビジョンとそのアクションプログラムを策定し、ウルグァイラウンド農業対策事業費及び新たな支援策等を重点的、政策的に投入するなど生産基盤や生活環境の一層の整備を推進するとともに、沖縄ブランド品目開発のための試験研究機関を充実・強化する。併せて、輸送コストの低減を図っていくものとする。／また、経営感覚に優れた効率的・安定的な経営体とこれを担う人材の育成確保や意欲ある事業者の支援を積極的に行うことにより、体質を強化し、魅力ある産業として確立するとともに、県土・環境の保全や地域経済の安定が図られるよう配慮する」〔19〕、というものであった。全体として、「新たな視点に立脚した将来ビジョンとそのアクションプログラム」の策定に対策を委ねている。

農林水産業と並んで、影響を受ける分野としてあげられた中小企業等についての対策は、「既存制度の活用や新たな制度の創設等により経営基盤の強化を図り、新製品等の開発や技術革新、情報化、人材の確保・育成に対する支援施策を講ずる」〔20〕といった抽象的なものであった。

こうした沖縄経済振興のあり方を巡って、県民ぐるみの激しい議論が交わされた[10)]。

「全県自由貿易地域化構想」の背景にある考え方は、新自由主義の理論そのものである。しかし、我が国における新自由主義の政策のもとで何が起こったか、そのことに関する検討はほとんどなされていない。新自由主義が日本経済にもたらしたものは、本書「序章」で述べたように、「就職氷河期」「産業の空洞化」「格差の拡大」「ワーキングプア」であった。『産業・経済の振興と規制緩和等検討委員会報告』(田中委員会) および沖縄県『国際都市形成に向けた新たな産業振興策』では、我が国の産業構造が「産業の空洞化等構造的な問題に直面している」〔21〕という認識を示しながら、その元凶である新自由主義政策を零細で脆弱な沖縄の経済に持ち込もうとしたもので、「全県自由貿易地域」の設定は理論的にも全く矛盾したものであった。

さて、「沖縄振興計画」の根拠となる法律は2002年３月に、「沖縄振興開発特別措置法」に代わり「沖縄振興特別措置法」が立法化されたことから、振興計画についても従来の「沖縄振興開発計画」から「沖縄振興計画」へと改められることになる。

2002年『沖縄振興計画』の主な特徴は、冒頭の「計画作成の意義」において「沖縄自らが振興発展のメカニズムを内生化し、自立的かつ持続的な発展軌道に乗るような条件整備を図っていかなければならない。／そのためには、本土との格差是正を基調とするキャッチアップ型の振興計画だけではなく、沖縄の特性を十分に発揮したフロンティア創造型の振興策への転換を進める必要がある」〔22〕として、

「キャッチアップ型」（格差是正）の振興策から「フロンティア創造型」の振興策への転換を求めていることである。また、「沖縄振興開発計画」では、その目標として掲げられていた「本土との格差の是正」の文言も削除された。

さらに、第２章の「振興の基本方向」の「１．基本的課題」において、「(1)時代潮流」という項目が新たに加わり、地球規模の環境問題への視点と国際競争への対応が打ち出された〔23〕。この点でも、それまでの「計画」とは枠組みが大きく変わっている。

また、2002年『沖縄振興計画』は、沖縄県が「全県自由貿易地域制度」構想を打ち出した後の「振興計画」であるが、「自由貿易制度」については、「特別自由貿易地域制度及び産業高度化地域制度等の活用による企業誘致の促進」が記されるにとどまった〔24〕。

一方、政府による「沖縄振興計画」の策定に対して、沖縄県は2010年（平成22）３月に独自の、『沖縄21世紀ビジョン～みんなで創る　みんなの美ら島　未来の沖縄～』（以下、『沖縄21世紀ビジョン』という。）を策定した。『沖縄21世紀ビジョン』は、「“時代を切り開き世界と交流し、ともに支えあう平和で豊かな『美ら島』おきなわ”を創造する」〔25〕という基本理念を掲げ、2030年を想定年とする壮大なビジョンであった。沖縄が目指すべき将来像として、(1)沖縄らしい自然と歴史、伝統、文化を大切にする島、(2)心豊かで、安全･安心に暮らせる島、(3)希望と活力にあふれる豊かな島、(4)世界に開かれた交流と共生の島、(5)多様な能力を発揮し、未来を拓く島、の５つの像が提起された〔26〕。

さて、2012年（平成24）には、「沖縄振興特別措置法」の一部改正がなされ、振興計画策定の仕組みが大きく変更された。すなわち、改正前の「沖縄振興特別措置法」では、沖縄県知事が「振興開発計画案」を作成し、内閣総理大臣に提出、内閣総理大臣が沖縄振興開発審議会の議を経て関係行政機関の長に協議して決定する仕組みだったが、2012年の「沖縄振興特別措置法」の一部改正により〔27〕、内閣総理大臣が振興計画の方針を示し、沖縄県知事が計画を策定する仕組みになった。

こうした経過を経て、沖縄県は2012年（平成24）５月に、『沖縄21世紀ビジョン基本計画（沖縄振興計画　平成24年度～平成33年度）』を策定し、続いて、「ビジョン基本計画」を推進する活動計画として、『沖縄21世紀ビジョン実施計画（前期：平成24年度～平成28年度）』を策定した。2012年『沖縄21世紀ビジョン基本計画』は、「沖縄振興特別措置法」に位置づけられた「沖縄振興計画」としての性格をもつとともに、2010年「沖縄21世紀ビジョン」の理念を引き継ぐものとなっている〔28〕。

『沖縄21世紀ビジョン基本計画』は2017年５月に「改定」がなされ、2020年（令和２）３月に『沖縄21世紀ビジョン基本計画（沖縄振興計画）等　総点検報告書』がまとめられた。『沖縄２世紀ビジョン基本計画』は2021年度までが計画期間となっていることから、2020年４月から「新たな振興計画」策定に向けた議論がスタートし、2022年（令和４）５月には『新・沖縄21世紀ビジョン基本計画』（沖縄振興計画　令和４年度～令和13年度）が決定・公表された[11)]。

『新・沖縄21世紀ビジョン基本計画』の「計画策定の意義」は大きく次の４つの点に要約できる〔29〕。

・　復帰後本土との格差は縮小されてきたが、自立経済の構築はなお道半ばにある。
・　我が国全体の状況として、新型コロナウイルス感染症の拡大、気候変動や新興国の台頭による国際秩序が変化するなかで、離島の不利性、米軍基地問題などの固有課題をはじめ、子どもの貧困問題など多くの問題が残されている。
・　海洋島しょ性、アジア諸国との交易・交流の中で培ってきた歴史的・文化的特性など、本県が有する地理特性が一層重要性を増している。
・　独自の地域的特性を生かした沖縄振興は、我が国の発展への貢献という沖縄振興の新たな意義を浮かび上がらせ、国家戦略としても重要な意義を有する。

「我が国の発展への貢献」、「国家戦略としての意義」が打ち出されていることが目をひく。具体的な柱として次の３つの項目があげられている〔30〕。

①　沖縄振興策の推進
②　日本経済発展への貢献―我が国とアジア諸国・地域を結ぶ拠点―
③　海洋島しょ圏の特性を生かした海洋立国への貢献―海洋政策の拠点―

このうち、②では、新型コロナウイルス感染収束後の展望として、「本県は再び、我が国とアジア諸国・地域とを結ぶ『東アジアの重要拠点』として、（中略）我が国の社会経済発展に貢献する新たな意義も浮かび上がる」ことを強調している。

③の「海洋島しょ圏の特性を生かした海洋立国への貢献」は、これまでの「沖縄21世紀ビジョン基本計画」にはない項目であり、国の海洋政策につながる「計画策定」であることが強調されている。

「計画の目標」では〔31〕、計画の施策展開に、「SDGsの視点を取り入れること」、「ポストコロナのニューノーマル（新たな日常）にも適合する『安全・安心で幸福が実感できる島』」の形成を掲げている。

「第２章　基本的課題」の「１　本県を取り巻く時代潮流」では、「世界の動向」と「我が国の動向」を述べているが、「世界の動向」では、①新型コロナ感染症の拡大、②SDGsの展開、③格差の拡大、④デジタル化と情報通信技術の進化、をとりあげている。特にSDGsについては、「グローバル資本主義のなかで構築されてきた現代の企業経営モデル等の根幹を揺るがす発想の転換（パラダイムシフト）をもたらすものでもあります。経済価値を創造しながら、社会的ニーズに対応することで社会的価値をも創造する、経済価値と社会価値との両立を目指す新しい企業価値の創造をもたらすアプローチともいえます」〔32〕と述べ、「世界の動き」に対応する視点が打ち出されている。

一方、⑤「アジア経済の動向」では、「アジア地域の人口は、世界最大の規模で2050年（令和32年）まで成長し、経済規模も中国とインドを中心にシェアを拡大していくことが予想されます。（中略）本県が東アジアの中心に位置するという地理的優位性を最大限に発揮して、アジア地域のダイナミズムを取り込むことが重要になります」〔33〕として、これまでの「沖縄21世紀ビジョン基本計画」の考え方を引き継いでいる。

「３　基本的課題」では、「⑴沖縄経済の重要課題」、「⑵沖縄における新型コロナウイルス感染症拡大によって明確化した課題」、「⑶沖縄におけるSDGs推進の優先課題」、の３つの課題をあげている〔34〕。

そのうち、「⑴沖縄経済の重要課題」では、「アジアのダイナミズムを取り込み、本県の特性を生かした自立型経済を構築するための各種の重要課題が存在します」とし、具体的には「技術進歩の課題」、「経済パフォーマンスの課題」をあげている。「技術進歩の課題」では、「アジア経済の新な担い手となるフロンティア企業等の展開を沖縄の自立経済構築につなげること」と、「経済パフォーマンスの課題」では、「自立的発展を可能とする社会経済システムを構築」をあげている。

「アジアのダイナミズムを取り込む」という考えが随所で強調されているが、今後、アジアの変動がより激しくなることが考えられ、むしろ、「アジアの変動に巻き込まれない強固な経済のシステムを構築する」方向を追求すべきであろう。

第３節　「沖縄振興開発計画」および「沖縄振興計画」（「沖縄21世紀ビジョン基本計画」）における農業振興の方向

そこで次に、「沖縄振興開発計画」および「沖縄振興計画」（「沖縄21世紀ビジョン基本計画」）において農業がどのように位置づけられ、その振興がどのように提起されたかについてみていくことにしたい[12)]。

『沖縄振興開発計画』（策定年：1972年12月、計画期間：1972年度～ 1981年度）

1972年の『沖縄振興開発計画』では、「第８　産業の振興開発」の「１　農業」で農業の振興の方向が示されている。まず、当時の農業に対する認識として、「沖縄県の農業は、一般に技術水準が低く、農業生産の基礎的条件の整備も立ち遅れているため、本土農業との生産格差が著しいものとなっている。／今後の沖縄農業の基本方向としては、合理的かつ計画的な土地利用により優良農地を確保し、わが国唯一の亜熱帯農業の確立をめざしつつ、主要作物であるさとうきび、パインアップルの生産性向上を図るとともに、畜産、野菜、花き、養蚕、茶等を振興し、作目の多様化をすすめることによって農業経営の安定をはかる」〔35〕ことが掲げられている。

振興の手段としては、「土地基盤整備、経営規模の拡大等の構造政策の拡充、共済制度の普及促進、適地適作、農業技術の開発普及等の生産政策、価格政策ならびに流通政策等を体系的、効果的に推進する。／また、農業後継者の育成と農村生活環境の整備に努める」ことがあげられ、続いて、作目および事項が７つの項目にまとめられている〔36〕。

(1) さとうきび、パインアップルの生産性の向上、(2) 畜産および野菜園芸等の振興、(3) 流通諸条件の整備、(4) 防疫体制の確立、(5) 農産加工の合理化と特産加工品の奨励、(6) 試験研究機関および普及事業の整備強化、(7) 農業協同組合の育成強化、である。

『第２次沖縄振興開発計画』（策定年：1982年12月、計画期間：1982年度～ 1991年度）

『第２次沖縄振興開発計画』では、「第３章　部門別の推進方針」の「３　産業の振興開発」「(1) 農業」の項で農業の振興方向が打ち出されている。

同計画では、農業への認識として、①「離島性、台風、干ばつ等」の自然条件の厳しさをあげ、そのうえで、②復帰後の各種の施策が効果を現している、ことがあげられる。③しかしながら、生産基盤や技術水準は立ち後れており、生産規模が零細である等生産力格差は依然として著しい、としている〔37〕。

振興の方向としては、「農業生産の基礎条件の整備を推進し、経営規模の大きな中核農家の育成と地域農業の組織化を中心に農業構造の改善を図る」、とされ、柱立てでは、「農政の総合的推進」が最初にあげられている〔38〕。全体として「総合農政」の枠組みへの誘導の企図がみられる。しかし、「中核農家の育成」や「地域農業の組織化」「総合農政」は、農業基本法以来の農政の展開のなかで生み出されたタームであり、農業基本法のもとでの政策施行の過程を経ていない沖縄農業の実態との乖離についての検討はみられない。

『第３次沖縄振興開発計画』（策定年：1992年９月、計画期間：1992年度～ 2001年度）

『第３次沖縄振興開発計画』における農業分野の記述は、「第３章　部門別の推進方針」「１　産業の振興開発」「(1) 農業」である。

状況認識として、「沖縄農業は、農業生産基盤の整備を始め、ウリミバエ根絶防除の計画的実施など各種の条件整備が着実に進み、亜熱帯の地域特性を生かして、さとうきび、野菜、花き、果樹、肉用牛等の生産が多様に展開され、供給産地として一定の評価を確立するとともに、県土の保全等多面的な機能を通して、地域の経済・社会の発展に大きな役割を果たしてきた」として、復帰後に農業生産基盤の整備が進み、各作目の生産が展開していると評価している。一方で、「しかしながら、沖縄農業は、本土に比べ台風、干ばつ等厳しい自然特性や離島性、市場遠隔性等の制約条件に加え、かんがい施設等農業生産基盤の整備や農業の開発・普及等がなお立ち後れており、生産が不安定で、かつ、生産性も依然として低い状況にある」として、農業をとりまく条件の不利な状況についての認識を述べている〔39〕。

そのうえで、農業振興の方向として、「優良農用地の保全・確保に努め、農業生産基盤の整備を推進するとともに、経営規模の拡大、農業生産の担い手の育成確保、農業生産の組織化の推進等農業構造を改善し、生産性の向上を図る。また、消費者ニーズに対応した高収益性作物の産地形成、新技術の開発・普及、流通体制の整備等生産から販売に至る施策を総合的に推進し、経営体質の強化を図ることにより、国際化時代に対応した生産性の高い亜熱帯農業の確立に努める」〔40〕とする方向を打ち出している。

「第３次振興開発計画」で新しく付け加わった点は、「消費者ニーズに対応した高収益性作物の産地形成」、「国際化時代に対応した生産性の高い亜熱帯農業の確立」といった点である。我が国農政全体において、「消費者ニーズへの対応」と「国際化時代への対応」が盛んに言われた時期である。

この時期はまた、沖縄の経済振興について、「格差是正」の追求から「自立経済」が強調され、一方で、「全県自由貿易地域」設定構想をめぐって大きな議論がなされた時期である。

『沖縄振興計画』（策定年：2002年７月、計画期間：2002年度～ 2011年度）

先述のように、2002年の「沖縄振興計画」では、振興計画の目的が、「格差是正」から「自立経済」の確立へと大きく変わり、全体の枠組みでも、環境共生、エコノミーとエコロジー、技術開発、産業の国際競争力の強化、が掲げられた。

こうした、全体的な認識と方向性のもとで、農業については、「第３章　振興施策の展開」の「１　自立型経済の構築に向けた産業の振興」のなかで、「(3) 亜熱帯性気候等の地域特性を生かした農林水産業の振興」が打ち出される。

そこでは、「（前略）優位性の発揮や生産性向上が期待される重点的に推進する品目を定め、地域特性や地域の諸条件に適合した選択的かつ集中的な振興策を推進し、豊かな太陽エネルギー等の環境で育まれたおきなわブランドを確立する」ことと、「環境と調和した持続的農林水産業への取り組みを強化する」ことが提起されている〔41〕。

その「施策展開」では以下の項目があげられた〔42〕。

ア　おきなわブランドの確立と生産供給体制の強化

イ　流通・販売・加工対策の強化

ウ　担い手の育成と農林水産技術の開発・普及

エ　亜熱帯・島しょ性に適合した農林水産業の基盤整備

オ　環境と調和した農林水産業の推進

この項目立ては、以降の農林水産業分野の振興計画にも引き継がれ、また、「ア」の項目で打ち出している、「市場競争力の強化により生産拡大が期待される園芸作物をはじめとした農林水産品目」と、「基幹作物であるさとうきびなど農林水産業の安定的な振興を図る重要な品目」[43]という作目部門の分け方も以降の振興計画に引き継がれていく。

以上のように、1972年『沖縄振興開発計画』(1972年～1981年)、1982年『第２次沖縄振興開発計画』(1982年～1991年)、1992年『第３次沖縄振興開発計画』(1992年～2001年)では、沖縄農業に対する認識として、「本土農業との格差」、「生産性の低さ」が強く打ち出され、振興の方向としては、「亜熱帯農業の確立」が継続して掲げられた。これに加えて、『第２次沖縄振興開発計画』では、「構造改善」、「地域農業の組織化」が打ち出され、『第３次沖縄振興開発計画』では、「農業構造改善」がより強く打ち出された。

2002年『沖縄振興計画』(2002年～2011年)では「おきなわブランドの確立」、「環境と調和した農林水産業の推進」が掲げられ、同『沖縄振興計画』で立てられた農業振興の「施策」は、その後、項目の追加や内容の組み換えがなされ、沖縄県が作成する「沖縄21世紀ビジョン基本計画」にも引き継がれていく。

『沖縄21世紀ビジョン～みんなで創る　みんなの美ら島　未来のおきなわ～』(策定年：2010年３月　想定年：2030年)

『沖縄21世紀ビジョン基本計画』(沖縄振興計画)(策定年：2012年５月　計画期間：2012年度～2021年度)、(改定：2017年５月)

2010年『沖縄21世紀ビジョン』では、「目指すべき将来像」として５つの像を掲げ、その実現に向けた推進戦略として、それぞれに対応する５つの戦略を立てている。農林水産業については、「Ⅱ部　将来像実現に向けた展開方向」の「(3)

希望と活力にあふれる豊かな島」推進戦略の、「２）持続的発展の基礎となる地域産業の振興」で、「おきなわブランド」の確立、試験研究の強化、農林漁業者および製糖企業等の安定経営の支援、環境保全型農業の推進、など13の項目を掲げている〔44〕。その内容は、内閣府の2002年「沖縄振興計画」に比べて、項目羅列的で抽象的になっている。

2010年『沖縄21世紀ビジョン』に続いて、2012年５月に『沖縄21世紀ビジョン基本計画』が策定され、2017年５月にはその改定がなされた。2012年『沖縄21世紀ビジョン基本計画』における農業振興の方向は、「第３章　基本施策」の「３　希望と活力にあふれる豊かな島を目指して」の「(7)亜熱帯性気候等を生かした農林水産業の振興」で示されている。その内容は、次の７つの項目からなる〔45〕。

ア　おきなわブランドの確立と生産供給体制の整備
イ　流通・販売・加工対策の強化
ウ　農林水産物の安全・安心の確立
エ　農林漁業の担い手の育成・確保及び経営安定対策等の強化
オ　農林水産技術の開発と普及
カ　亜熱帯・島しょ性に適合した農林水産業の基盤整備
キ　フロンティア型農林水産業の振興

この項目立ては、大枠としては、2002年『沖縄振興計画』と同じであるが、ここでの特徴は、2002年『沖縄振興計画』における「担い手の育成と農林水産技術の開発・普及」の項目が、「農林漁業の担い手の育成・確保及び経営安定対策の強化」と「農林水産技術の開発と普及」に分けて項目立てされたこと、「環境と調和した農林水産業の推進」の項目が、「農林水産物の安全・安心の確立」および「亜熱帯・島しょ性に適合した農林水産業の基盤整備」のなかに分離して組み込まれたことである。さらに「フロンティア型農林水産業の振興」の項目が新たに立てられ、観光産業など他産業との連携、農山漁村の多面的機能の発揮・利活用、６次産業化、景観資源の保全、などがその対象とされた。

2012年『沖縄21世紀ビジョン基本計画』は、2017年（平成29）５月に改定がなされ、農林水産業分野を対象とする「亜熱帯性気候等を生かした農林水産業の振興」および関連した項目についても、数カ所の記述の変更がなされた〔46〕。

『沖縄21世紀ビジョン基本計画』（2017年５月改定）は、2012年度～2021年度を計画期間としており、2020年（令和２）３月に、『沖縄21世紀ビジョン基本計画（沖縄振興計画）等総点検報告書』がまとめられた。同報告書における「農林水産業振興」の総括については、「第２章　沖縄振興の現状と課題」の「２　これまでの沖縄振興の分野別検証」、「(2) 日本と世界の架け橋となる強くしなやかな自立型経済の構築」のなかで、「各種の基盤整備が進み、本土との生産性格差は縮小し、農林漁業産出額についても復帰当時と比べ約２倍となった。その一方で、農林水産業への就業者は減少し続け、復帰当時の半分以下となっている」〔47〕とし、続いて、「ビジョン基本計画」において掲げた項目ごとに実施した施策とその成果および課題をまとめている。さらに、「第３章　基本施策の推進による成果と課題及びその対策」においても、項目ごとの整理を行っているが〔48〕、ここでも項目個別に、計画に対して「進展が遅れている」、あるいは「進展している」とする評価が記されているが、農林水産業全体として、どのように変化し、構造として何が課題なのかの整理はなされていない。

『新・沖縄21世紀ビジョン基本計画』（沖縄振興計画）（策定年：2022年５月　計画期間：2022年度～2031年度）

次に、2022年５月に策定された『新・沖縄21世紀ビジョン基本計画』における農林水産業についての振興計画の枠組みをみていきたい。農林水産業については、「第４章　基本施策」の「３　希望と活力にあふれる豊かな島をめざして」の「(7) 亜熱帯海洋性気候を生かした持続可能な農林水産業の振興」において掲げられている。2012年『沖縄21世紀ビジョン基本計画』における農林水産業分野の振興計画との違いは、まずタイトルの記述に「持続可能な」という語が書き加えられたことがあげられる。

また、「産業基盤と競争力の強化を通じた生産の拡大、生産・流通コストの低減、農林水産業におけるDX等により成長産業化を図り、生産量と収益力を増大させること」が課題としてあげられている〔49〕。「施策」の項目は、2012年『沖縄21世紀ビジョン基本計画』と同じ７項目であるが、項目の表記にはかなりの変更・組み換えがみられる。変更の個所をあげると以下のようになっている〔50〕。

（下線は引用者。2012年『沖縄21世紀ビジョン基本計画』からの表記の変更または組み換え、新規の項目を示す。小項目は、新規の事項のみを表記した。）

ア　おきなわブランドの確立と生産供給体制の強化

イ　県産農林水産物の安全と消費者信頼の確保（2012年「沖縄21世紀ビジョン基本計画」の「農林水産物の安全・安心の確立」から変更）

④　特定家畜伝染病対策の強化と徹底

ウ　多様なニーズに対応するフードバリューチェーンの強化（2012年「沖縄21世紀ビジョン基本計画」の「流通・加工・販売対策の強化」から変更）

②　多様なニーズに対応する戦略的な販路拡大と加工・販売機能の強化

④　地産地消等による県産農林水物の消費拡大

エ　担い手の経営力強化

オ　農林水産業のイノベーション創出及び技術開発の推進（2012年「沖縄21世紀ビジョン基本計画」の「農林水産技術の開発と普及」から変更）

①　デジタル技術等を活用したスマート農林水産技術の実証と普及

カ　成長産業化の土台となる農林水産業の基盤整備（2012年「沖縄21世紀ビジョン基本計画」の「亜熱帯・島しょ性に適合した農林水産業の基盤整備」から変更）

キ　魅力と活力ある農山漁村地域の振興と脱炭素社会への貢献（2012年「沖縄21世紀ビジョン基本計画」の「フロンティア型農林水産業の振興」から変更）

①　環境に配慮した持続可能な農林水産業の推進

②　地域資源の活用・域内循環の創出による地域の活性化

全体として、農林水産省の政策の方向に対応した「フードバリューチェーン」「イノベーション創出」（デジタル技術の活用）が新たに加えられ、「農林水産物の安全」「持続可能な農林水産業」の展開が強調されていることが特徴と言える。

第4節　農林水産業部門における振興計画

ところで、農林水産業部門では、社会経済全体にかかる「振興計画」とは別に、農林水産業部門独自の振興計画も策定された。本節では、農林水産業部門における振興計画の流れを整理する。「沖縄振興計画」と「農林水産業振興計画」の対

表3-1　「沖縄振興開発計画」および「沖縄振興計画」（「沖縄21世紀ビジョン基本計画」）と「農林水産業振興計画」対応の関係

年	「沖縄振興開発計画」および「沖縄振興計画」（「沖縄21世紀ビジョン基本計画」）	「農林水産業振興計画」（沖縄県策定）
1972年12月	沖縄振興開発計画（政府）	
1978年10月		沖縄県農業振興開発計画
1982年8月	第2次沖縄振興開発計画（政府）	
1988年3月		圏域別農業振興方向（農林水産部）
1992年9月	第3次沖縄振興開発計画（沖縄開発庁）	
1993年9月	*「平和で活力に満ち潤いのある沖縄県を目指して—沖縄県主要事業推進計画—」（沖縄県）	
1995年5月	*「沖縄県主要事業推進計画改定版」（沖縄県）	
1998年2月	*「沖縄県主要事業推進計画（後期）」（沖縄県）	
1999年2月		農林水産業振興ビジョン・アクションプログラム（農林水産部）
2002年7月	沖縄振興計画（内閣府）	
2002年8月		沖縄県農林水産業振興計画
2005年3月		第2次沖縄県農林水産業振興計画
2008年3月		第3次沖縄県農林水産業振興計画
2010年3月	沖縄21世紀ビジョン（沖縄県）	（2002年「農林水産業振興計画」～第3次振興計画は、沖縄振興特別措置法に策定が規定されている。）
2012年5月	沖縄21世紀ビジョン基本計画（沖縄県）（「振興計画」策定の主体が内閣総理大臣から沖縄県知事に変更）	
2013年3月		沖縄21世紀農林水産業振興計画（前期）
2017年5月	沖縄21世紀ビジョン基本計画〔改定計画〕（沖縄県）	沖縄21世紀農林水産業振興計画（後期）
2022年5月	新・沖縄21世紀ビジョン基本計画（沖縄県）	
2022年12月		新・沖縄21世紀農林水産業振興計画

資料：表記、各「計画書」により筆者作成。
注：1）1993年～1998年の*「主要事業推進計画」は「第3次沖縄振興開発計画」を踏まえた沖縄県独自の「推進計画」である。
　2）「農林水産業振興計画」と「沖縄振興計画」との対応については、沖縄県農林水産部農林水産総務課のご教示をいただいた。

応を示すと**表3-1**のようになる。

農林水産業部門独自の振興計画の最も早いものは、復帰から6年目の1978年10月に策定された『沖縄県農業振興基本計画』である。同計画は、「Ⅰ編　総論」、「Ⅱ編　地域農業振興計画」から成り、ページ数627ページにのぼる膨大な計画書である。1977年から85年の9年間を「計画の期間」とし、「計画の性格」は、「『沖縄振興開発計画』の施策の基本方向、『農産物の需要と長期の見通し』等を踏まえつつ、長期的展望に立って本県農業の進むべき方向とこれを実現するための施策を明らかにしたもの」[51]とされている。

同計画では、「農業振興の基本方向」[52]として、1．農用地の確保、2．農業基盤の整備、3．農業構造の改善—中核的担い手の育成、4．農業生産の振興、

５．農産物価格の安定、６．農産物の流通・加工、７．農業技術の開発と普及の強化、８．公害及び災害対策の推進、９．農村生活環境の整備、の９つの項目をあげている。全体として農業基本法の枠組みを基礎にした計画になっているが、それは当時の沖縄農業の実態からかけ離れていただけでなく、農基法農政自体がほころびを見せはじめていた時期の後追い計画であった。

『沖縄県農業振興基本計画』以降は、1988年の「圏域別農業振興方向」を経て、1999年に、『農林水産業振興ビジョン・アクションプログラム』（以下、「農林水産業振興ビジョン」という。）が策定された。「農林水産業振興ビジョン」は、沖縄県の「国際都市形成に向けた新たな産業振興策」における「自由貿易地域の新たな展開」を受けて、「特別自由貿易地域制度の実施と今後一層進むと予想される国際化に対応した活力ある農林水産業の形成を目指して」〔53〕策定され、先述の『産業・経済の振興と規制緩和検討委員会報告書』（田中委員会）および沖縄県『国際都市形成に向けた新たな産業振興策』で打ち出された、「全県自由貿易地域構想」に対する農林水産業部門の対応を策定するという性格を持つ計画であった。

「農林水産業振興ビジョン」は基本的課題として、大きく、「１　自由貿易地域制度と国際化に対応した重点品目の生産振興」、「２　重点品目の生産振興に向けた流通・加工対策と人づくり・基盤づくり」、「３　農林水産業の多面的機能を生かしたむらづくり」を掲げた〔54〕。このうち、「１」では、積極的な振興施策を講じるべき品目として重点品目を戦略品目と安定品目に区分する考え方を打ち出した。

「農林水産業振興ビジョン」で策定された、作目の戦略品目と安定品目の区分、振興の項目として７つの項目を立てる方式は以降の「農林水産業振興計画」にも引き継がれていく。

「農林水産業振興ビジョン」に続いて、2002年（平成14）に『沖縄県農林水産業振興計画』、2005年（平成17）に『第２次沖縄県農林水産業振興計画』、2008年（平成20）に『第３次沖縄県農林水産業振興計画』、2013年（平成25）に『沖縄21世紀農林水産業振興計画（前期）』[13)]、2017年（平成29）に同「計画（後期）」が策定された。

「沖縄振興計画」「沖縄21世紀ビジョン基本計画」との関連での農林水産業部門

の振興計画の位置づけは、『沖縄県農林水産業振興計画』、『第２次沖縄県農林水産業振興計画』および『第３次沖縄県農林水産業振興計画』では、「沖縄振興計画」の「自立型経済の構築に向けた重点産業の一つとして位置づけられている農林水産業について、地域特性を生かした振興を図るためのアクションプラン」〔55〕として、『沖縄21世紀農林水産業振興計画（前期）』、同「計画（後期）」では、「同基本計画及び実施計画を補完するアクションプラン」〔56〕として、位置づけられている[14)]。

2002年『沖縄県農林水産業振興計画』はほぼ2002年『沖縄振興計画』における「亜熱帯性気候等の地域特性を生かした農林水産業の振興」に対応しており、「第１章　計画策定の基本的な考え方」において「計画の目標」として、「持続的農林水産業の振興」及び「多面的機能を生かした農山漁村の振興」を図ることを掲げ、「第２章　農林水産業振興の方針」で「農林水産業・農村漁村の役割」として、(1) 新鮮・良質・安全な食料の安定供給、(2) 産業と地域の均衡ある発展、(3) 農林水産業・農山漁村の有する多面的機能の発揮、をあげている〔57〕。

2002年『沖縄農林水産業振興計画』以降の「農業振興計画」における「計画策定の基本的な考え方」「振興の方針」および「施策・事業の展開」は、統合、分離、新規などの入れ替えはあるが、基本的には、2002年『沖縄農林水産業振興計画』で立てられた７つ項目の形式を引き継いでいる。

こうしたこれまでの「農林水産業振興計画」を承けて、2022年12月に、『新・沖縄21世紀ビジョン基本計画』に対応する農林水産業の振興計画である『新・沖縄21世紀農林水産業振興計画～まーさん・ぬちぐすいプラン～』（以下、「新・農林水産業振興計画」という。）が策定された。

「新・農林水産業振興計画」は、基本的にはこれまで同様、「新・沖縄21世紀ビジョン基本計画」の「農林水産業の振興」に基づき、それに、「計画策定の基本的考え方」および「農林水産業振興の方針」を追加し、さらに「圏域別振興方向」を付した構成となっている。

「農林水産業・農山漁村の目指すべき振興の基本方向」および「施策・事業の展開」における項目立ては、先述の『新・沖縄21世紀ビジョン基本計画』における農林水産業の振興計画と同じであるが、現行の農林水産業振興計画を確認するために、その項目（柱）をあげると次のようになる〔58〕。

1　おきなわブランドの確立と生産供給体制の強化
2　県産農林水産物の安全・安定供給と消費者信頼の確保
3　多様なニーズに対応するフードバリューチェーンの強化
4　担い手の育成・確保と経営力強化
5　農林水産業のイノベーション創出及び技術開発の推進
6　成長産業化の土台となる農林水産業の基盤整備
7　魅力と活力ある農山漁村地域の振興と脱炭素社会への貢献

「新・農林水産業振興計画」に新しく加えられた点は、「第１章　計画策定の基本的考え方」に「計画策定の基本的視点」として、「農林漁業者の所得の向上」「域外所得獲得力の向上」「域内経済循環の拡大」が掲げられている点である。「域外所得獲得力の向上」は、県外、国外への販路拡大を推進することであり、「域内経済循環」は、地産地消、６次産業化、観光産業との連携など県内における農水産物の販路拡大の推進である〔59〕。

以上、復帰時から2022年『新・沖縄21世紀農林水産業振興計画』に至る農林水産業振興計画の展開をみてきた。振興の方向や柱が、「振興計画」策定の都度、根拠が示されることなく変更されるなど十分でない点はあるが、アメリカ軍統治下においては、農業について方向性が示されないまま、その時々の課題に対応してきた農政の水準からすれば、農林水産行政の分野において、農業の在り方が議論され、一定の方向が提示されるようになったことは復帰後の農政の新たな側面と言える。

そこで、現在の「新・農林水産業振興計画」の課題について取り上げたい。

一つ目は、「第１章　計画策定の基本的考え方」で掲げている「計画の目標」および「計画策定の基本的視点」における「持続可能な農林水産業」の枠組みについてである。「計画の目標」では、「(前略) 地域経済の活性化や農林漁業者の所得向上など、魅力のある持続可能な農林水産業を実現する」〔60〕ことが謳われており、「計画策定の基本的視点」では、その一つとして、「農林漁業者の所得の向上」があげられ、「農林水産業を持続的に展開するためには、所得の向上を通した好循環の創出が必要である。そのため、経営規模拡大と生産技術の高位平準化、生産量を安定的に確保するための災害に強い生産施設やかんがい施設等の生産基盤整備、（中略）スマート技術の導入や品種の開発、担い手の経営力強化などを推進する必要がある」[61] ことをあげている。

これを承けた、「第３章　施策・事業の展開」では「５　農林水産業のイノベーション創出及び技術開発の推進」の「(3) 地域特性を最大限に生かした農林水産技術の開発と普及」において、「環境と調和した持続的な農業生産につながる技術を開発する」、「持続的な畜産業の推進」が述べられ[62]、「７　魅力と活力ある農山漁村地域の振興と脱炭素社会への貢献」の（1)「環境に配慮した持続可能な農林水産業の推進」では、農業が環境に与える影響や技術の問題の面から述べられている[63]。

「持続可能な農林水産業」は、1999年「農林水産業振興ビジョン」の段階から、「農林水産業振興計画」に組み込まれている基本的なコンセプトであるが、その内容や仕組みは示されておらず、技術的な方策があげられているにとどまっている。「持続可能な農林水産業」は、農業生産と地域の社会・経済および環境との関連で地域農業の仕組みとして組み立てられる必要があろう。

二つ目は、小項目（2)「地域資源の活用・域内循環の創出による地域の活性化」であげられている「６次産業化の推進」についてである。

６次産業化については、これまでの振興計画のなかで多く言及されてきており、同「計画」でも取り上げていることは妥当と言える。しかし、ここでの「６次産業化」は従来の６次産業化と同じ内容の事業とみられる。農林水産省は2022年度から従来の６次産業化を発展させた「農山漁村発イノベーション対策」の推進を打ち出している[64]。

「農山漁村発イノベーション対策」は、従来の６次産業化を含みつつさらに地域的に展開していく取り組みであり、新たな対応が求められる。どのような仕組みを構築するか、その方向性が求められている。

三つめは、小項目（3)「地域が有する多面的機能の維持・発揮」であげられている、「農山漁村の多面的機能」の問題である。「多面的機能」についても広く述べられているが、「多面的機能」の考え方については、注印で巻末に一般的説明がなされているだけで具体的な説明はない。「第２章　農林水産業振興の方針」の「農林水産業・農山漁村の役割」の表「沖縄の農林水産業・農山漁村の多面的機能評価」も踏まえた沖縄農業における「多面的機能」の考え方を示すことが求められる。

さらに四つ目の点として、施策・事業の展開の、７つの項目（柱）の相互の関連性である。これらの項目は、箇条的に並べられているのみで、各項目相互の関連、体系的つながりは示されていない。これらの項目を体系化し、相互の関連を明らかにすることが必要であろう。

第５節　農業生産基盤整備の進展

沖縄農業における生産基盤の整備は戦前期からアメリカ軍の統治期を通して大きく立ち後れていた。復帰後、農業生産基盤の整備が構造改善事業の一環として急速に進められた。構造改善事業は本土においては1961年の農業基本法の制定を契機に基本法農政の主要な柱として耕地の整備や機械化が進められ、沖縄が復帰した1972年には、新農村建設事業、１次構造改善事業が終了し、２次構造改善事業が展開している時期であった。沖縄では新農村建設事業、１次構造改善事業の段階がなく、「構造改善」の基礎条件や取り組みに大幅な遅れがあった。こうしたことから沖縄では本土との格差を埋めるべく事業期間を短縮した事業が「緊急対策事業」として実施された。復帰後の沖縄における構造改善事業の推移を図で示すと**図3-1**のようになる。

まず、復帰と同時に、「沖縄県の農業近代化と今後の具体的な指針を得るため、近代化意欲のおう盛な農業者集団の経営農地において、近代化農業経営のパイオニア（開拓）として展示効果を発揮させることを目的」として、「沖縄農業開発実験調査地区農業構造改善事業」が実施された[15)]。「近代化農業経営のパイオニア（開拓）としての展示効果」を目的と事業であったことから、P・P（Pioneer Plantation）事業とも呼ばれた。

同事業の実施要領によれば[16)]、事業は農業生産基盤の整備と農業近代化施設の整備が二つの大きな柱をなし、国庫補助率10分の10以内であった。実施地区は、沖縄本島北部、中部、南部、宮古、八重山の５地区から一カ所ずつ選定され、宮古（1971～72年度）、北部（1972～73年度）、中部（1973～74年度）、八重山（1973～74年度）、南部（1974～75年度）の順に実施された。

計画の基本方針は、各地区とも、「地区農家の経営基盤の確立」「地域農業の先導的役割を発揮させる」「農地造成・土地改良事業の推進」「農業機械や施設等近

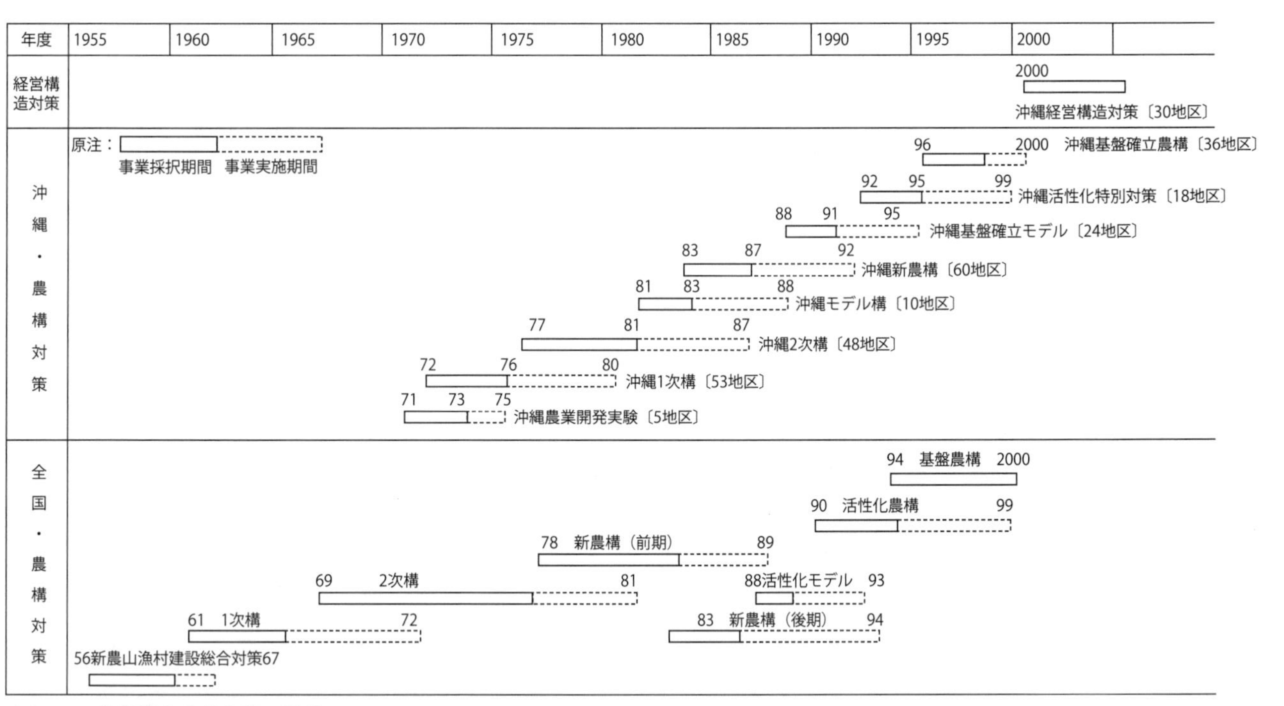

図3-1　農業構造改善事業の推移

出典：沖縄県農林水産部園芸振興課『沖縄県の農業構造改善事業』2003年、p.8の図より引用（一部省略）。

注　：1）原図では、沖縄県と全国の間に「法律等」の欄があるが、これは省略した。
2）原図の年度表記（元号）を西暦に改めた。
3）沖縄1次構は、沖縄農林漁業構造改善緊急対策事業である。
4）沖縄2次構は、沖縄農業構造改善対策事業である。

代化施設の導入」「生産性の高い農業経営の育成」が掲げられ、さらにそれぞれの地区ごとに、沖縄本島北部では、さとうきび、パインアップル、野菜及び花きを基幹作物とした経営、沖縄本島中部では、さとうきび作の機械化と養豚及び施設野菜等を取入れた複合経営の確立、沖縄本島南部では、大型農業機械及び養豚、肉用牛の共同畜舎の設置等近代化施設を整備し、協業組織の育成等生産性の高い農業経営を育成すること、が掲げられた。

宮古では、共同利用農機具、共同畜舎を設置し、農事組合法人を組織し、生産性の高い農業経営の育成を目指し、「野菜及び肉牛を組合わせた合理的輪作体系を確立、八重山では、近代化施設の共同利用方式をとり野菜単作経営及び複合経営による生産性の高い農業経営の育成を図ることが掲げられた。この時期、協業組織の育成、施設の共同利用、輪作、複合経営が企図されていたことが示されている。

P・P事業は、沖縄における農業開発の「実験調査」を目的としていたが、事業の実施期間は２年であり、各地区でサトウキビ夏植や株出栽培があることからすれば、２年の期間では栽培が１回しか実施できない短さであった。

P・P事業に続いて実施されたのが、「沖縄農林漁業構造改善緊急対策事業」である。同事業は、農業だけではなく、林業、漁業も含む、一次産業全体を対象とした構造改善事業として、1973年から1980年までに53地区で実施された[17)]。本土における１次構に対応するものとして通称「沖縄１次構」とも呼ばれた。

以後、沖縄２次構（1977～87年)、沖縄モデル構（1981～88年)、沖縄新農構（1983～92年)、沖縄緊急モデル確立（1988～94年)、沖縄活性化特別対策（1992～99年)、沖縄基盤確立農構（1996～2000年)、沖縄経営構造対策（2000年～）が矢継ぎ早に実施されていく。

農業農村整備事業の進捗は、「沖縄21世紀ビジョン実施計画における要整備量」に対する2020年度までの整備率（見込み含む）は、水質保全対策整備で36.9％、耕作放棄地解消面積50.3％、農業用水源施設整備62.6％、かんがい施設整備50.4％、圃場整備63.8％に達している〔65〕。

こうして、基盤整備は急速に進められたが、初期の事業では問題も多かった。第２章でとりあげた丸杉孝之助は、前出『沖縄農業の基本条件と構造改善』のなかで、当時の土地改良事業等について次のように指摘している〔66〕。

①「土地改良区は法律的に根拠をもつ農家の組織体である。まずは、土地改良区が農家の意識を結集して工事を推進し、その後の管理運営の主体となるべきではあるまいか」(p.167)。

②「農家の全体の作付計画がなくて個々に作付けをすゝ(原文ママ)めている。しかし水は関係者全体の利用計画に従って公平に利用され、かつ料金が支払われなくては利用されない。作付けも水利用も現在は農家の自由意思にまかせられている」(p.170)。

③「機械作業の効率化のためにほ場区画を拡大する、そのための均平工事が高いところを切り取り深部のサンゴ石灰岩を掘り出し、地均し作業とも全面に播かれる。工事の跡、プラウを入れればガツンと刃先を折るし、キビの収穫機を入れようものならロータリーカッターの回転刃は火花を発してたちまちボロボロになる。機械化はほとんど不可能になる。残された道は農家が15世紀にやった『落穂ひろい』と同じ姿で20世紀の『石ひろい』をつづけることになる」(p.173)。

こうしたことは、この時期の基盤整備、特に農地造成や土地改良事業が、きちんとした計画や農家の合意を得ることなく性急に進められたことを物語っている。

その結果、急速な農地造成、土地改良工事は、土壌の流出の問題も引き起こした。土壌流出は、国頭マージ土壌が分布する地域に多く発生し、赤色または赤黄色の土壌が周辺の海域に流れ込みサンゴに害を与え、海を赤く染めることから赤土等流出問題と呼ばれた。赤土等流出問題については、第８章において述べる。

さらに、これら土地改良事業のほかに復帰後に実施された農業生産の基盤を大きく改善した２つの事業をあげておきたい。

その一つは地下ダムの建設である。沖縄の農業は復帰前、台風とともに干ばつの被害を受けてきた。特に川のない宮古島は、水源に乏しく「水なし農業」と称され、繰り返し干ばつ被害を受けてきた〔67〕。そこで農林省は宮古島においてサンゴ石灰岩の地質を利用した地下ダムを建設する事業を立ち上げた。

沖縄が日本に復帰した1972年５月、宮古島農業地下水調査が始まり、1977年10月皆福実験地下ダムが着工、1979年３月に同実験地下ダムが竣工し、1992年４月には通水試験が行われた〔68〕。宮古地区の「国営かんがい排水事業」は2000年度に完了し8,160haの農地に水を供給した。地下ダムは、その後、沖縄本島南部、伊是名島、伊江島、久米島（県営・半地下式）などでも建設され〔69〕、島々の農業を大きく変えつつある。

もうひとつの大きな事業は、ウリミバエ、ミカンコミバエといった特殊病害虫の駆除事業である。ウリミバエはウリ類に寄生する小型のハエで、寄生植物の果実に卵を産み付け、孵化した幼虫が果実を内部から食い荒らし害を与える〔70〕。ウリ類のほかピーマン、トマト、インゲン、パパイヤなどを食害する。

ウリミバエは東南アジア起源の害虫であって、1920年に八重山に、1929年に宮古に侵入したとされる。さらに、1970年に久米島に侵入していることが発見され、1972年に沖縄本島に入り、1974年に奄美大島、1979年に種子島に達した。日本政府は、ウリミバエの本土侵入を防ぐため、植物防疫法によってウリミバエの寄生植物の移動を禁止していた。

1972年（昭和47）沖縄振興開発特別措置法に基づき、沖縄県における特殊病害虫防除特別事業が開始された。同事業はウリミバエとミカンコミバエの防除を目的とし、ウリミバエの防除には不妊化法[18)]が用いられた。1977年（昭和52）久米島で根絶、1987年（昭和62）宮古群島、1990年（平成２）沖縄群島、1993年（平成５）に八重山群島で駆除され、沖縄県全域でウリミバエが根絶された。この間、投ぜられた事業費は9,203百万、侵入防止事業費、被害軽減防除事業費、不妊中大量増殖施設建設費が7,761百万円、また、事業に従事した人員は延べ31万7,932人にのぼった〔71〕。ウリミバエの駆除により、ゴーヤーの県外出荷が大きく増加した。

一方のミカンコミバエは柑橘類の全てとモモ、スモモ、バンジロウ、パパイヤ、トマト、ピーマンに寄主し、南西諸島全体と小笠原に存在した〔72〕。ミカンコミバエについても、1972年、沖縄振興開発特別措置法に基づく特殊病害虫として特別防除事業の対策とされ、誘殺剤を用いた駆除がなされた。その結果、沖縄群島では1982年８月、宮古群島では1984年11月、八重山群島では1986年２月にミカンコミバエが根絶された〔73〕。

第６節　農業生産の展開と作目構成の変化

復帰後の農業生産の動きを農業産出額（2000年以前は農業粗生産額）でみると、

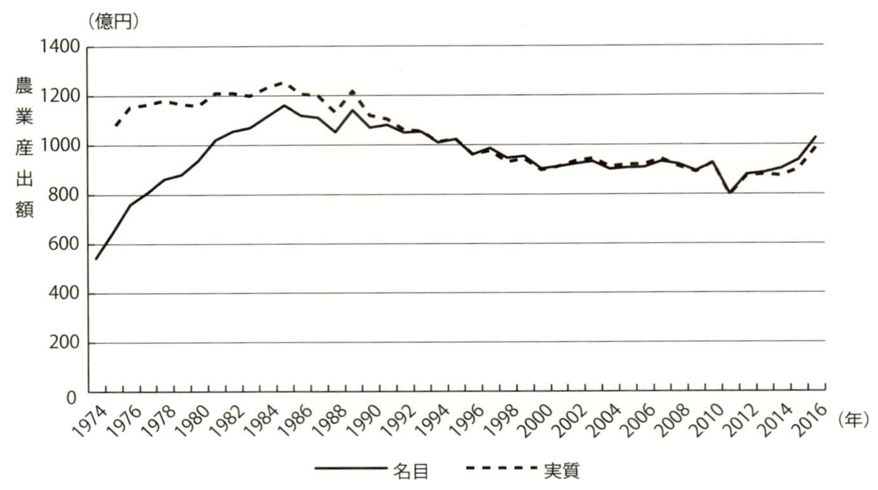

図3-2　農業産出額の推移

資料：内閣府沖縄総合事務局農林水産部『沖縄農林水産統計年報』より筆者作成。
（原資料：農林水産省統計部『生産農業所得統計』）
（https://www.ogb.go.jp/nousui/toukei/007573/8331）（2017年4月27　閲覧）。
注　：1）2000年までは「農業粗生産額」である。
2）デフレーターは平成22年基準消費者物価指数（沖縄地方）である。
資料：政府統計の総合窓口（https://www.e-stat.go.jp/）（2010年1月28日　閲覧）。

名目でみた農業粗生産額は復帰時の1972年から1980年代中期にかけて大きく増加するが、1985年をピークに1980年代後半以降は、横ばいに転じ1990年代初期以降は漸減に向かう。2015年、2016年はやや上昇がみられる。この動きをグラフに示すと**図3-2**のようになる。

もっとも、農業産出額の推移を、「消費者物価指数」（沖縄地方）2010年基準をデフレーターとした実質農業産出額の推移でみると、名目で大きく増加しているように見えた1973年から1985年までの間も増加の割合は小さく、1986年以降は減少の傾向にある。

農業産出額の推移（名目）をさらに作目ごとに示したのが**図3-3**である。農業産出額の推移を大きくとらえると、1975年から1985年にかけてサトウキビ、豚、野菜が増加し、1980年中期までは、農業粗生産額の構成はサトウキビ、野菜、豚が大きく作目の三本柱をなしていた。しかし、1980年代後期から1990年代初期に

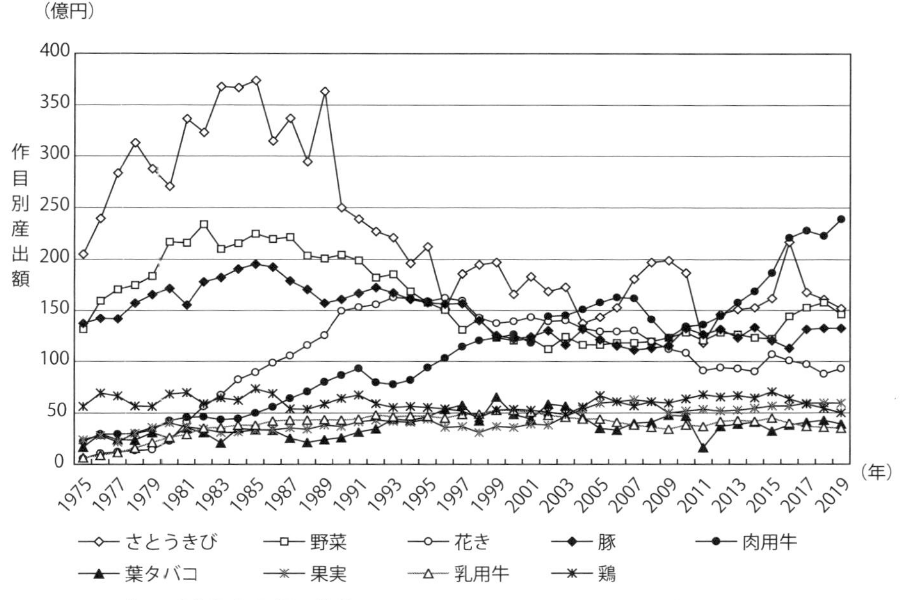

図3-3　作目別農業産出額の推移

出典：仲地宗俊「復帰後四〇年の沖縄の農業―統計的分析―」（沖縄農業経済学会編『沖縄農業　その研究の軌跡と現状』榕樹書林、2013年6月）p.90、図4より引用（一部修正、2011年以降加筆）。
（原資料）：内閣府沖縄総合事務局農林水産部『沖縄農林水産統計年報』
（https://www.ogb.go.jp/nousui/toukei/007573//8331）（2021年12月13日　閲覧）。
注：2000年までは「農業粗生産額」である。

かけて、これら3つの作目が後退し代わって、花きと肉用牛が増加し、作目構成が大きく変化していく。

農業産出額の推移をさらに時期ごとに区切ってみると、第1は、1975年から1985年までの時期は、サトウキビ、豚、野菜が増加しているが、なかでもサトウキビの増加は著しい。サトウキビの増加の要因は価格の引き上げによる。サトウキビの価格（奨励金込み）は、1972年の7,000円/㌧から1981年には2万1,410円/㌧に引き上げられた。野菜の生産額の伸びは、県外出荷が大きく増加した時期である。1973年に起こったオイルショックによって石油価格が高騰し、本土における冬春期の野菜、花卉の生産が暖房費の高騰に見舞われていた時期で、露地で野菜、花きの生産が可能な沖縄の野菜、花きの県外出荷のルートが拡大した。この時期の県外出荷品目の筆頭はカボチャ（インゲン）であった。1972年から1980年代中期にかけての農業産出額（名目）の大幅な増加はこの時期のサトウキビ、野菜、豚の増加による。

第２は、1980年代後期から1990年代初期の時期であり、この時期に作目構成が大きく変化する。サトウキビ、豚、野菜といったそれまで沖縄農業の三本柱をなしていた作目の粗生産額が減少に転じ、なかでもサトウキビの粗生産額が著しく減少した。一方で、花き、肉用牛、葉タバコが急速に伸びた。1980年代まで沖縄農業の三本柱をなしていたサトウキビ、豚、野菜が後退し、花卉、肉用牛、葉タバコが伸び、作目の多様化が進んだ。

このなかで、特に目を引くのが花きおよび肉用牛の急速な増加である。花き生産の増大については、この時期、1973年（昭和48）、1978年（昭和53）の２度にわたってオイルショックが発生し、冬春期でも無加温でも生産が可能な沖縄の花き栽培に相対的に有利な条件が生まれたこと、1981年（昭和56）花きの専門農協が設立され[19)]、総合農協の花き生産部門と競う形で、花きの生産、出荷を拡大していったことがあると考えられる。また、沖縄県花卉園芸協同組合が生産する花きの商標として「太陽の花」という銘柄名称を考案し[20)]、ブランドとして打ち出していったこともあげておく必要があろう。

肉用牛の生産の増大については、優良品種の導入、肉用牛生産基地育成事業、畜産基地建設事業などの事業が進められたことがその基盤をなしたと言える〔74〕。

第３は、1990年代中期以降である。サトウキビ産出額は大きな変動を繰り返し、かつて大きく伸びた花きは、1997年を境に減少に転じ、以後も減少の傾向が続いている。肉用牛は、2008年から2011年まで停滞するが、2012年以降再び増大の傾向にある。2019年における品目ごとの産出額の構成は、肉用牛24.5％、サトウキビ15.6％、野菜14.9％、豚13.5％である〔75〕。

第７節　担い手と農地の減少

ところで、日本復帰後、農業生産基盤の整備は進んだが、農業生産の担い手である農家と農業就業人口が大幅に減少し、また減少率は農家・農業就業人口に比べれば小さいが農業生産の基盤である農地面積も減少した。この点は復帰後の農業の構造変化のもう一つの大きな側面である。

まず、総農家戸数の推移を「農業センサス」（各年）によってみると（**表3-2**）、

表3-2　沖縄県における農家戸数及び農業経営体数の推移　（単位：戸、経営体、％）

	1971	1975	1980	1985	1990	1995	2000	2005	2010	2015	2020
総農家数	60,346	48,018	44,823	44,314	38,512	31,588	27,088	24,014	21,547	20,056	14,747
増減率	—	△20.4	△6.7	△1.1	△13.1	△18.0	△14.2	△11.1	△10.5	△6.9	△26.5
販売農家	—	—	—	—	29,351	23,996	20,088	17,153	15,123	14,241	10,674
自給的農家	—	—	—	—	9,161	7,592	7,000	6,861	6,424	5,815	4,073
農業経営体	—	—	—	—	—	—	—	18,038	15,820	15,029	11,310

出典：仲地宗俊「沖縄県における農家及び農業経営体の構成と農地の貸借―『2015年農林業センサス』にみる―」（沖縄農業経済学会編集『沖縄の農業と経済』第７号（2017－18年版）より引用（一部訂正、2020年加筆）。
（原資料）：1971年；農林省統計情報部『1971年沖縄農業センサス　沖縄県統計書』、昭和48年３月。
1975年～1985年；農林産省『農業センサス累年統計書』、平成４年２月。
1990年以降は、農林水産省『農林業センサス』第１巻、沖縄県統計書。
注：１）総農家数には例外規定農家を含む。
２）1990年「農林業センサス」においては、農業事業体の下限面積が1985年「農業センサス」までの5a（西日本）から10aに変更された。

復帰直前の1971年の６万0,349戸から2020年には１万4,747戸へと、この間４分の１に減少している。「農業センサス」の５年間隔での減少率が特に大きかったのは、1971年から1975年の20.4％、1990年から1995年の18.0％、1995年から2000年の14.2％である。1971年から1975年にかけては、復帰の前後にかけての社会経済が大きく変動した時期である。1971年には、長期干ばつと台風の襲来により宮古・八重山のサトウキビ生産が大きな打撃を受けた。さらに日本復帰に伴う通貨の切り換え（米国ドルから日本円へ）による物価の高騰、土地買い占め、復帰記念事業として実施された沖縄国際海洋博覧会（1975年）による建設ブーム、公共工事などにより、農業は内外から揺さぶられた。

1975年から1980年の間と1980年から1985年の間は農家戸数の減少率はやや低下し、特に1980年から1985年の減少率は1.1％にとどまっている。この時期サトウキビの価格が引き上げられ、野菜の県外出荷が増大した時期である。

1985年から1990年の減少は、「1990年農業センサス」において農家の下限面積が1985年までの５aから1990年には10aに引き上げられた統計上の変化もあると考えられる。

1990年から1995年には総農家戸数の減少率は再び大きくなり18％に達したが、1995年以降は「農業センサス」間隔の減少率は徐々に小さくなり、2010年から2015年には6.9％になる。しかし、2015年から2020年にかけては26.5％と復帰後最も大きく減少している。

「1990年農業センサス」では、農家の分類が新たに販売農家と自給的農家に区

表3-3　農業就業人口の推移（農業センサス）　（単位：人、%）

			1975	1980	1985	1990	1995	2000	2005	2010	2015
沖縄県	総農家	農業就業人口	75,715	71,814	69,238	60,420	49,354	—	—	—	—
		増減率	—	△5.2	△3.6	△12.7	△18.3	—	—	—	—
		女性割合	57.4	53.4	52.0	51.5	48.4	—	—	—	—
		65歳以上割合	20.4	22.9	27.8	34.6	42.7	—	—	—	—
	販売農家	農業就業人口	—	—	—	50,191	40,363	34,005	28,224	22,575	19,916
		増減率	—	—	—	—	△19.6	△15.8	△17.0	△20.0	△11.8
		女性割合	—	—	—	50.2	47.5	45.0	41.4	37.1	37.4
		65歳以上割合	—	—	—	31.8	39.6	48.7	54.0	54.6	54.0
都府県	総農家	農業就業人口	7,604,037	6,702,550	6,116,232	5,437,329	4,722,581	—	—	—	—
		増減率	—	△11.9	△8.7	△11.1	△13.1	—	—	—	—
		女性割合	62.7	62.0	61.4	60.5	58.6	—	—	—	—
		65歳以上割合	21.3	24.9	19.6	36.3	47.1	—	—	—	—
	販売農家	農業就業人口	—	—	—	4,609,956	3,966,279	3,738,838	3,221,099	2,494,412	2,000,105
		増減率	—	—	—	—	△14.0	△5.7	△13.8	△22.7	△19.8
		女性割合	—	—	—	59.3	57.6	56.0	53.5	50.0	48.2
		65歳以上割合	—	—	—	33.7	44.3	53.7	59.2	62.8	64.8

資料：「農業センサス」各年。『農家調査報告書―総括編―』『農林業経営体調査報告書―総括編―』より筆者作成。

分された。販売農家と自給的農家の構成は「1990年農業センサス」では、それぞれ2万9,351戸、9,161戸、構成比では76.2:23.8であったが、「2020年農業センサス」ではそれぞれ1万0,674戸、4,073戸、構成比では72.4：27.6となっている。「1990年農業センサス」から「2020年農業センサス」にかけての、販売農家の減少率は63.6%、自給的農家の減少率は55.5%となっている。

農業の担い手に関しては、農業就業人口も大幅に減少した（**表3-3**）。「農業センサス」における農業就業人口の把握は、「1995年農業センサス」までは総農家の農業就業人口が把握できる（「1990年農業センサス」および「1995年農業センサス」では総農家、販売農家双方の農業就業人口が掲載されている）が、「2000年農業センサス」以降は販売農家の農業就業人口のみが掲載されている。したがって、農業就業人口の推移については、「1975年農業センサス」から「1995年農業センサス」までの期間と「2000年農業センサス」以降に分けて見ざるをえない。総農家についての農業就業人口は「1975年農業センサス」の7万5,715人から「1995年農業センサス」では4万9,354人に減少している。20年の間に34.2%の減少率である。販売農家については、「1990年農業センサス」の5万0,191人から「2015年農業センサス」では1万9,916人へと60.3%減少している。いずれの場合も大幅な減少である。（「2020年農業センサス」では農業就業人口は掲載されていない。）

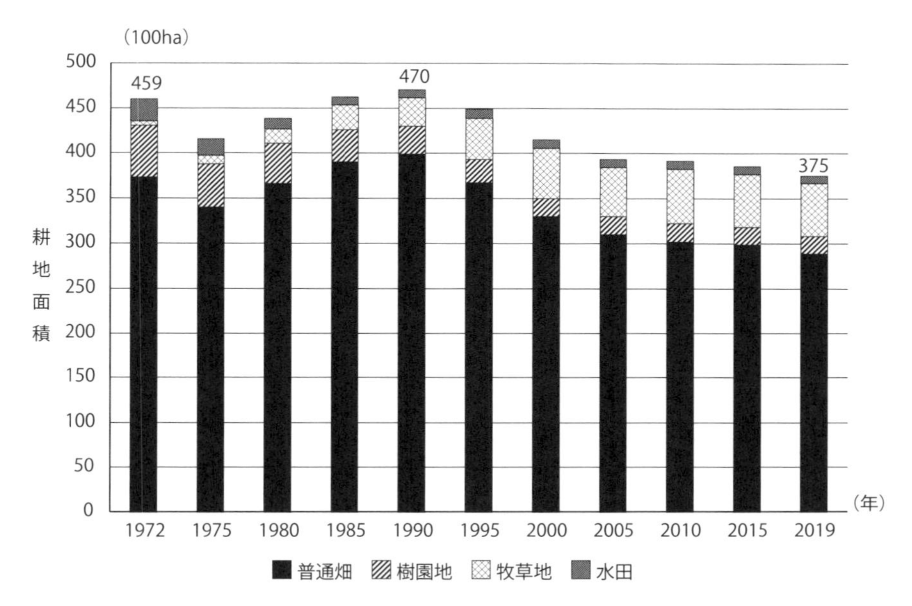

図3-4　耕地の種類別面積

出典：前掲、仲地宗俊「復帰後四〇年の沖縄の農業－統計的分析－」p.86, 図1を基に加筆修正した。
原資料：沖縄県農林水産部『農業関係統計』2021年3月。
（原資料）：1972年は沖縄開発庁沖縄総合事務局『沖縄農林水産統計年報』
1975年以降は農林水産省『耕地及び作付統計面積』
（原注）：1972年は1月1日現在。1975年～2000年までは8月1日現在。2000年以降は7月15日現在。

「2015年農業センサス」の農業就業人口のうち65歳以上の年齢層は54.0％、女性の割合は37.4％となっており、都府県における割合に比べれば低いが、農業就業人口の半分以上は65歳以上の高齢者が、男女別では４割近くは女性が担っている。

農業の担い手の減少に比べれば減少の割合は小さいが、農業生産の基本的生産手段である農地の面積も減少の傾向にある（**図3-4**）。耕地面積は、1972年の４万5,900haから1990年には４万7,000haに増加するが、以降は減少の傾向にあり2015年には３万8,600haになっている。1990年から2015年の25年間の減少率は17.9％である。耕地の種類別の動きとしては、水田が大幅に減少し、普通畑・樹園地も減少していることに対し、牧草地が大幅に増加している。特に1972年から2000年にかけては12.6倍も増加した。樹園地は1972年の5,760haから2000年には2,000haへと34.7％に減少したが、以降は横ばいで推移している。

第8節　小括

1972年の日本復帰を境に沖縄農業は大きく変化した。まず、アメリカ軍統治下においては施行されなかった本土の法律および制度が適用された。その主なものは、「食糧管理法」、「農地法」、「農業振興地域の整備に関する法律」である。これら法律・制度のもとで農政が進められるようになったことは、限界はあるが、アメリカ軍統治下におけるノー政と言われた段階からすると、復帰後の農業の大きな変化といってよい。

また、沖縄振興開発特別措置法に基づき沖縄振興開発計画が策定され、農業の振興も「振興開発計画」によって進められることになる。沖縄振興開発特別措置法は1972年５月に施行され、当初、10年の期限法であったが、その後２度、期限が延長され2002年３月まで継続された。2002年４月以降は、それまでの「開発」の文言を削除した「沖縄振興特別措置法」が施行され、「沖縄振興開発計画」も、2002年以降は「沖縄振興計画」として策定された。「沖縄振興開発計画」では「本土との格差の是正」が強く意識され、「沖縄振興計画」では自立経済の構築に向けた基礎条件の整備が前面に押し出された。

「沖縄振興計画」は、2012年５月には沖縄県が策定主体となり、『沖縄21世紀ビジョン基本計画』が策定された。2012年『沖縄21世紀ビジョン基本計画』の計画期間は2012年度から2021年度であり（2017年５月改定）、2022年５月に『新・沖縄21世紀ビジョン基本計画』が策定された。

『新・沖縄21世紀ビジョン基本計画』では、SDGsへの沖縄県の取り組み、さらに、2019年に発生しパンデミックを引き起こした新型コロナ後の社会・経済への対応が時代的な特徴をなしている。また、「計画策定の意義」のなかに、「海洋島しょ圏特性を生かした海洋立国への貢献―海洋政策の拠点―」が柱の一つとして盛り込まれたことも前回の「基本計画」と異なる点である。

農林水産業分野については、「振興計画」全体のなかで主要な産業として振興計画が策定された。1972年、1982年、1992年の『沖縄振興開発計画』では、「本土農業との格差」、「生産性の低さ」の認識が示され、振興の方向として、「亜熱帯農業の確立」が継続して掲げられた。そのなかで、1982年『振興開発計画』では、「構造改善」、「地域農業の組織化」が打ち出され、1992年『振興開発計画』

では、「農業構造改善」が打ち出された。2002年『振興計画』では「おきなわブランドの確立」、「環境と調和した農林水産業の推進」が掲げられた。

2012年『沖縄21世紀ビジョン基本計画』では、「農林漁業の担い手の育成・確保」と「農林水産技術の開発」さらに「農林水産物の安全・安心の確立」と「フロンティア型農林水産業の推進」が独立の小項目として立てられた。

2022年『新・沖縄21世紀ビジョン基本計画』では、農林水産分野のタイトルが「亜熱帯海洋性気候を生かした持続可能な農林水産業の振興」となり「持続可能」の文言を前面に打ち出し、項目については、2012年『沖縄21世紀ビジョン基本計画』を基に新たな項目が盛り込まれている。

農林水産業部門についてはまた、部門独自の「振興計画」が策定された。農林水産業分野独自の振興計画の流れは、1978年に『沖縄県農業振興計画』、1994年に『圏域別振興計画』、1999年２月に『農林水産業振興ビジョン・アクションプログラム』が策定された。『農林水産業振興ビジョン・アクションプログラム』は1997年11月に策定された沖縄県の『国際都市形成に向けた新たな産業振興政策』で打ち出された「全県自由貿易地域構想」に対する農林水産部門の対応策としてとして位置づけられ、「積極的な振興策を講じるべき重点品目を戦略品目と安定品目に区分した振興の方式を策定し、この枠組みは以降の農林水産業部門の振興策にも引き継がれていく。

2002年『沖縄県農林水産業振興計画』以降は、基本的に『沖縄振興計画』および『沖縄21世紀ビジョン基本計画』の農林水産分野の振興計画に対応した計画になっており、2005年『第２次沖縄県農林水産業振興計画』、2008年『第３次沖縄県農林水産業振興計画』、2013年『沖縄21世紀農林水産業振興計画』（前期）を経て現在は、2017年『沖縄21世紀農林水産業振興計画』（後期）を経て、現在は2022年『新・沖縄21世紀農林水産業振興計画』のもとで各事業が実施されている。

そこで、『新・沖縄21世紀農林水産業振興計画』における課題についてまとめておきたい。

第１は、「持続可能な農林水産業を実現」していくための方策についてである。「持続可能な農林水産業の実現」は『新・沖縄21世紀農林水産業振興計画』全体の骨格をなす重要な概念であるが、その方策としては、関連する事項が個々に「施策・事業」として記述されているだけで、体系的な仕組みは示されていない。「持続可能な農林水産業」の理論的整理と仕組みの構築に向けた体系的な仕組みが求められる。

第２は、「６次産業化」の位置づけについてである。６次産業化については、これまでの振興計画のなかでは多く言及されてきた。農林水産省は2022年度から従来の６次産業化を発展させた「農山漁村発イノベーション対策」の推進を打ち出しているが、「新・沖縄21世紀農林水産業振興計画」では従来の６次産業化と同じ内容の事業とみられる。

「農山漁村発イノベーション対策」は、従来の６次産業化を含みつつさらに地域的に展開していく取り組みであり、その仕組みの構築が求められる。

第３は、「農山漁村の多面的機能」の考え方の問題である。「多面的機能」についても広く述べられているが、内容についての具体的な説明はない。沖縄農業における「多面的機能」の考え方を示すことが求められる。

さらに第４の点として、施策・事業の展開の、７つの項目の相互の関連性である。これらの項目は、箇条的に並べられているのみで、各項目相互の関連、体系的つながりは示されていない。これらの項目を体系化し、相互の関連を明らかにすることが必要であろう。

復帰後の農業生産基盤の整備については、農地造成、土地改良、灌漑、施設・農業機械の導入など生産基盤の基盤整備が進んだ。しかし、復帰初期の農地造成、土地改良は本土における工法を単純に適用したことから農地からの土壌流出なども負の影響をもたらした。

生産基盤の事業のなかでは、地下ダムの開発は、宮古島を始め多くの島々で灌漑条件を大きく改善した。また、ウリミバエ、ミカンコミバエの駆除も野菜や果樹の県外出荷を拡大した。

農業生産については、農業産出額が復帰直後、サトウキビ、野菜、豚の生産額の増加により全体として大きく増加したが、1980年代後期以降停滞から漸減に向かい、野菜、豚は近年やや増加の動きがみられる。

復帰直後にサトウキビが大きく増加した要因としては価格の大幅な引き上げがあった。その後、価格の据え置きが続いたことから生産は停滞し、大幅な減少に向かう。

野菜の増加については、復帰による植物防疫法の廃止、復帰直後のオイルショックによる外的要因によるところが大きい。花きの増加もオイルショックの要因も大きいが、生産・出荷団体による生産技術の向上、県外出荷への取り組みの強化も大きな要素と言える。

こうした動きのなかで、1990年代前半にかけて作目構成が大きく変わる。すなわち、1980年代までは、サトウキビ、野菜、豚が沖縄農業の三本柱をなしていたが、80年代後期以降、これらの作目は後退し、なかでもサトウキビは1990年を境に大幅に減少、代わって、花き、葉タバコ、肉用牛が急増してくる。花きは1998年（平成８）以降は横ばいから減少の傾向で推移するが、肉用牛は2008年（平成20）から2011年（平成23）の間、一時停滞するが、その後再び増加に転じている。

また、復帰後農業の大きな動きとして担い手である農家および農業就業人口が大幅に減少し、農業の生産手段である農地面積も減少したことがあげられる。

注

１）1971年10月９日、沖縄住民が保有する現金通貨と通貨性資産については、本土復帰の際に行われる通貨交換比率と360円との差額分を給付金で支払う措置が講じられたが、補償された金額は、1972年５月（復帰時）の現金通貨、預貯金金額の41.8％にとどなった。（文献〔３〕、p.111）。

２）復帰後の農業の動態については、新井祥穂／永田淳嗣共著『復帰後の沖縄農業　フィールドワークによる沖縄農政論』、農林統計協会、2013年２月、においてもまとめられている

３）「沖縄の復帰に伴う特別措置に関する法律」
同法については、高良亀友 農政一般」（『沖縄県農林水産行政史』第３巻（農政編）、1989年３月、および高良亀友『戦後沖縄農業・農政の軌跡と課題』、沖縄自分史センター、2006年11月、で解説がなされている。

４）「沖縄の復帰に伴う特別措置に関する法律」、第８章、第７節を基に下記の文献を参考にした。
① 宮里清松･村山盛一「稲」「第六章　復帰後」「第一節　食糧管理の特別措置」（『沖縄県農林水産行政史』第４巻（作物篇）、1987年３月）。
② 前掲、高良亀友「農政一般」「第六章　復帰後」「第５節　農産物価格対策」。
③ 前掲、高良亀友『戦後沖縄農業・農政の軌跡と課題』「第二編　本土復帰後の農政」「第五章　農産物の価格対策」「第二節　米価対策」。

５）前掲、宮里清松・村山盛一「稲」、p.142.　表2-19-1
表付記の資料：沖縄県農林水産部糖業農産課『沖縄県における稲作転換等実績（昭和47 ～ 56年度)』（昭和57年９月）、同『昭和57年度・沖縄県における水田利用再編対策実績』（昭和58年５月）および農林水産省農産園芸局企画課『水田利用再編対

策実績調査結果表』（各年次）による。なお、58～61年度の奨励補助金交付額は、県糖業農産課の業務資料によることが記されている。

6）「沖縄の復帰に伴う特別措置に関する法律」、第107条、第108条。

7）「糖価安定制度」については、山城栄喜・新垣秀一・来間泰男「さとうきび」（『沖縄県農林水産行政史』第4巻、1987年3月）に解説がなされている。

8）沖縄総合事務局農林水産部『沖縄農業の動向』、1978年3月、pp.14-18.
関税特別措置の税率は徐々に引き上げられ、または当初の特別割当が廃止された。うち、畜産物については、吉田　茂「畜産一般」（『沖縄県農林水産行政史』第5巻、1986年3月、p.75）にまとめられている。

9）『第2次沖縄振興開発計画』（1982年8月）、「第1章　総説」の「3　計画の目標」（昭和57年8月5日政府において決定した計画を県が増刷）、沖縄開発庁『第3次沖縄振興開発計画』、1992年9月、「第1章　総説」の「4　計画の目標」、（沖縄開発庁が発行したものを沖縄県が増刷）による。

10）「全県自由貿易地域」に関する論著は多数あるが、ここでは主なものをあげておく。「全県自由貿易地域」設定を支持する立場の論として、平野拓也『沖縄全県FTZの挑戦』、同文書院インターナショナル、宮城弘岩『沖縄自由貿易論』、琉球出版社、1998年7月、がある。一方、反対の立場の論では、来間泰男『沖縄経済の幻想と現実』、日本経済評論社、1998年6月、（同書では、「全県自由貿易地域」に関する議論の経過も紹介されている。）真喜志治『「全県FTZ」感情的反対論』、ボーダーインク、1998年2月、がある。

11）沖縄県『新・沖縄21世紀ビジョン基本計画』（沖縄振興計画　令和4年度～令和13年度）「新・沖縄21世紀ビジョン基本計画」策定の経緯、2022年5月。

12）「第1次沖縄振興開発計画」から「第3次沖縄振興開発計画」については、前掲、高良亀有『戦後沖縄農業・農政の軌跡と課題』に解説がある。

13）「沖縄21世紀ビジョン基本計画」（「沖縄振興計画」平成24年度～平成33年度、2012年5月）、「沖縄21世紀農林水産業振興計画」（前期：平成24年度～平成28年度、2013年3月）の審議には筆者も委員（沖縄県振興審議会農林水産業部会長）として参画した。

14）沖縄振興特別措置法（2002年）において、「農林水産業振興計画」を作成することが規定されている（第60条）が、2012年の同法の改正では同規定は削除される。

15）沖縄総合事務局農林水産部農政課『沖縄農業開発実験調査地区農業構造改善事業計画概要』「実施要領」1975年2月、による。

16）前掲、「実施要領」。以下、P・P事業の実施地区、計画の基本方針、地区別計画については、前掲「事業計画概要」による。

17）沖縄開発庁沖縄総合事務局農林水産部農政課『沖縄農林漁業構造改善緊急対策事業計画概要』、1975年9月。

18）不妊化法は、防除対象の害虫を大量に増やし、これに放射線をあてて不妊化したのち、野外に放す方法である。（沖縄県農林水産部『沖縄県ミバエ根絶記念誌』1994

年１月、pp.36-37）。

19）沖縄県花卉園芸農業協同組合は、1976年（昭和51）11月に、任意組合「沖縄県花卉園芸協同組合」として発足し、1981年（昭和56)、「沖縄県花卉園芸農業協同組合」として沖縄県から認可された。
（沖縄県花卉園芸農業協同組合『太陽の花　20年のあゆみ』1996年11月）。

20）前掲、『太陽の花　20年のあゆみ』。

引用および参考文献

〔１〕『経済学事典』第３版、岩波書店、1994年３月。
「アメリカ資本主義」、「２　第２次大戦後」、pp.23-25.
小野塚知二『経済史　いまを知り、未来を生きるために』、有斐閣、2018年５月、pp.486-487.

〔２〕矢部洋三（代表編者）『現代日本経済史年表　1868～2015年』、日本経済評論社、2016年８月。
宮本憲一『経済大国＝増補版　昭和の歴史10』、小学館、1989年３月、p.360.

〔３〕琉球銀行調査部『戦後沖縄経済史』、1983年３月、XⅢ　ニクソンショックと復帰前後の通貨問題（1971-1972)、第３章　通貨および通貨制純資産の確認　第１節　確認措置の概要、第５章　通貨交換と経済混乱　第４節　通貨交換と経済混乱（牧野浩隆　執筆)。

〔４〕前掲、『戦後沖縄経済史』、第５章　通貨交換と経済混乱　第１節　通貨交換実績。

〔５〕前掲、宮本憲一『経済大国＝増補版　昭和の歴史10』、pp.369-373.
田中啓一『土地の経済学』、講談社、1978年、p.47.

〔６〕野原全勝「海洋博」、「海洋博関連工事」（沖縄タイムス社『沖縄大百科事典』（上)、1983年５月）。

〔７〕加用信文監修『都道府県　農業基礎統計』、農林統計協会、1983年。

〔８〕宮里清松・村山盛一「稲」（『沖縄県農林水産行政史』第４巻、1987年３月)、p.141.

〔９〕『沖縄振興開発計画』、1972年12月、「第１章　基本方針」の「３　計画の目標」、p.2.
（政府において決定した計画を県が増刷したもの。昭和49年３月）。

〔10〕沖縄県『平和で活力に満ち潤いのある沖縄県を目指して』（沖縄県主要事業指針計画：平成４年度～平成８年度)、1993年９月、p.1.

〔11〕沖縄県『主要事業推進計画（後期）―国際都市沖縄をめざして―』（平成９年度～平成13年度)、1998年２月。

〔12〕沖縄県『沖縄振興開発の課題と展望―国際都市沖縄をめざして―』、1996年９月、p.1.

〔13〕前掲、『沖縄振興開発の課題と展望―国際都市沖縄をめざして―』、pp.7-12.

〔14〕『産業・経済の振興と規制緩和等検討員会　報告書―新しい沖縄の創造　21世紀の産業フロンティアをめざして―』、1997年７月、p.2.

〔15〕沖縄県『国際都市形成に向けた新たな産業振興策～産業・経済の振興と規制緩和等検討委員会報告を受けて～』、1997年11月、p.2.

〔16〕前掲、『国際都市形成に向けた新たな産業振興策～産業・経済の振興と規制緩和等検討委員会報告を受けて～』、pp.2-3.
〔17〕前掲、『国際都市形成に向けた新たな産業振興策～産業・経済の振興と規制緩和等検討委員会報告を受けて～』、p.5.
〔18〕前掲、『国際都市形成に向けた新たな産業振興策～産業・経済の振興と規制緩和等検討委員会報告を受けて～』、p.15.
〔19〕前掲、『国際都市形成に向けた新たな産業振興策～産業・経済の振興と規制緩和等検討委員会報告を受けて～』、p.15.
〔20〕前掲、『国際都市形成に向けた新たな産業振興策～産業・経済の振興と規制緩和等検討委員会報告を受けて～』、p.15.
〔21〕前掲、『産業・経済の振興と規制緩和等検討員会　報告書―新しい沖縄の創造　21世紀の産業フロンティアをめざして―』、p.5.
前掲、沖縄県『国際都市形成に向けた新たな産業振興策～産業・経済の振興と規制緩和等検討委員会報告を受けて～』、p.2.
〔22〕内閣府『沖縄振興計画』、2002年７月、pp.1-3.
〔23〕内閣府『沖縄振興計画』、2002年７月、pp.4-6.
〔24〕内閣府『沖縄振興計画』、2002年７月、p.34.
〔25〕沖縄県『沖縄21世紀ビジョン～みんなで創る　みんなの美ら島　未来の沖縄～』、2010年10月、p.3.
〔26〕前掲、『沖縄21世紀ビジョン～みんなで創る　みんなの美ら島　未来の沖縄～』、p.4.
〔27〕「沖縄振興特別措置法の一部を改正する法律」
①衆議院　第180回国会　「制定法律の一覧」（https://www.shugiin.go.jp/internet/itdb_housei.nsf/html/housei/kaiji180_1.htm）（2023年10月９日　最終閲覧）。
②内閣府ホームページ（https://www.cao.go.jp/okinawa/8/2012/0409.html/0409-1-2.pdf）（2023年12月28日　最終閲覧）。
〔28〕沖縄県『沖縄21ビジョン基本計画』（沖縄振興計画　平成24年度～平成33年度）、2012年５月、pp.3-4.
〔29〕沖縄県『新・沖縄21世紀ビジョン基本計画』「第１章　総説」「１　計画策定の意義」、2022年５月、p.1.
〔30〕前掲、『新・沖縄21世紀ビジョン基本計画』、pp.1-4.
〔31〕前掲、『新・沖縄21世紀ビジョン基本計画』、「計画の目標」、p.5.
〔32〕前掲、『新・沖縄21世紀ビジョン基本計画』、「時代の潮流」、pp.6-7.
〔33〕前掲、『新・沖縄21世紀ビジョン基本計画』、「時代の潮流」、p.8.
〔34〕前掲、『新・沖縄21世紀ビジョン基本計画』、「基本的課題」、pp.12-17.
〔35〕内閣府『沖縄振興開発計画』、1972年12月８日、p.38.
〔36〕前掲、『沖縄振興開発計画』、1972年12月８日、pp.38-40.
〔37〕内閣府、『第２次沖縄振興開発計画』、1982年８月、p.28.
〔38〕前掲、『第２次沖縄振興開発計画』、pp.28-31.

〔39〕沖縄開発庁『第３次沖縄振興開発計画』、1992年９月、pp.17-18.
〔40〕前掲、『第３次沖縄振興開発計画』、1992年９月、p.18.
〔41〕内閣府『沖縄振興計画』、pp.28-29.
〔42〕前掲、内閣府『沖縄振興計画』、pp.28-32.
〔43〕前掲、内閣府『沖縄振興計画』p.29.
〔44〕前掲、沖縄県『沖縄21世紀ビジョン』、pp.61-62.
〔45〕前掲、沖縄県『沖縄21世紀ビジョン基本計画』、pp.72-77.
〔46〕沖縄県『沖縄21世紀ビジョン基本計画』[改定計画]、2017年５月、pp.78-83.
〔47〕沖縄県『沖縄21世紀ビジョン基本計画（沖縄振興計画）等　総点検報告書』、2020年３月、p.189.
〔48〕前掲、『沖縄21世紀ビジョン基本計画（沖縄振興計画）等　総点検報告書』、pp.519-535.
〔49〕前掲、『新・沖縄21世紀ビジョン基本計画』、2022年５月、p.112.
〔50〕前掲、『新・沖縄21世紀ビジョン基本計画』、pp.112-122.
〔51〕沖縄県『沖縄県農業振興基本計画』、1978年12月、p.2.
〔52〕前掲、沖縄県『沖縄県農業振興基本計画』、pp.10-21.
〔53〕沖縄県農林水産部『農林水産業振興ビジョン・アクションプログラム』、1999年２月、p.1.
〔54〕前掲、沖縄県農林水産部『農林水産業振興ビジョン・アクションプログラム』、pp.3-12.
〔55〕沖縄県『沖縄県農林水産業振興計画』（2002年８月）、沖縄県『第２次沖縄県農林水産業振興計画』（2005年３月）、沖縄県『第３次沖縄県農林水産業振興計画』（2008年３月）における「計画策定の趣旨と性格」による。
〔56〕沖縄県『沖縄県21世紀農林水産業計画』（前期）、2013年３月、同（後期）、2017年５月、「計画策定の趣旨と性格」による。
〔57〕前掲、『沖縄県農林水産業振興計画』、2002年８月、p.10.
〔58〕沖縄県『新・沖縄21世紀農林水産業振興計画～まーさん・ぬちぐすいプラン～（令和４年度～令和13年度』、2022年12月、p.2.
〔59〕前掲、『新・沖縄21世紀農林水産業振興計画』、p.2.
〔60〕前掲、『新・沖縄21世紀農林水産業振興計画』、p.2.
〔61〕前掲、『新・沖縄21世紀農林水産業振興計画』、p.2.
〔62〕前掲、『新・沖縄21世紀農林水産業振興計画』、pp.67-68.
〔63〕前掲、『新・沖縄21世紀農林水産業振興計画』、p.80.
〔64〕農林水産省『農山漁村発イノベーション対策の活用について』（パンフレット）
農林水産省ホームページ
https://www.maff.go.jp/j/nousui/inobe/attachi/pdf/index-38-pdf（2023年　2　月28日　最終閲覧）。
〔65〕沖縄県農林水産部『沖縄の農林水産業』、2022年３月。

〔66〕琉球大学農学部『沖縄農業の基本条件と構造改革』（丸杉孝之助）、1979年３月、pp.166-173.
〔67〕沖縄県農林水産部宮古農林事務所『復帰20周年記念誌　うるおい』、1994年３月。（コピー版）
〔68〕沖縄総合事務局宮古伊良部農業水利事務所『国営かんがい排水事業　宮古伊良部地区概要書』2022年４月。
内閣府沖縄総合事務局宮古伊良部農業水利事業所「地下水を活かした豊かな美（か）ぎ島（すま）～以下ダムで潤う宮古島農業～」
（www.ogb.go.jp/o/nousui/nns/miyakoirabu/f_construction/kagisumaH300201.pdf）（2023年８月７日　最終閲覧）。
〔69〕沖縄総合事務局ホームページ。「『農』を支える」「地下ダムマップ」
（www.ogb.go.jp/o/nousui/nns/c2/page1-2.htm.）（2022年８月４日　最終閲覧）。
〔70〕伊藤嘉昭『虫を放して虫を滅ぼす』、中公新書、1980年３月、pp.22-24. 以下、ウリミバエについては同書による。
〔71〕沖縄県農林水産部『沖縄県ミバエ根絶記念誌』、1994年１月、第２章のⅡ　ウリミバエの防除事業。
〔72〕前掲、伊藤嘉昭『虫を放して虫を滅ぼす』、p.25.
〔73〕前掲、沖縄県農林水産部『沖縄県ミバエ根絶記念誌』、pp.14-19.
〔74〕久貝徳三「第二部　肉用牛」「第六章　復帰後」（『沖縄県農林水産行政史』第５巻、畜産編・養蚕編、1986年３月）。
〔75〕内閣府沖縄総合事務局農林水産部『第49次沖縄農林水産統計年報』令和元年～令和２年（2019～2020年）。
（https://www.ogb.go.jp/-/media/Files/OGB/nousui/statistics/nenpo/49jinenpo.pdf）（2021年８月17日　最終閲覧）。

第４章　農業経営体の存在形態と沖縄農業の地域構成

沖縄県は、九州の南から台湾の間に連なる南西諸島の南半分に位置する琉球諸島を県域とする島しょ県である。琉球諸島は沖縄諸島・先島諸島（宮古列島・八重山列島）および大東諸島からなり、島々は北端の硫黄鳥島から南端の波照間島までの南北約400km、東西は東の北大東島から西は与那国島までの約1,000kmの広い海域に散在する。島しょ（面積0.01㎢以上）の数は160あり、そのうち有人島が47である〔1〕。

沖縄県は日本全体のなかでみるとひとつのまとまりをもつ地域であるが、そのなかにはさらにそれぞれ独自の性格をもつ複数の地域があり、地域性が重層的に構成されている。

沖縄県は、人口が増加している数少ない県の一つであるが（「令和２年国勢調査」）、一方、沖縄本島北部の農村地域や離島地域では日本復帰後人口が大幅に流出し、地域社会の維持が困難な状況に直面している。こうした地域では農業が比較的高い割合を占め、地域社会を維持していくうえで重要な役割を担っている。しかし、高齢化の進行、人口の流出のなかで農業は大きな困難に直面している。沖縄農業の構造を把握するためには、県域のなかでそれぞれ特性をもつ地域の農業のありようを踏まえる必要がある。

本章では、沖縄県内の地域の社会と経済における農業の特性とその意義について検討する。なお、本章における「地域」は県内においてその地理的位置、社会的・経済的まとまりによって区分した地域を意味する。

第１節　「2020年農林業センサス」における農業経営体の構成

まず、沖縄県全体の農家および農業経営体の構成をみると、「2020年農業センサス」における総農家戸数は１万4,747戸、うち販売農家が１万0,674戸（72.4％）、自給的農家が4,073戸（27.6％）である。農業経営体は、１万1,310経営体である。

農業経営体は「2015年農業センサス」までは、家族経営体と組織経営体に区分されていたが、「2020年農業センサス」では、個人経営体と団体経営体として把握されるようになった[1)]。そこで、沖縄県における農業経営体の経営体数と構成を都府県との比較で示すと**表4-1**のようになる。

表4-1　農業経営体の構成（「2020年農林業センサス」）

（単位：経営体、%）

区　分	農業経営体	個人経営体	団体経営体	法人経営
沖縄県	11,310	10,875	435	424
割　合	100.0	96.2	3.8	(97.5)
都府県	1,040,792	1,006,776	34,016	26,660
割　合	100.0	96.7	3.3	(78.4)

資料：農林水産省『2020年農林業センサス　第2巻　農林業経営体調査報告書―総括編―』より筆者作成。

注：法人経営欄の割合（　）内は団体経営体のなかの割合である。

沖縄県の農業経営体1万1,310経営体のうち、個人経営体が1万0,875経営体で、農業経営体の96.2%を占めている。都府県でも農業経営体の96.7%は個人経営体である。個人経営体はその定義から法人化していない家族経営体であり、沖縄県、都府県ともに農業経営体のほとんどは家族を単位とした経営であるという状況は「2015年農業センサス」までと同じである。

団体経営体は435経営体（3.8%）で、その構成も都府県（3.3%）とほぼ同じである。団体経営体のうち424経営体（97.5%）は法人経営となっており、その割合は都府県の78.4%に比べてかなり高い。

沖縄県の団体経営体のなかの法人経営の法人の種類では、農事組合法人71経営体（16.7%）、会社（株式会社、合名・合資会社、合同会社）300経営体（70.8%）、各種団体8経営体、その他法人45経営体である[〔2〕]。法人化している経営体の組織形態別の内訳では、沖縄県の農事組合法人数は、「2015年農業センサス」の45経営体から大きく増加しているが、構成割合は都府県の26.6%に比べるとかなり低い。会社のなかでは、沖縄県では株式会社の割合が低く、合同会社の割合が高いことが特徴となっている。

農業経営体を経営耕地面積の規模別にみると（**表4-2**）、0.5ha未満層25.5%（うち「経営耕地なし」2.0%）、0.5～1.0ha層25.0%、1.0～2.0ha層24.0%と、この三つの階層で全経営体の74.5%を占めている。1.0haを境にみると、1.0ha未満の規模層が50.5%、1.0ha以上の規模層が49.5%の構成になる。都府県との比較では1.0ha以上層がやや大きい構成になっている。

さらに、農業経営体を「農業センサス」による農産物販売額の割合でみた農業経営組織の面からみると**表4-3**のようになる。沖縄県では単一経営経営体（首位部門の販売金額が80%以上の経営体）が88.1%を占め、準単一複合経営及び複合

表4-2　農業経営体の経営耕地規模別構成（「2020年農林業センサス」）

（単位：経営体、%）

区　分	農業経営体実数	構　成								
		計	経営耕地なし	0.5ha未満	0.5～1.0	1.0～2.0	2.0～3.0	3.0～5.0	5.0～10.0	10.0ha以上
沖縄県	11,310	100.0	2.0	23.5	25.0	24.0	10.6	8.3	5.0	1.6
都府県	1,040,792	100.0	1.5	21.9	30.6	23.5	8.7	6.4	4.3	3.1

資料：表4-1に同じ。

表4-3　農業経営体の農業経営組織別構成（「2020年農林業センサス」）　（単位：経営体、%）

区　分	農産物の販売のあった経営体	構　成										
		合計	単一経営									準単一複合経営及び複合経営
			小計	稲作	工芸農作物	野菜	果樹類	花き・花木	その他作物	肉用牛	その他畜産	
沖縄県	10,898	100.0	88.1	0.6	47.9	11.5	9.0	6.3	1.5	9.7	1.6	11.9
都府県	944,669	100.0	82.5	50.1	2.0	11.1	11.5	2.0	2.3	2.2	1.3	17.5

資料：表4-1に同じ。
注：1）単一経営経営体；首位部門の販売金額が8割以上の経営体。
　　　準単一複合経営経営体；首位部門の販売金額が6～8割の経営体。
　　　複合経営経営体；首位部門の販売金額が6割未満の経営体。
　　2）「その他畜産」は養蚕を含む。

経営体（首位部門の販売金額が80%未満の経営体及び60%未満の経営体）は11.9%である。単一経営のなかの作目部門別の構成では、工芸農作物が47.9%と最も大きく、次いで野菜11.5%、果樹類9.3%、肉用牛9.7%、花き・花木6.3%である。工芸作物には品目としてはサトウキビと葉タバコ、その他があるが、「2020年農業センサス」の「販売目的の工芸農作物の作物別作付経営体」の構成では、サトウキビ93.1%、茶0.2%、その他6.6%となっており、そのほとんどがサトウキビと言ってよい〔3〕。

都府県における農業経営体の農業経営組織別の構成は、単一経営経営体82.5%（稲作50.1%、工芸農作物2.0%、野菜11.1%、果樹11.5%、花き・花木2.0%、肉用牛2.2%）、準単一複合経営及び複合経営経営体17.5%、となっており、都府県でも単一経営経営体の割合は高いが、沖縄県は都府県を上回っている。単一経営経営体の作目部門構成では都府県における稲作が沖縄県では工芸農作物（サトウキビ）に入れ替わるかたちになっている。そのほかの作目では沖縄県では花き・花木、肉用牛の割合が高いことが特徴となっている。

第２節　農業経営体の経営収支

次に、農業経営体を農業経営収支の面からみていきたい。農業経営の経営収支については、農林水産省の『農業経営統計調査』「農業形態別経営統計（個別経営）」によった。もっとも、同調査は、全国、農業地域別に公表されているが、沖縄については農業地域としての表章がないことから、内閣府沖縄総合事務局農林水産部が作成した『第48次沖縄農林水産統計年報』に掲載されている「農業経営統計調査」の「経営形態別経営統計」（個別経営）を用い、これと対比するための都府県の統計については、前記、『農業経営統計調査』「経営形態別経営統計」の都府県の部のデータを利用した（2017年、2018年の２年算術平均）[2)]。

まず、調査農業経営体の１経営体当たり経営耕地面積は、沖縄県では234.8ａ（田2.3ａ、普通畑190.8ａ、樹園地18.1ａ、牧草地23.6ａ）、都府県では214.8ａ（田150.3ａ、普通畑39.2ａ、樹園地18.8ａ、牧草地6.6ａ）となっており、沖縄県の方がやや大きい。耕地の地目構成の特徴としては、沖縄県では田が極めて少ないこと、牧草地が都府県に比して大きくほぼ3.7倍になっていることがあげられる。また都府県においては、経営耕地のほかに「耕地以外の土地」が169.6ａあるのに対して、沖縄県では13.1ａに過ぎないことがもう一つの違いとなっている。

１農業経営体当たり農業粗収益は、都府県の538万6,500円に対し、沖縄県では377万1,000円である。その作目別構成は、沖縄県では作物収入71.3％（工芸農作物40.9％、花き17.7％、野菜6.2％、果樹5.5％）、畜産24.1％（うち、その他畜産21.7％）、となっており[3)]。都府県では、作物収入67.3％（野菜22.4％、稲作21.1％）、畜産23.4％となっている。

農業経営費については、費目の数が多いことから費目別の額とその構成を**表4-4**に示した。都府県との比較では、都府県では農機具・農用自動車（18.2％）、飼料（12.2％）の割合が相対的に高く、農業雇用労賃（6.0％）が低いのに対して、沖縄県では、賃借料・作業委託料（15.2％）が最も高く、次いで雇用労賃（11.7％）、農機具・農用自動車（11.3％）、飼料（10.6％）、である。沖縄県では、都府県に比べて、賃借料・作業委託料、農業雇用労賃の割合が高く、農機具・農用自動車では低くなっている。

また、支払小作料が都府県では2.3％（８万6,500円）であるのに対し、沖縄県

表4-4　1農業経営体当たり農業経営費

区　分	沖縄県（千円）	構成比（%）	都府県（千円）	構成比（%）
農業経営費計	2,665.5	100.0	3,820.5	100.0
農業雇用労賃	312.0	11.7	228.0	6.0
種苗・苗木	135.0	5.1	183.5	4.8
動物	68.0	2.6	266.5	7.0
肥料	232.5	8.7	254.5	6.7
飼料	281.5	10.6	467.5	12.2
農業薬剤	221.5	8.3	254.0	6.6
諸材料・加工原料	30.0	1.1	108.5	2.8
光熱動力	168.5	6.3	278.0	7.3
農機具・農用自動車	302.5	11.3	697.0	18.2
農用建物維持修繕	76.5	2.9	213.5	5.6
賃借料・作業委託料	405.5	15.2	260.0	6.8
土地改良費・水利費	31.5	1.2	54.0	1.4
支払小作料	112.5	4.2	86.5	2.3
物件税・公課諸負担	50.0	1.9	162.0	4.2
負債利子	9.5	0.4	11.0	0.3
企画管理費	36.0	1.4	50.0	1.3
包装荷造・運搬等料金	141.5	5.3	170.5	4.5
農業雑支出	51.0	1.9	75.5	2.0

資料：下記資料により筆者作成。
内閣府沖縄総合事務局農林水産部『第48次沖縄農林水産統計年報』（2018年～2019年）、農林水産省「農業経営調査」「経営形態別経営統計」（個別経営）2017、2018政府統計の総合窓口（e－Stat）(https://www.e－stat.go.jp/)（2021年8月18日閲覧）。
注：1）2017年、2018年の2年算術平均である。
2）諸材料・加工原料は前掲「経営形態別経営統計」では「諸材料」と表章されている。
3）農機具・農用自動車は前掲「経営形態別経営統計」では別々に表章されている。
4）農用建物維持修繕は前掲「経営計形態別経営統計」では「農用建物」と表章されている。
5）物件税・公課諸負担（農業負担分）は前掲「経営形態別経営統計」では「物件税・公課諸負担」と表章されている。
6）支払小作料は前掲「経営形態別経営統計」では「支払地代」と表章されている。

では4.2%（11万2,500円）と比較的高くなっていることも注目される。このことは、調査対象が経営規模が大きい階層に偏っていること、経営耕地のなかにおける借入地の面積（割合）による影響も含めて検討することが必要であるが、前述の沖縄県の「経営形態別経営統計」では借入面積は表記されていない。

そこで、沖縄県の農業経営の収支をみると（**表4-5**）、農業粗収益は377万1,000円、経営費266万5,500円、農業所得は110万5,500円となる。都府県との比較では、粗収益では70.0%、経営費が69.8%、所得では71.0%の水準である。農外の収入は60.5%と低いが、農外支出において20.4%とかなり低く、結果として農外所得では67.2%の水準になっている。

さらに経営の集約度と生産性を分析指標（**表4-6**）でみると、沖縄県は、農業依存度（51.6%）、農業所得率（29.3%）は都府県と同程度、農業付加価値額（1,540千円）は低いが農業付加価値率（40.8%）はやや高くなっている。集約度では、耕地10ａ当たり自営農業労働時間は都府県の87.3時間に比べて75.3時間と少なく、10ａ当たり農業固定資産額では都府県（15万9,500円）の53%程度（８万5,300円）にとどまっている。

生産性・農業純生産については、農業固定資産千円当たり農業所得では都府県に比べて大きいが、家族農業労働１時間当たり農業所得ではやや低く、耕地10ａ当たり農業所得では都府県の65%の水準である。付加価値額では、農業固定資産千円当たり付加価値額では都府県より高いが、自営農業労働１時間当たり付加価値額、耕地10ａ当たり付加価値額では都府県より低い。

以上をまとめると、沖縄県における農業経営は、１農業経営体当たり経営耕地面積規模は都府県と比べてやや大きいものの、農業粗収益、農業経営費、農業所得といった経営活動の規模は都府県に比べて小さい。集約度も低く、生産性・農業純生産においては農業固定資産千円当たり農業所得は高いものの、家族農業労働１時間当たり農業所得、耕地10ａ当たり農業所得は都府県

表4-5　１農業経営体当たり農業経営収支

（単位：千円、%）

区　分	沖縄県	都府県	沖縄県/都府県×100
農家所得	2,144.0	3,074.0	69.7
農業			
粗収益	3,771.0	5,386.5	70.0
経営費	2,665.5	3,820.5	69.8
所得	1,105.5	1,556.0	71.0
生産関連事業			
収入	2.5	36.0	6.9
支出	2.0	27.5	7.3
所得	0.5	8.5	5.9
農外			
収入	1,104.0	1,823.5	60.5
支出	66.0	324.0	20.4
所得	1,038.0	1,499.50	67.2
年金等の収入	1,109.5	1,910.0	58.1
農家総所得	3,253.5	4,484.0	65.3
租税公課負担	376.5	762.0	49.4
可処分所得	2,877.0	4,222.0	68.1

資料：表4-4に同じ。
注：算出の方法は表4-4　注１）に同じ。

表4-6　農業経営分析指標　（単位：千円、%）

区　分	沖縄県	都府県
農業依存度（%）	51.6	50.6
農業所得率（%）	29.3	28.9
農業付加価値額	1,539.5	1,891.5
農業付加価値率（%）	40.8	35.1
集約度		
耕地10a当たり		
自営農業労働時間（時間）	75.3	87.3
農業固定資産額	85.3	159.5
生産性・農業純生産		
（農業所得）		
家族農業労働		
１時間当たり農業所得	830.5	956.0
農業固定資産		
千円当たり農業所得	564.0	475.0
耕地10a当たり農業所得	47.5	72.5
付加価値額		
自営農業労働		
１時間当たり付加価値額	867.0	1,009.0
農業固定資産		
千円当たり付加価値額	784.5	552.0
耕地10a当たり付加価値額	66.0	88.0

資料：表4-4に同じ。
注：１）算出の方法は表4-4　注１）に同じ。
　　２）農業依存度、農業所得率、農業付加価値率は平均値に基づいて算出した。

に比べて少ない。付加価値額については、農業固定資産千円当たり付加価値額は都府県より大きいが、自営農業労働１時間当たり付加価値額、耕地10ａ当たり付加価値額は都府県を下回っている。

第３節　沖縄農業の地域構成

沖縄県は160の島々（うち有人島は47）からなり、大きくは沖縄本島と沖縄本島以外の離島の地域に分けられる。地域の区分は、一般的には、沖縄本島の北部・中部・南部および宮古・八重山の五つの地域に区分される。

沖縄本島は面積1,236.22㎢（本島と架橋で連結された島々を含む）で県面積の54.2%、人口は「令和２年国勢調査」で134万1,377人、県人口の91.4%を占める。沖縄本島以外の離島部は大小多くの島々が広大な海域に散在しており、面積1,044.78㎢、人口12万6,103人、という分布である。面積では県土面積の45.8%を占めているが、人口はわずか8.6%を占めるに過ぎない[4)]。

島々の面積と人口規模はそれぞれの島の社会・経済のあり方を規定する大きな要因をなすことから、沖縄振興特別措置法による指定離島（有人島）について、面積規模と人口規模の分布を示すと**表4-7**のようになる。

沖縄本島以外の離島部で面積が最も大きい島は西表島で289.6㎢であるが、人口は2,253人で行政の区分としては竹富町の一部をなしている。面積規模で西表島に次ぐのは、石垣島222.24㎢、宮古島158.87㎢で、人口はそれぞれ４万7,637人、４万7,676人[5)]で行政の単位では石垣市、宮古島市である。その次に位置するのは、面積60.16㎢、人口7,192人の久米島で行政の単位では久米島町である[6)]。

これらの４島以外は、ほとんど面積規模50㎢未満、人口規模5,000人未満の島である。このうち基礎自治体である町・村を構成しているのは、伊江島、南大東島、与那国島、伊平屋島（野甫島を含む）、伊是名島、多良間島（水納島を含む）、渡嘉敷島、北大東島、粟国島、座間味島（阿嘉島、慶留間島を含む）、渡名喜島であり、これら以外の島々は町村のなかの集落となっている。

これらの島々は、一般的な五つの地域区分では、沖縄本島周辺の島々は、それぞれ本島の近い地域（北部、中部、南部）に区分され、沖縄本島以外の地域では、宮古地域は宮古島を主島とした島々、八重山地域は石垣島を主島とした島々に区分される。

表 4-7　沖縄県指定離島（有人島）の面積・人口規模別分布

面積規模／人口規模	100 ㎢以上	100 ㎢未満 50 ㎢以上	50 ㎢未満 20 ㎢以上	20 ㎢未満 10 ㎢以上	10 ㎢未満 5 ㎢以上	5 ㎢未満
10,000 人以上	石垣島 宮古島					
10,000 人未満 5,000 人以上		久米島				
5,000 人未満 1,000 人以上	西表島		伊良部島・伊江島 南大東島・与那国島 伊平屋島	伊是名島 多良間島		
1,000 人未満 500 人以上				渡嘉敷島 北大東島	粟国島・小浜島 座間味島	池間島
500 人未満 100 人以上				波照間島 黒島	竹富島	渡名喜島・阿嘉島 津堅島・久高島 来間島
100 人未満					下地島	野甫島・慶留間島 水納島（本部） 鳩間島・大神島 奥武島・新城島 水納島（多良間） 由布島・嘉弥真島

資料：沖縄県企画部『離島関係資料』2022 年 3 月、「（3）指定離島（有人島）の面積・人口規模」の表「面積規模」、「人口規模」を基に筆者作成。
（原資料）「面積規模」は国土地理院「令和 3 年全国都道府県市区町村別面積調（令和 3 年 10 月 1 日現在）。「人口規模」は「令和 2 年国勢調査」（沖縄県企画部地域・離島課（総務省：小地域集計結果より字別で集計）による。
注：1）（原注）新城島（下地）の人口は新城島（上地）に、由布島の人口は西表島に、嘉弥真島の人口は小浜島に含む。
2）新城島（下地）、新城島（上地）は、新城島とした。

しかし、地域と農業の関わりおよび地域における農業の意義を把握するうえでは、地域を五つ地域に区分し沖縄本島周辺の島々を本島の地域に含める方法では十分ではない。

例えば、五つの地域に区分した場合の南部には沖縄本島南部と本島周辺の離島および南大東島・北大東島が含まれるが、これら三つの地域の農業構造は大きく異なる。沖縄本島南部は人口が集中し都市化が進行している地域であるのに対し、離島地域では人口が流出し過疎化が問題となっている。また農業における作目の構成も大きく異なる。特に、南大東島・北大東島とその他の沖縄本島南部周辺の島々が一つのグループにまとめられ、平均化されることによってそれぞれの農業のもつ構造的特性や問題、課題が見え難くなっている。

そこで、ここでは、農業の構造の視点から離島としての特性も踏まえて次の六つの地域に区分した[7)]。沖縄本島を北部と中南部に区分し、離島地域は沖縄本島西部離島を一つの地域とし、沖縄本島の東方の海上に位置する南大東島・北大東島は一つの地域とした。宮古、八重山は一般的に区分されている地域の範囲と同じである。

沖縄本島北部は、名護市、国頭村、大宜味村、東村、今帰仁村、本部町、恩納村、宜野座村、金武町の１市２町６村の区域である。名護市が地域の拠点をなし域内人口12万1,693人のほぼ半数、６万3,554人が集中する〔4〕。沖縄本島中南部は、読谷村以南の区域である。那覇市を中心に県内11市のうち８つの市が連なり、都市化が大きく進行している地域である。これらの市部周辺の町村部でも急速に人口が増加し、都市化が進みつつある。

沖縄本島西部離島は、沖縄本島の西部に位置する５つの離島、伊平屋島（村）、伊是名島（村）、伊江島（村）、久米島（町）、粟国島（村）および西南部に位置する３つの離島、渡嘉敷島（村）、座間味島（村）、渡名喜島（村）からなる8)。大東諸島は沖縄本島（那覇）の東方、約360kmの海上に位置する２つの島、南大東島（村）、北大東島（村）である9)。

宮古・八重山は五地域区分と同じであり、宮古は宮古島・伊良部島（市）と多良間島（村）および近隣の島々からなる１市１村の地域、八重山は石垣島（市）と竹富町（９つの有人島）、与那国島（町）からなる地域である。

次に、これらの地域の社会経済的特性について見ておきたい。まず、農村・離島地域において大きな課題となっている人口の減少について復帰後の推移を**表4-8**に示した。沖縄県企画部統計課による「長期時系列統計データ」の「市町村別男女人口（大正９年～令和２年）」（「国勢調査」）によって、復帰後の1975年から直近の2020年までの45年間の人口の増減をみると、県全体ではこの間、104万２千人から146万７千人へと40.8％増加している。しかし、10年間隔の推移でみると、1975～85年13.1％、1985～95年8.0％、1995～2005年6.9％、2005～15年5.3％、2015～20年2.4％と、増加率は低下してきている。

地域別には、増加率が大きいのは沖縄本島中南部であり、45年間で50.7％増加しており、「令和２年国勢調査」によれば県全体の人口の83.2％が集中している。うち、那覇市は、1975年から2020年の全期間では7.7％の増加になっているが、10年間隔では、1975～85年2.9％、1985～95年マイナス0.6％、1995～2005年3.5％、2005～15年2.3％と増加したが、2015年～2020年は0.6％減少しており、人口は

表4-8　地域別人口の推移　（単位：人、%）

地域	1975	1985		1995		2005		2015		2020	
	実数	実数	増減率	実数	増減率	実数	増減率	実数	増減率	実数	増減率
沖縄県	1,042,572	1,179,097	13.1	1,273,440	8.0	1,361,594	6.9	1,433,566	5.3	1,467,480	2.4
沖縄本島北部	109,384	108,517	△0.8	112,821	4.0	119,360	5.8	121,910	2.1	121,693	△0.2
（名護市）	45,210	49,038	8.5	53,955	10.0	59,463	10.2	61,674	3.7	63,554	3.2
（名護市以外）	64,174	59,479	△7.3	58,866	△1.0	59,897	1.8	60,236	0.6	58,139	△3.5
沖縄本島中南部	809,808	939,781	16.0	1,034,144	10.0	1,113,234	7.6	1,186,354	6.6	1,220,271	2.9
（市部）	680,310	774,188	13.8	838,240	8.3	896,129	6.9	949,769	6.0	971,157	2.3
（うち那覇市）	295,006	303,674	2.9	301,890	△0.6	312,393	3.5	319,435	2.3	317,625	△0.6
（町村部）	129,498	165,593	27.9	195,904	18.3	217,105	10.8	236,585	9.0	249,114	5.3
本島西部離島	22,975	21,841	△4.9	21,606	△1.1	20,930	△3.1	17,659	△15.6	16,397	△7.1
（うち西南部3島）	2,408	2,224	△7.6	2,359	6.1	2,398	1.7	2,030	△15.3	1,956	△3.6
大東諸島	2,357	2,088	△11.4	2,048	△1.9	2,036	△0.6	1,958	△3.8	1,875	△4.2
宮　古	57,762	60,167	4.2	55,735	△7.4	54,863	△1.6	52,380	△4.5	53,989	3.1
（現宮古島市域）	55,957	58,535	4.6	54,326	△7.2	53,493	△1.5	51,186	△4.3	52,931	3.4
（多良間村）	1,805	1,632	△9.6	1,409	△13.7	1,370	△2.8	1,194	△12.8	1,058	△11.4
八重山	40,280	46,698	15.9	47,086	0.8	51,171	8.7	53,405	4.4	53,255	△0.3
（石垣市）	34,657	41,177	18.8	41,777	1.5	45,183	8.2	47,564	5.3	47,637	0.3
（石垣市以外）	5,623	5,521	△1.8	5,309	△3.8	5,988	12.8	5,841	△2.5	5,618	△3.8

資料：下記資料より筆者作成。
　沖縄県企画部統計課「長期時系列統計データ」第1表　市町村別男女人口（大正9年～令和2年）。
　（原資料）「国勢調査」（https://view.officeapps.live.com/op/view.aspx?snc）（2023年6月10日　最終閲覧）。
注：1）1985年、1995年、2005年、2015年の増減率はそれぞれ対前回10年間の増減率である。
　2）2020年の増減率は対前回5年間の増減率である。
　3）本島西部離島の西南部3島は渡嘉敷島（村）、座間味島（村）、渡名喜島（村）である。

ほぼ飽和状態に達したと言える。

那覇市以外の中南部の市部でも期間全体の増加率は69.6％とかなり高いが、10年間隔では、1975～85年の22.1％から2005～15年の8.0％と低下し、2015～20年は3.7％である。

一方、中南部の市部以外の地域（町村部）では、期間全体で92.4％と大幅に増加しており、10年間隔でも1975～85年27.9％、1985～95年18.3％、1995～2005年10.8％、2005～15年9.0％と、1995年以降増加率は小さくなってはいるが、2015～20年の間も5.3％増加しており、なお高い増加率を維持している。

本島中南部では、離島部や沖縄本島北部の農村部から人口が流入し、那覇市では復帰時までにほぼ飽和状態に近い状態になり、その動きは周辺の市部に広がり、さらにその外延部（近郊地帯）の町村に移りつつあるという流れがある。

中南部以外の地域では、本島北部では期間全体では11.3％増加しているが、これは名護市の増加によるもので、名護市以外の町村部では増加している地域と減少している地域に分かれる。もっとも、名護市の増加率も1885 ～ 95年、1995 ～ 2005年の10％台から2005 ～ 15年には3.7％、2015 ～ 2020年は3.2％に低下している。名護市以外の地域では、国頭村、大宜味村（2015 ～ 20年は増加）、東村、今帰仁村、本部町は減少しているのに対し、恩納村、宜野座村、金武町（2015 ～ 20年は減少）は増加している。

離島の沖縄本島西部離島は、時期によって減少率の増減はあるが、期間全体として大きく減少している。うち伊是名村は一貫して減少している。また西南部３島（渡嘉敷村・座間味村・渡名喜村）は、復帰後、1975年から85年にかけて大きく減少した後、増加の傾向にあったが、2005年から2020年にかけては大きく減少している。

大東諸島は、1975年から85年にかけて減少率11.4％と大きく減少した後、1985年以降は減少率は小さくなっているが、減少は続いている。

宮古では、期間全体では6.5％の減少、多良間島では41.4％減少している。八重山では期間全体では32.2％増加、石垣市では37.5％の増加、石垣市以外の２町のうち竹富町は1995年から2000年にかけて19.5％と大幅に増加したが、2005年以降は減少が続いている。

近年の全国的な人口の減少傾向のなかで、沖縄県は人口が増加している数少ない県の一つであるが、復帰後1975年から2015年の40年の間に、沖縄本島北部の名護市以外の地域、本島西部離島、大東諸島、宮古では人口が減少している。沖縄本島北部の名護市以外の地域では恩納村、宜野座村、金武町では増加しているが、この３町村以外の地域における減少が大きい。また本島西部離島、宮古の多良間村でも大きく減少している。農村部、離島部から流出した人口は、沖縄本島中南部へ集中している。

農村部、離島部から人口が流出し、沖縄本島中南部へ集中することは、流出元である農村部、離島部においては過疎化が進み、地域社会の維持を困難にしていると同時に、流入先である沖縄本島中南部では、慢性的な交通渋滞など都市化による様々な問題を生じさせている〔5〕。

農村部、離島部からの人口の流出は、地域の基幹的産業である農業の後退に起因しており、農村部、離島部における地域社会の維持、都市部における人口の集中によるいわゆる都市問題を解消するうえでも農業の維持が重要な課題である。

そこで、六つの地域に区分した地域における農業の特性の問題に移ろう。

まず、離島としての地理的特性とともに農業生産を規定する自然条件の大きな要因である土壌の特性についてみておきたい。

沖縄に分布している土壌は、一般的に大きく国頭マージ、島尻マージ、ジャーガル、カニク（沖積土壌）に区別され呼びならわされている。それぞれの土壌の特徴を沖縄県農林水産部の『さとうきび栽培指針』に記載されている「沖縄県の土壌の特徴」によってまとめると次のようになる〔6〕。

・　国頭マージは千枚岩や国頭礫層、砂岩、花崗岩等を母材とし、土色は赤色や黄色、pHは酸性を呈する。有機物含量が少なく土壌浸食を受けやすい。沖縄本島中北部や八重山諸島、久米島等の台地及び丘陵地に分布する。

・　島尻マージは琉球石灰岩や古生代由来の石灰岩を母材とする。土色はやや暗い赤色や黄色で、pHは中性まれに酸性やアルカリ性を呈する。保水性に乏しい。各地のカルスト台地に分布する。

・　ジャーガルは島尻層群泥灰岩（クチャ）を母材とする。土色はオリーブ褐色から灰色で、pHはアルカリ性である。養分は豊富で養分保持力も大きい。保水力は大きいが排水性が悪い。
　沖縄本島中南部の小起伏丘陵地、久米島、宮古島、波照間島の一部に分布する。

・　カニク（沖積土壌）は各地の川沿いの谷底低地、海岸低地に小規模ずつ分布し、再堆積物からなる。土色は褐色から灰色、青灰色がみられる。海岸低地ではアルカリ性、内陸部谷底低地では酸性を呈する。

・　大東マージ（仮称）[10]は、土色は赤色及び黄色を呈し、pHが4.2以下であることから国頭マージに分類されるが、土壌物理性性やリン酸含有量は島尻マージに近い。南部大東島および宮古島等の石灰岩上に分布する。

そこで次に、先に区分した６つの地域の農業の特徴を示すと**表4-9**のようになる。沖縄本島北部は、耕地面積は県全体の13.5％を占め、総農家数では21.5％、農業経営体数では21.5％を占めている。１農業経営体当たり経営耕地面積は108.4ａ、2019年の農業産出額の地域別構成[11]では25.6％、農業産出額でみた主な作目

表 4-9　地域別農業構成

地　域	耕地面積（%）（2019）	総農家数（%）	農業経営体数（%）	1 経営体当たり経営耕地面積（a）	農業産出額（参考）（%）（2019）	（参考）主な作目の農業産出額構成（%）（2019）
		「2020 年農業センサス」				
沖縄県	（37,000 ha）	（14,747 戸）	（11,310）	175.7	（977 億円）	肉用牛（24.5）、工芸農作物（19.7、うちサトウキビ 15.6）、野菜（14.9）、豚（13.5）、花き（9.5）、果実（6.1）
	100.0	100.0	100.0		100.0	
沖縄本島北部	13.5	21.5	21.5	108.4	25.6	豚（18.1）、果実（14.1）、野菜（13.9）、鶏（13.5）、肉用牛（11.0）
沖縄本島中南部	17.2	34.9	24.9	78.5	30.4	野菜（25.0）、豚（24.7）、肉用牛（11.6）、乳用牛（9.1）、工芸農作物（5.2）
本島西部離島	10.5	9.3	10.5	232.6	10.0	肉用牛（36.4）、工芸農作物（34.2）、花き（6.6）、野菜（6.0）、乳用牛（2.6）
大東諸島	6.4	1.4	1.9	740.9	2.9	工芸農作物（74.6）、野菜（24.6）
宮　古	31.3	26.9	33.4	190.2	18.5	工芸農作物（52.0）、肉用牛（31.2）、野菜（10.4）、果実（4.3）
八重山	21.0	6.1	7.8	385.5	12.7	肉用牛（67.4）、工芸農作物（12.4）、野菜（4.7）、果実（4.7）、豚（1.9）

資料：下記資料より筆者作成。
耕地面積は内閣府沖縄総合事務局「第 49 次沖縄農林水産統計年報」（原資料：農林水産省統計部「作物統計調査　耕地面積調査」）。
農業産出額は、前掲、「第 49 次沖縄農林水産年報」（原資料：農林水産省統計部「生産農業所得統計」）。
総農家数・農業経営体数は、『2020 年農林水産業センサス』第 1 巻、沖縄県統計書。
市町村別農業産出額は農林水産省「令和元年市町村別農業産出額（推計）の概要」（2019）。
政府統計の総合窓口（https://www.e-stat.go.jp）（2021 年 11 月 5 日　閲覧）。

注：1）耕地面積、農業産出額は 2019 年の数値である。
2）1 経営体当たり経営耕地面積は、経営耕地のある農業経営体当たりである。
3）市町村別農業産出額は農林水産省の推計（令和元年生産農業所得統計（都道府県別推計））において推計した都道府県別農業産出額（品目別）を市町村別に按分して作成）である。（上記「市町村別農業産出額（推計）沖縄県」）。
4）農業産出額の地域別の計は市町村別農業産出額の積み上げである。「x」は「0」とカウントした。
5）「花き」については、18 の市町村において秘匿扱いとなっており、地域別には割合が正確に反映されていないと考えられる。
6）県全体の「主な作目の農業産出額割合」は上記沖縄総合事務局資料による。

の構成は豚（18.1%）、果実（14.1%）、野菜（13.9%）、肉用牛（10.9%）である。県全体の農業産出額構成で19.7%を占める工芸農作物は5.1%にとどまっている。

沖縄本島中南部は、耕地面積では県全体の17.2%を占め、総農家数では34.9%、農業経営体数では24.9%を占める。総農家数の割合と農業経営体数割合の差は、この地域において農業経営体の要件に満たない小規模農家が多く存在していることを意味している。1 農業経営体当たり経営耕地面積は78.5 a であり、県内では最も小さい。しかし、農業産出額の地域別構成では30.4%を占め最も大きい。農業産出額の作目別構成は、野菜（25.0%）、豚（24.7%）、肉用牛（11.6%）、乳用牛（9.1%）、工芸農作物（5.2%）である。野菜が25%を占め、都市近郊農業としての性格を持っている。

本島西部離島は、耕地面積は県全体の10.5%、総農家数は9.3%、農業経営体数の割合では10.5%である。1農業経営体当たり経営耕地面積は232.6ａで、大東諸島、八重山に次いで大きい。本島西部離島でも、伊平屋島、伊是名島、伊江島、久米島、粟国島の5島は農業の比重が比較的大きく、伊平屋島・伊是名島では沖縄では少ない水稲がある。一方、西南部の渡嘉敷島、座間味島、渡名喜島の3島は農業の比重は小さく、またサトウキビの生産がない点でも沖縄農業の中では他の地域と異なる性格をもっている。

大東諸島は、農業経営体数の割合では県全体の1.9%を占めるにすぎないが、耕地面積の割合では6.4%を占める。1農業経営体当たり経営耕地面積では740.9ａと沖縄県の他の地域と比べて圧倒的に大きく、作目の農業産出額構成においては一部に野菜（産出額構成24.6%）があるもののサトウキビの割合が74.6%と圧倒的に高い。農業の歴史過程も他の地域とは異なり、農業の構造は他の地域と大きく異なる。

宮古は、耕地面積では県全体の31.3%と最も大きい割合を占め、農業経営体数の割合でも33.4%と最も大きい割合を占める。農業産出額の地域別構成では18.5%の割合である。農業産出額の作目別構成は工芸農作物（52.0%）、肉用牛（31.2%）、野菜（10.4%）、果実（4.3%）である。工芸農作物を主体としつつ、それに肉用牛と野菜が加わる構成である。宮古においても作目の構成が単純である。

八重山は、耕地面積の構成では県全体の21.0%と宮古に次ぐ割合を占める。農業経営体数の割合では7.8%で、1農業経営体当たり経営耕地面積は385.5ａで、大東諸島に次ぐ大きさである。農業産出額の地域別構成では12.7%、農業産出額の作目別構成では肉用牛が67.4%と圧倒的な割合を占め、以下、工芸農作物（12.4%）、野菜（4.7%）、果実（4.7%）が続く。全体として、肉用牛を中心に工芸農作物・野菜・果実が加わる構成である。

このように、地域を六つの地域に区分することによって地域の農業の構造がより明瞭になる。

次に、「2020年農業センサス」によって、地域別の農業経営体の経営耕地面積規模別の構成と農業経営組織別の構成をみると、それぞれ**表4-10**および**表4-11**のようになる。

まず、農業経営体の経営耕地面積規模別の構成（**表4-10**）をみると、沖縄本

表 4-10　経営耕地規模別農業経営体の構成　（単位：経営体、％）

地　域	農業経営体実数	構　成								
		計	経営耕地なし	0.5ha未満	0.5～1.0	1.0～2.0	2.0～3.0	3.0～5.0	5.0～10.0	10.0ha以上
沖縄県	11,310	100.0	2.0	23.5	25.0	24.0	10.6	8.3	5.0	1.6
沖縄本島北部	2,435	100.0	2.1	35.4	31.6	19.6	5.8	3.4	1.5	0.6
沖縄本島中南部	2,816	100.0	4.0	47.9	30.3	11.5	2.8	2.1	1.2	0.2
本島西部離島	1,184	100.0	1.1	12.0	25.4	27.7	12.3	10.6	8.7	2.3
大東諸島	213	100.0	0.5	—	1.4	9.4	8.5	20.7	38.0	21.6
宮　古	3,772	100.0	1.0	6.5	20.9	36.6	18.3	11.5	4.6	0.5
八重山	886	100.0	1.4	6.1	13.0	20.5	14.3	21.7	15.2	7.8

資料：前掲、『2020 年　農林業センサス』第１巻、沖縄県統計書　より筆者作成。

表 4-11　農業経営体の農業経営組織別構成　（単位：経営体、％）

地　域	農産物の販売のあった経営体	構　成									
		合計	単一経営経営体								準単一複合経営・複合経営体
			小計	工芸農作物	野菜	果樹類	花き・花木	その他作物	肉用牛	その他畜産	
沖縄県	10,898	100.0	88.1	47.9	11.5	9.0	6.3	2.2	9.7	1.6	11.9
沖縄本島北部	2,308	100.0	87.7	18.8	15.1	28.5	15.8	2.5	4.4	2.6	12.3
沖縄本島中南部	2,683	100.0	86.7	30.7	27.2	7.2	8.1	1.9	7.8	3.8	13.3
本島西部離島	1,157	100.0	92.1	56.8	5.3	0.8	8.5	5.0	15.7	0.1	7.9
大東諸島	210	100.0	96.7	95.2	1.4	—	—	—	—	—	3.3
宮　古	3,676	100.0	88.4	75.5	2.5	2.2	0.1	0.6	7.5	0.2	11.6
八重山	861	100.0	84.9	37.7	2.1	4.5	0.6	5.6	33.7	0.7	15.1

資料：表 4-10 に同じ。
注：１）単一経営は首位部門の販売金額が８割以上の経営体である。
　　２）準単一複合経営は首位部門の販売金額が６割以上８割未満、複合経営は首位部門の販売金額が６割未満の経営である。なお、「準単一複合経営・複合経営体」の欄は、「沖縄県結果の概要」では「複合経営体」と表記されているが、県全体では農林水産省「2020 農林業センサス報告書」における「準複合経営経営体」と「複合経営体」を合計した数値に一致していることから、本表では「準単一複合経営・複合経営体」とした。

島は経営耕地面積規模が零細な農業経営体が多く、特に、中南部では0.5ha未満層が51.9％を占め、0.5 ～ 1.0ha層が30.3％で、1.0ha未満の規模層が82.2％を占める。本島北部は中南部に比べれば比較的規模の大きい層の割合がやや大きくなるが、それでも1.0ha未満層が69.1％にのぼる。

本島西部離島は、1.0 ～ 2.0ha層27.7％、0.5 ～ 1.0ha層25.4％で、1.0ha未満の規模層38.5％、1.0ha以上規模層61.6％である。沖縄本島北部に近い構成になっている。

大東諸島は、農業経営体数は213経営体と少ないが、１経営体当たりの経営耕地面積規模は沖縄県のなかでは飛びぬけて大きい。階層規模別の分布は、5.0 ～ 10.0ha層が38.0％を占め、10.0ha以上層も21.6％を占める。

本島西部離島と大東諸島は、沖縄県の一般的な地域区分である５地域区分では、ともに南部地域に区分され、上記の経営耕地面積規模構成の大きな違いが平均化されてしまうことになる。

宮古は1.0 ～ 2.0ha層36.6％、2.0 ～ 3.0ha層18.3％と中規模層の割合が比較的高く、また八重山は3.0 ～ 5.0ha層以上の比較的規模の大きい層の割合が高い。

このように、農業経営体の経営耕地面積規模も、地域によって大きく異なり、特に農業経営体の46.2％を占める沖縄本島ではその規模は著しく小さい。

さらに、農業経営組織別の構成（**表4-11**）については、単一経営経営体の割合が大きいことが沖縄農業の一つの特徴をなしているが、地域別にみると、特に大東諸島、本島西部離島においては、単一経営体の割合がきわめて高く、それぞれ96.7％、92.1％を占めている。次いで宮古88.4％、沖縄本島北部87.7％、中南部86.7％、となっており、数値としては最も低い八重山でも84.9％である。単一経営のなかの作目部門別の構成では、大東諸島、宮古、西部離島では工芸農作物が高い割合を占め、それぞれ95.2％、75.5％、56.8％を占めている。沖縄県での販売目的の工芸農作物にはサトウキビと葉タバコがあるが、その大部分はサトウキビと考えられる[12)]。沖縄本島北部、中南部、八重山では工芸農作物の単一農業経営体の割合は低く、八重山で37.7％、本島中南部で30.7％、本島北部では18.8％である。

次に、地域と農業のかかわりについて見ていこう。そのことを、「国勢調査」と「農業センサス」による資料によって示すと**表4-12**のようになる。まず、総世帯数に占める総農家の割合では県全体では2.4％であり極めて小さい。しかし、地域の単位でみると状況は大きく異なる。沖縄本島北部では全体では6.0％であるが、東村では18.8％と高く、それ以外でも、国頭村12.7％、今帰仁村12.5％、大宜味村11.2％、宜野座村9.5％となっている。沖縄本島中南部では農家の割合は全体として低く、特に市部では0.8％、市部外でも2.1％である。離島地域では、大東諸島では20.7％、うち、北大東村23.6％、南大東村19.3％である。本島西部離島では17.4％、伊平屋村、伊是名村、伊江島村、久米島町、粟国村の５村計では19％を上回っている。一方、渡名喜村は10.0％、渡嘉敷村、座間味島村ではそれぞれ3.9％、6.4％と他の島に比べてかなり低い。宮古で農家の割合は16.1％を占め、なかでも多良間島では33.8％にのぼる。

農家の販売農家・自給的農家別の構成は、県全体では販売農家72.4％、自給的

表 4-12　地域における農家および農業者の割合

（単位：%）

地　域	全世帯に占める農家の割合	農家のうち販売農家・自給的農家の構成		*15 歳以上産業別就業者割合		農業経営体の基幹的農業従事者のうち 65 歳以上の割合
		販売農家	自給的農家	第 1 次産業	農業	
沖縄県	2.4	72.4	27.6	4.0	3.6	60.5
沖縄本島北部	6.0	70.5	29.5	10.2	9	60.1
沖縄本島中南部	1.0	49.9	50.1	2.1	1.8	58.0
（市部）	0.8	55.4	44.6	1.9	1.7	56.1
（町村部）	2.1	41.4	58.6	2.7	2.6	62.3
本島西部離島	17.4	83.9	16.1	22.6	19.8	49.9
大東諸島	20.7	100.0	—	26.1	23.5	57.4
宮　古	16.0	93.0	7.0	16.0	15.1	67.8
八重山	3.5	93.2	6.8	8.8	7.6	55.7

資料：下記資料より筆者作成。
沖縄県『第 64 回沖縄県統計年鑑』「市町村人口及び世帯数（令和２年国勢調査報告）」前掲、『2020 年農林業センサス』第 1 巻沖縄県統計書。
注：1）全世帯数は「令和 2 年国勢調査速報」、農家戸数は「2020 年農林業センサス」による。
2）15 歳以上産業別就業者は「令和２年国勢調査」による。沖縄県『第 64 回沖縄県統計年鑑』

農家27.6％であるが、大東諸島では全農家が販売農家である。大東諸島に次いで販売農家の割合が高いのは八重山の93.2％、宮古の93.0％である。沖縄本島北部では販売農家70.5％、自給的農家29.5％である。沖縄本島中南部では販売農家49.9％に対して自給的農家が50.1％と半分を上回っている。なかでも、市部より町村部の方で、自給的農家が多いことが注目される。

本島西部離島では販売農家83.9％、自給的農家16.1％である。もっとも、このうち西南部３島では自給的農家の割合が、渡嘉敷村では100％、座間味村で93.8％、渡名喜村では68.2％となっており、ほとんどの農家が自給的農家である。これらの島では農産物を販売している農家は極めて少ないが、自給の範囲で農業を行っている農家は少数ながら存在している。

産業別就業人口は、「令和２年国勢調査」によると、15歳以上の産業別就業者の割合は、県全体では第１次産業4.0％、うち農業は3.6％であるが、地域別には大きく異なる。沖縄本島北部と離島地域において比較的割合が高く、特に西部離島では第１次産業22.6％、農業19.8％、大東諸島では第１次産業26.1％、農業23.5％、宮古では第１次産業16.0％、農業15.1％とかなり高い割合を占めている。八重山は離島のなかでは低く、第１次産業8.8％、農業7.6％である。

ところで、産業別就業者については、製糖工場の従業者についても留意する必要がある。製糖業は産業３部門の区分では第２次産業に分類され、その従業者も第２次産業の就業者に区分されるが、サトウキビ生産と製糖業は原料生産とそれを加工する産業という関係にあり、サトウキビ生産の存在は製糖業従業者の就業の場を維持することにもつながっている。製糖工場は沖縄本島中部、伊是名島、久米島、宮古島、石垣島、南大東島、北大東島には大型の分蜜糖製糖工場が立地し、伊平屋島、伊江島、粟国島、多良間島、小浜島、波照間島、西表島、与那国島には含蜜糖工場が立地している。

さて、農業従事者にもどって、「2020年農業センサス」の基幹的農業従事者のうちの65歳以上の割合をみると、本島西部離島において50％をわずかに下回っていることを除けば、各地域とも50％を大きく上回っている。西部離島では、伊江村の37.6％が特に低いことが地域全体の割合を引き下げているが、島ごとにみると粟国島は77.3％と高い割合にあり、伊平屋村65.8％、久米島町の56.5％も高い割合である。

65歳以上の高齢者は農業以外の産業では、定年を越えた年齢であり一般的には就業の場から排除されていく年齢である。高齢者の就業は、生産効率、技術の高度化といった面から生産の負の面としてとらえられがちだが、農業では高年齢層が働けるということは高齢者に社会的な存在の場をつくり生き甲斐を提供している面もあり、高齢者が農業に就業していることのもつ積極的な面も評価する必要があろう。

また、消費者との関係では、都市近郊においては直接的な販売の形態も形成されている。都市近郊においては、生産の規模が小さく、高齢者が健康維持や生き甲斐を目的に営む自給的生産も多い。生産物は少量多品目にわたり、販売の場合は、ファーマーズマーケット、道の駅、近傍の小規模市場に出荷している。

その事例としてJAおきなわが運営する「ファーマーズマーケット」を見ることにする。ファーマーズマーケットは2002年に糸満市に「ファーマーズマーケットいとまん」が開設されたのを皮切りに、2018年までに名護市、沖縄市、読谷村、北谷町、宜野湾市[13]、与那原町、南風原町、豊見城市、宮古島市、石垣市に11店舗が開設された。いずれも都市地域あるいは都市近郊地域である。

JAおきなわ事業本部ファーマーズ推進部によれば[14]、出荷者（生産者会員加入）は2002年の349人から2018年には１万0,162人[15]に増加し、来客者は2003年の29万５千人から2018年の412万７千人に増加している。生産者は16年の間に29倍、来客者は15年の間に14倍に増加している。生産者、来客者ともに2016年以降、やや伸び悩みがみられるが、かなり急速な増加である。

そのうち、最初に開設された糸満市の「ファーマーズマーケットいとまん（通称：うまんちゅ市場)」を例に運営の仕組みをみておきたい。「ファーマーズマーケットいとまん（うまんちゅ市場)」は2002年６月に開設された。出荷生産者は2002年の349人から急速に増加し2016年には1,520人になるが、近年は2017年1,276人、2018年1,312人とやや減少している。来客数も2002年の５万８千人から2013年には86万７千人と4.9倍に増加したが、2014年以降は頭打ちになり、2018年には77万７千人になっている[16)]。

うまんちゅ市場は基本理念として、「新鮮野菜の品ぞろえ（満足感)」、「生産者の顔を売る（私がつくりました)」、「消費者に安心感を与える（安全･安心)」、「四季感を与える（イベント・農業体験)」、「商品開発・販路拡大（所得向上)」、「地場産（国内産）農畜産物を活用した商品開発及び販売強化（地産地消)」を掲げている[〔7〕]。「運営要領」では、「JAおきなわファーマーズマーケットおきなわ」は、「生産者の皆さま方の仲間づくり、生きがいづくりに貢献すると同時に、地場の農産物・加工品のブランド化や地域農業の発展に寄与することをめざします」と謳っている[〔8〕]。

生産者会員の資格は、「沖縄県農業協同組合の正・准組合員で糸満市内に耕作地があること」[〔9〕]が要件である。「聞き取り調査」によれば、生産者は小規模農家、高齢者や公務員･会社員の退職者が多く、耕作地についても「アタイグァー」(屋敷内の庭園耕地）利用も見られる。来客者は、安全・安心への志向が強く、８割が個人で、糸満市を中心に南部一円から来るという。生産者会の活動の体制として、14の専門小委員会（野菜A類、野菜B類、野菜C類、にんじん、根菜類、葉物類、軟弱野菜、島ヤサイ、花卉類、グリーン、畜産、総菜、イベント）を設置しているが、「今は機能していない」という。

第４節　「沖縄振興開発計画」および「沖縄振興計画」（「沖縄21世紀ビジョン基本計画」）における地域農業の位置づけ

復帰後、沖縄の振興に向けて、「沖縄振興開発計画」「沖縄振興計画」（「沖縄21世紀ビジョン基本計画」）が策定された。これらの「振興計画」のなかでも、地域の振興は大きな柱をなし、その中で農業は大きな部分を占めている。本節では、地域の振興計画とそのなかで農業がどのように位置づけられているかを見ておきたい。

なお、先述の各「振興計画」では、地域を「圏域」と表記しており、以下、「振興計画」に依拠した記述では「圏域」の用語を用いる。

（１）「沖縄振興開発計画」および「沖縄振興計画」（「沖縄21世紀ビジョン基本計画」）における地域農業の位置づけ

「地域」を対象とした「開発方向」を最初に策定したのは、『第２次沖縄振興開発計画』（1982年８月）である。同「振興開発計画」は県内の地域を、北部圏、中南部圏、宮古及び八重山圏の４つの「圏域」に区分している。地域を単位とした「開発の方向」を策定した理由として、「沖縄の自然的・地理的条件、土地利用状況、生産活動等の状況を踏まえ、県全域を中南部圏、北部圏、宮古及び八重山圏の４圏域に大別して各地域の特性を生かし、地域社会の形成と産業の振興が一体となった開発を進め、人口の定住を促進し、自然と人間生活の調和のとれた生活圏の確立を図る」〔10〕ことをあげている。そのうえで、「人口、産業等が中南部圏域のみに集積して過密、過疎を加速しないよう各圏域の均衡ある発展に十分配慮する」〔11〕ことをあげている。

地域を４つの圏域に区分する方法は、次の『第３次沖縄振興開発計画』（1992年９月）にも踏襲されたが、2002年７月の『沖縄振興計画』では、中南部圏が中部圏域と南部圏域に区分され、圏域は５つになる。また、圏域別の振興方向策定の趣旨として、「離島・過疎地域を抱える圏域と都市地域を含む圏域において依然として地域間格差が残るなど、県土の均衡ある発展を図る観点から、多くの課題を抱えている」〔12〕ことを述べている。

「圏域別振興の方向」は、『沖縄21世紀ビジョン基本計画』（2012年）でも「圏域別展開」として､継続されるが､その考え方には変更がみられる。すなわち､「圏域別展開」の「基本的考え方」[13] として､「本県は､亜熱帯地域に位置し､(中略)､自然、歴史、伝統、文化、産業など様々な側面において、他県に例を見ない多様性に彩られています」と述べ、続いて､「(略)、施策の具体的な取組に当たっては、地域の実情を細かく把握した上で、各地域の個性や特長を伸ばし、その価値や活力が増大するよう地域ぐるみで進めていくことが求められる」と述べている。前期の『沖縄振興計画』まで見られた「地域間格差」の表現はなくなり、「地域の個性を伸ばし、その価値や活力が増大する」方向へのシフトがなされている。

「基本的考え方」はさらに、

① 自然、歴史、伝統、文化などの固有の特性を生かした個性豊かな地域づくり

② 多様な主体間の連携と交流、協働により安心して住み続けることができる地域づくり

③ 主体性・自立性を基軸とする地域づくり

といった３つの「地域づくり」としてまとめられている[14]。

2022年５月に公表された『新・沖縄21世紀ビジョン基本計画』では、「圏域別振興」の位置づけはさらに変更がみられる。「圏域別展開」は「第６章　県土のグランドデザインと圏域別展開」のなかの一つの項目として設定され、その観点は、県土のなかでの地理的位置や立地性に移されている。そこでは、「県土全体の基本方向」として、「県土の均衡ある発展と持続可能な県土づくり」、「我が国の南の玄関口における臨空･臨海都市と新たな拠点の形成」、「広大な海域の保全･活用」、といった３つの「基本方向」が示され、この「方向」に基づいて「県土の広域的な方向性」が掲げられている。「県土の広域的な方向性」として、「中南部都市圏の形成と駐留軍跡地の有効利用」､「東海岸サンライズベルト構想の展開」､「世界とつながる北部圏域、宮古・八重山圏域の持続可能な発展」があげられている[15]。ここでは2012年『沖縄21世紀ビジョン基本計画』における「地域」の「自然、歴史、伝統、文化などの固有の特性」や「主体性・自主性」に基づく「地域づくり」という記述はなくなり、県土の一部としての機能が前面に出されている。

そこで、これらの「振興計画」の「地域別展開」において農業がどのように位置づけられているかについて見ていこう。

『第２次沖縄振興開発計画』の「圏域別開発の方向」[16]では、各地域とも「農業生産基盤の整備」、「機械化農業」があげられ、中南部圏では、「耕種と畜産の有機的結合」、北部圏では「畜産基地の建設」、宮古圏では「さとうきびと畜産の複合経営」、八重山圏では「肉用牛の供給基地」が掲げられている。

『第３次沖縄振興開発計画』の「圏域別開発の方向」[17]は、ほぼ『第２次沖縄振興開発計画』を引き継いでいるが、新たな提起としては、中南部圏で「都市近郊という有利な条件を生かして野菜、花き等の産地の形成を引き続き推進する」、さとうきびについて、「農作業受委託組織の育成、収穫作業の機械化等」の推進があげられている。また生産基盤の整備について、中南部圏と宮古圏で「地下ダムの建設」があげられ、八重山圏では経営の仕組みとして「複合化の推進」があげられている。

『沖縄振興計画』の「圏域別開発の方向」[18]では、５つの圏域ともに、「拠点産地の形成」、「加工、流通、販売体制の強化」があげられ、この記述スタイルは後の『沖縄21世紀ビジョン基本計画』につながっていく。南部圏では、「都市近郊型農業」、「耕畜連携等による資源循環型農業」、宮古圏では、さとうきびの「機械化一貫作業体系の導入」があげられている。

『沖縄21世紀ビジョン基本計画』の「圏域別展開」[19]では、圏域ごとの農林水産業に関する記述が大幅に増えた。部門ごとの記述、周辺離島の対策、環境問題への対応、さらに地域振興の方向として、観光リゾート産業等との連携、グリーン・ツーリズム等による交流・体験及び滞在拠点の形成が打ち出されている。

『沖縄21世紀ビジョン基本計画』後の10年の沖縄の振興の方向を示す『新・沖縄21世紀ビジョン基本計画』においても農林水産業は産業の基本的な柱として位置づけられているが、圏域別にはそのウェイトはやや異なっている。沖縄本島北部では、「イノベーションの推進及び農林水産業の振興」、宮古、八重山では「農林水産業及び地場産業の振興」といった大項目の一つとして「農林水産業」があげられ、その柱として「農林水産業の振興」が位置づけられているのに対し、沖縄本島中部・南部では大項目としては、「県全体を牽引する産業振興」といった題目が立てられ、そのなかに「農林水産業の振興」が記されている[20]。

「農林水産業の振興」は、共通の項目として、①耕種作目の生産振興、②畜産業の推進、③生産基盤の整備、④林業、⑤水産業の振興がとりあげられ、圏域の特性によって独自の項目が付け加えられている。その主な事項を圏域別にみると次のようになる。

北部圏域では「耕畜連携や環境への負荷低減」「自然環境の保全と産業振興が両立する地域を形成」〔21〕が、中部圏域および南部圏域では、都市近郊の条件を生かした農業の展開、「特産品の高付加価値化、ブランド化、観光産業等と連携した６次産業化」〔22〕があげられている。宮古でも「観光産業等と連携した６次産業化の推進」があげられ、宮古圏域・八重山圏域では「子牛の拠点産地化、肥育牛のブランド化の推進」〔23〕があげられている。

農村漁村地域の振興の方向としては、全地域とも「グリーン・ツーリズム等による交流・体験及び滞在拠点の形成」、「観光産業との連携や農林水産業の多面的機能の維持・発揮」が記されている。

個別的には、「サトウキビ作における農地所有適格法人」、「受委託組織の育成」の記述が少なくなり、「観光と連携した６次産業化の推進」、「グリーン・ツーリズムの推進」、畜産分野における「家畜伝染病等の防疫対策」、沖縄本島中南部では「都市近郊農業の促進」の記述が比較的多くなっている。また、各圏内の離島に関する記述がそれまでの計画に比して増えていることも新しい特徴である。

（２）離島地域における農林水産業振興の方向

「沖縄振興開発計画」および「沖縄振興計画」では、圏域別の振興計画とは別に、「離島の振興」も一つの地域課題としてとりあげられている。『沖縄振興開発計画』(1972年）では、離島の位置づけについて、「これらの島しょは、自然的・地理的な条件に由来する各種制約条件によって発展が阻害されている」〔24〕として短く記しているが、そのなかで、交通体系の整備、通信網の整備、医療関連施設の整備、発電、貯水等の基本施設の整備、教育文化施設の充実といった振興を掲げている。産業基盤については、土地基盤整備、漁港およびの整備漁業関連施設の整備、農産物流通体系の整備、事業として、漁業の振興開発、織物等工芸品、食品加工業、観光開発の推進、さらにウリミバエ等の病害虫の防除・防疫体制の強化があげられている〔25〕。

『第２次沖縄振興開発計画』(1982年)、『第３次沖縄振興課発計画』(1992年）では、離島に関する記述がやや増え、離島地域の特性に関する説明も、「これらの離島は、環海性、狭小性、隔絶性等により経済社会の発展が制約を受けており、生活水準及び生産機能は、他の地域に比較して低位にあるとともに、人口減少の続いているところが多く、また、年齢構造の不均衡等を生じている」〔26〕として、より具体化されている。振興の対象も項目立てされ、「産業」の項目では、農業に関して、「農業用水の開発、農用地の開発整備等農業生産基盤の整備を強力に推進し、島の特性に即してさとうきび、肉用牛をはじめ、野菜、養蚕、水稲等の生産を振興するとともに、農業経営の改善と後継者の確保を図る」〔27〕ことが述べられている。

『沖縄振興計画』（2002年７月）では､「第３章　振興施策の展開」の項目に､「離島･過疎地域の活性化による地域づくり」が設けられ、その「(1) 産業の振興」で、農林水産業について、「さとうきび等土地利用型作物、畜産等の生産体制の強化、さとうきびの総合利用など地域資源を活用した製品開発の促進し、農林水産物の付加価値を高めるとともに、担い手の減少や高齢化等に対処し、新規就業者の支援をはじめとした後継者の育成・確保に努める」〔28〕ことがあげられている。

2010年『沖縄21世紀ビジョン』では、離島の課題を「克服すべき沖縄の固有課題」として位置づけ、その振興の方向を提起している。離島の位置づけでは､「国境離島の存在｣､「海洋資源」の賦存､「沖縄観光の大きな魅力｣､「県民の食料基地としても重要な地域」となっている一方､「遠隔性や狭小性｣､「雇用機会が少ない｣､「人口流出｣､「高齢化｣､「財政負担と住民負担」、高等学校がない島から進学する場合の「経済的負担」が大きいことを指摘している〔29〕。

この考え方は､2012年『沖縄21世紀ビジョン基本計画』に引き継がれ､その「第２章　基本方向」において、「離島の定住条件向上等による持続可能な地域社会づくり」〔30〕､「第４章　克服すべき沖縄の固有課題」のなかで、「離島の条件不利性克服と国益貢献」〔31〕が掲げられている。さらに「第３章　基本施策」の「３　希望と活力にあふれる豊かな島をめざして」において､「(11) 離島における定住条件の整備」と「(12) 離島の特色を生かした産業振興と新たな展開」が項目として立てられている。「農林水産業の振興」については、さとうきびの「地力増進対策、干ばつ対策等の推進｣､「農業の基盤整備｣､「農林水産物の流通対策の強化」〔32〕があげられている。

こうした、離島地域の振興課題の重要性を踏まえて、沖縄県では、2013年３月、離島地域を対象とした、『住みよく魅力ある島づくり計画―沖縄21世紀ビジョン離島振興計画―（平成24年度～平成33年度）を策定した17)。農林水産業の振興にかかる施策（「第３章　振興施策の展開」）では、第２節「離島の特色を生かした産業振興と新たな展開」「２　農林水産業の振興」の取り組みとして、2012年『沖縄21世紀ビジョン基本計画』における「亜熱帯性気候等を生かした農林水産業の振興」に掲げられた「施策展開」の７つの柱をあげ、その「主な課題」と「主な取組」において、離島に関わる項目をあげている〔33〕。さらに「第４章　圏域別振興方策」において、個別の島ごとの「振興の基本方向」と「主な取組」をあげているが、農林水産業の振興についていえば、「第３章　振興施策の展開」であげられた項目とのつながりは弱い。

2022年『新・沖縄21世紀ビジョン基本計画』では、離島について、「第４章　基本施策」、「３　希望と活力にあふれる豊かな島をめざして」、「(10) 島々の資源・特性を生かし、潜在力を引き出す産業振興」と、「４　世界に開かれた共生の島をめざして」で「(4) 離島を核とする交流の活性化と関係人口の創出」、が項目として立てられ、後者では、「関係人口の創出」が強く打ち出されている〔34〕。

前者の農林水産業の振興については、次の五つの項目があげられている〔35〕。

①　離島におけるさとうきび産業の振興
②　離島における畜産業の振興
③　離島農林水産物の生産振興とブランド化の推進
④　離島における水産業の振興
⑤　亜熱帯・島しょ性に適合した農林水産業の基盤整備

なかでも、「③離島農林水産物の生産振興とブランド化の推進」における「農林水産物の流通条件の不利性解消」は輸送費が嵩ばる離島地域の農林水産物の流通にとって重要な支援の取り組みになっている。同項のなかの「６次産業化や農商工連携等による付加価値の高い農林水産物の生産及び農林水産物加工品の戦略的な生産・販売・ブランド化」は、方向としては重要であるが、県内における６次産業化の展開は近年低迷しており、その問題に取り組むことが課題になろう。

2022年『新・沖縄21世紀ビジョン基本計画』ではまた、「小・中規模離島や過疎地域等における持続可能な地域づくり」が項目として立てられており〔36〕、小・

中規模離島や過疎地域等を対象とした地域振興の方向として、新しい特徴と言える。

さらに各圏域の振興方向のなかでも離島に関する項目が設定されている〔37〕。北部圏域では、「周辺離島における定住条件の整備及び地域活性化」として、「さとうきびの増産」、「観光産業等と連携した６次産業化の展開」が、中部圏域および南部圏域では「定住条件の整備及び地域活性化」として、グリーン・ツーリズム、ブルーツーリズム、６次産業化の展開があげられている。宮古、八重山の離島については「交通体系の整備」があげられている。

しかし全体として、項目が個別的に列挙されており、第１節でみた地域の農業構造との対応はみられない。農業構造を踏まえた振興の課題としては次の点があげられる。

第１の点は、本島西部離島においては、経営耕地面積規模は極めて零細であり、また自給的農家が多い。これらの地域においてどのような農業生産の仕組みを形成するのか、その展望を示すことが必要であろう。

第２の点は、農業の経営組織の問題である。農業経営体の農業経営組織は各地域とも単一経営経営体が高い割合を占めており、特に本島西部離島および大東諸島では、農業経営体の経営組織はほとんどが単一経営経営体となっている。地力の維持の仕組み、持続可能な農業の形成の観点からの検討が必要であろう。

第３の点は、離島地域における農水産業とのかかわりで沖縄本島と比較した離島地域における生活必需品の価格が高いことの問題である。沖縄県企画部による『離島関係資料』（令和２年３月）によれば、2018年９月現在の那覇市を100とした離島地域における生活必需品の価格の指数は、飲料135.9、日用雑貨・衣服126.9、穀類・調理食品・加工食品126.3、医薬品等120.8、果物116.7、野菜類116.3、魚介類116.3、乳卵類106.0、肉類・加工肉類98.5となっており〔38〕、野菜類、魚介類の指数も高いことが目を引く。

このことは、定住の条件、地産地消の取り組み、さらに観光客の受け入れとも関わる課題であり、離島の農水産業のあり方を検討する上では重要な事項であろう。

第５節　農林水産業分野における圏域別農林水産業振興計画

復帰後、農業分野独自の振興計画として策定された『沖縄県農業振興基本計画』（1978年）では、地域を４つの地域（北部農業地域、中南部農業地域、宮古農業地域、八重山農業地域）に区分した「地域別農業振興計画」に多くの頁数を割き、詳細な記述がなされている[18)]。また、1988年３月には、地域のみを対象とした『圏域別農業振興方向』が策定された[19)]。

『圏域別農業振興方向』以降は、2002年に『沖縄県農林水産業振興計画』が策定され、以後、４つの計画が策定され、いずれの計画においても、地域別（圏域別）の振興計画が項目立てされている。地域の区分は『沖縄県農林水産業振興計画』以降は５つの圏域（それまでの中南部圏域を中部圏域と南部圏域分離）に区分されている。

『沖縄県農林水産業振興計画』以降の計画でも、圏域ごとの「振興の方向」と、振興の対象とする主な品目が記される形式が、『沖縄21世紀農林業振興計画』まで踏襲される。

農林水産業分野における「農林水産業振興計画」についても2022年12月に、『新・沖縄21世紀ビジョン基本計画』（2022年５月）に対応する『新・沖縄農林水産業振興計画～まーさん・ぬちぐすいプラン～』が策定された。

本節では、『新・沖縄21世紀農林水産業振興計画』における地域ごとの農林水産業振興計画をみていく。同計画の構成は、圏域ごとの「農林水産業の特徴」をまとめ、そのうえで「振興方向」を述べている。その主な点をまとめると次のようになる〔39〕。

振興の方向は、全圏域ほぼ共通に、地域の主な「作目の生産振興」、「自然環境の保全と産業振興の両立」、「生産基盤の整備・保全」、「観光業と連携した６次産業化の推進」、「畜産の振興」、「新規就農者の育成等」、農山漁村の振興（集落景観、グリーン・ツーリズム）、多面的機能の維持・発揮、さらに圏域の離島地域における農業振興の方向について述べている。

「作目の生産振興」については、圏域における重点品目について、拠点産地体制による「産地形成・育成により、生産拡大とブランド化を図る」ことが、畜産については、「飼養管理技術の向上や優良畜種の導入」、があげられている。

そのうえで、各圏域における特徴的な事項として次の点があげられる。

北部圏域については、「耕畜連携」と、圏域の特徴として赤土等流出対策への取り組み、があげられ、周辺離島については、さとうきび増産、観光産業と連携した6次産業化の推進、伊江島、伊平屋島、伊是名島では個別の方向が打ち出されている。

中部圏域と南部圏域は、生産拡大の対象となる作目の品目数は異なるが、農業振興の基本的枠組みは同じである。すなわち、ともに「総合的病害虫防除体系や化学肥料低減等の環境負荷軽減技術を活用した都市近郊型農業の促進」、「環境と調和した持続的生産体制の構築」を地域の農業振興のベースとしている。また、南部圏域では「地域特性に応じた農業用水源の確保」があげられている。さらに、南部圏域の離島部については、特産商品のブランド化、さとうきび増産、久米島町では海洋深層水を活用した海産物の生産振興があげられている。

宮古圏域については、農業用水源（地下ダム等）の整備と一体になったかんがい施設の整備・保全や区画整理等の推進、畜産では山羊を活用品目としてあげていることが特徴的である。八重山圏域では、多様な作目の生産振興とともに、赤土対策等流出防止対策への取り組みをあげている。

八重圏域は多くの離島を含み、各離島の振興の方向があげられている。竹富町、与那国町では黒糖ブランドの推進、西表島では熱帯果樹や水稲の生産拡大、肉用牛との複合経営、波照間島ではさとうきび、肉用牛の振興とともにモチキビ等の振興があげられている。小浜島ではさとうきび、肉用牛、黒島では肉用牛の振興があげられている。さらに与那国町では、さとうきび、肉用牛、薬用作物の生産振興、経営の複合化があげられている。

全体として、生産基盤の整備、作物生産の振興、畜産の振興についてはあげられているが、そのことを支える土地利用や生産の仕組みづくりについての構想は具体的ではない。また、各圏域とも、農山漁村地域の振興方向として、「グリーン・ツーリズム等による交流・体験の推進」、「多面的機能の維持・発揮」をあげているがその仕組みは示されていない。

第6節　小括

沖縄県における農業経営体の形態は都府県と同じく、ほとんどが個人経営体であり、団体経営体は3.8％にとどまっている。

農業経営体の経営耕地面積規模別の構成は、0.5 ～ 1.0ha以下の層が50.5％、1.0 ～ 2.0ha以上の層が49.5％という分布になっており、都府県に比べ1.0 ～ 2.0ha以上層の割合がやや大きい。農業経営組織別では、単一経営経営体が88.1％にのぼり、都府県の82.5％を上回っている。単一経営体の部門では工芸農作物（サトウキビ）が最も多く、次いで野菜が11.5％、肉用牛9.7％となっている。準単一複合経営と複合経営経営体は11.9％にとどまる。

沖縄県の農業経営体の経営の特徴は、耕地面積規模においては都府県に比べてやや大きいが、経営活動の規模は小さいことがあげられる。農業経営体の収支は、農業粗収益、経営費、農業所得は都府県の70 ～ 71％の水準である。経営の分析指標では、農業依存度、農業所得はそれぞれ51.6％、29.3％と都府県と同程度、農業付加価値率は都府県を上回っている。

「集約度」は「耕地10ａ当たり自営農業労働時間」は都府県を下回り、「農業固定資産額」は都府県を大きく下回っている。「生産性・農業純生産」では、「農業固定資産千円当たり農業所得」は都府県を上回っているが、「家族農業労働１時間当たり農業所得」と「耕地10ａ当たり農業所得」は都府県を下回っている。「付加価値額」では「農業固定資産千円当たり付加価値額」は都府県を上回っているが、「自営農業労働１時間当たり付加価値額」および「耕地10ａ当たり付加価値額」は都府県より少ない。

ところで、沖縄県は全国的位置でみるとひとつの地域であるが、多くの島嶼からなり、そのなかにはまた独自の個性をもつ複数の地域が存在し、重層的な地域構造を形成している。特に農業においてはそれぞれの地域の構造は異なり、地域に立脚した農業を構築していくためには、さらにその内部の地域構造とその特性を把握する必要がある。

地域農業の構造を把握するために、沖縄本島北部、沖縄本島中南部、本島西部離島、大東諸島、宮古、八重山の六つの地域区分を設定した。

県人口の83％は沖縄本島中南部に集中し、住居、交通渋滞などの都市問題が発生している一方、沖縄本島北部と離島部では人口の流出による過疎が進行している。県全体の産業構成では農業はウェイトが小さいが、地域単位で捉えると本島北部地域や離島部では、そのウェイトは大きく、地域の経済と社会を維持する重要な役割を担っている。

それぞれの地域の農業の特性と意義は次のようにまとめられる。

沖縄本島北部は、沖縄県では数少ない森林地帯を有し、水源涵養、環境保全の面からも重要な役割を担っている。社会的には人口が増加している地域がある一方、人口が減少している地域もあり、過疎化が進んでいる。農業の面では、サトウキビ、熱帯果樹、畜産が主体をなしている。

沖縄本島中南部は、人口が集中し、都市化が進行している。交通の混雑、住居など都市化による課題を抱えている。農業の分野では、農家の半数が自給的農家であり、農業経営体の経営耕地面積も零細である。作物の構成ではサトウキビの構成割合は小さく、野菜、花きの割合が大きい。零細規模な農家が多い構造のなかで、規模拡大の展開は難しく、園芸作物の割合が大きいという特性と都市近郊に位置している条件を生かした都市近郊農業の展開が今後の方向であろう。

沖縄本島西部離島は、離島の不利な生活条件のもとで、人口が流出し過疎化が進行している。農業の面ではサトウキビ、畜産が主体をなすが、この地域の北部に位置する、伊平屋島、伊是名島では沖縄では少ない水稲がある。砂糖の生産では、伊是名島、久米島は分蜜糖、伊平屋島、伊江島、粟国島では、含蜜糖が生産されている。

大東諸島は、１農業経営体当たり面積が大きく、農業経営組織の構成では工芸農作物（サトウキビ）単一経営経営体が95％を占めている。

宮古は、サトウキビが中心をなしており、単一経営経営体が多い。八重山はサトウキビと畜産が多いが、石垣島以外の島では含蜜糖の原料としてのサトウキビが生産されている。また石垣島、西表島では沖縄では少ない水稲の栽培がある。

農林水産業はいずれの地域においても地域産業の主要な柱をなしており、地域ごとの農業振興計画が策定された。圏域別振興計画策定の「基本的考え方」としては、初期の1982年「第２次沖縄振興開発計画」では「自然と人間生活の調和のとれた生活圏の確立」を謳い、2012年「沖縄21世紀ビジョン基本計画」では、「固有の特性を生かした個性豊かな地域づくり」「主体性自立性を基軸とする地域づくり」が設定された。2022年「新・沖縄21世紀ビジョン基本計画」では、「我が国の南の玄関口としての拠点」「広大な海域の保全・活用」を担うことを打ち出している。

圏域別の農業振興計画の構成は、2022年の『新･沖縄21世紀ビジョン基本計画』でみると、各圏域共通の振興課題として、①耕種作目の生産振興、②畜産業の推進、③生産基盤の整備、④林業、⑤水産業の振興がとりあげられ、圏域の特性によって独自の項目が付け加えられている。

そのなかでさらに離島地域については、1972年12月『沖縄振興開発計画』の段階から独自の項目が立てられ、2002年『沖縄振興計画』を経て、2012年『沖縄21世紀ビジョン基本計画』では、離島地域の振興は「固有課題」として位置づけられる。そうした位置づけの下で、「希望と活力にあふれる豊かな島をめざして」において、「離島における定住条件の整備」、「離島の特性を生かした産業振興と新たな展開」の２つの項目を立てている。

2022年５月の『新・沖縄21世紀ビジョン基本計画』では、「島々の資源・魅力を生かし、潜在力を引き出す産業振興」のなかで、「離島ごとの環境・特性を生かした農林水産業の振興」、「世界に開かれた交流と共生の島をめざして」のなかで、「離島を核とする交流の活性化と関係人口の創出」が策定されている。

以上が､2012年『沖縄21世紀ビジョン基本計画』､2022年『新･沖縄21世紀ビジョン基本計画』および『沖縄21世紀農林業振興計画』、における地域・離島を対象とした「振興計画」であるが、以下の点で問題を指摘しておきたい。

第１に、初期の「地域振興計画」で掲げられた「人口、産業等が中南部圏域のみに集積して過密、過疎を加速しないように各圏域の均衡ある発展に十分配慮する」という理念は、達成されておらず、なお追求すべき課題と言える。

第２に、2012年『沖縄21世紀ビジョン振興計画』で掲げられた、「固有の特性を生かした個性豊かな」「主体性」「自立性」を基軸とした「地域づくり」も2022年『新･沖縄21世紀ビジョン基本計画』では､記述がないが､「地域づくり」は「物」の生産だけでなく、「人と地域」を支える重要な柱であろう。

こうした課題への接近は、特に農林水産業分野からの取り組みが必要と言える。

第３に、地域における農業経営体の存在の実態（経営耕地面積規模の地域格差、経営組織の単一経営経営体の割合の高さ、高齢化）を踏まえた農業構造再編の視点がみられない。

各圏域とも、振興する作目が掲げられているが、生産の仕組みついては具体的な方向は示されていない。「持続可能な農業」は「振興計画」の随所にでてくるキーワードであるが、その内容は具体的ではない。「持続可能な農業」を支える柱として、特に農地資源が限られている島嶼条件においては地力の維持、地域複合経営の構築が重要な課題と言える。

離島地域の農業振興の方向では、「複合経営の推進」は掲げられているが、その内容は具体的ではない。複合経営を成り立たせる仕組みの策定が課題になろう。さらに、域内の需要に対応した地産地消の取り組み、伝統作物の生産、販売に対する支援が重要である。沖縄本島中部、南部など都市化が進行している地域では、「都市近郊農業」をあげられているが、その内容の展開は示されていない。消費者との近接性を生かした都市農村交流の取り組みも考えられる。

第４に、農業の多様性の維持である。沖縄の農業は全体としては経営においても土地利用においても単一・単作の割合が大きいが、離島地域においては伝統的な作物や家畜が存在する。これらは農業の多様性を構成する貴重な要素であり、その生産の維持と消費の拡大を図る必要がある。

第５に、「農業の多面的機能」の具体的な活用である。「農業の多面的機能」も「農林水産業振興計画」のなかで強く打ち出されている項目であるが、その内容は抽象的である。地域の条件を踏まえた具体的な取り組みが重要である。特に、各地域とも農林水産業の振興の方策として、グリーン・ツーリズムや体験型観光をあげており、その基盤となる沖縄の農山漁村の景観保全の取り組みは重要と言える。

注

１）『2020年農林業センサス』の「2020年調査の主な変更点」によると、「法人経営を一体的に捉えるとの考えのもと、法人化している家族経営体と組織経営体を統合し、非法人の組織経営体と併せて団体経営体とし、非法人の家族経営体を個人経営体とした。」と説明されている。農林水産省『2020年農林業センサス　第２巻　農林業経営体調査報告書―総括編―』。

２）「経営形態別統計」の基となる「営農類型別経営統計」は、①「農業センサス」による「農業経営体数」を母集団としている。近年の「農業センサス」との関係では、2016年（平成28）までは、「2010年農林業センサス」を母集団とし、2017年（平成29）以降は、「2015年農林業センサス」を母集団としている。2019年（令和元）調査からは調査対象区分が変更されている。したがって、本稿では母集団を共通にする、2017年と2018年の２年の算術平均をとった。

３）農林水産省「平成30年生産農業所得統計」における農業産出額構成では、工芸農作物20.7％、畜産45.4％、野菜16.0％、花き8.9％、果実6.1％となっており、「経営形態別経営統計」の作目構成とはかなりの開きがある。

４）面積は、前掲、『第48次沖縄農林水産統計年報』、「島しょ」、人口は、前掲『離島関係資料』、「人口」（令和２年国勢調査」）、による。（文献〔１〕参照）。
沖縄本島部については、面積・人口ともに架橋で連結された島を含む。

５）宮古島については、伊良部島、池間島、来間島（いずれも架橋で宮古島と連結）は含まない。

６）近隣の奥武島（架橋で久米島と連結）を含む。

７）農業の地域性については、筆者はこれまで七つの地域に区分してきたが、本書では六つの地域とした。仲地宗俊「亜熱帯島嶼農業の展開と共生の課題」の「復帰後の農業の変動と現段階の生産構造」（矢口芳生編集代表、仁平恒夫編集『北海道と沖縄の共生農業システム』、農林統計協会、2011年11月）参照。

８）本島西部離島についてはこれまで、西北部離島（伊平屋島、伊是名島、伊江島、久米島）と西南部離島（粟国島、渡嘉敷島、座間味島、渡名喜島）に区分してきたが、西南部離島は農業の比重が極めて小さいことから、二つのグループをまとめて、本島西部離島とした。
　また、沖縄本島東部に位置する二つの離島、津堅島、久高島、はそれぞれ、うるま市、南城市に含めた。

９）大東諸島はこれまで、南・北大東島と表現したが、本書では大東諸島とした。

10）「大東マージ」については、文献〔６〕において（仮称）の注付きで独自の土壌として区分されている。久場峯子「沖縄県の土壌とさとうきびの施肥」（農畜産業振興機構『砂糖類情報』2009年10月）、参照。

11）農林水産省「市町村別農業産出額」は県全体の農業産出額を市町村別の作物作付面積、家畜飼養頭羽数に按分したものである。市町村別の10ａ当たり収量の差、品質の差は反映されていない。（以下同じ。）

12）「2020年農業センサス」では葉タバコは個別の項目はなく、葉タバコは「その他の工芸農作物」に含まれると考えられる。「2020年農業センサス」の「販売目的の工芸農作物の作物作付経営体」によれば、農業経営体としては大東諸島ではほとんどがサトウキビ、宮古でも96.6％がサトウキビである。本島西部離島では伊江島において「その他の工芸農作物」の経営体が35.6％あるが、サトウキビ栽培の経営体が64.4％を占め、そのほか粟国島と久米島ではほとんどがサトウキビ栽培の経営体である。

13）宜野湾市のファーマーズマーケットは2020年閉店した。

14）JAおきなわ農業事業本部営農販売部・ファーマーズ推進部、聞き取り。2019年10月17日。

15）「2015年農林業センサス」によれば野菜類を栽培している農業経営体は品目別の延べ数でも5,833経営体であり、ファーマーズマーケットに出荷している生産者の多くは「農林業センサス」では把握されていない小規模生産者と考えられる。

16）前掲、JAおきなわ農業事業本部営農販売部・ファーマーズ推進部資料による。
JAおきなわファーマーズマーケットいとまん「うまんちゅ市場」課長　玉城　裕氏・店長　砂川　裕樹氏　聞き取り（2020年３月25日）。
なお、JAおきなわ農業事業本部営農販売部・ファーマーズ推進部資料では、出荷生産者数および来客者推移の時系列推移が「年次」で表示され、一方、ファーマーズマーケットいとまん「うまんちゅ市場」資料では「年度」で表示されおり、両者の間にずれがある。
17）同計画は、2018年１月に〔見直し版〕が作成されている。
18）沖縄県『沖縄県農業振興基本計画』1978年。
19）沖縄県農林水産部『圏域別農業振興方向』、1988年３月。

引用および参考文献

〔１〕沖縄県『おきなわのすがた』（県勢概要）、2019年８月。
内閣府沖縄総合事務局『第48次沖縄農林水産統計年報』（2018 ～ 2019）、「島しょ」
沖縄県企画部『離島関係資料』、「島しょ」、2022年３月。
〔２〕前掲、『2020年農林業センサス』。
〔３〕前掲、『2020年農林業センサス』。
〔４〕沖縄県企画部統計課「市町村別人口、人口密度及び世帯数」『第64回　沖縄県統計年鑑』（令和３年度）（原資料：総務省統計局「令和２年国勢調査報告」）。
〔５〕「沖縄21世紀ビジョン基本計画」〔改定計画〕、「中部都市圏の機能高度化」、pp.145-146. 「南部都市圏の機能高度化」、pp.151-154.
〔６〕「沖縄県の土壌の特徴」（沖縄県農林水産部『さとうきび栽培指針』平成26年３月、pp.3-4）。
〔７〕沖縄県農業協同組合糸満支店『第16回　JAおきなわファーマーズマーケットいとまん「うまんちゅ市場」生産者大会』（冊子）、2019年７月。
〔８〕前掲、『生産者大会』（冊子）「うまんちゅ市場　運営要領」。
〔９〕前掲、『生産者大会』（冊子）「会員登録」。
〔10〕『第２次沖縄振興開発計画』、1982年８月、p.12.
〔11〕前掲、『第２次沖縄振興開発計画』、p.12.
〔12〕内閣府『沖縄振興計画』、2002年７月、p.76.
〔13〕沖縄県『沖縄21世紀ビジョン基本計画』（沖縄振興計画　平成24年度～平成33年度）、2012年５月、p.124.
〔14〕前掲、『沖縄21世紀ビジョン基本計画』、pp.125-126.
〔15〕沖縄県『新・沖縄21世紀ビジョン基本計画』、「第６章　県土のグランドデザインと圏域別展開」、2022年５月。
〔16〕前掲、『第２次沖縄振興開発計画』、「圏域別開発の方向」、1982年８月、p.12.
〔17〕沖縄開発庁、『第３次沖縄振興開発計画』、「圏域別開発の方向」、1992年９月。
〔18〕前掲、『沖縄振興計画』、「圏域別展開の方向」。

〔19〕前掲、『沖縄21世紀ビジョン基本計画』、「圏域別展開」。
〔20〕前掲、『新・沖縄21世紀ビジョン基本計画』、第６章、「３　圏域別展開」。
〔21〕前掲、『新・沖縄21世紀ビジョン基本計画』、p.208.
〔22〕前掲、『新・沖縄21世紀ビジョン基本計画』、p.216、p.224.
〔23〕前掲、『新・沖縄21世紀ビジョン基本計画』、p.233、p.240.
〔24〕『沖縄振興開発計画』「離島の振興」、1972年12月、p.53.
〔25〕前掲、『沖縄振興開発計画』、pp.53-54.
〔26〕前掲、『第２次沖縄振興開発計画』、p.58.
〔27〕前掲、『第２次沖縄振興開発計画』、p.59.
〔28〕前掲、『沖縄振興計画』、pp.70-71.
〔29〕沖縄県『沖縄21世紀ビジョン』、2010年３月、p.35.
〔30〕前掲、『沖縄21世紀ビジョン基本計画』、p.19.
〔31〕前掲、『沖縄21世紀ビジョン基本計画』、pp.117-118.
〔32〕前掲、『沖縄21世紀ビジョン基本計画』、pp.91-92.
〔33〕沖縄県『住みよく魅力ある島づくり計画―沖縄21世紀ビジョン離島振興計画―』（平成24年度～平成33年度）、2013年３月、pp.93-101.
〔34〕前掲、『新・沖縄21世紀ビジョン基本計画』、p.157.
〔35〕前掲、『新・沖縄21世紀ビジョン基本計画』pp.129-131.
〔36〕前掲、『新・沖縄21世紀ビジョン基本計画』pp.199-200.
〔37〕前掲、『新・沖縄21世紀ビジョン基本計画』、「第６章」「３．圏域別展開」。
〔38〕沖縄県企画部『離島関係資料』、「離島の沖縄本島の生活必需品の小売価格の比較」、2020年３月。
〔39〕沖縄県『新・沖縄21世紀農林水産業振興計画～まーさん・ぬちぐすいプラン～』（令和４年度～令和13年度）2022年12月、の「第４章地域特性を生かした圏域別振興方向」の（pp.83-106）による。

第5章　復帰後のサトウキビ生産の後退と生産費の検討

復帰後、作目の構成も大きく変化した。そのなかで変動がより大きくかつ農業全体に影響を及ぼした作目はサトウキビといってよいであろう。サトウキビは、かつて沖縄農業の基幹作物と言われ、農業産出額に占める割合は最高時1978年には36.4％を占めた。しかし、その生産は1989年を境に大きく後退し、生産農家戸数は最大時1984年に対し2019年には34％に減少し、収穫面積は1978年に対し55.2％、収穫量は1989年に対し38％に、また農業粗生産額に占める割合は15.6％に低下した[1)]。

しかし、サトウキビの生産は後退したとはいえ、2019年において総農家数の88.1％が栽培しており、また土地利用においても普通畑の56.5％はサトウキビが占めるなど[2)]、沖縄農業におけるその割合は大きい。

サトウキビ作の後退についてはこれまでも多くの論考があるが、その多くは技術的な視点からの分析であった。構造的視点からこの問題に接近した研究としては次の論考がある。

斎藤高宏は1997年、復帰前にさかのぼりサトウキビ生産の推移、復帰後の政策的な仕組み、価格制度など長期的視野からサトウキビ作の変遷を整理している。そのまとめとして、「今後の沖縄のさとうきび生産はその生産者価格の水準の如何にかかっている」、「沖縄のさとうきび生産は今後とも兼業就業に加えて、すでに触れたように、近年、競合が激化し激しさを増しつつあるが、野菜、花卉などの農業生産の多角化によって維持せざるを得ないのではないだろうか」〔1〕、と述べている。

新井祥穂・永田淳嗣は2013年、石垣島における農家調査を基にサトウキビ作における機械化の問題を検討し、「機械収穫と手刈りの補完的な役割、すなわち、それぞれが異なる経営目標に対して持つ意義に注目し、手刈りや手刈りを効率化した無脱葉手刈りのような収穫方法を組み込んだ技術体系にも積極的な意義を認め、そうした技術体系を採用する農家を取り込んだ、複合的なサトウキビ地域生産システムの実現」〔2〕を提起している。

近年の研究では、出花幸之介は2023年、サトウキビの収量低下の問題を、技術的要因と農法の面から取り上げ、技術的要因として、「新植の発芽・苗立ち不良によって欠株が生じ、株出し体系を通してより多くの欠株が生じ、収量が低下する。それに加えて、干ばつなどで茎の伸長不良が発生し、それらの相乗作用が単収低下に結びついていると考えられる」〔3〕とし、対応の方法として、「借地型大規模経営」による「トラッシュマルチ」栽培を提起している〔4〕。

本章では、サトウキビ価格の変化、サトウキビ生産量の減少、生産農家数の減少、10ａ当たり収量の低下の面から復帰後のサトウキビ生産の後退について分析し、さらに現段階のサトウキビ生産費と収益性を検討する。

第１節　復帰後のサトウキビ生産の変動

復帰後のサトウキビ生産は、復帰前年の1971年に台風と干ばつによって収穫面積と生産量が大幅に減少した状態からスタートした。その後のサトウキビの収穫面積と生産量の推移を示すと、**図5-1**のようになる。収穫面積は、1971年には２万3,365ha（サトウキビ統計における「年産」は文中では「年」のみを表記する。以下同じ）で、復帰の年の1972年は２万3,362haであった。1973年から1975年にかけても減少が続き、１万9,000ha規模になるが、1976年にはやや増加し２万

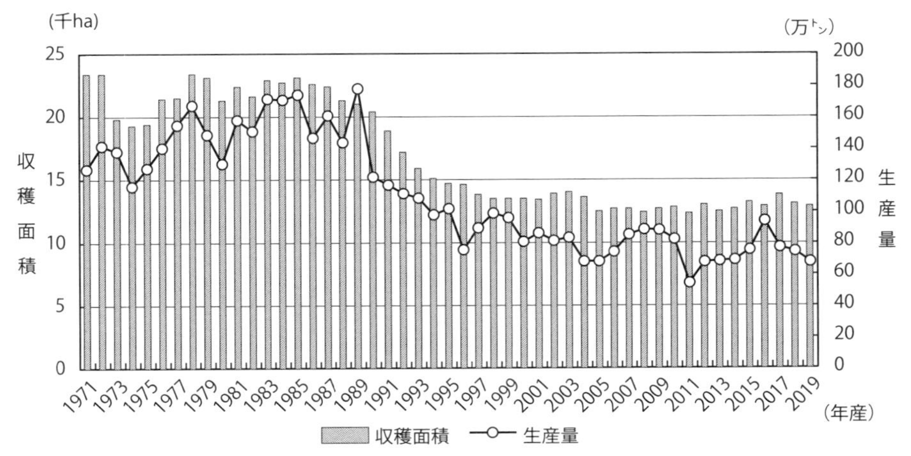

図5-1　サトウキビ収穫面積および生産量の推移

資料：沖縄県農林水産部『糖業年報』（第61号）、2021年3月、より筆者作成。

1,422haになる。以後1990年まで２万haから２万3,000ha台で推移するが、1991年以降に減少に転じ、1997年には１万3,827haまで減少する。以後、１万2,300haから１万3,000haの間を推移し、2019年は１万2,901haになっている。これは戦後最大時の40.3%、復帰後最大時（1978年、２万3,375ha）の55.2%の水準である。

生産量は収穫面積以上に変動が大きく、1970年の198万㌧から1971年には127万㌧と大幅に減少し、1972年は141万㌧に回復するが、1976年まで116万㌧から140万㌧の間を変動する。1977年以降は146万㌧から178万㌧の間を推移するが（1980年は130万㌧）、1990年以後急減し、2011年には54万㌧まで落ち込む。これは復帰後最高の生産量を達した1985年の174万㌧の３分の１にも達しなかった。2012年以降は増加に転じ、2016年産では93万㌧に増えたが、2017年は再び77万㌧に、2019年には68万㌧に減少するといった不安定な動きを繰り返している[3)]。

サトウキビ生産の減少については、これまでより収益性の高い作目への転換や担い手の高齢化による離農などが多く指摘されているが[4)]、しかし、もう一つの大きな問題として、サトウキビの10ａ当たり収量（以後、単収という）の低下がある。近年、サトウキビ単収が低下の傾向にあることはこれまで指摘されているが[5)]、ここでは、サトウキビ単収の長期的推移をみるために1972年から2019年までの単収の動きと（３作型合計）、その７年移動平均（中心化）および移動平均の近似曲線（３次式）を**図5-2**に示した。近似式の決定係数（R^2）は0.8766で当てはまりの程度はかなり高いと言える[6)]。

図5-2においてまず目を引く点は、単収は長期的には復帰以降1980年後半までは緩やかに上昇するが1989年にピークに達した後、1989年から1990年にかけて大幅に低落し、以降低下の傾向をたどっているということである（７年移動平均の近似計算では1984年がピークで、以降1988年まで横ばいで推移している）。1990年以降の単収の変化のなかで特に大きく低下している1900年（平成２）、1996年（平成８）、2004年（平成16）、2011年（平成23）については、いずれも台風・干ばつによる影響があげられているが[7)]、傾向的に低下が進んでいることは明らかである。

第２の点は、単収の年次変動幅の変化である。サトウキビは収量の年次変動が大きい作物であるが、1972年から1989年までは単収の変動が比較的小さいのに対して、1990年以降はその幅が大きくなっている。1980年代末を境に単収の動きに

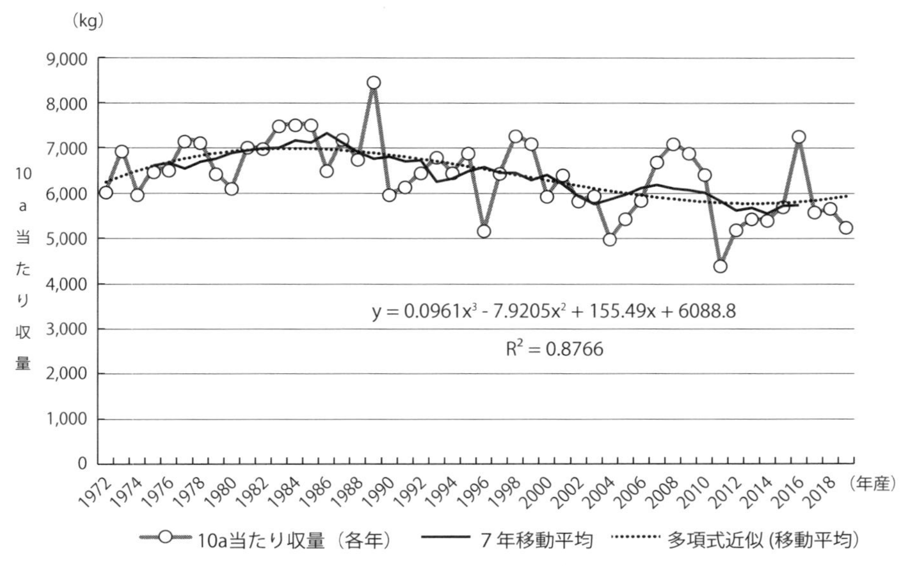

図5-2　サトウキビ10a当たり収量の推移（3作型合計）

資料：図5-1に同じ
注　：移動平均は中心化移動である。

変化が生じていることが読み取れる。

これらのことを、作型別に夏植えと株出しについて示したのが**図5-3-(1)**と**図5-3-(2)**である。夏植えでは1972年から80年代末にかけての単収の上昇と1990年代以降の低下の傾向は比較的緩やかであるが、株出しでは1972～80年代末の上昇と1990年以降の低下の傾向が顕著である。さらに年次変動も大きくなっていることが読み取れる。

そこで次に**図5-2**で注目した第２の点、すなわち単収の年次変動の幅の変化をみるひとつの方法として、時期を大きく単収上昇の時期（1972～1989年）と単収低下の時期（1990～2019年）に分け（1990～2019年は期間が長いことから間隔をさらに15年間隔で２つの時期［1990～2004年と2005～2019年］に分けた)、作型別の10ａ当たり収量の「７年移動平均近似値」の期間平均、および同平均値を基準とした標準偏差、変動係数を**表5-1**に示した。

標準偏差についてみると、1972～1989年から1990～2004年にかけては、株出しで数値が大きくなっており、1990～2004年から2005～2019年かけては、夏植

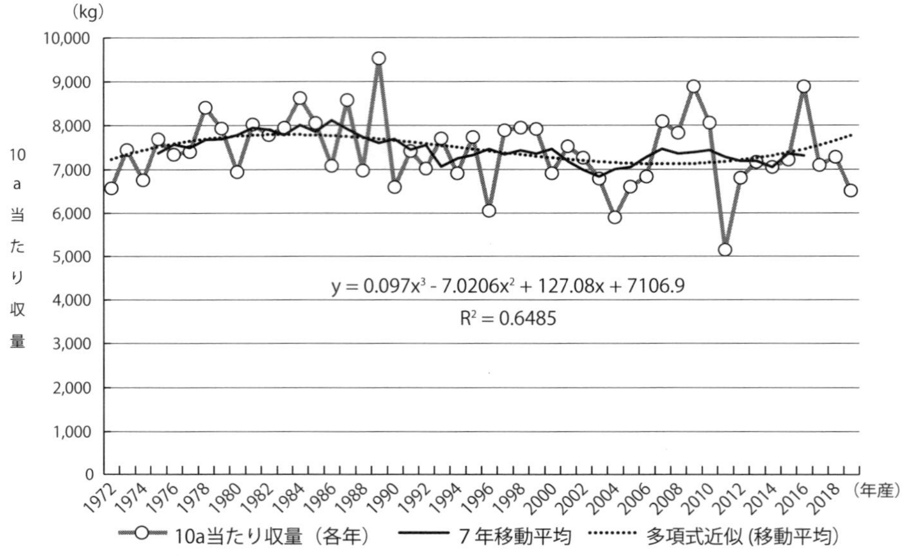

図5-3-（1） サトウキビ10a当たり収量の推移（夏植）

資料：図5-1に同じ
注：1）図5-2に同じ。
　　2）夏植については、四分位範囲による外れ値検出において外れ値が検出されたが（1989年、2011年）、3作型合計および株出では検出されないことから、データの関連性の観点から除去しなかった。

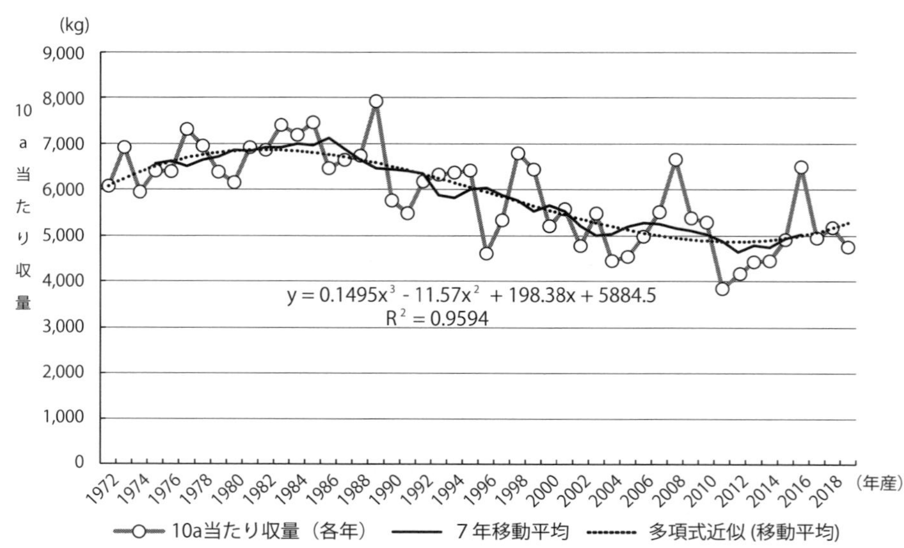

図5-3-（2） サトウキビ10a当たり収量（株出）

資料：図5-1に同じ
注：図5-2に同じ

表 5-1　サトウキビ10a当たり収量の変動

		1972〜1989 年 (n=18)	1990〜2004 年 (n=15)	2005〜2019 年 (n=15)
3 作型合計	10a 当たり収量近似値平均（kg）	6,794.1	6,458.4	5,845.6
	標準偏差	622.3	657.2	786.2
	変動係数 CV（%）	9.16	10.18	13.45
夏植	10a 当たり収量近似値平均（kg）	7,649.2	7,380.1	7,292.5
	標準偏差	741.7	668.4	926.1
	変動係数 CV（%）	9.70	9.06	12.70
株出	10a 当たり収量近似値平均（kg）	6,656.3	5,850.4	5,030.9
	標準偏差	537.9	720.6	751.3
	変動係数 CV（%）	8.08	12.32	14.93

資料：図 5-1 に同じ
注：1）分散（表出略）は区分した期間の各年統計値と当該期間の近似値平均の差の二乗の和を期間の年数（n）で除した。標準偏差はこのように求めた分散の平方根である。
2）変動係数は標準偏差を当該期間の近似値の平均で除した。

えおよび３作型合計において大きくなっている。

さらに変動係数に着目すると、1972 〜 1989年から1990 〜 2004年にかけて株出しの変動係数が大きく増加し、1990 〜 2004年から2005 〜 2019年にかけては夏植えおよび３作型合計でも大きくなっている。1972 〜 1989年と2005 〜 2019年との比較では各作型とも変動係数がかなり大きなっているが、とくに株出しではこの間、その値がほぼ1.8倍になっている。

すなわち、1990年以降のサトウキビの動きは単収が低下してきているだけではなく、その変動も大きくなってきているのである。この点が、1990年以降の単収の変動のもう一つの特徴をなしている。特に株出しにおける単収の低下、変動の揺れ幅が大きくなっていることが注目される。生産がより不安定なものになってきていることを示唆している。

そこで、復帰後のサトウキビ作型の構成の変化を示すと**図5-4**のようになる。復帰前までさかのぼると、株出栽培は1960年代に急増しかつ株出しの期間が長期化していった（第２章）。収穫面積に占める割合は1965年には76.7％に達し、1974年まで70％台後半を占め続ける。1976年以降減少し、1988年以降は40 〜 50％台で推移し、2006年には37.7％に低下する。しかし2007年以降は再び上昇に転じ、2019年には63.6％になっている。

1960年代から70年代にかけてサトウキビ栽培の単作化、長期株出し化について

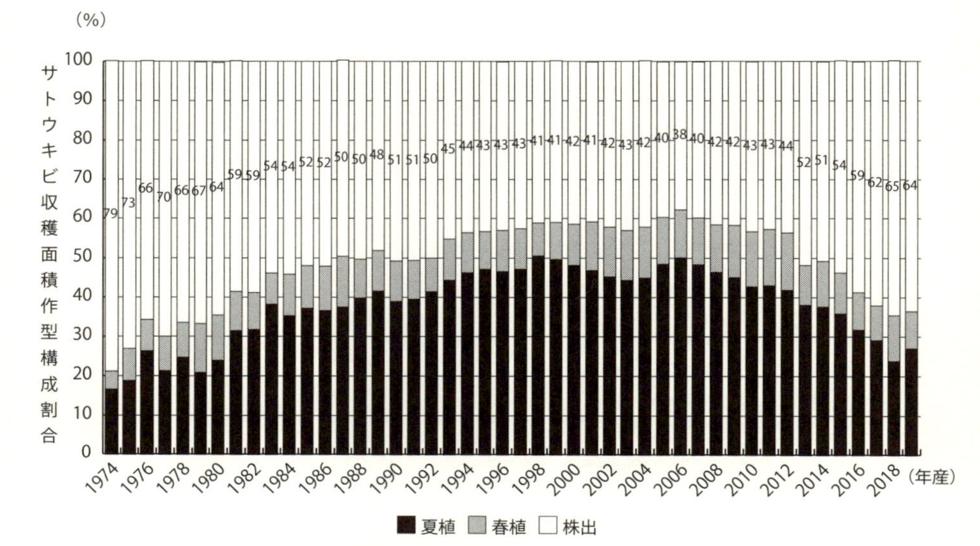

図5-4　サトウキビ収穫面積作型別構成の推移

資料：図5-1に同じ。

はその問題点が指摘された。例えば、当時の論者の一人である丸杉孝之助は、その問題点を次のように指摘している。

「現在の単作・連作をこのまま強行継続する場合においては、沖縄のさとうきび作は生産力の低い地帯より次第に単位面積当たり収量およびブリックスが低下し、干ばつ・台風などに対するぜい弱性を深めつつ、衰退の方向を辿ることが憂慮される」〔5〕。

また福仲　憲は、「さとうきび『株出』栽培の特化による『甘蔗畑作経営』における技術体系の問題」として、「とくに①土地利用における地力維持の在り方と、②労働力利用における労働生配分のあり方とに、内部矛盾がもっとも集約的に現れている」と述べている〔6〕。

こうした指摘は、1970年代初期から表面化してくる。すなわち、この時期から宮古を中心に株出しの不萌芽現象が現れるようになりサトウキビ生産の大きな問題となった。こうした状況は「サトウキビ不萌芽問題」と呼ばれた[8)]。株出栽培において不萌芽が発生したことから、サトウキビ栽培作型の株出から夏植えの変更が進んだ。1972 ～ 1980年から1981 ～ 1989年にかけて、夏植えの割合が増え、株出しの割合が低下したのはこうした株出しの不萌芽に対する対応の一つであった。

不萌芽の直接的な要因は、「アオドウガネ・ハリガネムシによるサトウキビの根・根茎・地下の芽を食害」〔7〕することによるとされており、さらにその背景には、「これらの害虫の防除に使用されていた有機塩素系防虫薬剤の使用が禁止されたこと、栽培面積の急増、畑の更新期間が延びたこと」〔8〕があげられている。

1970年中期の株出不萌芽の発生によって、株出栽培は大幅に減少したが、防虫技術の高度化、新たな薬剤の開発によりアオドウガネやハリガネムシの発生が抑えられるようになったことから、2007年ころから再び株出しが増えつつある。**図5-4**はこの動きを示している。

株出し回数別の面積割合は、『糖業年報』（第55号、第61号）によれば、沖縄地区では2013/14年期の１回株出し42.3％、２回株出し26.5％、３回以上31.2％から2019/2020年期には１回株出し32.8％、２回株出し27.9％、３回以上39.4％と、３回以上株出が増える傾向にあり、宮古・八重山でも2018年までは株出しはほとんどが１回株出しであったが、2019年には、１回株出しは宮古で58.6％、八重山で66.5％に低下し、２回以上の株出しが増えている。もっとも、株出栽培技術も高度化しておりかつての不萌芽の問題が発生した時期とは状況は異なるが、その動きは注目しておく必要があろう。

宮里清松は株出栽培と土壌の生産力、病害虫の発生の関係を次のように述べている。「株出栽培を続けると、萌芽する分げつは発生する位置が上昇し、茎数が過剰になって細茎化する。また、株出圃場では萌芽する分げつが、前作の３次、４次など高次分げつから出現するものが多くなって株は浮き上がり、側方に拡張して畦間が乱れ、管理が困難になる。／連続して株出しが行われると、土壌が固結して物理性が悪くなる。土壌のpH値が下がって酸性化し、置換性塩基が著しく減少して土壌の生産力は低下する。また、病害虫、特に土壌病害虫が多発する」〔9〕。

また、先にサトウキビ株出栽培の問題を指摘した丸杉孝之助は、「労賃上昇という経営外の条件と単作深化という経営内の条件を前提として、今後における沖縄のさとうきびの作付方向」として２つの方向を提起した〔10〕。

「その１つは、(中略)。労働節約・機械化のための作目、作物の単純化という論理を、逆に、単作を成立せしむべき機械化の条件を整備することを敢えておこなわなければならない。具体的にいえば、(中略)、機械化の成立に必要な農業基盤の整備、品種をはじめ、栽培作業等の一連の単作技術を開発、体系化し、実行に移すことである」が、この方向は、「現実には、土地・用水の資源不足、基盤整備事業の立ちおくれ、品種を始めとする技術の未開発等上記の方向付けが困難にして長期間を要することが明らかとなる」〔11〕。よって、この方向をとりつつも次の第2の方向をとらざるを得ない現実にある、とする。

「それは、過剰に拡張した低位生産のさとうきび作の一部をたとえば牧草・飼料作・その他ヤサイ・タバコ等に転換して輪作を編成、肉牛等との結合生産を組織して、地力を回復向上し拡大再生産の転機を把えること以外に残された道はない。この作付け方式・経営方式は古典的な輪作の復活、近代化への逆行を思わせるものがあるが、経営の基盤、技術の条件未整備のもとにおいて、それに即応した作付方式の採用に甘んじていかなければなるまい」〔12〕。

丸杉の指摘は1979年であり、当時の状況からすれば、基盤整備はかなり進み、サトウキビ栽培のなかで最も労力を必要とする収穫作業は飛躍的に機械化が進んだ。しかし、サトウキビの単収は長期的に低下が続いており、また年次ごとの不安定性も増している。面積割合が高まりつつある株出栽培は在圃期間が短く、したがって、土地利用の面からはその高度化につながり、また植え付けの作業を省くことができることから植え付けに要する労働費の削減にもつながる。しかし、そこでは同時に、丸杉が指摘したように地力を維持する農法の支えが求められる。

次の問題は生産の担い手であるサトウキビ作農家の戸数の推移である（**図5-5**）。ここで目を引く点は、農家戸数についても、1989年を境に1990年以降急速に減少していることである。その動きを統計に即してみると、サトウキビ作農家数は1973年から1975年にかけては３万9,863戸から３万5,298戸へと減少した後、1976年から1978年にかけてやや増加し、1978年から1987年まで３万7,000戸台で推移する。1988年から減少に転じ、とりわけ1989年から2001年にかけては地滑り的とも言える減少が続き、サトウキビ作農家数はこの間、ほぼ半減した。その後も減少率はやや小さくなるが減少の傾向は続いている。

経営規模階層別には、0.5ha未満層と0.5～1.0ha層において大きく減少していることが確認できるが、1.0～1.5ha層、1.5ha以上層は戸数が少ないことから推移が把握しにくいが、1.5ha以上層については2014年から2015年にかけて一気に

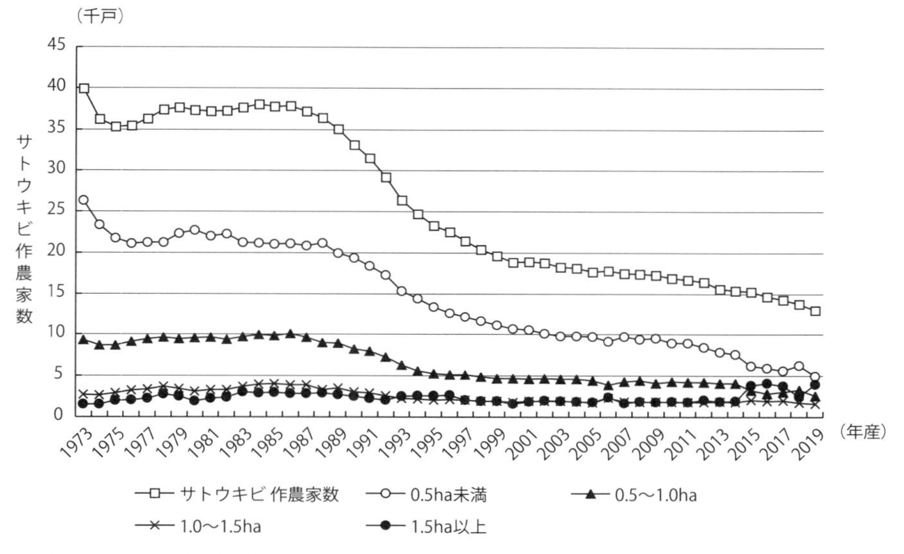

図5-5　サトウキビ作農家数の推移

資料：沖縄県農林水産部『さとうきび及び甘しゃ糖生産実績』令和元/2年期、より筆者作成。

約２倍に増加し、2017年まで同水準で推移するが、2018年には33％減少し、2019年に再び増加するという不安定な動きをしている[9]。

サトウキビ生産の変動に関してさらに、サトウキビの価格、農家手取・粗収益、生産費・全算入生産費の推移を示したのが**図5-6**である[10]。

最低生産者価格は、1972年から1993年まではサトウキビ１㌧当たりブリックス19度以上価格、1994年から2006年までは基準糖度帯における価格である。2007年以降は取引価格＋甘味資源作物交付金の制度になる[11]。農家手取額は生産者最低価格に生産奨励金を加算した額である。価格および農家手取額は沖縄県『糖業年報』によった。粗収益、生産費、全算入生産費（資本利子･地代全額算入生産費）は農林水産省『工芸農作物等の生産費』により、粗収益は生産奨励金を含み、生産費、全算入生産額は1990年までは、それぞれ第１次生産費、第２次生産費である。（農家手取額は粗収益とほぼ重なるが、手取額としての水準を示すためグラフに表示した。）

各項目の推移をみると、価格は、復帰後、1972年から1981年にかけて大きく上

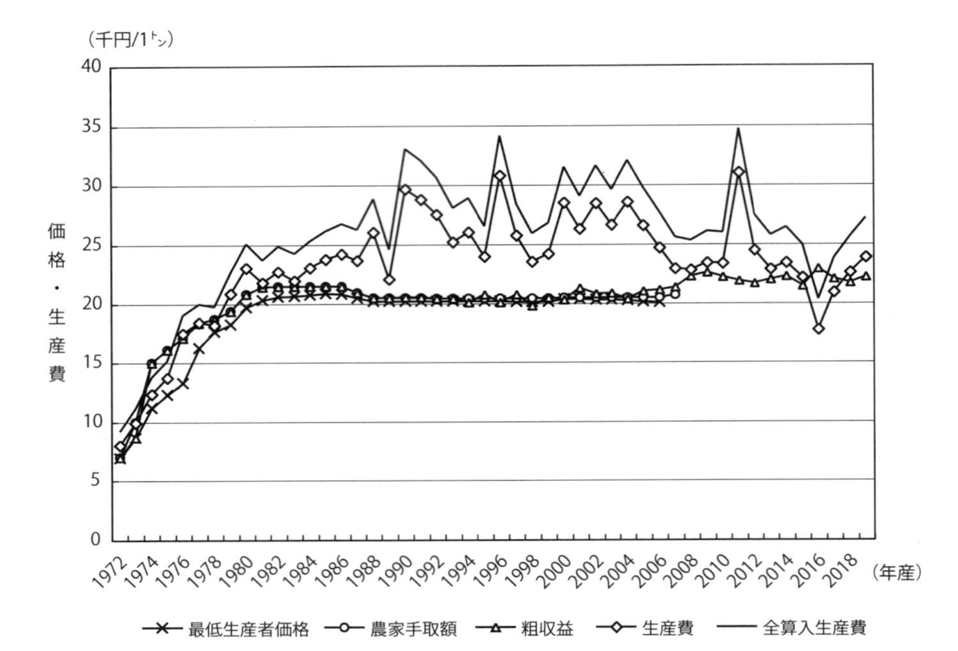

図5-6サトウキビの価格と生産費の推移（1ﾄﾝ当たり）（沖縄　平均）

資料：下記資料により筆者作成。

①最低生産者価格、農家手取額は、沖縄県農林水産部『糖業年報』第24号（昭和59年3月）以降の各号によった。

②粗収益、生産費、全算入生産費は、農林水産省『工芸農作物等の生産費』昭和47年産（昭和49年2月）以降の各年産によった。1973年産は『昭和51年産工芸農作物等の生産費』（沖縄県におけるさとうきびの年次別生産費目及び生産概況）によった。

なお、『工芸農作物等の生産費』は時期によって名称が異なるが、個別名称は省略した。1792年産～2015年産は冊子資料、2016年産以降は「政府統計の総合窓口」（e-Stat）（http://www.e-stat.go.jp/）（閲覧2021年2月21日、2021年8月6日）による。

注：1）最低生産者価格は1972年産～1993年産はブリックス19度以上、1994年産～2006年産は糖度（13.1～14.3度）である。2007年産以降は交付金支払制に移行した。

2）農家手取額は、上記価格に生産奨励金を加えた額である。2007年産以降表記がない。
1973年産は、『糖業年報』（第24号）、1974年3月を参照、補正した。2002年産～2006年産は、『糖業年報』（第61号）の「国内産糖交付金及びさとうきび最低生産者価格等」の最低生産者価格＋「農家手取りに加算する対策費」からの計算値である。2008年産以降は、『糖業年報』に記載がない。

3）粗収益は、価格に生産奨励金を加えた額である。
1974年産～1986年産は、「生産費調査」における参考収益性を基に算出した。
1987年産～1993年産は「生産費調査」に表章がないことから、『糖業年報』を基に算出した。
1994年産は、沖縄総合事務局農林水産部『第29次沖縄農林水産統計年報』による。
1995年産～2002年産は、「生産費調査」における参考収益性を基に算出した。
2003年産～2006年産は、「生産費調査」に奨励金を含む額が記載されている。
2007年産以降は、奨励金の表記はない。

4）生産費（副産物価格差引）、全算入生産費は、1990年産（平成2）以前はそれぞれ、第1次生産費、第2次生産費である。

5）1991年産（平成3）以降は、生産費および収益性等の費目が変更されている。

昇し、この間2.9倍になった。この時期はさらにこれに生産奨励金が加算され、農家手取額でみると1972年から1981年にかけて3.1倍に上昇した。一方、第１次生産費、第２次生産費も大きく増加するが、粗収益もほぼそれに対応するかたちで上昇し、年によっては若干上回る水準にあった。

しかし、1982年以降この関係は大きく変化する。最低生産者価格は横ばいになり、奨励金の額も大きく縮小する。1987年からは最低生産者価格が引き下げられ、農家手取額も減少する。こうした変化のなかで1980年代の初期までほぼ併進の関係にあった粗収益と第１次生産費（生産費）および第２次生産費（全算入生産費）の関係において、生産費は粗収益を上回るようになり、1980年代中期にはその格差はより大きくなる。

生産費および全算入生産費は増減の揺れ幅が大きいが、これは単収の変動によると考えられる。例えば､生産費･全算入生産費が大きく上昇している1990年（平成２)、1996年（平成８)、2011年（平成23）は単収が大きく低下しており、一方、生産費・全算入生産費が粗収益に近くなる2008年（平成20)、2009年（平成21)、2010年（平成22)、2016年（平成28）は単収が大きく上昇している[12)]。

価格と生産費の関係では、価格は構造的に生産費を下まわっているが、価格に生産奨励金を加算した農家手取額（粗収益）では、1978年までは生産費を上回る額を維持していた。しかし、1980年以降は生産費が粗収益を上回るようになる。全算入生産費との比較では、1974年と75年に一時、粗収益が全算入生産費を上回る時期があったものの、それ以降は一貫して粗収益は全算入生産費を下回っている。

それでも1984年までは、価格、農家手取額・粗収益と生産費・全算入生産費の開きはそれほど大きくはなかった。しかし1985年以降、価格、農家手取額・粗収益は横ばいで推移するのに対し、生産費・全算入生産費は急騰しその開きは急速に大きくなっていく。

これらの関係の動きは大きく４つの局面に分けられる。第１の局面はサトウキビ１㌧当たり価格、農家手取額・粗収益と第１次生産費・第２次生産費が併進し接近していた時期である。復帰から1984年までこの時期に相当する。

第２の局面は、生産費が農家手取額・粗収益を上回り始めた時期である。第３の局面は、農家手取額（粗収益）と生産費の差が大きくなっていく時期である。

第４の局面は、農家手取額（粗収益）と生産費の差が縮小していく時期である。

これまで、復帰後のサトウキビ生産の推移を、①収穫面積と生産量の推移（**図5-1**）、②10ａ当たり収量の推移（**図5-2、図5-3**）、③農家数の推移（**図5-5**）、④サトウキビ価格・農家手取額と生産費・全算入生産費の推移（**図5-6**）、の４つの面からみてきた。いずれの面にも共通する特徴として、1989年、1990年ころを境として動きが大きく変化していることがある。

復帰後、1972年から1981年まではサトウキビの価格は毎年引き上げられ、それにさらに生産奨励金が加算され、農家手取額は早いペースで上昇していった。その結果、サトウキビの粗収益も増加していった。この時期サトウキビの生産費も増加していくが、農家手取額と粗収益はほぼこれに対応する形で上昇し、年によっては粗収益が第２次生産費を上回る年もあった。しかし1980年代になるとこれらの関係に変化が生じる。価格の引き上げ幅が小さくなり、さらに奨励金の額も小さくなっていく。その結果、農家手取額・粗収益と生産費の格差が生じ、1980年代の半ばからその格差が徐々に広がっていく。

生産費が農家手取額と粗収益を上回り、その格差が拡大していく時期がサトウキビ作農家数の大幅な減少に先行しており、このことがサトウキビ作農家の減少につながったと考えられる。サトウキビ粗収益と生産費の格差の拡大は生産意欲の減退をもたらし農家のサトウキビ作からの離農（担い手の減少）、収穫面積の減少、生産量の減少につながった[13)]。生産意欲の減退は単収の低下をもたらし、さらなる生産量の減少とつながっていったと考えられる。

サトウキビの生産、単収は年ごとの変動幅が大きく、単収が特に大きく低下した時期にはそのたびに、技術的問題が取り上げられ、課題が指摘された。そして担い手の高齢化、機械化、規模拡大が叫ばれた。復帰直後に比べると、機械化は大きく進展し、１農家当たりの規模も拡大した。しかし、収穫面積、生産量、農家数の減少は止まらない。単収は一時期、上昇の傾向にあったが、1989年を境に傾向的に減少している。

第２節　サトウキビの生産費と収益性―「さとうきび生産費統計」にみる―

そこで、こうした経過を踏まえて次にサトウキビの生産費の構成および収益性の検討に移ろう。資料は、農林水産省「さとうきび生産費統計」（「農業経営統計

表5-2　サトウキビ生産費調査の集計経営体数

（単位：経営体）

年産	計	鹿児島	沖縄	0.5ha未満	0.5〜1.0	1.0〜2.0	2.0〜3.0	3.0〜5.0	5.0ha以上	うち7.0ha以上
2016	111	51	60	16	12	32	24	10	17	6
2017	110	45	65	15	13	33	12	18	19	9
2018	108	44	64	16	10	39	11	17	15	8
計	329	140	189	47	35	104	47	45	51	23

資料：農林水産省「さとうきび生産費統計」（「農業経営統計調査」）、平成28年産、平成29年産、平成30年産より筆者作成。政府統計の総合窓口（e-Stat）（http://www.e-stat.go.jp/）（2021年8月16日　閲覧）。

注：1）調査の対象は、2016年産は「2010年世界農林業センサス」、2017年産、2018年産は「2015年農林業センサス」に基づく農業経営体のうち、世帯による農業経営を行い、調査対象作目を10a以上作付けし、販売した経営体（個別経営）である。（平成28年産『工芸農作物等の生産費』の「調査対象と調査対象経営体の選定方法」、および平成29年産、平成30年産「調査の概要」）。

2）規模別はサトウキビ収穫面積による区分である。
（平成28年産『工芸農作物等の生産費』の「調査結果の取りまとめと統計表の編成」、および平成29年産、平成30年産、「調査の概要」）。

表5-3　サトウキビ生産費調査対象経営体の経営概況

	平均	鹿児島	沖縄	0.5ha未満	0.5〜1.0	1.0〜2.0	2.0〜3.0	3.0〜5.0	5.0ha以上	うち7.0ha以上
農業就業者（人）	0.9	1.1	0.9	0.6	1.1	1.1	1.3	1.6	1.6	2.1
経営耕地面積（a）	244.9	342.1	185.8	106.8	160.1	294.6	423.7	630.8	1,404.3	1,906.4
普通畑（a）	238.5	325.5	184.8	97.5	159.8	313.6	417.0	618.4	1,384.4	1,890.2
サトウキビ作付地（a）	124.4	158.9	103.1	33.5	72.6	144.6	275.6	366.3	934.2	1,351.0
作付地割合（%）	52.2	48.8	55.8	34.4	45.4	46.1	66.1	59.2	67.5	71.5
作付地のうち小作地（a）	72.2	112.6	47.0	17.9	37.0	67.4	166.0	231.6	657.9	1,001.3
小作地の割合（%）	58.0	70.9	45.6	53.4	51.0	46.6	60.2	63.2	70.4	74.1

資料：表5-2に同じ。

注：1）2016年産・2017年産・2018年産の加重平均である（本文注15参照）。以下、表5-7まで同じ。

2）「作付地」は、「農機具所有台数と収益性」の項で集計されている調査作物主産物数量の「1経営体当たり」数量/「10a当たり」数量×10にほぼ等しいことから、「収穫面積」と考えられる。

調査」「農産物生産費」、平成28年度は「工芸農作物等の生産費」）を用いた。同調査は、鹿児島県、沖縄県のサトウキビ生産農業経営体から標本農業経営体を選定し調査を行っている[14)]。ここでは年ごとの変動を均すために3年（2016年産、2017年産、2018年産）を加重平均し、地域別、収穫面積規模階層別の生産費と収益性を検討した[15)]。

2016年産、2017年産、2018年産調査の調査対象（集計）経営体数は、それぞれ111戸、110戸、108戸であり、3年合計で329戸である（**表5-2**）。

最初に**表5-3**に、サトウキビ生産経営体の経営概況を示した。普通畑におけるサトウキビ作付面積（収穫面積）の割合は、全体では52.2%、県別には鹿児島48.8%、沖縄55.8%、と沖縄においてより高く、経営規模階層別には、0.5ha未満層では34.4％、0.5～1.0ha層では45.4％であるのに対し、経営規模が大きくなるにつれて割合が高くなり、5.0ha以上層では67.5％、さらにそのうちの7.0ha以上層では71.5％になっている。経営規模が大きい層ほどサトウキビ作付面積（収穫面積）の割合が高くなっている。

もう一つの特徴は作付地における借入地の割合が高いことである。サトウキビ作付面積（収穫面積）に占める小作地の割合は、全体の平均では58.0％、県別には鹿児島70.9％、沖縄45.6％、となっており、借入地が大きな割合を占めていることが分かる。鹿児島ではサトウキビ作付面積（収穫面積）の７割は借入地に依存している。経営規模階層別には、1.0～2.0ha以下の階層では借入地はほぼ半分である。2.0～3.0ha以上の階層では規模が大きい階層ほど割合が高くなり、5.0ha以上層では70.4％、7.0ha以上層では74.1％にのぼっている。

そこで、生産費についてみていこう。**表5-4**に前掲「生産費調査」による３年間の加重平均を、**表5-5**に費目の構成を示した。10ａ当たり生産費（費用－副産物価格）は平均で13万0,237円（小数点以下は四捨五入。以下同じ）。鹿児島、沖縄ともほぼ同じである。経営規模階層別には、0.5ha未満層の17万6,975円から経営規模が大きくなるに伴って少なくなり、5.0ha以上層では９万7,648円、うち7.0ha以上層では９万2,846円となっている。生産費が最も多い0.5ha未満層と最も少ない7.0ha以上層では２倍近い開きがある。規模を接する階層の間でも、0.5ha未満層と0.5～1.0ha層の間で13.5％、3.0～5.0ha層と5.0ha以上層の間で15％の大きな開きがある。

生産費の一方の柱をなす物財費については、全体の平均は７万8,650円であるが、鹿児島と沖縄では大きな差があり、沖縄は鹿児島に対して18.1％少ない。経営規模階層別には最も大きい1.0～2.0ha層で８万4,760円であるのに対して、7.0ha以上層では７万1,487円である。

物財費の費目の構成の主な特徴をあげると（**表5-4**、**表5-5**）、最も多いのは賃借料・料金で、平均で３万0,233円で全算入生産費の20.5％を占めている。鹿児島と沖縄の比較では、鹿児島の３万3,177円に対して沖縄は２万7,412円で、鹿児島に比べて17.4％低い。経営規模階層別には、0.5～1.0ha層において２万4,530円とやや少ないが、他の階層では0.5ha未満層の２万9,682円から3.0～5.0ha層の３万2,828円になっている。全算入生産費に占める割合では、0.5ha未満層、0.5～1.0ha

表5-4　サトウキビ生産費（10a 当たり）

（単位：円）

区　分	平均	鹿児島	沖縄	0.5ha 未満	0.5～1.0	1.0～2.0	2.0～3.0	3.0～5.0	5.0ha 以上	うち 7.0ha 以上
物財費	78,649.8	86,631.5	70,985.6	77,511.7	77,535.9	84,760.1	83,563.9	73,318.5	73,207.1	71,487.1
種苗費	4,820.7	6,245.3	3,455.0	3,766.6	5,417.9	4,705.0	4,537.9	5,201.8	5,132.2	4,905.5
肥料費	14,957.3	18,257.4	11,800.6	12,208.2	14,632.7	15,712.4	15,983.1	14,713.7	15,062.6	15,044.9
農業薬剤費	7,694.7	7,071.8	8,272.5	6,556.6	8,465.7	9,284.5	8,072.4	5,870.3	6,415.2	5,812.4
光熱動力費	3,748.4	3,161.4	4,310.1	5,545.3	4,107.3	3,700.1	3,843.3	3,147.6	2,943.4	2,641.6
土地改良・水利費	1,306.4	1,097.8	1,507.0	717.6	768.7	1,184.3	2,780.6	716.6	1,382.8	1,536.1
賃借料・料金	30,233.0	33,176.8	27,412.2	29,682.3	24,530.0	32,597.4	31,806.1	32,827.8	30,394.9	29,708.5
物件税及び公課諸負担	1,516.8	1,374.2	1,653.6	3,135.2	1,975.2	1,545.1	1,179.7	1,032.2	937.1	775.5
建物費	2,165.6	2,590.5	1,751.4	2,250.0	4,886.8	2,192.9	1,257.7	896.9	1,356.9	1,575.7
自動車費	3,156.9	3,333.1	2,995.2	8,878.9	3,097.4	3,759.0	2,232.5	1,651.7	1,228.9	1,168.9
農機具費	8,601.2	9,523.4	7,712.4	4,293.4	9,249.1	9,600.7	11,407.6	6,354.2	8,179.1	8,127.2
労働費	51,628.0	43,383.5	59,639.0	99,516.3	75,494.8	50,616.1	43,552.8	41,742.0	24,441.0	21,358.5
うち直接労働費・雇用	4,424.9	2,520.9	6,256.3	9,698.5	7,903.0	3,364.5	2,615.2	4,120.8	1,821.5	1,984.2
生産費	130,236.9	129,928.2	130,624.6	176,974.5	153,030.7	135,349.6	127,110.0	114,815.0	97,648.1	92,845.6
支払利子・地代	7,068.7	8,348.7	5,853.6	6,160.9	5,451.6	6,096.2	8,214.3	7,316.7	8,904.4	9,561.6
支払利子・地代算入生産費	137,305.6	138,276.8	136,478.2	183,135.4	158,482.3	141,445.8	135,324.3	122,131.7	106,552.5	102,407.1
全算入生産費	147,544.0	146,494.9	148,654.1	195,171.1	173,740.3	153,657.0	143,419.2	129,575.7	113,086.8	107,489.3

資料：表 5-2 に同じ。

注：1）物財費費目のうち、「その他諸材料費」、「生産管理費」は表記を省略した。物財費計には含む。

　　2）物財費＋労働費と生産費に差がある場合は副産物価格差し引きによる。

表5-5　サトウキビ 10a 当たり生産費の構成

（単位：%）

区　分	平均	鹿児島	沖縄	0.5ha 未満	0.5～1.0	1.0～2.0	2.0～3.0	3.0～5.0	5.0ha 以上	うち 7.0ha 以上
物財費	53.3	59.1	47.8	39.7	44.6	55.2	58.2	56.6	64.7	66.5
種苗費	3.3	4.3	2.3	1.9	3.1	3.1	3.2	4.0	4.5	4.6
肥料費	10.1	12.5	7.9	6.3	8.4	10.2	11.1	11.4	13.3	14.0
農業薬剤費	5.2	4.8	5.6	3.4	4.9	6.0	5.6	4.5	5.7	5.4
光熱動力費	2.5	2.2	2.9	2.8	2.4	2.4	2.7	2.4	2.6	2.5
土地改良・水利費	0.9	0.7	1.0	0.4	0.4	0.8	1.9	0.6	1.2	1.4
賃借料・料金	20.5	22.6	18.4	15.2	14.1	21.2	22.2	25.3	26.9	27.6
物件税及び公課諸負担	1.0	0.9	1.1	1.6	1.1	1.0	0.8	0.8	0.8	0.7
建物費	1.5	1.8	1.2	1.2	2.8	1.4	0.9	0.7	1.2	1.5
自動車費	2.1	2.3	2.0	4.5	1.8	2.4	1.6	1.3	1.1	1.1
農機具費	5.8	6.5	5.2	2.2	5.3	6.2	8.0	4.9	7.2	7.6
労働費	35.0	29.6	40.1	51.0	43.5	32.9	30.4	32.2	21.6	19.9
うち直接労働費・雇用	(8.6)	(5.8)	(10.5)	(9.7)	(10.5)	(6.6)	(6.0)	(9.9)	(7.5)	(9.3)
生産費	88.3	88.7	87.9	90.7	88.1	88.1	88.6	88.6	86.3	86.4
支払利子・地代	(4.8)	(5.7)	(3.9)	(3.2)	(3.1)	(4.0)	(5.7)	(5.6)	(7.9)	(8.9)
支払利子・地代算入生産費	93.1	94.4	91.8	93.8	91.2	92.1	94.4	94.2	94.3	95.2
全算入生産費	100.0	100.0	100.0	100.0	100.0	100.0	100.0	100.0	100.0	100.0

資料：表 5-4 より筆者作成。

注：1）物財費、労働費、生産費、支払利子・地代算入生産費は全算入生産費に対する割合である。

　　2）物財費費目は全算入生産に占める割合である。小数点以下2位で四捨五入したため費目計と物財費とは一致しない。

　　3）直接労働・雇用は労働費に対する割合である。

　　4）支払利子・地代は全算入生産費に対する割合である。

層ではそれぞれ15.2%、14.1%であるのに対し、5.0ha以上層、7.0以上層ではそれぞれ26.9%、27.6%と3割近い割合を占めている。

賃借料・料金に次ぐのは肥料費で、平均で1万4,957円で全算入生産費の10.1%、鹿児島と沖縄の差が大きく、鹿児島の1万8,257円に対して、沖縄は1万1,801円と、35.4%低くなっている。経営規模階層別には、0.5～1.0ha層以上の階層では1万4,000円台から1万5,000円の間にあるのに対し、0.5ha未満層で1万2,208円と少ない。以下、費用額が多い順にみると、農機具費が平均8,601円で、全算入生産費の5.8%、鹿児島9,523円に対して沖縄は7,712円と19%少ない。沖縄における機械化の立ち遅れがうかがえる。経営規模階層別には2.0～3.0ha層で1万1,408円、と平均を大きく上回っているのに対し、0.5ha未満層では4,293円と平均を大きく下回っている。

農業薬剤費は平均7,695円、全算入生産費の5.2%で、鹿児島7,072円、沖縄8,273円と、沖縄でやや多くなっている。経営規模階層別には、0.5～1.0ha層、1.0～2.0ha層、2.0～3.0ha層で高くなっている。

種苗費は平均では4,821円、全算入生産費の3.3%であるが、鹿児島と沖縄では大きな差があり、鹿児島の6,245円に対して、沖縄は3,455円である。経営規模階層別には、0.5～1.0ha層で5,418円と最も多くなっているのに対して、0.5ha未満層で3,767円と最も少なくなっている。光熱動力費は平均で3,748円、全算入生産費の2.5%、鹿児島3,161円、沖縄4,310円と、沖縄の方で多くなっている。経営規模階層別には0.5ha未満層で5,545円と平均を大きく上回り、全階層のなかで最も多いことが特徴的である。

自動車費、建物費、土地改良・水利費は、生産費に占める割合は小さいが、自動車費が0.5ha未満層で他の階層に比べて著しく多いことが注目される。

次に生産費のもう一つの柱をなす労働費である。サトウキビ作においてはこれまで生産のなかで人力に依存する割合が大きく、労働力の流出、高齢化が進む中、労働力の確保とともに、生産費における労働費の割合の大きさが常に問題にされてきた。労働費は平均で5万1,628円、全算入生産費の35.0%を占める。鹿児島と沖縄の対比では、鹿児島の4万3,385円に対して沖縄では5万9,639円となっており、鹿児島に対して37.4%高くなっている。経営規模階層間では、最も多いのは0.5ha未満層の9万9,516円（全算入生産費に占める割合51.0%）、次いで0.5～1.0ha層

表 5-6　サトウキビ作投下労働時間（10a 当たり）　（単位：時間）

区　分	平均	鹿児島	沖縄	0.5ha 未満	0.5～1.0	1.0～2.0	2.0～3.0	3.0～5.0	5.0ha 以上	うち 7.0ha 以上
直接労働時間	44.09	32.10	55.63	95.12	64.29	42.55	35.34	35.03	18.46	14.87
育苗	0.00	#VALUE!	0.03	#VALUE!	#VALUE!	0.04	#VALUE!	#VALUE!	#VALUE!	#VALUE!
耕起整地	1.58	1.08	2.07	0.70	1.67	1.77	1.97	1.49	1.49	1.04
基肥	0.93	1.38	0.49	0.69	1.31	1.07	0.86	0.64	0.81	0.83
定植	4.05	3.44	4.63	5.48	4.96	4.04	4.89	3.56	2.47	2.13
株分け	2.75	3.14	2.38	1.67	3.57	3.03	3.25	2.99	1.75	1.44
追肥	1.96	1.18	2.69	3.97	2.74	1.79	1.51	1.71	1.11	0.86
中耕除草	12.31	9.56	14.95	30.84	14.12	10.70	11.83	9.63	6.16	5.25
管理	3.80	3.55	4.05	8.68	5.05	3.72	2.85	3.24	2.02	1.92
防除	2.01	1.70	2.31	2.28	3.33	2.00	1.67	2.00	1.24	1.00
はく葉	3.09	#VALUE!	6.08	15.68	6.19	1.86	0.24	0.25	#VALUE!	#VALUE!
収穫	11.09	6.61	15.41	24.52	20.73	11.59	6.04	9.36	1.24	0.27
生産管理	0.21	0.29	0.14	0.43	0.39	0.26	0.14	0.10	0.06	0.07

資料：表 5-2 に同じ。
注：１）資料の作業種類の「播種」と「乾燥」は省略した。資料では2016年産は「－」、2017年産、2018年産は「0.00」と表記されている。
２）「育苗」は資料では、2016年産は「－」、2017年産、2018年産は「0.00」表記されている。
３）「はく葉」は資料では、2016年産は「－」、2017年産、2018年産は「0.00」と表記さている。
４）小数点以下3位で四捨五入した。合計と内訳の計は一致しない場合がある。

７万5,495円（同43.5％）となっており、最も少ないのは7.0ha以上層の２万1,359円（同19.9％）である。階層規模別の格差が大きく、0.5ha未満層は7.0ha以上層の4.7倍になっている。収穫作業における機械化の進展の度合いが反映されていると考えられる。特に、0.5ha未満層、0.5～1.0ha層では平均を大きく上回っている。

労働費のうちの直接雇用費は平均4,425円で、労働費の8.6％である。直接雇用費においても鹿児島と沖縄の差は大きく、鹿児島の2,521円に対して沖縄は6,256円、鹿児島の2.5倍になっている。経営規模階層別には0.5ha未満層が9,699円に対して、5.0ha以上層は1,822円、7.0ha以上層は1,984円である。0.5ha未満層では5.0ha以上層の5.3倍になっている。経営規模が小さい階層で直接労働費が高くなっている。

さらに労働費を規定する10ａ当たりサトウキビ投下労働時間（直接労働時間）について**表5-6**に示した。労働時間の平均は44.09時間であるが、鹿児島の32.10時間に対して沖縄は55.63時間になっており、沖縄は鹿児島に比べて1.7倍も多い。経営規模階層別には、0.5ha未満層が最も多く、95.12時間になっている。以下、投下労動時間は経営規模階層が大きくなるに伴って少なくなっていくが、特に5.0ha以上層では一気に減少して18.46時間になる。3.0～5.0ha層との比較でも

47.3％少ない。7.0ha以上層ではさらに減少し14.87間になる。7.0ha以上層の投下労働時間は平均に対して66.3％低く、最も多い0.5ha未満層との対比でみるとその15.6％である。

投下労働時間を作業別にみると、最も時間数が多いのは中耕除草の12.31時間、次いで収穫の11.09時間である。中耕除草と収穫は、鹿児島と沖縄の開きが大きい。中耕除草では鹿児島の9.56時間に対して沖縄は14.95時間投入しており、沖縄は鹿児島に比べて労働時間が56.4％多い。経営規模階層別には、0.5ha未満層では30.84時間と突出して多く、平均の2.5倍になっている。0.5～1.0ha層では0.5ha未満層のほぼ半分に減少し14.12時間、1.0～2.0ha層では10.70時間になっている。3.0～5.0ha層では9.63時間、5.0ha以上層では6.16時間となっている。5.0ha以上層の中耕除草投入時間は0.5ha未満層の20％である。

収穫は平均で11.09時間、鹿児島の6.61時間に対して沖縄は15.41時間、鹿児島の2.3倍を要している。収穫作業も経営規模階層間の差が大きく、0.5ha未満層では24.52時間と平均に対して2.2倍になっている。1.0～2.0ha層では0.5ha未満層に比して52.7％少ない11.59時間になる。2.0～3.0ha層では大きく減って6.04時間になっているが、3.0～5.0ha層では逆に増加し9.36時間になっている。5.0ha以上層では1.24時間、7.0ha以上層では0.27時間と大幅に少なくなっている。

作業の種類で沖縄で特徴的な作業ははく葉である。はく葉は鹿児島では全く行われていないが、沖縄では平均で6.08時間を投下しており、全投下労働時間の10.9％を占めている。規模階層別には0.5ha未満層では15.68時間を投下しており、0.5～1.0ha層でも6.19時間投下されている。5.0ha以上層でははく葉の作業は行われていない。

ところで、生産費の構成でもう一つ注目しておきたいのは、物財費、労働費とは別に生産費に付加される支払利子・地代である。**表5-4**にもどって、支払利子・地代についてみると、二つの点で注目される。その一つは鹿児島と沖縄の差である。沖縄の5,854円に対して鹿児島では8,349円となっており、鹿児島は沖縄に比べ42.6％も高くなっている。二つ目は経営規模階層別の開きである。0.5ha未満層、0.5～1.0ha層、1.0～2.0ha層ではそれぞれ6,161円、5,432円、6,096円であるの対し、それより規模の大きい層では、2.0～3.0ha層8,214円、3.0～5.0ha層7,317円、5.0ha以上層で8,904円、7.0ha以上層では9,562円と、規模の大きい階層において多くなっ

表 5-7　サトウキビ収益性

	平均	鹿児島	沖縄	0.5ha 未満	0.5〜 1.0	1.0〜 2.0	2.0〜 3.0	3.0〜 5.0	5.0ha 以上	うち 7.0ha 以上
10a 当たり収量（kg）	6,153.3	5,817.9	6,482.1	5,548.2	5,868.6	6,713.7	6,192.4	6,264.7	6,050.1	5,848.9
粗収益（円）										
10a 当たり	134,183.6	123,190.5	144,795.0	122,223.4	128,260.7	147,790.4	134,501.0	135,456.2	131,132.7	125,390.5
1t 当たり	21,730.0	21,091.0	22,271.7	21,989.4	21,783.8	21,953.0	21,632.3	21,477.5	21,599.1	21,400.0
所得（円）										
10a 当たり	43,946.9	25,688.1	61,526.9	28,852.3	37,122.5	53,545.0	40,107.5	50,700.2	46,958.2	41,968.7
1 日当たり	8,528.0	6,494.6	9,706.6	2,669.3	5,159.6	10,647.6	9,705.7	12,736.7	21,587.1	24,485.6
家族労働報酬（円）										
10a 当たり	33,708.4	17,470.0	49,351.1	16,816.6	*33,657.7	41,333.8	32,012.6	43,256.2	40,423.9	36,886.6
1 日当たり	6,501.8	4,296.6	7,764.6	1,576.1	*4,753.1	8,145.9	7,753.7	10,684.5	18,563.2	21,468.8

資料：表 5-2 に同じ。
注：0.5〜1.0ha規模層については、資料では2017年産の10a当たり家族労働報酬は「△2,343」、１日当たり家族労働報酬は「—」と記載されている。したがって、同規模層の家族労働報酬については、2016年と2018年、２年の加重平均で示した（＊印）。

ていることである。経営規模が大きい階層において支払利子・地代の負担が大きくなっている（**表5-5**）。

支払利子・地代と自己資本利子・自作地地代を加算した全算入生産費は、平均14万7,544円で、鹿児島、沖縄ともほぼ同じであるが、経営規模階層別には、0.5ha未満層の19万5,171円、0.5 〜 1.0ha層の17万3,740円に対して、5.0ha以上層では11万3,087円、そのうちの7.0ha以上層では10万7,489円となっており、0.5ha未満層と7.0ha層では1.8倍の差がある。

そこで、次に収益性についてみていこう（**表5-7**）。まず、10ａ当たり収量は、鹿児島の5,818kgに対して沖縄では6,482kgと11.4％高くなっている。経営規模階層別には、1.0 〜 2.0ha層で6,700kg台、2.0 〜 3.0ha層と3.0 〜 5.0層で6,200kg台と中規模層で比較的高く、0.5ha未満層では5,548kg、0.5 〜 1.0ha層で5,869kg、5.0ha以上層6,050kg、7.0ha以上層では5,849kgと、規模の大きい層と小さい層で低くなっている。もっとも、経営規模別の単収は地域性の要因も考えられ、単に規模別の差のみに帰することはできない。

10ａ当たり粗収益は、鹿児島12万3,191円、沖縄14万4,795円で、経営規模階層別には最も高いのは1.0 〜 2.0ha層の14万7,790円、最も低いのは0.5ha未満層の12万2,223円で、その差は17.3％になる。

10ａ当たり所得は、平均で４万3,947円、県別には鹿児島２万5,688円に対して沖縄では６万1,527円になっている。生産費では両者ともほぼ同額であるが、10

a 当たり所得において鹿児島と沖縄の間で大きな差が生じているのは、10 a 当たり収量および10 a 当たり粗収益において沖縄が高いこと、さらに家族労働費、自己資本利子、自作地地代について沖縄が多いことによる。経営規模階層別には1.0 ～ 2.0ha層において５万3,545円と最も多く、最も少ないのは0.5ha未満層で２万8,852円である。

１日当たり所得では、平均8,528円、鹿児島6,494円、沖縄9,707円と沖縄が高い。経営規模階層別には、最も低い0.5未満層2,669円に対して、最も高い7.0ha以上層では２万4,486円になっており最低と最高では、9.2倍の差がある。経営規模階層による差が大きい。

家族労働報酬の10 a 当たり平均では３万3,708円、鹿児島１万7,470円に対して沖縄では４万9,351円になっている。家族労報酬の鹿児島と沖縄の差は家族労働費の大きさの差による。経営規模階層別には、0.5ha未満層で１万6,817円、0.5 ～ 1.0ha層については、2017年の数値がマイナスになっていることから2016年と2018年の２年平均でみると３万3,658円になる。1.0 ～ 2.0ha層以上の層では、2.0 ～ 3.0ha層と7.0ha以上層で３万円台であるが、1.0 ～ 2.0ha層、3.0 ～ 5.0ha層、5.0ha以上層では、4万円台になっている。地域と階層間の差が大きい。

１日当たり家族労働報酬では、平均6,502円、県別には鹿児島4,297円、沖縄7,765円、経営規模階層別には、最も低いのは0.5ha未満層の1,576円である。0.5 ～ 1.0ha層については2016年、2017年、2018年の３年平均については計算できないことから、2016年、2018年の２年平均でみると4,753円になる。1.0 ～ 2.0ha層から2.0 ～ 3.0ha層では7,000円から8,000円台、5.0ha以上層では１万8,563円、7.0ha以上層では２万1,469円になり、0.5ha未満層との差は13.6倍になっている。

ちなみに、１日当たり家族労働報酬を2018年度の沖縄県最低賃金と比べると、最低賃金額は１時間762円であり[15)]、これを１日当たりにみると6,096円になる。経営規模階層1.0 ～ 2.0ha層では、この水準を上回るが、0.5 ～ 1.0ha層および0.5ha未満の層では及ばない。

最後に、粗収益と全算入生産費の差（擬制的にみた「利潤」）を計算すると（**表5-8**）、10 a 当たり、１㌧当たりとも2.0 ～ 3.0ha層までは、粗収益は全算入生産費を下回わりマイナスである。3.0 ～ 5.0ha層において粗収益が全算入生産費を若干上回るが、その差は不安定であり、やや安定的になるのは5.0ha以上層である。

表 5-8　サトウキビ生産における「利潤」（粗収益－全算入生産費）10a 当たり　（単位：円）

	平均	鹿児島	沖縄	0.5ha未満	0.5〜1.0	1.0〜2.0	2.0〜3.0	3.0〜5.0	5.0ha以上	うち7.0ha 以上
粗収益	134,183.6	123,190.5	144,795.0	122,223.4	128,260.7	147,790.4	134,501.1	135,456.2	131,132.7	125,390.5
全算入生産費	147,544.0	146,494.9	148,654.1	195,171.1	173,740.3	153,657.0	143,419.2	129,575.7	113,086.8	107,489.3
利潤	-13,360.4	-23,304.4	-3,859.1	-72,947.7	-45,479.6	-5,866.6	-8,918.2	5,880.5	18,045.9	17,901.2

1ﾄﾝ当たり　（単位：円）

	平均	鹿児島	沖縄	0.5ha未満	0.5〜1.0	1.0〜2.0	2.0〜3.0	3.0〜5.0	5.0ha以上	うち7.0ha 以上
粗収益	21,730.0	21,091.0	22,271.7	21,989.4	21,783.8	21,953.0	21,632.3	21,477.5	21,599.1	21,400.0
全算入生産費	24,174.7	25,293.5	23,212.2	35,627.9	29,585.8	23,078.9	23,568.0	20,879.7	18,868.7	18,548.8
利潤	-2,444.7	-4,202.9	-940.5	-13,638.5	-7,802.0	-1,125.9	-1,935.7	597.8	2,730.4	2,851.2

資料：表 5-2 に同じ。
注：1）10a 当たり利潤は、表 5-4 および表 5-7 より計算。
　　2）1ﾄﾝ当たり利潤は（原資料「1t 当たり生産費」）および表 5-7 により計算。

表 5-9　サトウキビ作経営規模別農家数（2018 年産）

	実数（戸）	構成割合（%） 計	0.5ha 未満	0.5〜1.0	1.0〜2.0	2.0〜3.0	3.0〜5.0	5.0〜7.0	7.0ha 以上
沖縄県	13,780	100.0	44.9	24.1	19.7	5.9	3.3	1.1	1.0
沖縄本島北部	1,229	100.0	54.3	24.7	15.1	3.6	1.7	0.7	—
沖縄本島中南部	4,369	100.0	76.8	15.5	5.2	1.0	0.6	0.3	0.6
本島西部離島	1,197	100.0	31.7	24.8	24.5	9.2	5.9	2.0	1.8
大東諸島	339	100.0	3.2	5.3	17.7	11.8	22.4	20.4	19.2
宮　古	5,231	100.0	26.8	31.4	30.4	7.9	3.0	0.3	0.1
八重山	1,415	100.0	25.9	27.0	25.5	11.5	7.3	1.6	1.3

資料：沖縄県農林水産部『平成 30/31 年期さとうきび及び甘しゃ糖生産実績』令和元年８月、より筆者作成。

サトウキビの収益性を、所得、家族労働報酬、「利潤」の観点からまとめると、１日当たり所得は、0.5ha未満層では2,669円、0.5 〜 1.0ha層では5,160円にとどまり、1.0 〜 2.0ha層以上で１万円を上回るようになる。他の産業の賃金と比較しうる１日当たり家族労働報酬のレベルでは、0.5ha未満層、0.5 〜 1.0ha層の１日当たり家族労働報酬は最低水準に届かず、1.0 〜 2.0ha層以上の階層で最低賃金を上回るようになる。

「利潤」の考え方では、2.0 〜 3.0ha層までの階層ではマイナス、3.0 〜 5.0ha層で若干の「利潤」が得られ、5.0ha以上層になると一定の「利潤」が得られる。

このことをサトウキビ生産農家の経営規模階層別構成との関連でみると（**表 5-9**）、沖縄県のサトウキビ生産農家の経営規模階層別の構成では、3.0 〜 5.0ha以上の層の割合は5.4％、さらに5.0ha以上の層は2.1％に過ぎない。しかも、これらの階層は県内全域に同じ割合で分布しているのではなく、特定の地域に集中して分布している。たとえば、5.0ha以上層の46.7％、3.0 ～ 5.0ha層を含めても28.2％は大東諸島に分布している。一方、１日当たり家族労働報酬、１日当たり所得ともに最低賃金の水準に達しない、0.5ha未満層、0.5 ～ 1.0ha層の規模層が県全体で69％を占め、特に沖縄本島中南部では92.3％がこの階層に含まれ、サトウキビ生産の重要な担い手となっている。

第３節　小括

沖縄農農業において生産者数が最も多くまた土地利用において普通畑の56.5％を占めるサトウキビの生産は、復帰後、収穫面積、生産量、農家数ともに大幅に減少した。もっとも、その推移は時期によって大きく異なる。収穫面積については1991年から1998年にかけて大きく減少しており、生産量も1990年から1996年にかけてほぼ収穫面積に連動する形で大きく減少した。サトウキビ作農家数は1989年から2000年にかけて地滑り的とも言える激しさで減少した。特に経営規模が小さい0.5ha未満層と0.5 ～ 1.0ha層の減少は著しい。

サトウキビ単収は復帰から1989年まで上昇の傾向にあったが、1990年以降は減少の傾向にある。収穫面積、生産量、農家数、単収の低下に、共通してみられる動きは1989年から1990年を分岐点として減少の傾向が急速に大きくなっていることである。

そこでサトウキビの価格・農家手取額、粗収益と生産費の関係の時系列的推移を検討した。その結果、次の点が明らかにされた。

復帰後、1972年から1981年まではサトウキビの価格は毎年引き上げられ、それにさらに生産奨励金が加算され、農家手取額は大きく上昇した。その結果、サトウキビの粗収益も増加した。この時期サトウキビの生産費も増加していくが、農家手取額と粗収益はほぼこれに対応する形で上昇し、年によっては粗収益が第２次生産費を上回る年もあった。しかし1980年代には、価格の引き上げ幅が小さくなり、さらに奨励金の額も小さくなっていく。その結果、農家手取額・粗収益は生産費を下回るようになり、1984年以降その格差は一層大きくなっていく。

サトウキビ作農家数は1989年から1990年を境に大きく減少していく。サトウキビ粗収益と生産費の格差の拡大が農家のサトウキビ作からの離脱（担い手の減少）、収穫面積と生産量の減少につながったと考えられる。サトウキビ単収は復帰直後から1989年ころまでは、上昇の傾向にあったが、1989年を境に低下の傾向をたどっている。サトウキビ作農家数が減少していく時期と重なる。1990年以降は単収の低下だけでなく、その年次変動の幅も大きくなっていることがもう一つの特徴である。単収の低下と年次変動の変化はとくに株出しにおいて特徴的に現れている。

サトウキビの生産、単収は年ごとの変動幅が大きく、大きく低下した時期にはそのたびに、台風、干ばつの影響、技術的問題が取り上げられ、課題が指摘された。そして担い手の高齢化の問題や機械化、規模拡大が叫ばれた。復帰直後に比べると、機械化は大きく進展し、１農家当たりの規模も拡大した。しかし、収穫面積、生産量、農家数の減少は止まらない。

こうした復帰後のサトウキビ生産の動きを、その要因と波及の方向（順序）でみると、①1980年中期以降のサトウキビ収益性の低下（農家受け取りと生産費の乖離の拡大）（**図5-6**）→②農家数の減少（生産意欲の低下）（**図5-5**）→③収穫面積の減少（**図5-1**）→④10ａ当たり収量の低下・不安定化（**図5-2、図5-3**）→⑤生産量の減少（**図5-1**）、というプロセスで構造的に進行したのではないだろうか。

またこうした変化に並行して、作型構成において株出しが増大しつつあることがある。株出しはかつて、技術上の問題が指摘されてきた。株出栽培増大の傾向については、こうした歴史的経緯も踏まえて注視していく必要があろう。

こうしたサトウキビ生産の長期的推移から大きく二つの構造的課題を指摘することができる。まず一つは、生産費と価格の格差である。現在のサトウキビ作の後退は、粗収益が構造的に生産費を下回るという状況のもとで進行している。価格の引き上げ、生産費の低減、双方の改善が求められるが、担い手の生産への意欲がなければ、いかなる技術が提供されてもその効果は薄くなろう。

二つ目は、単収の上昇と地力の維持・増進の課題である。サトウキビ単収が長期的に低下の傾向をたどりかつ年次間の変動が大きくなっていることの背景には、地力の低下があると考えられる。したがって、単収の長期的低下傾向に歯止めをかけ生産の安定化を図るにはサトウキビ生産の技術とともに地力の維持・増進が大きな課題である。

こうしたサトウキビの価格と生産費の関係のもとで、2016年産、2017年産、2018年産の「さとうきび生産費調査」を基に生産費と収益性の検討を行った。その主な特徴をまとめると次のようになる。

サトウキビ作経営体の経営概況の特徴として、経営規模階層が大きくなるに連れて経営耕地におけるサトウキビ作付面積（収穫面積）割合が高くなる傾向があり、7.0ha以上層では71％にも上っている。2.0～3.0ha層以上の階層では、ほぼサトウキビ単作の形態となっている。もう一つの点は、サトウキビ作付地のなかに占める小作地の割合である。小作地の割合は平均でも58％と高い割合を占めるが、経営規模階層別には規模の大きい階層で高くなる傾向にあり、7.0ha以上層では74％に達している。サトウキビ作は大きく借入耕地に依存していると言える。

生産費の構成を平均でみると、物財費が全算入生産費の53％を占め、労働費が35％である。物財費のなかでは、割合が最も大きいのは、賃借料･料金で（21％）で、続いて肥料費（10％）、農機具費（６％）、農業薬剤（５％）、種苗費（３％）となっている。賃借料・料金、肥料費は特に、経営規模階層が大きい3.0～5.0ha層以上の階層において割合が高くなっている。

全算入生産費に占める労働費の割合は、地域別には鹿児島の30％に対し沖縄では40％になっている。経営規模階層別には規模が小さい階層ほど割合が大きく、特に、0.5ha未満層、0.5～1.0haではそれぞれ51％、44％を占めている。

労働費を規定する10ａ当たり投下労働時間について直接労働時間でみると、沖縄では鹿児島の1.7倍にのぼっている。経営規模階層には、0.5ha未満層の95.12時間に対して、7.0ha以上層では14.87時間と大きな差がある。機械化の進展の程度を反映していると考えられる。

作業別には、中耕除草が最も多く12.31時間、これに次ぐのが収穫の11.09時間である。鹿児島と沖縄では大きな差があり、中耕除草では沖縄は鹿児島に比べて56.4％多く、収穫では沖縄は鹿児島の2.3倍の労働時間を投じている。経営規模階層別には、中耕除草、収穫ともに規模が大きくなるにつれて減少しており、中耕除草では、最大の0.5ha未満層の30.84時間に対して最も少ない7.0ha以上層では5.25時間、収穫では0.5ha未満層の最大24.52時間に対し、7.0ha以上層では0.27時間になっている。

生産費の費目でもう一つ注目されることは、支払利子・支払地代である。全算入生産費に占める支払利子・支払地代の割合は平均で4.8％、経営規模階層別には0.5ha未満層の3.2％から、規模が大きくなるにつれて高くなり7.0ha以上層では

8.9％になっている。

以上の結果をサトウキビの収益性としてまとめると次のようになる。

まず、10ａ当たり所得は、地域性、経営規模階層による差が大きく、地域別には鹿児島の２万5,688円に対し、沖縄は６万1,527円と鹿児島の2.4倍になっている。このことは両地域の10ａ当たり収量の差もあるが、家族労働費の差も大きい。経営規模階層別には、1.0～2.0ha規模層が５万3,545円と最も高く、この規模より上位の階層、下位の階層では減少している。１日当たり所得は、鹿児島6,495円、沖縄9,707円である。経営規模階層別には、0.5ha未満層では2,669円であるのに対し、7.0ha以上層では２万4,486円になっており、階層規模による差が大きい。

10ａ当たり家族労働報酬は、鹿児島１万7,470円、沖縄４万9,351円で、経営規模階層別には最も低い0.5ha未満層の１万6,817円に対して、最も高い3.0～5.0ha規模層では４万3,256円と2.6倍の開きがある。１日当たり家族労働報酬では、鹿児島4,297円、沖縄7,765円である。経営規模階層別には最も低い0.5ha未満層では1,576円であるのに対して、最も大きい7.0ha以上層では２万1,469円になり、その差は13.6倍にもなる。

沖縄のサトウキビ作農家の69％を占める経営規模0.5ha未満層および0.5～1.0ha層の農家では１日当たり家族労働報酬は沖縄県最低賃金にも達し得ていない。

擬制的に「利潤」を計算すると、10ａ当たり、１㌧当たりとも、2.0～3.0ha層までは「利潤」は得られず、3.0～5.0ha層で若干の利潤が得られ、5.0ha層以上の層では一定の「利潤」相当が得られる。しかし、5.0ha以上層のサトウキビ生産経営体の割合は2.1％にすぎず、かつ特定の地域に集中している。

そこで、先に述べた構造的課題と「さとうきび生産費調査」の分析の結果から得られたトウキビ作の課題を整理すると以下のようになる。

第１は、生産費をカバーしうる価格の設定である。生産者が価格の動きに反応していることは明らかである。経営規模が小さい階層においては価格と生産費の乖離は大きく、こうした状況のもとでは、サトウキビ単収を引き上げるための技術の導入に対するインセンティブは弱くなろう。しかもこれらの規模層はサトウキビ生産者の大半を占める。

単収を引き上げるための技術の議論は多くなされているが、技術の導入には一方で生産費の追加が求められる。技術の導入には、生産費の負担も含めた議論が必要であろう。

第２は、地力の維持・増進である。1990年代以降のサトウキビ単収の傾向的な低下、年次変動の大きさは、これまでのサトウキビ生産に関する研究の結果を踏まえると、地力の低下が考えられる。このことへの対応としては長期的視点からの地力を維持・増進するための仕組みの構築が課題である。沖縄県農林水産部の『さとうきび栽培指針』（平成26年３月）では、地力の維持・増進の手段として、堆肥の投入、緑肥の施用を推奨し、堆肥については、10ａ当たり夏植えで4.5㌧、春植えで3.0㌧の投入が指導されている。しかし、寺内方克によれば、「この施用量は、購入した場合に相当程度の購入費用を必要とし、単収増加による収入と相殺されるため、労力不足と相まって、経営判断として堆厩肥の施用が見送られる原因となっている」〔13〕という。堆肥の投入を支援する仕組みの構築が求められる。

第３は、サトウキビ作の経営規模と生産費の関連である。規模の小さい0.5ha未満層、0.5～1.0ha層では、労働費の割合が高く、機械化の推進がなお大きな課題である。一方、1.0～2.0ha層、2.0～3.0ha層の中間層では、農機具費の占める割合が相対的に高く、機械装備のあり方を検討する必要があろう。

第４は、経営規模が大きくなるにつれて、生産費に占める賃借料・料金および支払利子・地代の割合が高くなっていることである。このことが今後大規模経営における生産費の負担になってくる可能性もあり、サトウキビ作の機械化・規模拡大の議論において検討すべき論点となろう。

第５は、サトウキビ作の経営規模と収益性の問題である。一般的には、10ａ当たり所得は経営規模1.0～2.0ha層で最も大きくなり、10ａ当たり家族労働報酬では3.0～5.0ha層で最も大きくなっている。土地生産性は中規模あるいはそれよりやや大きい階層で大きくなっている。一方、１日当たり所得、１日当たり家族労働報酬では7.0ha以上層で最も大きくなる。

農家が求める収益の水準は、経営規模によって異なり、生産に対する取り組みも異なる。一般的な規模拡大ではなく、収入の水準、他の作物との組み合わせを含めた生産の仕組みを検討する必要があろう。経営面積規模が大きい階層ほど普通畑のなかでサトウキビ作の占める割合が高く、2.0～3.0ha層、3.0～5.0ha層では59～66％、5.0ha以上層では68％がサトウキビによって占められており（前出、**表5-3**）。地力維持の仕組みを含めた地域におけるシステム作りが求められる。

今日、進められている規模拡大の方向にはこうした視点からの議論は少なく、規模拡大そのものが目的化されてきた面が強い。何を目標にどの程度の規模を設定するのか。サトウキビ作経営の合理化のためには、規模を含めた経営の構造を的確に把握し経営の課題に対応した施策を打ち出す必要があろう。

注

１）沖縄県農林水産部『農業関係統計資料　総括統計表』1984年８月。
沖縄県農林水産部『令和元/２年期　さとうきび及び甘しゃ糖生産実績』2020年８月。
沖縄県農林水産部『糖業年報』第61号、2021年３月。
内閣府翁総合事務局農林水産部『第49次沖縄農林水産統計年報』2019～2020

２）サトウキビ作農家の割合は「2020年農林業センサス」における総農家数に対する割合である。
サトウキビ栽培面積は、2019年収穫面積に2020年夏植収穫面積を加えた。

３）前掲、「さとうきび及び甘しゃ糖生産実績」2020年産は81万４千トンに増加している。

４）斎藤高宏「沖縄のさとうきび生産と糖業に関する『覚書』（上）」（『農総研季報』第34号、1997年６月）。（文献〔１〕）。

５）寺内方克は、1960年代から2010年代初期にかけてのサトウキビ単収（鹿児島・沖縄）の推移を基に、「さとうきびの単収は長期的に横ばいもしくは低落傾向にある」とし、その要因として、①種苗伝染性病害の影響、②肥培管理の影響、③機械化の影響、④連作の影響、⑤開発技術の普及・開発、をあげている。
　寺内方克「さとうきび単収改善に向けた課題」（独立行政法人農畜産業振興機構『砂糖類・でん粉情報』、2013年３月）。
　また、出花幸之介も、前掲論文（文献〔３〕）のなかで、サトウキビの単収の長期的減少に関するこれまでの研究を整理している。

６）農作物10ａ当たり平均収量は、一般的には直近7年の実単収のうち豊凶の各１年を除いた５年の平均値をとるが、ここでは７年を区間とした移動平均（中心化）をとった。なお、移動平均の区間を５年（中心化）で設定した場合は、決定係数は３作型合計で0.7512、夏植えでは0.4404になる。

７）前掲、「さとうきび及び甘しゃ糖生産実績」、各年。

８）法橋信彦「宮古島・石垣島のサトウキビ株出し不萌芽問題に対するこれまでのとりくみとアンケートによる実態調査の要約」「サトウキビ株出し不萌芽に関する特別検討資料」沖縄蔗作研究会、1980年。
仲盛広明・河村　太「サトウキビ株出し不萌芽はなぜ起こる―必要な総合対策―」沖縄農業研究会『沖縄農業』32(1)、1997年８月。

９）2015年以降の1.5ha以上層の急激な増加は、宮古における同規模層の増加が大きな要因になっている。この時期の宮古の1.5ha以上層の推移は、2014年の646戸から2015年には一気に2,542戸へと４倍も増加し、2016年、2017年は2,500戸で推移し、

2018年には半減して1,170戸になり、2019年には再び増加して2,694戸になるという不自然な動きをしている。ここではこの変動の検証に限界があることから統計上の指摘にとどまらざるを得ない。

10）復帰後のサトウキビ価格については、前掲、斎藤「沖縄のさとうきび生産と糖業に関する『覚書』（上）」においても、1972年から1993年までの「取引価格」と「生産費」（備考）が表で示されている。

11）含蜜糖原料サトウキビについては、「含蜜糖振興対策事業（生産条件不利補正対策事業）」による。

12）沖縄県農林水産部『糖業年報』第61号、2021年３月。

13）来間泰男は「さとうきびの減少は、政府の告示する生産者価格が1978年以降低率引き上げとなり、83年ピーク、その後、据え置き、引き下げた水準での据え置きと推移してきたことから、収益性が著しく低下したことが基礎にある」、と述べている。「沖縄糖業の危機とその展望」（沖縄国際大学南島文化研究所『南島文化』第18号、1996年３月）、p17.

また、永田淳嗣は、サトウキビ作の長期動態について、「沖縄のサトウキビ作の拡大・縮小は、基本的に土地生産性の上昇・低下ではなく、価格動向に誘発された、面積の拡大・縮小や労働力・資本投入の水準に規定されてきた」と述べている。

永田淳嗣「沖縄サトウキビ作の長期動態」（独立行政法人農畜産業振興機構　調査情報部『砂糖類情報』No.187、2012年４月、p.3.

14）10ａ当たり平均値の算出は、調査対象経営体ごとにウェイトを定め、規模階層別の集計対象とする区分ごとに加重平均されている。ウェイトは、収穫面積規模別の調査対象経営体数を、当該年産の「さとうきびの経営安定対策加入申請者数（(独）農畜産振興機構)」のうちさとうきび作付（計画）のある個別経営体で除した値の逆数である。

（「農業経営統計調査」「農産物生産費（個別経営)」2017年「さとうきび生産費」）「政府統計の総合窓口」（e-Stat）（https://www.e-stat.go.jp）。

15）2019年産（令和元）からは、規模階層区分が異なることから、2016年、2017年、2018年を対象とし、年次による変動を均すために３年の加重平均を用いた。

加重平均の計算方法は、鹿児島県・沖縄県の地域および経営規模階層別のサトウキビ作農家戸数の計を１とした各年の比率をウェイトとし重みづけした値を求め、その３年分の計を加重平均とした。

サトウキビ作経営規模階層別農家戸数は、沖縄県は、沖縄県農林水産部『さとうきび及び甘しゃ糖生産実績』（各年)、鹿児島県は、鹿児島県農政部農産園芸課『令和元年産　さとうきび及び甘しゃ糖生産実績』（令和元/ ２年期)、令和２年７月、による。

経営規模10ａ未満の階層は除いた。鹿児島県の農家戸数は「さとうきび栽培規模別」であるが、夏植えの割合は収穫面積の９～13％である。

16）沖縄労働局『令和元年度　沖縄の賃金』。

引用および参考文献

〔１〕斎藤高宏「沖縄のさとうきび生産と糖業に関する『覚書』（上）」（『農総研季報』第34号、1997年６月）p.38、p.39.
（https://www.maff.go.jp/primaff/kanko/kiho/attach/pdf/970630_kiho34_02.pdf）（2023年４月５日　最終閲覧）。
〔２〕新井祥穂/永田淳嗣共著『復帰後の沖縄農業　フィールドワークによる沖縄農政論』、農林統計協会、2013年２月、p.109.
〔３〕出花幸之介『南西諸島におけるサトウキビの収量低下とその対策』2023、p.115.（鹿児島大学連合大学院　2022年度学位請求論文）
〔４〕前掲、出花幸之介『南西諸島におけるサトウキビの収量低下とその対策』、pp.115-117.
〔５〕丸杉孝之助『沖縄農業の基本条件と構造改善』、琉球大学農学部、1979年３月、p.74.
〔６〕福仲　憲「さとうきび『株出』栽培の技術体系と問題点」（『農業経営研究』第24号）1975年７月、p.72.
〔７〕前掲、法橋信彦「宮古島・石垣島のサトウキビ株出し不萌芽問題に対するこれまでのとりくみとアンケートによる実態調査の要約」、pp.31-36.
前掲、仲盛広明・河村　太「サトウキビ株出し不萌芽はなぜ起こる―必要な総合対策―」、p.36.
〔８〕前掲、法橋信彦「宮古島・石垣島のサトウキビ株出し不萌芽問題に対するこれまでのとりくみとアンケートによる実態調査の要約」。前掲、仲盛広明・河村　太「サトウキビ株出し不萌芽はなぜ起こる―必要な総合対策―」、p.36.
〔９〕宮里清松『サトウキビとその栽培』、日本分蜜糖工業会、1986年11月、pp.229-230.
〔10〕前掲、丸杉孝之助『沖縄農業の基本条件と構造改善』、p.74.
〔11〕前掲、丸杉孝之助『沖縄農業の基本条件と構造改善』、pp.74-75.
〔12〕前掲、丸杉孝之助『沖縄農業の基本条件と構造改善』、p.75.
〔13〕前掲、寺内方克「さとうきび単収改善に向けた課題」、p.58.

第６章　農地の所有と利用の構造

農地は農業生産の基盤をなす基本的な生産手段をなし、その所有と利用の仕組みは社会の歴史段階と生産関係に規定される。沖縄県においては、1898年（明治31）まで共同体（「村」）による農地の共同体的所有に基づく耕地の割り替え耕作、いわゆる地割制が存続した。地割制は1899年（明治32）から1903年（明治36）にかけて実施された沖縄県土地整理事業によって廃止され、私的土地所有の制度へと移行する。

私的土地所有への移行後も、農地は零細分散所有のもとで農民家族の生活の基盤としての性格を強くもち、戦前期日本本土において形成された寄生地主制は形成されず、農地の貸借においては、「ウェーキ・シカマ」と称される前近代的な関係が存在し、労働地代や高率の小作料が課される作り分けが存在した一方、親戚や親しい間柄では、小作料の支払いがない「預け・預かり」と呼ばれる関係が存在した（第１章参照）。

第二次世界大戦後はアメリカ軍の占領統治下におかれ、日本の行政から分離され、農地改革は実施されず農地法も適用されなかった。その結果、農地の所有と利用は戦前期の慣行が存続した。アメリカ軍の統治が27年続いた後、1972年（昭和47)、沖縄の施政権が日本へ返還され、農地法をはじめとする農地に関する行政も日本の法制度が適用された。農地改革が実施されず農地法も適用されなかったことによる農地管理に関わる課題が顕在化する。また、沖縄が復帰した時期は、我が国における農地政策が、自作農主義から借地による規模拡大へ転換していく時期であり、したがって、沖縄県では農地の権利移動に関する統制と農地の流動化を促進する事業や法律が同時に進行することになる。

さらにこの時期、全国的に企業による土地買い占めが横行し、その動きは沖縄にも波及した。沖縄では、復帰前年の1971年に干ばつ・台風により農業が大きな打撃を受け、さらに復帰記念として開催されることになった海洋博を当て込んだ農外資本の土地買い占めが進んだ。

本章では日本復帰後の沖縄県における農地の管理に関する制度のもとでの農地

の移動および農家および農業経営体の面からみた慣行による農地の利用について検討する。

第1節　復帰後の農地の移動

沖縄県で農地法が適用されるのは1972年（昭和47）５月15日、沖縄が日本に復帰した時点であり、したがって農地法による農地の権利移転と転用についての統制がなされるのはこの時からである。本節では、日本復帰以降の農地制度のもとでの農地の権利移転とその特徴を明らかにする。

もっとも、我が国における農地の管理に関する制度そのものが1970年代以降大きく変容していることから、最初に、沖縄県が復帰した時期以降の農地制度の変遷について簡単に触れておきたい。

沖縄県が日本に復帰した時期は、1961年（昭和36）に農業基本法が制定され農産物輸入自由化が急速に進むなか、農地政策がそれまでの自作農主義から借地による農地の集積、経営規模拡大の方向に転換していく時期であった。まず、1970年（昭和45）に農地法が改正され、その目的に、「土地の農業上の効率的な利用を図るためその利用関係を調整し」（「農地法」（昭和45年改正）、第１条）、という文言が加えられた。続いて、1975年（昭和50）に「農業振興地域の整備に関する法律」のなかに「農用地利用増進事業」が設けられた。この事業は、市町村が農用地利用増進計画を定め、これを公告することによって利用権設定の効果を生ずることとし、農地の貸借について農地法の法定更新の規定を除外するものであった〔1〕。「農用地利用増進事業」は1980年（昭和55）には、「農用地利用増進法」として制定され、制度の拡大と強化がなされた。

「農用地利用増進法」はさらに、1993年（平成５）に「農業経営基盤強化促進法」として改正された。同法は「育成すべき効率的かつ安定的な農業経営の目標を明らかにするとともに、その目標に向けて農業経営の改善を計画的に進めようとする農業者に対する農用地の利用の集積、これらの農業者の経営管理の合理化その他の農業経営基盤の強化を促進するための措置を総合的に講ずることにより、農業の健全な発展に寄与する」（第１条）ことを目的としており、農地の集積と農業経営の規模拡大、経営の合理化が一つの法律のなかで関連づけられた。

一方、2009年（平成21）には農地法が改正され、その目的に、「農地が現在及び将来における国民のための限られた資源であり、かつ、地域における貴重な資源であること」、および「農地を効率的に利用する耕作者による地域との調和に配慮した農地の権利の取得を推進し」、といったことなどが加えられた（「農地法」（平成21年改正)、第1条)。同時に、①農業生産法人以外の法人が一定の条件のもとで、農地を借り入れることを可能とすること、および②農業生産法人の要件が変更された[1)]。

さらに、2013年（平成25）から2015年（平成27）にかけて農地の権利の移転の仕組みが大きく変わった。すなわち、2013年12月に「農地中間管理事業の推進に関する法律」が制定（2014年3月施行）され、2014年度から農地中間管理事業がスタートした。続いて2015年（平成27）には、「農地法」および「農業委員会等に関する法律」が改正された。「農地法」では従来の農業生産法人が「農地所有適格法人」（農地を所有できる法人）に変更され、その要件について、①構成員について、その法人の常時従事者である構成員が理事等の数の過半を占めること、②農地利用集積円滑化団体又は農中間管理機構に農地又は採草放牧地について使用貸借による権利又は賃借権を設定している個人が加えられた。③役員要件では、法人の理事等又は農林水産省令で定める使用人（常時従事者）のうち、1人以上の者がその法人の行う作業に一年間に農林水産省令で定める日数以上従事すること、とされた（「農地法」（平成27年改正)、第2条3項)。

「農業委員会等に関する法律」では農業委員の選出方法が、それまでの公選法の準用から議会の同意を得て市町村長が選任する方法に変更され、また農業委員に加え「農地利用最適化推進委員」が新設された（「農業委員会等に関する法律」（平成27年改正)、第8条及び第17条)。

以上が、1970年以降の農地法を中心とする農地制度の主な変化であるが、そのなかで、沖縄県の農地の権利移動はどのように進んだであろうか。

沖縄県における農地の権利移動の動きをみるために、復帰後の農地の権利移動面積の推移を算出した。算出に当たっては農林水産省経営局農地政策課の「農地の権利移動面積（フロー)」（グラフ表示）の算定の方法を参考にした[〔2〕]。同資料では農地の権利移動面積（フロー）は所有権移転＋利用権設定（純増分）で示されている。

所有権移転面積は所有権耕作地有償移転であり、その構成についての説明は記されていないが、「農地法第３条許可・届出＋農業経営基盤強化促進法による所有権移転」にほぼ一致する。利用権設定（純増分）の算出方法は「利用権設定－利用権更新分－賃貸借の解約等」の式で示されている[2)]。

沖縄県の農地の権利移動面積の算定については、次の算式を用いた。

農地の権利移動面積＝所有権移転面積＋利用権等設定面積（純増分）

所有権移転は所有権耕作地有償移転（農地法第３条許可・届出＋農業経営基盤強化促進法による所有権移転）

利用権等（純増分）は、「農業経営基盤強化促進法利用権の設定＋農地法第３条による賃借権の設定－利用権（賃借権）の終了[3)]－賃貸借の解約等」(2014年以降は農地中間管理事業による農地の移動を加えた。）とした。

所有権移転面積については農林水産省の算式と同じであるが、利用権等（純増分）については、農林水産省の算式では農業経営基盤強化促進法における「利用権（純増分)」を対象にしていることに対し、本書では、「農業経営基盤強化促進法の利用権」に「農地法第３条による賃借権の設定」を加えた「利用権等」としてとらえ､「利用権等設定面積－利用権（賃借権）の終了－賃貸借の解約等」を「利用権等純増分」とした。

その結果をグラフで示したのが**図6-1**である。資料は『農地の移動と転用』である[4)]。まず、**図6-1**により沖縄県における復帰後の農地移動の動きの大枠を見ておきたい。時系列でみると、①1973～1975年（昭和48～50）の間は、自作地有償所有権移転[5)]が157～217ha、賃借権（増加分）は６～30haにとどまり、権利移動面積は極めて少ない。②1976年（昭和51）には自作地有償所有権移転が一気に638haに増加し、1978年（昭和53）からは利用権等の部分も増加する。特に1982年（昭和57）は所有権移転、利用権等ともに大幅に増加している。こうした傾向は1986年（昭和61）まで続くが、③1987年（昭和62）以降は減少に転じ、1995年（平成７）には400haを下回る。④1996年（平成８）以降の移動面積は、547haから919haの間で変動を繰り返しながら推移しているが、そのなかで2009年以降所有権の移転がゆるやかに減少している。⑤2014年（平成26）には移動面積が大きく落ち込むが、2015年（平成27）から利用権の設定の増加の動きがみられる。2013年に「農地中間管理事業の推進に関する法律」が制定され、2014年から農地中間管理事業がスタートした。このことが、2014年以降の利用権等の設定

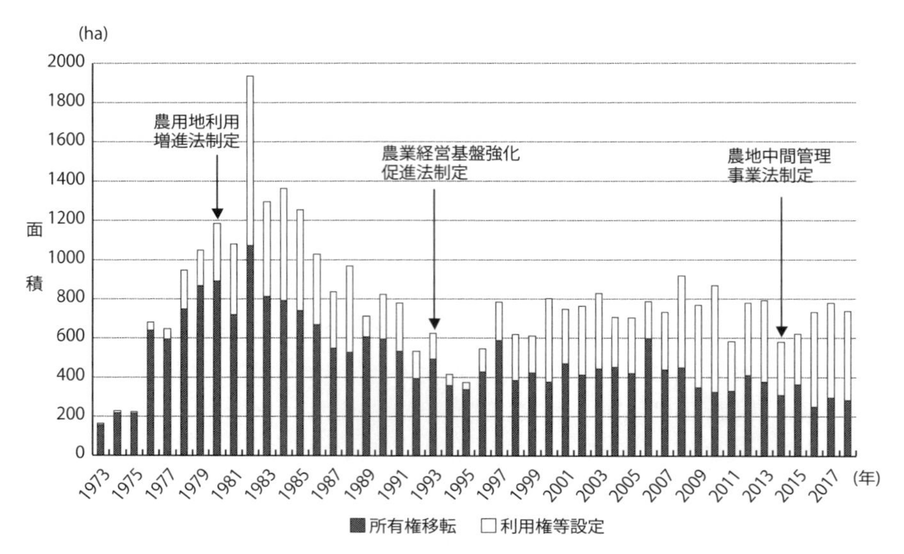

図6-1　沖縄県における農地の権利移動面積の推移（所有権移転＋利用権等設定（純増分））

資料：下記資料により筆者作成。（グラフ構成は、農林水産省ホームページ、「農地の権利移動面積（フロー）の概要について」（https://www.maff.go.jp/j/koukai/attach/pdf/index-19.pdf）（2020年7月20日　最終閲覧）を参考にした。
農林省『農地の移動と転用―農地移動実態調査結果―』（昭和48年～昭和51年）。
農林水産省『農地の移動と転用―農地移動実態調査結果―』（昭和52年～昭和55年）。
農林水産省『農地の移動と転用―農地移動実態調査結果・利用権設定等実態調査結果―』（昭和56年～昭和60年）。
農林水産省『農地の移動と転用―土地管理情報収集分析調査結果―』（昭和61年～平成21年）。
農林水産省『農地の移動と転用―農地の権利移動・賃借等調査結果―』（平成22年以降）。
（平成27年～平成30年は、政府統計の総合窓口（e-Stat）（http://www.e-stat.go.jp/）（2020年7月16日、2021年9月15日　閲覧）による。）

注：1）所有権移転は自作地有償所有権移転（農地法+農業経営基盤強化促進法）である。
2）利用権等設定（純増分）は利用権等設定ー利用権（賃借権）終了ー賃貸借の解約等、である。
3）利用権等は、農用地利用増進法・農業経営基盤強化促進法による利用権の設定に農地法第3条賃借権設定を加算し、2014年以降は農地中間管理事業による利用権等の設定を加算した。
4）農地法自作地有償所有権移転、農地法賃借権の設定は「農地法3条許可・届出」である。

の増加につながっていると考えられる。

以上の動きをより細かくみると次のようになる。

(1) 1973年から1975年までの時期は、復帰後間もない時期であり農地法第３条による移動は少なく、それもほとんどが自作地有償所有権移転による移動である。しかし、この時期、**図6-1**に示した農地の権利移動とは別の経路でも権利の移転がなされた。

沖縄県では、第二次世界大戦後農地改革が実施されず、また、アメリカ軍統治下にあって農地法が適用されていなかったことから、市町村、市町村内の集落、県、国、法人企業、個人などが所有する多様な形態の小作地が多く存在した。復帰の直前に琉球政府が行った『沖縄県における農地一筆調査結果報告書』6）によれば、「貸付等自作以外の所有農地の地積」（耕作者の側からは「所有農地以外の耕作農地」）は１万0,584haになり、これは当時の農地面積の19.6％を占めた。

このうち復帰後、農地法が適用されたことにより、農地法のもとでは所有できない小作地が、沖縄総合事務局農政課の推定で6,060haとされた7）。これらは、農地法が規定する手続にしたがって処理がなされた。処理には大きく三つの経路があった。一つは、農地法第９条の規定に基づいて買収した小作地の売渡しであり、1972 ～ 1996年までに2,419.8haの小作地が農家に売り渡された。その内訳は、市町村所有地1,350.3ha、法人所有地975.1ha、個人所有地94.5haで、半数以上は市町村有地であった〔3〕。二つ目は、沖縄に存在した国有地を農林省に移管し（所管換）、あるいは林野庁管理の林野内の農地の所属を換え（所属換）したうえで農家への売渡すものであり、1977年（昭和52）から1980年（昭和55）までに556.1ha、1991年（平成８）までに630.62haが売り渡された〔4〕。

三つ目の経路は、地主と小作人が相対で所有権を移転するものである。この場合は、相対による農地法第３条の農地の権利移動の手続きを経ることになる8）。

復帰直後、小作地所有権の移転が急増したことについて、沖縄総合事務局『沖縄農業の動向』（昭和56年１月）は、「農地法の即時適用によって小作地が強制買収されることになったことから、国による買収価格よりも当事者間での取引が有利であるとする動きが反映された結果であると考えられる」〔5〕と説明している。

これらの小作地の所有権移転の３つの経路の性格は同一とは言えないが、農地法上所有できない小作地の所有権の農家への移転という枠でくくり、その面積の推移を示すと**図6-2**である。先の**図6-1**との対応から面積の目盛りを同一にした。

特徴的な点は、復帰の年の1972年には農地法第９条による買収小作地の売渡が始まっており、1973年には、農地法第９条による買収小作地の売渡が427.3ha、さらに農地法第３条による小作地所有権移転が249.7ha、合計677haの小作地が農家に売り渡されている。**図6-1**で示した1973 ～ 1975年の自作地有償所有権移転が、158 ～ 215haであることからすれば、小作地所有権の移転はそれを大きく上回っ

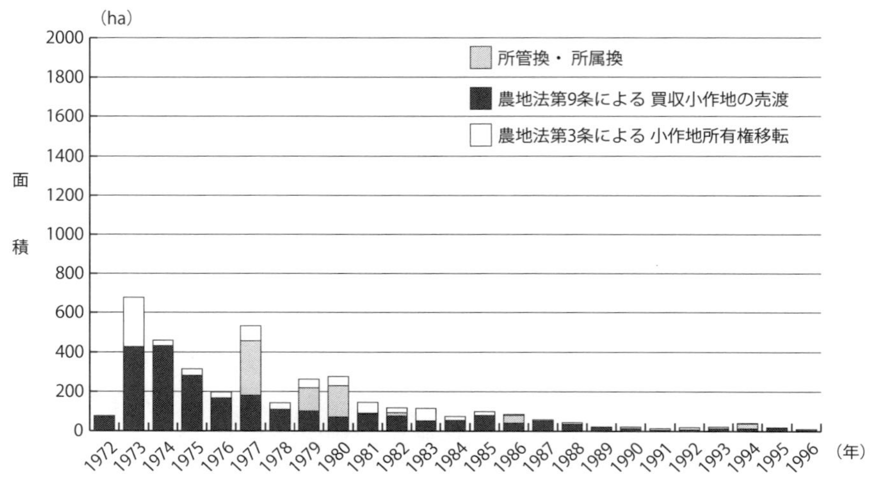

図6-2　小作地所有権の移転

資料：下記資料より筆者作成。
農林省『農地の移動と転用』昭和47年。
農林省電子図書館・電子図書一覧公開システム　(www.library-archive.maff.go.jp/images/400177622_0001/pdf?) (2020年7月16日　最終閲覧)。
前掲、図6 - 1資料『農地の移動と転用』(昭和48年～平成8年)。「農地法第9条買収・売渡」「所管替・所属換」については、農地制度資料編さん委員会『農地制度資料』第5巻（下）復帰後の沖縄への農地法適用、pp.95-99.
注：農地法第3条小作地所有権移転、1981年、1983年、1985年には「農用地利用増進法」による移転を含む。

ている。農地法第３条による小作地所有権の移転は1973年に集中的になされており、農地法の適用を契機にした小作地所有権の移転とみられる。この年の小作地所有権移転の譲渡側の事由は「相手方の要望」が面積構成で57.5％を占めており、主に小作人側の要望によって移転されたとみられる。1974年以降は農地法第３条による小作地所有権移転面積は大きく減少するが、1973年から85年までの耕作地所有権移転の譲渡側の事由別面積構成は、「相手方の要望」38.4％、「将来とも耕作の意志なし」17.6％、「その他」34.4％となっている。

農地法第９条による買収小作地の売渡は、1973年に続いて1974年も431.2haが売り渡されている。小作地所有権移転の全面積は1974年には459.3ha、1975年には313.4haにのぼっている。1977年には所管換・所属換によって、276.1haの小作地が売り渡され、小作地所有権の移転面積は533.1haにのぼった。こうした、小作地所有権移転の面積は1983年まで100haを超える面積が把握されているが、以降は減少していく。

ところで、復帰直後の農地の移動について、さらに述べておかなければならないことは、この時期の農外からの農地の取得、特に転用の急増と農外資本による土地買い占めである。1960年代末から1970年代初期かけては全国的に過剰流動性による土地投機、日本列島改造論に土地買い占めが進行していた。こうした動きは農地にも波及し、1969年から1973年にかけて農地の転用面積は急増する〔6〕。

沖縄では復帰前、農地の転用を統制する制度はなく、1972年5月15日の復帰と同時に農地法が適用された。農地法第4条、第5条による許可･届出および許可･届出外の手続きによる転用面積は、1973年944.9ha、1974年589.7ha、1975年273.6ha、1976年242.7haにのぼっている。1977年から1980年にかけては200ha以下であり、1981年と1982年にやや多く、それぞれ228.8ha、1982年の215.1haであること〔7〕からすると、1973年と1974年の転用面積がいかに多いかがわかる。

一方、農外企業による土地買い占めも進行した。沖縄県では復帰前年の1971年、長期の干ばつと猛烈な台風が沖縄を襲い、特に宮古・八重山地域の農業に大きな害を与え、さらに1975年（昭和50）に「沖縄国際海洋博覧会」が開催されることが決められたことから、海洋博へ向けた開発にともなう土地ブームが起こり〔8〕、農地についても各地で買い占めがなされた。

この時期の農外資本の農地買い占めは、沖縄県農業会議の調べによれば、買い占め面積5,352.5ha、農地1,220.9ha、うち復帰前売買9）が174haと報告されている〔9〕。また同報告、2ページ、表2の注記に、「農外資本による買い占めの他に買受人が個人で、復帰前売買契約として登記されている農地が964.8ha、8,334件ある」〔10〕ことが記されている。

(2) 1976年から1986年までは農地の権利移動面積が多い時期である。農地移動の面積は1976年から急増し、なかでも1982年の移動面積は突出している。1983～86年は移動面積はやや減少するが移動の動きとしては1976年以来の流れと言ってよい。権利移動の内容では、1976年、77年は所有権の移転に対して、利用権等の設定は限定的である。1978年以降は自作地所有権の移転も増えるが、利用権等の設定も増え、特に1982年は利用権等の設定が大幅に増えている。これは、1976年から農業者年金の移譲年金の支給が始まったこと、1975年に農用地利用増進法の前身である農用地利用増進事業が創設され、さらに1980年に農用地利用増進法が制定されたことから、利用権の設定が増えたと考えられる。特に1982年は所有権移転、利用権等の増加ともに最も多く、この年の利用権等の増加は865.2haにのぼり、そのうち、762haは農用地利用増進法の利用権によるものである。

1976年以降の自作地有償所有権移動の増加について、沖縄県農林水産部『復帰後の沖縄農地制度資料』は、「これは、復帰前後の企業等による土地の買い占めの影響によって農地の価格が上昇したとは言え、沖縄本島の中南部を除く地域における農地の取引価格が収益還元価格からあまりかけ離れない範囲で形成されている（表の参照、略：引用者、注）ことが、大きな要因であると考えられる」〔11〕と述べている。

この時期の沖縄農業の全体的な動きとしては、1970年代から1980年代かけて復帰後の諸施策の展開、特にサトウキビ価格（生産奨励金加算）の引き上げによってサトウキビの生産が増加し農業全体が大きく拡大した時期であり、1985年には農業粗生産額が復帰後最大の1,161億円に達する（第３章、参照）。

(3) 1987年（昭和62）から1995年（平成７）にかけては、農地移動の面積は減少する。特に、1994年、1995年は所有権の移転、利用権等の設定ともに少ない。

そこで、自作地有償所有権移転の面積が多い時期の1978年から1985年の間と、減少していく1987年から1995年の時期について、自作地有償所有権移転（農地法第３条）の移動事由の構成を都府県との比較で**表6-1**に示した。なお、権利移動の事由区分は、『農地の移動と転用』によるが、同資料の「利用上の注意事項」では、「特に事由区分は主観的になりやすい上いろいろ複雑な事情をもつ農地移動をひとつの事由に区分することは無理を伴わざるをえない」〔12〕とされており、事由の項目は「主な事由」として広くとらえる必要がある。

権利移動面積が多い1978年から1985年の自作地有償所有権移転の事由の特徴として、①「譲渡人法人」の割合が大きいこと、譲渡人個人のなかでは、②「農業廃止等」「相手方の要望」が大きいことと、一方で、③「資金の必要」の割合が小さいこと、さらに、④「交換」の割合が小さいことがあげられる。特に、「譲渡人法人」を事由とする移転の割合は都府県に比べてかなり大きい。法人の種類としては農地保有合理化法人（沖縄県農業開発公社　1973年設立）と「その他法人」からの譲渡がほとんどを占めている。

表6-1　自作地有償所有権移転の事由別面積構成（農地法3条）（多い時期：1978年～1985年、少ない時期：1987年～1995年）

（単位：%）

年	沖縄県							都府県						
	交換	譲渡人個人				譲渡人法人	計	交換	譲渡人個人				譲渡人法人	計
		農業廃止等	資金の必要	相手方の要望	その他				農業廃止等	資金の必要	相手方の要望	その他		
1978	1.6	36.8	6.0	26.6	7.5	21.6	100.0	12.6	35.4	17.7	16.8	6.0	11.6	100.0
1979	1.3	34.1	2.8	24.9	4.7	32.3	100.0	13.5	36.8	10.9	19.7	6.3	12.7	100.0
1980	0.6	29.2	5.9	7.7	4.6	52.0	100.0	12.3	33.7	18.7	16.8	6.5	11.9	100.0
1981	1.4	33.8	6.5	13.7	4.3	40.3	100.0	11.9	31.7	19.8	16.7	7.0	12.9	100.0
1982	0.6	24.6	7.2	11.2	2.4	54.0	100.0	11.9	30.2	20.8	17.1	6.6	13.1	100.0
1983	2.4	42.0	4.8	36.4	3.1	11.4	100.0	11.9	28.6	21.0	17.5	6.6	14.3	100.0
1984	1.6	21.9	6.2	17.0	6.1	47.2	100.0	12.2	28.8	23.0	18.3	6.0	11.7	100.0
1985	1.0	28.9	6.4	16.3	12.4	35.0	100.0	11.8	28.8	23.4	18.6	6.0	11.3	100.0
1987	6.3	24.6	8.2	29.9	8.7	22.3	100.0	11.3	29.8	22.8	20.1	7.1	8.9	100.0
1988	3.0	23.6	11.6	27.3	11.3	23.3	100.0	10.5	30.1	21.5	22.5	7.3	8.2	100.0
1989	2.6	19.6	8.7	37.0	14.9	17.3	100.0	10.2	31.6	19.2	23.8	7.6	7.5	100.0
1990	2.7	22.8	10.9	36.4	5.5	21.7	100.0	10.5	33.0	16.3	26.7	6.4	7.1	100.0
1991	4.3	14.1	10.4	36.9	7.9	26.3	100.0	10.2	31.8	15.1	27.7	7.4	7.7	100.0
1992	5.9	15.7	9.6	39.2	8.2	21.3	100.0	11.6	30.9	14.7	27.2	8.5	7.1	100.0
1993	1.8	13.6	4.9	35.4	11.1	33.1	100.0	11.2	30.0	13.8	27.7	9.1	8.0	100.0
1994	1.1	16.8	3.7	45.4	4.4	28.7	100.0	11.0	30.6	12.5	29.5	8.9	7.6	100.0
1995	1.6	24.3	5.6	48.0	4.7	15.8	100.0	9.5	31.9	12.5	31.4	9.7	4.8	100.0

資料：下記資料より筆者作成。
前掲、『農地の移動と転用—農地移動実態調査結果—』（昭和53年～昭和55年）。
前掲、『農地の移動と転用—農地移動実態調査結果・利用権設定等実態調査結果—』（昭和56年～昭和60年）。
前掲、『農地の移動と転用—土地管理情報収集分析調査結果—』（昭和62年～平成7年）。

注：1）自作地所有権移転の事由別の調査は、1985年までは全国は標本調査が行われ、悉皆的に調査することを希望する都道府県については悉皆調査をする、とされている。1978年、1979年は悉皆調査を行った農業地域または道府県名が記されているが、1980年以降は個別の県名は記されていない。
2）1978年から1985年までは、都府県は「悉皆調査の結果に基づく抽出調査の補正値」に基づき、沖縄県は都道府県別「事由別移動件数・面積」の総数に基づいた。
3）移動事由の項目は、1985年までと1987年以降は若干異なるが、類似項目をくくりとしてまとめた。
4）「農業廃止等」は、「農業廃止」、「労働力不足」、「兼業による経営縮小」、「経営移譲年金受給のため」などである。
5）「資金を必要とするため」は、「営農資金」、「農地購入資金」、「農業経営上の負債整理」、「その他」などである。
6）「譲渡人法人」は、「農業生産法人」、「農地保有合理化法人」、「その他法人」などである。

1978年から1985年の間の「譲渡人個人」の事由は、都府県では、1979年を除く各年で「農業廃止」>「資金の必要」>「相手方の要望」の順であるが、沖縄県では、「農業廃止」>「相手方の要望」>「資金の必要」の順になっており、「相手方の要望」の割合が比較的大きいことが特徴をなしている。「農業廃止等」の内訳は、「農業廃止」のほか、「労力不足」「兼業による経営縮小」「経営移譲年金受給のため」などである。

沖縄県における自作地有償所有権移転の事由のもう一つの特徴は、事由別構成全体のなかでの割合は小さいが、「交換」の割合が都府県に比べ相対的に小さいことである。都府県においては、自作地の「交換」が自作地有償所有権移転の事由別構成の10％強を占めているが、沖縄県では「交換」による移転は１％～２％の水準にとどまっている。交換分合などによる耕地利用の追求は弱かったことがうかがえる。

農地の権利移動面積が減少する、1987年から1995年にかけての自作地有償所有権移転の移動事由構成の特徴は（**表6-1**）、まず第１に、「譲渡人法人」を事由とした移動の割合は、1978～1985年の時期に比べればやや低下しているが、都府県に比べるとなおかなり大きな割合を占めていることである。第２の点は、「譲渡人個人」のなかの事由構成において、「相手方の要望」を事由とする移動の割合が「農業廃止等」の割合を上回り、1978～1985年の時期に比べ両者の関係が逆転していることである。

自作地有償所有権移転において、農地を利用する側の要望に合わせて移転する割合が比較的大きいことは、「農業廃止」や「資金の必要」といった所有者の立場だけではなく、農地を必要とする側の状況にも応ずる土地利用の柔軟性がうかがえる。

「交換」の割合は、一時的に高くなっている年もあるが（1987年、1992年）、全体としては低い状態が続いている。

(4) 1996～2013年は、2008年から2010年にかけて利用権等の設定がやや多くなるが全体として、ほぼ同程度の範囲で推移する。

(5) 2014年（平成26）からは農地の権利の移動に新たな制度が加わった。2013年に「農地中間管理事業の推進に関する法律」が制定され、2014年４月から同法に基づく農地中間管理権による賃借権または使用貸借による権利の移動がなされるようになったことである。農地中間管理事業による権利の移動は、2015年の16.5haから2016年には132.3ha、2017年には165.5haと増加し、2018年には136.1haになっている。（農地中間管理事業については、第２節で取り上げる。）

先述の全国の「農地の権利移動面積（フロー）」の推移では、2015年、2016年に利用権設定（純増分）の面積が大幅に増加しているが、沖縄県ではこの間の権利移動面積の増加は比較的緩やかである。

以上が復帰以降の、農地統計で把握した農地の権利移動面積の推移であるが、次に、近年の農地の移動の特徴をみるために、2005年（平成17）以降の農地法と農業経営基盤強化促進法による農地の権利移動の権利別面積構成を都府県との比較で**表6-2**に示した。先に示した**図6-1**では、全国的な農地移動の推移との対応から農地法および農業経営基盤強化促進法による自作地の無償所有権移転と農地法の使用貸借による権利の設定は含まれていないが、沖縄県ではこれらによる権利の移転・設定も農地の権利移動のなかで大きな割合を占めていることから、**表6-2**ではこれらの権利による移転の面積構成も示した。（なお同表では、賃借権の解約等、利用権の終了分は差し引いていない。）

2005年（平成17）以降の農地法による自作地所有権有償移転、同無償移転、賃借権の設定、使用貸借による権利の設定、農業経営基盤強化促進法による自作地所有権有償移転、同無償移転、利用権の設定（賃借権、使用貸借による権利）の計は、沖縄県では、1,000ha程度（最少2011年977ha、最多2013年1,394ha）である。都府県では2005年から2014年にかけては11万8,000haから15万8,000haで推移し、2015年には19万4,000haに増加している。

まず大枠として、農地法と農業経営基盤強化促進法による区分でみると、都府県では、農地法による権利移動は2005年の30％から2015年には11％台に低下し、2016年28％、2017年29％に上昇するが、2018年には11.7％になっている。農業基盤強化促進法による権利移動は、2005年の70％から2015年には89％に上昇し、2016年、2017年にはやや低下するが、2018年には88％になっている。これに対し、沖縄県では、農地法による権利移動が50％強（最大は2006年の73％、最小は2010年の44％）、農業経営基盤強化促進法による権利移動は40％強（最大は2010年の56％、最小は2006年の27％）となっている。

沖縄県における農地の権利移動の特徴はまさにこの点にある。すなわち、都府

表 6-2　近年の農地の権利移動（法律別及び権利の種類別面積構成）

沖縄県　（単位：%）

年	農地法第3条による権利の移動					農業経営基盤強化促進法による権利の移動					計
	所有権移転		賃借権の設定	使用貸借権の設定	小計	所有権移転		賃借権の設定	使用貸借権の設定	小計	
	自作地有償	自作地無償				自作地有償	自作地無償				
2005	28.4	21.8	8.5	8.2	66.9	10.2	0.1	16.2	6.6	33.1	100.0
2006	41.5	17.4	6.8	7.5	73.1	8.7	0.1	12.1	5.9	26.9	100.0
2007	27.2	18.1	4.9	7.7	57.8	10.8	0.4	21.3	9.7	42.2	100.0
2008	24.1	13.6	8.7	7.9	54.2	10.7	0.3	26.4	8.4	45.8	100.0
2009	25.4	13.8	4.9	7.2	51.3	6.2	0.0	30.3	12.2	48.7	100.0
2010	19.6	13.3	5.7	5.8	44.3	8.3	0.3	25.5	21.6	55.7	100.0
2011	22.8	15.8	5.2	7.3	51.1	11.1	0.0	26.5	11.3	48.9	100.0
2012	24.0	20.0	7.9	6.8	58.7	9.0	0.3	20.7	11.4	41.3	100.0
2013	19.7	13.1	9.3	10.6	52.7	7.4	1.4	24.6	13.9	47.3	100.0
2014	19.5	19.6	6.8	7.6	53.6	9.6	0.0	20.1	16.7	46.4	100.0
2015	25.5	16.7	5.2	8.8	56.2	8.4	—	21.4	14.0	43.8	100.0
2016	16.8	17.2	7.7	4.7	46.5	7.4	0.1	33.7	12.3	53.5	100.0
2017	18.9	19.1	8.6	6.5	53.1	9.6	0.1	26.2	11.0	46.9	100.0
2018	20.0	18.5	8.6	8.1	55.1	6.2	—	28.7	10.0	44.9	100.0

都府県　（単位：%）

年	農地法第3条による権利の移動					農業経営基盤強化促進法による権利の移動					計
	所有権移転		賃借権の設定	使用貸借権の設定	小計	所有権移転		賃借権の設定	使用貸借権の設定	小計	
	自作地有償	自作地無償				自作地有償	自作地無償				
2005	7.4	6.8	1.9	13.9	30.0	3.6	0.1	58.5	7.8	70.0	100.0
2006	5.9	5.1	1.7	10.6	23.3	3.0	0.0	63.2	10.5	76.7	100.0
2007	5.3	4.8	1.7	9.3	21.1	3.0	0.0	66.5	9.4	78.9	100.0
2008	6.0	4.8	1.4	9.3	21.5	3.5	0.1	64.8	9.9	78.5	100.0
2009	5.7	4.9	1.4	8.8	20.8	3.2	0.1	64.1	11.8	79.2	100.0
2010	5.2	4.2	1.8	7.0	18.2	2.8	0.2	65.2	13.6	81.8	100.0
2011	4.4	3.8	1.7	7.0	16.9	2.3	0.2	67.0	13.6	83.1	100.0
2012	4.6	4.4	1.6	6.0	16.6	2.5	0.1	67.0	13.8	83.4	100.0
2013	4.3	4.2	1.5	5.2	15.2	2.5	0.1	68.8	13.5	84.8	100.0
2014	4.1	3.7	1.7	4.7	14.2	2.4	0.1	69.7	13.6	85.8	100.0
2015	3.5	3.0	1.3	3.6	11.4	1.9	0.1	70.3	16.3	88.6	100.0
2016	9.3	7.1	3.4	8.2	28.0	5.4	0.2	58.6	7.8	72.0	100.0
2017	10.8	7.5	3.4	7.4	29.1	6.5	0.2	58.1	6.0	70.9	100.0
2018	4.3	2.9	1.4	3.1	11.7	2.6	0.1	67.4	18.2	88.3	100.0

資料：下記資料より筆者作成。
前掲、『農地の移動と転用―土地管理情報収集分析調査結果―』（平成 17 年～平成 21 年）。
前掲、『農地の移動と転用―農地の権利移動・借賃等調査結果―』（平成 22 年以降）。
「農地の移動と転用（農地の権利移動・賃借等調査結果）」、（平成 27 年、平成 28 年、平成 29 年、平成 30 年）は「政府統計の総合窓口」（e-Stat）（https://www.e-stat.go.jp）

注：1）農地法第 3 条による自作地有償移転、賃借権の設定は届出を含む。
2）賃借権および利用権の設定は、解約等および終了分は差し引いてない。

県においては農地の移動は70～89％が農業経営基盤強化法によって移動しているのに対して、沖縄県においては、農業経営基盤強化法は40％強にとどまり（2010年、2016年は50％を上回っている）、50％以上は農地法によっているのである[10)]。農地法と農業経営基盤強化法の違いは、農地法が農地の売り手・買い手あるいは貸し手・借り手が相対で交渉するのに対し、農業経営基盤強化促進法では、市町村が策定した地域的な農地の利用計画のもとに利用権が設定される。こうした農地の権利の移転の違いについては二つの背景が考えられる。一つは、農業の基盤が畑作であるという構造のもとで、農地が個別分散的に耕作されてきたことであり、二つ目は、そうした構造のもとで、農地を集団的に利用していくための農地利用への追求が弱かったということがあげられる。（**表6-1**でみた交換の割合が小さいということとも通底している）。

沖縄県の農地の権利移動の構成をさらに権利の種類別にみると、農地法では自作地所有権の有償移転が17～28％（2006年は42％）、無償移転が13～22％、賃借権の設定が５～９％、使用貸借権の設定が５～11％である。都府県との比較では、農地法による自作地有償移転、無償移転の割合が都府県を大きく上回っている。賃借権の設定は所有権の移転に比べると割合は小さいが都府県を上回っている。使用貸借権の設定では2010年までは沖縄県の方がやや小さかったが、2010年以降沖縄県の方がやや大きくなっている。ここでは特に**図6-1**で農地の移動の所有権移転に含まれていない無償移転が13％から22％あることに注目したい。

農業経営基盤強化促進法では、所有権移転の割合は農地法に比べて小さく、賃借権の設定が12～34％、使用貸借権の設定が６～22％と、この両者で大部分を占めている。都府県では賃借権の設定が59～70％と権利移転の大部分を占め、その割合は徐々に大きくなっている。

そこで、次にこれらの権利ごとの移転の事由についてみていきたい。まず自作地有償所有権移転の事由別面積構成を**表6-3**に示した。（2010年以降は事由の記載がないことから2000年から2009年までの10年の期間をとった。）都府県との比較でみた沖縄県の特徴は、「譲渡人法人」の割合が大きいこと、譲渡人個人のなかでは、「その他」の割合が大きいことと、「農業廃止」の割合が相対的に小さいことである。

「譲渡人法人」の割合は、1976～86年の間（**表6-1**）と同じように都府県に比

表6-3　自作地有償所有権移転の事由別面積構成（農地法第3条）　（単位：%）

年	沖縄県						都府県					
	交換	譲渡人個人			譲渡人法人	計	交換	譲渡人個人			譲渡人法人	計
		農業廃止等	資金の必要	その他				農業廃止等	資金の必要	その他		
2000	0.8	34.3	4.0	46.6	14.4	100.0	8.2	42.0	11.6	33.1	5.0	100.0
2001	0.9	17.8	3.0	34.4	43.8	100.0	6.7	44.1	11.7	30.6	6.8	100.0
2002	5.4	16.4	3.6	43.3	31.2	100.0	7.8	43.5	12.4	30.6	5.6	100.0
2003	0.9	28.3	4.8	34.3	37.2	100.0	5.9	44.1	11.7	32.6	5.7	100.0
2004	0.9	24.7	2.9	34.3	37.2	100.0	6.3	44.1	10.9	31.3	7.4	100.0
2005	0.5	25.0	4.5	54.9	15.0	100.0	5.2	45.8	10.0	32.8	6.1	100.0
2006	3.3	30.9	3.4	55.1	7.2	100.0	5.5	45.7	9.4	33.6	5.9	100.0
2007	2.2	26.3	4.5	43.8	23.1	100.0	4.7	48.8	9.1	32.2	5.2	100.0
2008	1.2	23.3	7.3	38.9	29.2	100.0	4.6	46.0	8.7	32.5	8.1	100.0
2009	1.7	29.2	5.5	42.3	21.3	100.0	4.7	46.3	8.2	34.7	6.1	100.0

資料：農林水産省『農地の移動と転用―土地管理情報収分析調査結果―』（平成12年～平成21年）より筆者作成。
注：1）「農業廃止等」は、「農業生産法人への譲渡（出資）」、「経営移譲年金受給のため」、「兼業による経営縮小」、「高齢化」などである。
2）「資金を必要とするため」は、「営農資金」、「農地購入資金」、「農業経営上の負債整理」、「生活資金等の負債整理」などである。
3）「譲渡人法人」は、「農業生産法人」、「農地保有合理化法人」、「その他法人」などである。
4）2010年以降は、自作地有償所有権移転の事由別面積の記載がない。

べて大きい。「譲渡人法人」の内訳は、農地保有合理化法人が多かったが、2000年以降の「譲渡人法人」の内訳では、農業生産法人が多くなっている。

譲渡人個人の事由については、先の**表6-1**の「自作地有償所有権移転の事由別構成」とはやや異なる。**表6-1**では「相手方の要望」が一つの事由として項目立てされていたが、**表6-3**では、「相手方の要望」が「その他」にまとめられていることである。沖縄県における自作地有償所有権移転の事由として「その他」項目割合が相対的に大きいのは、1998年までの事由別で大きな割合を占めていた相手方の要望が含まれていることが反映されていると考えられる。

次に、自作地無償所有権移転の事由である。自作地無償所有権移転は、一般的には、同一世帯内での移転とされているが、その実態はどうであろうか。そのことを確かめるために、**図6-3**に自作地無償所有権移転のなかで同一世帯以外への移転の割合を示した。なお、この項目については、長期的な傾向もみるために、事由別項目の区分が共通する1986年から整理した。

同一世帯以外への譲渡は、「自作地無償所有権移転の事由別構成」の「経営移譲年受給のため」のなかの「すでに分家独立している者へ」および「その他」と、

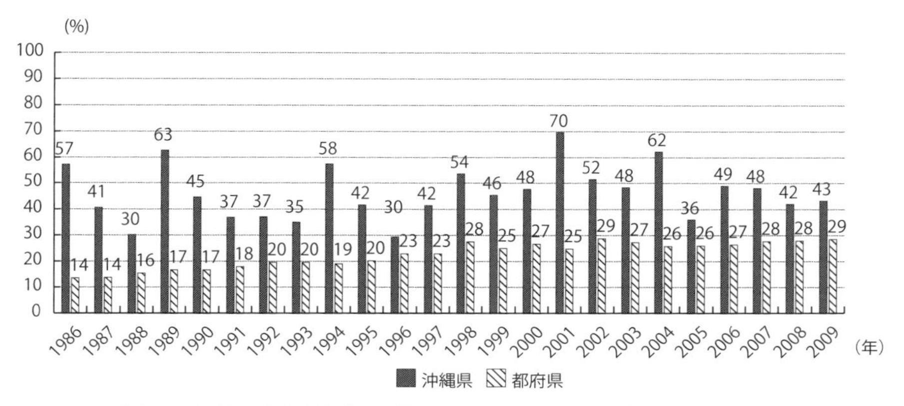

図6-3　「自作地無償所有権移転」の「同一世帯以外への譲渡」の割合（面積）

資料：前掲、『農地の移動と転用―土地管理情報収集分析調査結果―』より筆者作成。
注：１）同一世帯以外への譲渡は、「経営移譲年金受給のため」欄の「すでに分家・独立している者へ」及び「その他」と「その他」欄の「すでに分家・独立している者へ」及び「その他」の計である。
２）都府県は沖縄県を除いた数値である。
３）データラベルは小数点1位で四捨五入した。

大きい項目の「その他」のなかの「すでに分家独立している者へ・その他」の区分がある。「経営移譲年金受給のため」の「すでに分家独立している者へ」および「その他」を合計したものである。1986年から2009年までの24年間で、都府県では20 ～ 30％を占めている年が15年、10 ～ 20％を占めている年が９年であるのに対し、沖縄県では40 ～ 50％が11年、30 ～ 40％が５年、50 ～ 60％が４年という構成になっている。沖縄県においては、自作地無償所有権移転も同一世帯以外への移転がかなりの割合にのぼっている。

なお、**図6-3**では都府県においても「同一世帯外への移転」の割合が徐々に高くなってきている傾向にあることも示している。

自作地無償所有権移転をさらに後継者への移転（贈与）の視点から沖縄県と都府県を比較したのが**図6-4**である。自作地無償所有権移転のなかで「後継者に一括して移転される割合」は、自作地無償所有権移転の譲渡別構成のうち「経営移譲年金受給のため」項目の「後継者へ一括」と「その他」項目の「同一世帯内での生前贈与」のなかの「後継者へ一括」の計である。図から明らかなように、沖縄県においては、「後継者へ一括して移転される割合」は都府県に比べて小さく、「後継者に一括して移転」される割合が構造的に小さいと言える。

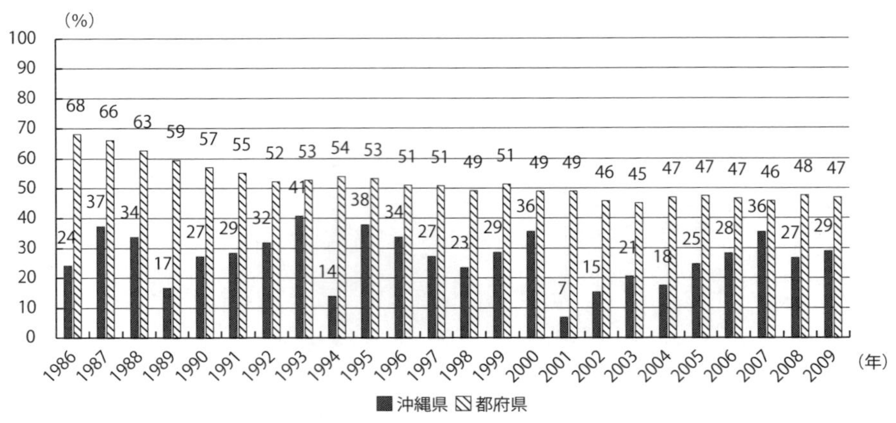

図6-4　「自作地無償所有権移転」における「後継者へ一括譲渡」の割合（面積）

資料：図6-3に同じ。
注：1）後継者一括譲渡は、「経営移譲年金受給のため」欄の「後継者へ一括」と「その他」欄の「同一世帯内での生前譲与」の「後継者へ一括」の計である。
2）都府県は沖縄県を除いた数値である。
3）データラベルは小数点1位で四捨五入した。

沖縄県においては農地の相続が長男を優先しつつも男子に分割される慣行があることはこれまでにも指摘されているが[11)]、農地の権利移動の統計もそのことを裏付けるものとなっている。

ところで、後継者は必ずしも長男であるとは限らず次・三男の場合もあるが、「後継者以外の者」に農地が移転される割合が高いということは、農地の移動において二つの意味をもつ。一つは農地の移動は大きくは集積される傾向にあるが、他方で常に分散化の流れもあるということである。このことは、農地の集積にとっては逆方向への流れのようにみえるが、しかし、一方では長男以外でも農地を所有する機会がありこれらの農地は若い新規就農者が新規に就農する足掛かりをなしている。例えば、2003年に沖縄本島の二つの集落（同じ村）で行った農家調査の例では、経営主の続柄は一つの集落では47.6%、他の集落では47.1%（うち１戸は新規参入）は長男以外であった[12)]。

次に賃借権の設定と使用貸借による権利設定の事由である。賃借権と使用貸借権設定の事由については、2010年以降は項目がないことから2000年（平成12）から2009年（平成21）までの10年の期間を対象に検討する。まず、**表6-4**に賃借権

表 6-4　賃借権設定の事由別面積構成（2000 年～2009 年）

(1) 農地法

（単位：%）

年	沖縄県							都府県						
	貸人個人					貸人法人	計	貸人個人					貸人法人	計
	経営移譲年金受給のため	農業廃止	経営縮小等	相手方の要望	その他			経営移譲年金受給のため	農業廃止	経営縮小等	相手方の要望	その他		
2000	0.7	1.5	8.1	13.9	72.0	3.7	100.0	13.3	3.2	42.8	19.8	18.2	2.8	100.0
2001	—	1.1	8.5	41.7	23.5	25.2	100.0	14.5	3.6	39.3	18.3	9.3	14.9	100.0
2002	1.8	4.5	17.3	52.6	15.5	8.3	100.0	6.6	2.7	33.7	15.5	8.6	32.9	100.0
2003	—	0.8	5.0	73.9	7.6	12.6	100.0	5.9	2.3	45.6	27.9	11.8	6.4	100.0
2004	—	4.5	22.4	32.1	30.2	10.8	100.0	6.9	3.1	47.9	22.9	11.9	7.2	100.0
2005	—	4.4	21.0	22.4	21.1	30.8	100.0	6.7	3.5	47.0	21.0	11.0	10.8	100.0
2006	—	6.7	15.9	63.2	7.3	6.9	100.0	4.2	5.0	43.1	22.1	13.3	12.4	100.0
2007	—	4.3	27.7	47.2	15.6	5.1	100.0	3.1	4.8	43.7	19.0	10.4	19.0	100.0
2008	0.5	7.2	23.0	26.9	11.2	31.2	100.0	5.1	3.7	52.8	22.3	12.3	3.8	100.0
2009	—	14.2	26.2	44.5	12.1	2.9	100.0	4.2	4.0	52.0	24.3	12.1	3.4	100.0

(2) 農業経営基盤強化促進法

（単位：%）

年	沖縄県							都府県						
	貸人個人					貸人法人	計	貸人個人					貸人法人	計
	経営移譲年金受給のため	農業廃止	経営縮小等	相手方の要望	その他			経営移譲年金受給のため	農業廃止	経営縮小等	相手方の要望	その他		
2000	—	12.3	9.8	30.4	19.7	27.7	100.0	2.6	7.3	43.5	18.4	16.5	11.6	100.0
2001	0.6	5.7	12.8	57.4	10.4	13.2	100.0	2.4	5.8	44.8	17.6	17.7	11.6	100.0
2002	3.1	22.4	7.0	16.3	28.1	23.0	100.0	1.5	6.1	45.1	17.0	17.7	12.7	100.0
2003	0.2	20.6	4.5	27.1	29.9	17.6	100.0	1.3	5.4	43.0	16.9	18.3	15.1	100.0
2004	1.0	12.9	10.9	23.3	20.8	31.1	100.0	1.6	5.4	43.6	18.4	18.6	12.4	100.0
2005	—	7.7	8.3	40.2	28.2	16.0	100.0	1.0	5.5	43.7	19.1	17.6	13.0	100.0
2006	—	10.9	5.7	24.7	30.9	27.8	100.0	1.3	4.8	43.2	19.5	19.4	11.7	100.0
2007	—	11.2	7.7	31.8	42.5	6.8	100.0	0.9	4.7	43.6	18.8	19.4	12.6	100.0
2008	1.3	13.5	8.0	28.5	34.0	14.8	100.0	1.0	4.3	40.1	19.7	20.5	14.3	100.0
2009	0.1	17.3	14.9	22.4	16.8	28.5	100.0	0.9	4.4	40.7	20.0	20.9	13.1	100.0

資料：前掲、『農地の移動と転用―土地管理情報収集分析調査結果―』（平成 12 年～平成 21 年）より筆者作成。
注：2010 年以降は、賃借権設定事由別面積の記載がない。

設定の事由について農地法と農業経営基盤強化促進法の別に示した。農地法における賃借権設定の事由別構成では、沖縄県においては、「相手方の要望」の割合が最も大きく他の事由とは大きな開きがある。都府県においては、最も大きいのは「経営縮小等」であり、２位の「相手方の要望」の間にかなりの開きがある。

農業経営基盤強化促進法では、沖縄県で「その他」の割合がやや大きくなるが、ここでも「相手方の要望」の割合が大きい。都府県では、「経営縮小等」が最も大きく、「相手方の要望」と「その他」はほぼ同じである。沖縄県の賃借権の設定の事由は全体として「相手方の要望」によって設定されている部分が多いと言

表6-5　使用貸借による権利設定の事由別面積構成（2000年～2009年）

(1) 農地法　　　　　　　　　　　　　　　　　　　　　　　　　　　　　　（単位：%）

年	沖縄県							都府県						
	貸人個人					貸人法人	計	貸人個人					貸人法人	計
	経営移譲年金受給のため	農業廃止	経営縮小等	相手方の要望	その他			経営移譲年金受給のため	農業廃止	経営縮小等	相手方の要望	その他		
2000	34.2	6.0	13.1	28.6	17.6	0.5	100.0	89.8	0.2	1.8	1.0	7.1	0.1	100.0
2001	42.0	1.6	11.9	32.1	12.4	—	100.0	90.1	0.1	2.0	1.1	6.5	0.2	100.0
2002	16.9	14.6	18.5	39.5	10.5	—	100.0	87.9	0.3	2.5	1.9	7.3	0.2	100.0
2003	22.9	9.1	14.8	31.4	21.7	—	100.0	86.0	0.3	2.5	1.6	9.4	0.3	100.0
2004	16.1	2.8	12.6	49.1	15.8	3.7	100.0	84.7	0.2	3.0	2.1	8.6	1.5	100.0
2005	2.2	8.3	22.4	37.7	28.5	0.8	100.0	83.6	0.2	3.0	2.0	9.6	1.7	100.0
2006	3.8	7.7	11.4	51.0	20.3	6	100.0	84.5	0.4	3.4	2.7	6.7	2.4	100.0
2007	11.2	8.3	11.6	49.1	19.3	0.6	100.0	84.3	0.3	3.3	2.5	8.9	0.7	100.0
2008	2.3	6.1	9.7	40.6	41.4	—	100.0	87.4	0.3	3.0	2.0	6.5	0.9	100.0
2009	8.1	12.1	13.2	50.8	15.6	—	100.0	82.2	0.3	4.2	2.5	10.1	0.8	100.0

(2) 農業経営基盤強化促進法　　　　　　　　　　　　　　　　　　　　　　（単位：%）

年	沖縄県							都府県						
	貸人個人					貸人法人	計	貸人個人					貸人法人	計
	経営移譲年金受給のため	農業廃止	経営縮小等	相手方の要望	その他			経営移譲年金受給のため	農業廃止	経営縮小等	相手方の要望	その他		
2000	6.4	11.9	21.7	47.7	12.1	—	100.0	42.8	3.1	21.3	14.7	13.2	4.9	100.0
2001	28.2	10.3	8.0	40.9	12.9	—	100.0	40.2	2.7	24.7	13.1	14.9	4.4	100.0
2002	11.9	26.1	21.8	9.3	24.7	6.3	100.0	32.9	3.5	27.5	16.1	15.6	4.5	100.0
2003	—	2.6	3.9	8.8	84.7	—	100.0	27.0	2.8	22.3	15.9	21.0	4.9	100.0
2004	16.5	6.4	21.3	36.7	19.2	—	100.0	24.8	3.0	31.4	19.8	16.6	4.4	100.0
2005	—	2.5	7.8	38.8	50.3	0.6	100.0	23.5	3.1	32.1	18.2	16.9	6.1	100.0
2006	—	0.1	27.5	21.8	44.8	5.7	100.0	17.1	2.5	33.7	21.6	20.2	5.0	100.0
2007	0.2	6.4	6.4	47.5	37.9	1.6	100.0	17.6	3.0	35.1	18.1	20.5	5.7	100.0
2008	5.8	28.8	9.6	34.0	17.9	4.0	100.0	20.1	2.6	33.5	18.4	18.6	6.9	100.0
2009	15.0	20.1	18.3	27.5	16.2	2.8	100.0	17.0	3.0	33.0	21.1	20.5	5.5	100.0

資料：表6-4に同じ。
注：2010年以降は、使用貸借による権利設定の事由別面積の記載がない。

える。

使用貸借による権利の設定の事由は（**表6-5**）、農地法による設定では都府県では「経営移譲年金受給のため」がほぼ90％を占め、「相手方の要望」は１％から２％にとどまるが、沖縄県では年によって、「経営移譲年金受給のため」の割合が高い時もあるが、全体として「相手方の要望」の割合が大きい。農業経営基盤強化促進法では、都府県では2003年までは「経営移譲年金受給のため」が最も大きいが、その割合は農地法に比べれば小さくなっている。2004年以降は「経営縮小等」の割合が大きくなる。「その他」の割合も比較的高い。沖縄県では、年

表6-6　農業経営基盤強化促進法における利用権（賃借権）再設定の状況（面積）（単位：%）

年	沖縄県					都府県				
	再設定した	再設定予定	再設定しなかった	再設定の有無不明	賃借権終了総数	再設定した	再設定予定	再設定しなかった	再設定の有無不明	賃借権終了総数
2004	22.1	14.2	62.7	0.9	100.0	72.3	9.0	13.7	5.1	100.0
2005	34.9	13.9	35.5	15.7	100.0	73.6	7.5	13.4	5.6	100.0
2006	67.7	9.1	20.3	2.9	100.0	67.3	7.6	17.2	7.9	100.0
2007	42.9	7.9	34.9	14.2	100.0	64.2	10.0	15.1	10.8	100.0
2008	26.4	17.6	45.2	10.6	100.0	67.5	7.6	13.0	11.9	100.0
2009	57.7	6.0	8.6	27.9	100.0	62.2	9.5	14.0	14.4	100.0
2010	35.4	25.3	36.4	3.1	100.0	62.1	7.7	12.3	17.9	100.0
2011	28.4	34.4	27.3	10.0	100.0	63.5	7.5	10.1	18.9	100.0
2012	47.7	21.6	8.5	22.2	100.0	65.3	6.6	9.1	19.0	100.0
2013	27.2	3.3	16.1	53.3	100.0	63.8	9.6	9.2	17.5	100.0
2014	30.5	2.5	59.6	7.4	100.0	66.5	13.3	11.4	8.8	100.0

資料：前掲、『農地の移動と転用―土地管理情報収集分析調査結果―』（平成16年～平成26年）より筆者作成。
注：2015年以降は、農地中間管理事業の実施に伴い集計の様式が変更されている。

によって「その他」の割合が大きい年があるが、「相手方の要望」の方が大きい。使用貸借権の設定においても、「相手方の要望」の割合が大きい。

使用貸借による権利の設定は、賃貸借料の受け払いがなく、解約についても農地法の規制の対象にならない。一般的には、貸し手側は農地法の規制の対象にならない使用貸借権の設定を望む、とされてきた。しかし、使用貸借権の設定の事由として、「相手方の要望」の割合が高いということは、借り手側にとっても、賃借料の支払いがないことや、手続きの簡便さを選択する傾向があることによると考えられる。

次に、農業経営基盤強化促進法における利用権（賃借権）終了時の再設定の状況を**表6-6**に示した。都府県では「再設定した」が62%から74%を占めているのに対し、沖縄県では22%から68%の範囲（67.7%が1年、57.7%が1年）であり、その割合は都府県に比べて小さい。沖縄県では農業経営基盤強化促進法による賃借権の長期化を避ける傾向があると考えられる。

第2節　農地中間管理事業の取り組み

農地集積の新たな仕組みとして、2013年（平成25）12月、「農地中間管理事業の推進に関する法律」が制定され、翌2014年（平成26）4月から農地中間管理事業がスタートした。それまで農地の権利の移転・集積の事業は農地法および農業経営基盤強化促進法によって進められてきたが、2014年からこれに農地中間管理事業が加わることになる。

農地中間管理事業は、「農業経営の規模の拡大、耕作の事業に供される農用地の集団化、農業への新たに農業経営を営もうとする者の参入の促進等による農用地の利用の効率化及び高度化の促進を図り、もって農業の生産性の向上に資すること」(「農地中間管理事業の推進に関する法律」第1条）を目的にした事業であり、都道府県知事が認定した農地中間管理機構が事業を実施することになっている。沖縄県においては、沖縄県農業振興公社が農地中間管理機構として認定されている[13)]。

これまでの農地の貸借は、農地法のもとでは、農地の貸し手と借り手が相対で交渉し、貸借について農業委員会がその可否を判断する仕組みであり、農業経営基盤強化促進法においては市町村が農業経営基盤強化促進事業によって農用地利用集積計画を作成し、農地の貸し手と借り手を結び付ける仕組みであった。農地中間管理事業が農地法のもとにおける農地の貸し借り、農業経営基盤強化促進法における農地の貸し借りと大きく異なる点は、農地中間管機構が仲介機関となって農地を借り入れ（農地中間管理権を設定)、一方で農地の借り受けを希望する者を公募する（自己の経営農地のない市町村に申し込むことも可）ことから、農地の借り手の対象が大きく広がった点である。農地の借り手は、県知事の認定を受けた「農用地配分計画」および農地中間管理事業規程で定める「貸付先決定方法」によって選定され、転貸がなされる。さらに「基盤整備等の条件整備」と連携して実施することができるとされていること[14)]も従来の農地流動化施策にはなかった新しい点である。

そこで、農地中間管理事業がスタートした2014年度（平成26）から2019年度（令和元）までの公募による農地借り受け希望の件数（複数応募を含む）をまとめると**表6-7**のようになる。この間の農地借受応募の1年度当たり件数は、事業がスタートした2014年度の522件から2015年度には596件に増加するが、2016年度、2017年度は556件、522件と減少する。2018年度には一気に615件に増加するが、2019年度には464件に減少するという推移をしている。もっとも、同一人が複数の市町村に応募している例もあり、したがって実人数ではこの数よりは少なくなる[15)]。

農地の借り入れを希望する者が現在経営を行っている市町村と借り受けを希望

表 6-7　公募による農地の借受希望件数

地域	年度	応募計（件）	公募市町村内での状況			参考：借受地での作付計画（作物の種別）（件）					
			市町村内	市町村外	新規参入	さとうきび	野菜	果樹	花き	牧草	その他
沖縄県	2014	522	343	80	99	185	211	67	37	67	35
	2015	※596	289	91	215	134	265	78	52	57	105
	2016	556	281	64	211	144	238	73	44	74	114
	2017	522	316	69	137	212	152	81	17	76	75
	2018	615	402	69	144	215	206	49	58	99	88
	2019	464	317	53	94	146	187	45	32	76	82
沖縄本島北部	2014	113	69	34	10	34	34	31	17	10	5
	2015	71	25	19	27	8	39	20	5	14	5
	2016	120	56	15	49	36	32	33	14	8	22
	2017	88	38	16	34	34	16	23	8	13	16
	2018	122	71	24	27	27	41	27	25	19	13
	2019	51	37	5	9	7	20	14	8	10	6
沖縄本島中南部	2014	214	99	46	69	20	158	22	17	22	6
	2015	※356	110	72	173	32	208	49	44	10	57
	2016	313	113	49	151	38	197	34	30	27	65
	2017	236	104	42	90	37	105	44	8	30	37
	2018	263	111	45	107	35	151	10	31	22	44
	2019	304	172	48	84	49	156	28	24	44	64
本島周辺離島	2014	52	51	—	1	20	7	1	1	20	11
	2015	29	27	—	2	16	2	—	2	7	8
	2016	16	14	—	2	6	1	—	—	5	5
	2017	27	20	4	3	16	7	5	1	4	6
	2018	20	20	—	—	16	1	—	—	1	4
	2019	14	14	—	—	8	1	—	—	5	4
宮　古	2014	51	44	—	7	44	6	1	—	5	—
	2015	74	69	—	5	45	10	—	1	10	13
	2016	46	44	—	2	36	4	1	—	14	6
	2017	104	92	2	10	82	20	2	—	21	5
	2018	116	111	—	5	98	7	—	—	25	15
	2019	69	69	—	—	65	8	1	—	8	8
八重山	2014	92	80	—	12	67	6	12	2	10	13
	2015	66	58	—	8	33	6	9	—	16	12
	2016	60	53	—	7	27	4	5	—	20	16
	2017	65	62	3	—	41	4	5	—	8	11
	2018	94	89	—	5	39	6	12	2	32	14
	2019	26	25	—	—	17	2	2	—	9	2

資料：下記資料より筆者作成。
　　2016 年度以前：沖縄県農業振興公社資料「農地等借受希望者一覧」
　　2017 年度以降：沖縄県農業開発公社「農地等借受希望者一覧」（沖縄県農業開発公社ホームページ。「お知らせ」）
　　沖縄県農業振興公社資料「農地等借受希望者一覧」（www.onk.or.jp/news-all.html）（2019 年 2 月 27 日、2020 年 8 月 16 日　閲覧）。

注：1）件数は重複応募を含む延べ数である。
　　2）※印は、公募市町村内での状況が不明の 1 件を含む。
　　3）本島周辺離島は伊平屋村、伊是名村、伊江村、久米島町である。
　　4）南大東村・北大東村は地域表記を省略した。（県計には含む：2016 年度 1 件、2017 年度 2 件の借受希望がある。）
　　5）作付計画の欄、さとうきびの 2014 年度、2015 年度、2016 年度は工芸農作物を含む。

する市町村との関連を示す「公募市町村内での状況」は借受けを希望する農地が応募者の主たる経営地が存する市町村と同じ場合を「市町村内」、異なる場合を「市町村外」、既存の農業者でない場合を「新規参入者」として分類したものである。その構成は、市町村外と新規参入が多いことが目に付く。県全体では、応募計のなかで市町村外が占める割合は2014年度と2015年度は15.3％を占め、2018年度、2019年度はやや低下し11％強になっている。新規参入は205年度、2015年度は36.1％、37.9％にのぼった。2019年度はやや低下し20.3％である。

もっとも、応募件数の「公募市町村内での状況」の市町村内・市町村外・新規参入の構成は、沖縄本島と離島地域では大きく異なり、沖縄本島北部では市町村外の割合は9.8％から30.0％、新規参入は8.8％から38.6％、沖縄本島中南部では市町村外が15.7％から21.5％、新規参入が26.7％から48.6％にのぼる。特に沖縄本島中南部では2015年度、2016年度は新規参入の借り入れ希望が応募件数の半数近くを占めている。農業外から農業へ参入する関心が高いことを示している。一方、離島地域では市町村外からの借受希望者は極めて少なく、市町村外応募は2018年度に本島周辺離島で４件、新規参入応募は宮古で２件から10件、八重山で５件から12件にとどまっている。

表6-7でもう一つ注目しておきたいことは、農地の借り受けの応募者が作付けを計画している作物の種類である。地域別に大きな開きがあるが、作付けが計画されている作物は、沖縄本島北部では野菜と果樹、中南部では野菜、沖縄本島周辺離島、宮古、八重山ではサトウキビが最も多い。規模拡大による作物作付けの対応がある程度示されていると言えよう。

こうした、農地の借受希望に対して農地中間管理機構が農地の出し手から借り受けた件数と面積、借り受け希望者に貸し付けた（転貸）件数と面積の推移を示したのが**表6-8**である。2014年度は農地中間管理事業がスタートした年度であり、借り受けの件数、面積も少ないが、2015年度には121件、105.6haに増加し、2016年度は272件、116.4haと件数は２倍強に増加したが面積では10.2％の増加にとどまっている。件数は、2017年度は前年からやや減少、2018年度、2019年度は大きく増加している。面積は、2018年度は増加しているが2019年度は減少している。

農地中間管理機構から農地の入れを希望する者への転貸（年度内）は、2014年度、2015年度は件数、面積ともに少ないが、2016年度にかけては大きく増加する。

表6-8　農地中間管理事業における農地の借受と受け手への貸付（転貸）の実績
（2020年3月末）

年度	機構の借受					機構の転貸（当該年度内扱い）	
			うち機構からの転貸（累積）		中間保有		
	出し手（件）※延べ人数	面積（ha）	受け手（件）※延べ人数	面積（ha）	面積（ha）	受け手（件）※延べ人数	面積（ha）
2014	12	11.9	13	11.9	0.0	4	6.4
2015	121	105.6	99	104.8	0.8	24	12.2
2016	272	116.4	200	114.5	1.9	161	162.4
2017	239	115.1	221	113.8	1.3	246	122.9
2018	304	139.1	260	135.3	3.7	299	152.2
2019	392	111.7	237	100.5	11.2	296	124.8
累計	1,340	599.8	1,030	580.8	18.9	1,030	580.8

出典：沖縄県農業振興公社資料「沖縄県における農地中間管理事業の取り組みついて」より引用。
沖縄県農業振興公社ホームページ。（www.onk.or.jp/site/wp-content/uploads/）（2020年7月24日　最終閲覧）。
注：1）年度は年号を西暦に変えた。
2）原表の2018年を100とした場合の比率は省略した。
（原注）：1）解約解除を除く。
2）端数処理のため、合計と内訳が一致しない場合がある。

2017年度は件数は増加するが面積は減少、2018年度は件数、面積ともに増加、2019年度は件数は横ばい、面積は減少、といった推移をしている。

表6-7との対比では、2014年度から2019年度までの農地の借受希望件数の累計は3,725件にのぼるが、出し手からの機構の借入れ1,340件、機構からの転貸の件数は1,030件であり、借受希望に対して機構の借入れの件数が圧倒的に少ないと言える。

さらに、**表6-9**に、転貸農地における作物作付面積（計画）を2014年度から2019年度の累計で示した。県全体の合計ではさとうきび39.2%、牧草26.9%、野菜13.9%、果樹6.6%、花き4.2%という構成であるが、地域別には大きく異なり、沖縄本島ではさとうきびの割合は小さく、野菜、果樹が多い。離島地域ではさとうきびと牧草が多い。特に本島周辺離島ではさとうきびが60.2%にのぼり、宮古で68.0%、八重山では45.2%を占めている。八重山では牧草の割合も大きく46.1%を占めている。作物の構成が沖縄本島と離島地域において特定の作物に偏り、沖縄本島では野菜と果樹、離島地域ではさとうきびと牧草に偏っていく傾向がみられる。

以上から、沖縄県における農地中間管理事業の課題として次の点があげられる。

第1は、農地の借り受けを希望する者（件）に対して、貸し手が圧倒的に少ないことである。このことについては、貸し手（農地の所有者）の掘り起こしが課

表6-9　転貸農地における作物作付面積（配分計画：主な作物）（2020年3月末　現在）

単位：ha、（%）

地　域	さとうきび	野菜	果樹	花き	水稲	葉たばこ	いも類	牧草	その他	合計
沖縄県	245.0 (39.2)	87.2 (13.9)	41.1 (6.6)	26.0 (4.2)	22.6 (3.6)	13.8 (2.2)	6.7 (1.1)	168.2 (26.9)	14.7 (2.3)	625.2 (100.0)
沖縄本島北部	19.9 (14.6)	19.1 (14.0)	38.7 (28.4)	16.4 (12.1)	4.8 (3.5)	— —	3.6 (2.6)	26.1 (19.1)	7.7 (5.6)	136.3 (100.0)
沖縄本島中南部	21.6 (18.5)	54.3 (46.6)	1.9 (1.6)	9.6 (8.2)	0.2 (0.2)	3.0 (2.5)	3.2 (2.7)	18.8 (16.1)	4.2 (3.6)	116.7 (100.0)
本島周辺離島	24.3 (60.2)	0.4 (1.0)	— —	— —	2.3 (5.8)	— —	— —	13.3 (33.0)	0.0 (0.1)	40.3 (100.0)
宮　古	77.3 (68.0)	11.5 (10.2)	— —	— —	— —	10.4 (9.1)	— —	12.1 (10.7)	2.3 (2.0)	113.6 (100.0)
八重山	95.9 (45.2)	1.8 (0.9)	0.5 (0.2)	— —	15.3 (7.2)	0.5 (0.2)	— —	97.8 (46.1)	0.5 (0.2)	212.3 (100.0)
南・北大東	5.9 (100.0)	— —	— —	— —	— —	— —	— —	— —	— —	5.9 (100.0)

資料：沖縄県農林水産部農政経済課資料（「市町村別営農類型別転貸面積」）より筆者作成。
注：1）本島周辺離島は表5-7に同じ。
　　2）原資料の面積単位（平方メートル）をヘクタールに換算した。
　　　（構成割合はヘクタールによって算出した。）
　　3）表頭作目の順序は沖縄県計で構成割合の大きい順とした。
　　4）原資料の「果樹（パイン）」と「果樹（その他）」は「果樹」とした。
　　5）原資料の「畜産（草地）」は牧草とした。

題となるが、農地の所有者は市町村内の農家や「土地持ち非農家」だけでなく、不在村の土地所有者も多いと考えられる（この点については第3節で取り上げる。）。したがって、市町村の範囲を超えた広範な規模での農地の所有者も対象にした農地貸し出しへの取り組みが必要になる。

同時に、機構借り入れの対象になる農地を現在の耕地だけではなく遊休農地や荒廃農地にも広げた掘り起こしも重要である。県内には、2022年3月現在、3,617haの荒廃農地が存在し、そのうち2,447haは「再生利用が可能な荒廃農地」（A分類）とされ、さらにそのうち、1,937haは農用地区域に存在するとされている[13]。農地中間管理機構が行う「農地整備事業」あるいは「農地耕作条件整備事業」との連携によって耕作の条件が不備な土地を整備し、借り入れ・貸し付けにつなげる方策も重要である。

また、農地中間管理機構による農地の貸し付けと農地の利用・活用についての地域合意の形成である。農地中間管理事業では「人・農地プラン」と結びつけることによって、地域の主たる担い手を選定し、農地の集積を図るという仕組みになっている。しかし、「人・農地プラン」は想定どおりには進んでいないことから、農林水産省は「人・農地プラン」実質化を推進する事業を打ち出した。

沖縄県における農地の権利の移動は、相対によって移動する性格が強く、人的つながりによる移動が基本をなしている。「人・農地プラン」が担い手に農地を集積させるステップとして機能するためには、こうした地域の農地の所有と利用の実態を踏まえることが重要であろう。

第1の点は、個別経営の規模拡大、担い手の育成と地域農業の関連性である。「人・農地プラン」では、「地域の中心となる経営体」を選定することが先行し、「担い手」と「地域農業のあり方」の関係性はあいまいである[16)]。地域としてどのような農業を目指すのかについて合意を形成し、そのなかで担い手を位置づけ、農地の所有者がどのように地域の振興に関われるかを含めた地域の信頼関係を築く必要があろう。農地中間管理事業では地域外からの借り入れ者の参入機会が増える。外部から参入した担い手が単に個別の農業経営者としてだけではなく、地域の農業さらには地域社会のなかでどのような役割を担うのか。こうしたことの議論を深めることも重要な課題と言えよう。

第2の点は、農地の出し手の位置づけである。貸し手は単に農地の提供者としてだけでなく、農地の提供を通して地域の振興に寄与していく者として位置づけることを含めた議論の仕組みを形成することも課題である。

第3は、転貸が決定した時点での作付け予定の作物は地域によって異なる傾向がみられる。すなわち、沖縄本島では野菜、花き、果樹を選択する傾向があるのに対して、宮古・八重山では、サトウキビ、牧草に集中する傾向がみられる。こうしたことが進行していくと、地域にごとに作物の分化が進み、第4章でみたように地域ごとに経営の単一化が進行していくことが考えられる。耕地の借り入れによる経営規模の拡大、作目の選択は、担い手の経営の志向によるものであることは言うまでもないが、地域農業の多様性と持続性のもまた重要な課題である。そのためには地域における農業の振興計画を策定し、担い手の経営の志向と地域の農業の目指す方向との整合性が求められる。

第3節　「農業センサス」にみる農地貸借の構造

第1節、第2節において、農地法、農業経営基盤強化促進法および農地中間管理法のもとにおける農地の権利移動と集積の特徴についてみてきた。しかし、沖

表6-10　借入耕地のある農家数と面積（「1971年沖縄農業センサス」）

耕地所有者の属性		総計	親せきから預かって耕作している土地			その他の個人から借入れている土地			小計	会社・その他の法人から借入れている土地	市町村・部落から借入れている土地	国・県・その他から借入れている土地
			小計	所有者は市町村内	所有者は市町村外	小計	所有者は市町村内	所有者は市町村外				
実数	借入耕地のある実農家数（戸）	27,949	9,688	7,358	2,703	16,103	13,222	4,037	5,145	1,077	3,298	770
	借入耕地総面積（ha）	10,316	2,238	1,569	668	4,754	3,594	1,160	3,323	903	1,715	705
構成	借入耕地のある実農家数（%）	100.0	34.7	(75.9)	(27.9)	57.6	(82.1)	(25.1)	18.4	(20.9)	(64.1)	(15.0)
	借入耕地総面積（%）	100.0	21.7	(70.1)	(29.8)	46.1	(75.6)	(24.4)	32.2	(27.2)	(51.6)	(21.2)

資料：農林省統計情報部『1971年沖縄農業センサス沖縄県統計書』より筆者作成。
注：1）表頭項目（耕地所有者の属性）の表記は資料による。（資料中「預って」は「預かって」に修正した）。
2）借入耕地のある農家数は項目どうしの重複があり、耕地所有者の属性内訳の計と小計、小計の計と総計は一致しない。
3）所有者が個人以外の「借入耕地のある実農家数」欄の小計は、三つの項目の積み上げ計である。
4）仲地宗俊「沖縄における農地の所有と利用の構造に関する研究」（『琉球大学農学部学術報告』第41号、1994年）、p.94.参照。

縄県における農地の貸し借りはそれだけではない。日本復帰以前からの慣行による農地の貸借・利用も広く行われている。これらの慣行的な農地の貸借は、農地法、農業経営基盤強化促進法、農地中間管理事業法といった農地管理制度のなかでは補足されない。そこで、本節では、農家および農業経営体の視点から、「農業センサス」における農地の借入れ・貸し付け統計を基に農地の貸し借りの構造について検討する。

まず、復帰直前（1971年）の農地の貸し借りの状況を『1971年沖縄農業センサス』によってみておきたい（**表6-10**）。借入地のある実農家数は、２万7,949戸、借入耕地面積は１万0,316haである。これは、同センサスにおける経営耕地のある農家数の47.6％にのぼり、経営耕地面積に対する借入耕地面積の割合では21.9％を占めた。借入れ農家の割合47.6％に対し、借入耕地面積の割合は21.9％であることは、借入れ農家における借入れ面積は小規模であったことがうかがえる。

『1971年沖縄農業センサス』ではまた、借入耕地についてその所有者の属性を把握しており、沖縄県の農地の貸し借り・利用の特徴を把握するうえで重要な情報を提供している[17)]。その第１の点は、「親せきから預かって耕作している土地」の存在である。「親せきから預かって耕作している土地」とは、同センサスの「調査の手引き」によれば、「親せきの土地で、ほとんど無償同様で預かって耕作している土地をいい、その土地の所有者が現在同じ市町村に住んでいるか、よそに住んでいるかによって区分します」というものである。これは第１章で述べた「預け・預かり」である。第１章では、「預け・預かり」を、「移民に出た者がその土地を地元に残る親戚に預けた土地」、と記したが、『1971年沖縄農業センサス』には、「預け・預かり」は第二次世界大戦後も広範に存在したこと、さらに、その所有者の大半は同一市町村に存在することが示されている。すなわち、「預け・預かり」は移民に出た者が土地を預けたケースだけでなく、同一市町村のなかの親戚間でも形成されていたということである。もう一つ付け加えるべき重要な点は、「借入耕地のある実農家数」のうち「預け・預かり」により借り入れている農家の割合を経営耕地規模別にみると、規模が小さい階層ほど割合が高くなっている傾向がみられることである。表出は省略するが、例えば、「親せきから預かって耕作している土地」の割合は500a以上規模層の15.9％から10a未満層では40.9％に上昇しており（例外規定では30.3％）、借入耕地総面積の経営規模別の割合でも同じ傾向がみられる。このことは、「預け・預かり」は預ける側の都合だけではなく地域おいて耕地面積規模が小さい農家を農地の利用を通して支援する性格を持っていたことを示唆していると言える。

第２の点は、借入耕地の所有者が親戚や「その他の個人」ではない、「会社・その他法人」、「市町村・部落」、「国・県・その他」であるものが、借り入れている農家の割合で18.4％、耕地面積の構成では32.2％にのぼっていることである。（先述した『沖縄県における農地一筆調査報告書』では、農地の個人以外の所有者が貸し付けている農地は3,929haとなっており、属地調査との間には開きがある。）

次に、『1971年沖縄農業センサス』を起点として、復帰後の「農業センサス」における借入耕地のある農家および借入耕地の推移を示すと**表6-11**のようになる。もっとも、「1975年農業センサス」以降は借入耕地の所有者の属性は把握されていないことから、年次的な変化は、借入耕地のある農家数と借入耕地の面積およびその割合についてみていく。

「1975年農業センサス」、「1980年農業センサス」では、借入耕地のある農家数および借入耕地面積は大幅に減少する。これらの「農業センサス」の借入耕地のある農家数および借入耕地の減少は、1972年の日本復帰に伴った農地法の適用に

表 6-11　借入耕地のある農家数および借入耕地面積の推移　（単位：戸、ha、%）

年	農家数			借入耕地のある農家割合	耕地面積		
	総農家数	経営耕地のある農家数	借入耕地のある農家数		経営耕地面積	借入耕地面積	借入耕地の割合
1971	60,346	58,683	27,949	47.6（46.3）	47,155	10,316	21.9
1975	48,018	—	12,574	（26.2）	36,836	4,326	11.7
1980	44,823	—	11,205	（25.0）	38,652	4,565	11.8
1985	44,314	—	13,536	（31.2）	40,189	6,301	15.7
1990	38,512	—	13,944	（36.2）	37,466	7,276	19.4
1995	31,588	31,455	11,647	37.0（36.8）	33,067	7,455	22.5
2000	27,088	26,928	10,715	39.8（39.6）	30,323	8,173	27.0
2005	24,014	23,829	9,968	41.8（41.5）	26,517	7,953	30.0
2010	21,547	21,323	8,965	42.0（41.6）	25,414	7,886	31.0
2015	20,056	19,889	8,179	41.1（40.8）	23,707	7,627	32.2

資料：下記資料より筆者作成。
農林省統計情報部『1971 年沖縄農業センサス沖縄県統計書』、昭和 48 年 3 月。
農林省統計情報部『1975 年農業センサス農家調査報告書―総括編―』
農林水産省統計情報部『1980 年世界農業センサス農家調査報告書―総括編―』
1985 年以降、農林水産省統計情報部、各年「農業センサス」

注：1）「借入耕地のある農家割合」欄の（　）外は「経営耕地のある農家数」に対する割合、（　）内は総農家数に対する割合である。
2）1975 年～1990 年は「経営耕地のある農家数」は掲載されていない。
3）「2020 年農林業センサス」では、総農家についての「借入耕地のある農家数」および「借入耕地面積」は記載がない。

よる影響と考えられる。

先述の会社・法人、市町村等が所有する貸付小作地や個人有地でも不在地主や在村の一定面積規模以上の貸付け農地は、農地法の規定のもとでは所有が認められない小作地であり、農地法の適用によって農地法の規定による買収売渡がなされた（本章第１節参照）。また、国が所有する農地については、所管替え・所属換えによって農家に売り渡された。そのほか、個人が所有する貸付小作地のうち、農地法６条の小作地所有制限に抵触する小作地（村外地主等の小作地）[18]、地主・小作人の相対による小作地の所有権の移転などがあったと考えられる。

借入耕地のある農家数は、「1985年農業センサス」、「1990年農業センサス」にはやや増加するが、「1995年農業センサス」以降徐々に減少していく。しかし、総農家数と経営耕地のある農家数の減少率が借入耕地のある農家の減少率を上回って減少したため、借入耕地のある農家の割合は「1985年農業センサス」以降、徐々に高くなり、「2010年農業センサス」では42.0%になっている。

借入耕地面積は、「1971年沖縄農業センサス」の１万0,316haから「1975年農業センサス」では4,326haに減少し、「1980年農業センサス」までほぼ同程度で推移

表6-12　農業経営体・総農家における借入耕地のある経営体・農家および借入耕地の割合（「2015年農林業センサス」）

（単位：％）

		借入耕地のある農業経営体・農家の割合	借入耕地の割合
農業経営体	沖縄県	49.5（3）	33.8（30）
	都府県	36.6	38.5
	全国	36.9	33.7
総農家	沖縄県	41.1（1）	32.2（10）
	都府県	25.0	28.2
	全国	25.4	25.8
自給的農家	沖縄県	19.3（1）	15.3（1）
	都府県	7.5	4.2
	全国	7.4	4.1

出典：仲地宗俊「沖縄県における農家及び農業経営体の構成と農地の貸借―『2015年農林業センサス』にみる―」（沖縄農業経済学会編集『沖縄の農業と経済』第７号（2017－18年版）2019年３月、p.67, 表２を一部省略、組み替えた。
（原資料：『2015年農林業センサス』第２巻）。
（原注）：１）借入地のある農業経営体・農家の割合は経営耕地のある農業経営体・農家に対する割合である。
２）沖縄県の割合欄（　）内は都道府県別の順位である。

する。「1985年農業センサス」以降、増加に転じ「2000年農業センサス」には8,173haに増加するが、「2005年農業センサス」以降漸減の傾向で推移している。もっとも経営耕地面積がそれを上回る率で減少していることから、借入耕地面積の割合はやや高まっている。「2015年農業センサス」の時点では、経営耕地面積のある農家数に対する借入耕地のある農家の割合は41.1％、経営耕地面積に対する借入耕地の割以は32.2％になっている。

「2020年農業センサス」では、総農家についての耕地借入耕地のデータは掲載されていないことから、総農家、農業経営体の借入耕地のデータが掲載されている「2015年農業センサス」によって、総農家、自給的農家を含む耕地の貸し借りの沖縄県と都府県、全国の比較を示したのが**表6-12**である。

沖縄県では総農家における借入耕地のある農家の割合および借入耕地面積の割合においても全国・都府県のなかで高い割合（総農家に占める借入耕地のある農家の割合では全国１位、借入耕地の割合では10位）を占めているが、さらに、自給的農家における借入耕地のある農家の割合および借入耕地面積の割合が、全国、都道府県におけるそれぞれの割合を大きく上回っており、自給的農家のような小規模農家においても借入耕地のある農家の割合が高い。沖縄県における耕地借入れの大きな特徴といってよい。

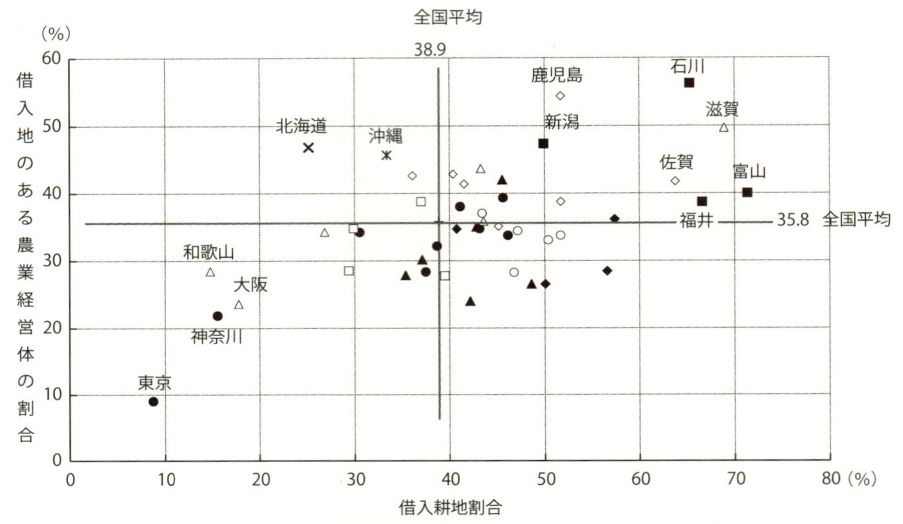

図6-5　借入耕地のある農業経営体の割合及び借入耕地の割合

資料：農林水産省「2020年農林業センサス」第2巻　より筆者作成。
仲地宗俊「復帰後四〇年の沖縄の農業―統計的分析―」（沖縄農業経済学会編『沖縄農業―その研究の軌跡と現状』榕樹書林、2013年６月）、参照。

沖縄県における農地の権利移動については、「沖縄では農地に対する資産保有的意識が強いため、農家は農地を貸さない」ということがよく言われるが、農地の貸し借りを、農地の権利移動に関する法制度の枠だけでなく、「農業センサス」における制度の枠外の貸し借りも含めてとらえると農地の貸し借りは幅広く行われていると言える。

「2020年農業センサス」では総農家についての農地借り入れの資料は得られないことから、農業経営体における耕地の借り入れの沖縄県の全国的位置づけについて、都道府県別のそれぞれの割合を散布図で示すと**図6-5**のようになる。沖縄県の経営耕地のある農業経営体数のうち、借入耕地のある農業経営体の割合は45.7％にのぼり、これは都道府県別にみると上位から５番目に位置する。一方、借入耕地の面積については、農業経営体が借り入れている耕地の割合は33.4％、都道府県別の順位は38番目である。沖縄県は耕地を借入れている農業経営体の割合は借入耕地の割合を大きく上回っており、沖縄県においては耕地を借り入れて

表６-13　借入耕地面積と貸付耕地面積の関係（「2015 年農林業センサス」）

単位：ha、％

	借入耕地面積			貸付耕地面積			貸付耕地面積／借入耕地面積
	農業経営体	自給的農家	計	総農家	土地持ち非農家	計	
沖縄県	8,370	149	8,519	1,569 (30.9)	3,506 (69.1)	5,075 (100.0)	59.6
都府県	925,551	6,078	931,629	307,395 (36.2)	542,551 (63.8)	849,946 (100.0)	91.2
全国	1,164,135	6,108	1,170,243	346,155 (35.2)	635,909 (64.8)	982,064 (100.0)	83.9

出典：前掲、仲地宗俊「沖縄県における農家及び農業経営体の構成と農地の貸借―『2015 年農林業センサス』にみる―」p.63, 表３を加筆、組み替えた。
（原資料：『2015 年農林業センサス』第２巻）。
（原注）：（　）は貸付耕地面積の総農家と土地持ち非農家の構成比である。
注：借入耕地面積については、農業経営体の借入耕地面積が販売農家の借入耕地面積を上回ることから農業経営体借入耕地面積＋自給的農家の借入耕地面積をとった。

いる農業経営体は多いが借り入れ地の面積は小さいことを示している。

沖縄県は借入耕地のある農業経営体の割合では全国平均を上回るが、借入耕地面積の割合では全国平均を下回る。全国平均を基準に象限を設定すると、沖縄県は、第２象限に位置している。**図6-5**ではもう一つ、借入耕地のある農業経営体の割合、借入耕地面積の割合ともに全国平均より大きい区域である第１象限に北陸４県と九州５県が分布しており明確な地域性がみられることが目を引くが、ここでは指摘のみにとどめる。

ところで、耕地の借り入れはその所有者の側からみれば貸し付けであり、農地の貸し借りの構造と言う意味では借り入れと貸し付けとの対応性について検討する必要がある。もっとも、ここでも「2020年農業センサス」においては、総農家についての耕地の貸し借りは掲載されていないので、「2015年農林業センサス」を基に耕地の貸し借りの対応関係をみることにする。

まず、借入耕地面積計（農業経営体における借入耕地面積＋自給的農家における借入耕地面積）と貸付耕地（「農業センサス」で把握されている総農家および「土地持ち非農家」[19] の貸付地）の対応関係を示すと**表6-13**のようになる。借入耕地面積の計は、農業経営体における借入耕地面積に自給的農家の借入耕地面積を加えた面積とした。総農家の構成としては、販売農家＋自給的農家になるが、農家の数および借入耕地面積において、農業経営体が販売農家を上回っており、したがって、借入耕地として多い方をとった。

借入耕地面積を100とした貸付耕地面積の比率（貸付耕地面積/借入耕地面積×100、%で示す）は、農業センサスで両者が全て把握されているとすれば、都道府県の単位では両者は一致し、数値は100%になる[20]。この値が100%を下回る場合は貸付耕地が把握されていないことがあること、100%を上回る場合は借入耕地面積が貸付耕地面積より少ないことを意味する。

そこで、**表6-13**にける「貸付耕地面積/借入耕地面積」をみると、都府県では91.2%とかなり接近しているのに対し、全国では83.9%に低下し、沖縄県では59.6%にとどまっている。全国と都府県の差は、北海道における貸付耕地面積/借入耕地面積が55.4%と極めて小さいことによる。沖縄県でも貸付耕地面積/借入耕地面積は100%から40.4ポイントも下回っており、このことは「農業センサス」では把握されていない土地所有者による貸付耕地がかなり存在していることを示している。

表6-13における貸付耕地の所有者の属性による貸付耕地面積の構成は、都府県では、総農家36.2%、「土地持ち非農家」63.8%の構成であるのに対して沖縄県では総農家30.9%、「土地持ち非農家」69.1%となっている。耕地の貸し付けにおいては全国的に農家による貸し付けより「土地持ち非農家」における貸付耕地の割合が高く、農地の貸し手として重要な位置にあることを示しているが、沖縄県においてはその傾向がより強いことが言える。

ところで、「2015年農業センサス」における「貸付耕地面積/借入耕地面積×100」についての、沖縄県、都府県、全国の値は、**表6-13**に示したが、都道府県別にはさらに大きな差がある。具体的には、この値が小さい県から昇順に並べると**図6-6**のようになる。グラフの左側は比率の値が小さく、右に行くほど大きくなっており、大きな地域性がみられる。

比率が最も小さいのは北海道で、次いで沖縄県、鹿児島県、岩手県、鳥取県、長崎県までは100%を20ポイント以上下回っている。広島県から滋賀県までは10～20ポイントの開き、福井県から静岡県まで10ポイント未満、栃木県から右は100%を上回る。なかでも、東京都、奈良県、神奈川県、大阪府は100%を大きく上回っている。

「貸付耕地面積/借入耕地面積」の比率が100%を下回っている県には共通の特徴がある。ひとつには、遠隔の県であり、過疎地の多い県であるということであ

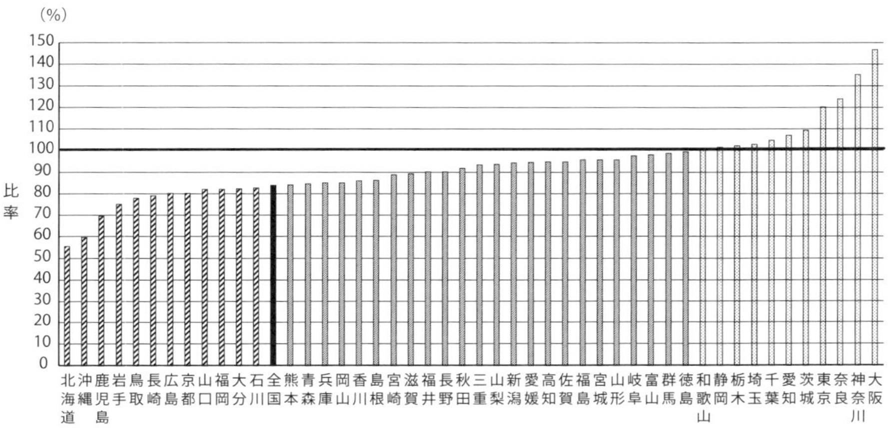

図6-6　借入耕地面積に対する貸付耕地面積の比率

出典：前掲、仲地宗俊「沖縄県における農家及び農業経営体の構成と農地の貸借―『2015年農林業センサス』にみる―」p.71, 図１を組み替えた。（一部改変）。
（原資料：前掲、『2015年農林業センサス』）

表6-14　土地持ち非農家の所有耕地（「2015年農林業センサス」）

単位：戸、ha

	土地持ち非農家（戸）	所有耕地のある		うち貸付耕地のある		耕作放棄地のある	
		世帯数（戸）	面積（ha）	世帯数（戸）	面積（ha）	世帯数（戸）	面積（ha）
沖縄県	12,027	8,706	3,654	6,960	3,506	5,912	1,590
都府県	1,394,866	1,143,090	565,570	931,060	542,551	645,229	193,817
全国	1,413,727	1,157,589	659,070	944,070	635,909	652,512	205,132

出典：前掲、仲地宗俊「沖縄県における農家及び農業経営体の構成と農地の貸借―『2015年農林業センサス』にみる―」p.69, 表４を組み替えた。
（原資料：『2015年農林業センサス』第２巻）。

る。また、沖縄県・熊本県・広島県・山口県は戦前期における移民県であること、鹿児島県・長崎県・山口県・大分県は2016年に農林水産省が行った「相続未登記農地等の実態調査」[21]において、「農地面積に対する相続未登記農地等」の割合が高い県であること、沖縄県・鹿児島県は農地の相続における分割相続地域であることなどが、貸付耕地の所有者の把握を困難にしていると考えられる[22]。さらに沖縄県では、沖縄戦における土地所有関係記録の滅失、アメリカ軍の基地建設による土地の所有・利用関係の錯綜などもこうした状況の要因をなしていると考えられる[23]。

そこで次に「2015年農業センサス」で把握されている「土地持ち非農家」が所有する農地の利用形態について**表6-14**に示した。

表6-15　耕作放棄地のある農家・土地持ち非農家と面積（「2015年農林業センサス」）

	耕作放棄地のある農家・世帯（戸）				耕作放棄地面積（ha）				
	総農家	販売農家	自給的農家	土地持ち非農家	計	総農家	販売農家	自給的農家	土地持ち非農家
沖縄県	2,736	1,271	1,519	5,912	2,445	855	513	343	1,590
都府県	723,514	400,512	323,002	645,229	404,411	210,594	121,501	89,093	193,817
全国	727,978	403,335	324,643	652,512	423,064	217,932	127,104	90,829	205,132

出典：前掲、仲地宗俊「沖縄県における農家及び農業経営体の構成と農地の貸借―『2015年農林業センサス』にみる―」p.69, 表5を組み替えた。
（原資料：『2015年農林業センサス』第2巻）

都府県では、「土地持ち非農家」が所有する耕地の面積は56万5,570haで、そのうち54万2,551haが貸し付けられている。そのほかに耕作放棄地として把握されている土地が19万3,817haある。沖縄県では「土地持ち非農家」が所有する耕地は3,654haで、そのうち3,506haが貸し付けられている。そのほか1,590haが耕作放棄地となっている。耕作が放棄されている土地は、都府県では耕地として貸し出されている耕地の35.7%、沖縄県では45.4%に相当する。「土地持ち非農家」が所有する土地のかなりの部分が耕作放棄されている。このことを耕作放棄地の面からその所有者別の面積をみたのが**表6-15**である。

耕作放棄地の所有者別の面積構成は、都府県では農家52.1%、「土地持ち非農家」47.9%であるのに対し、沖縄県では、農家35.0%、「土地持ち非農家」65.0%となっており、「土地持ち非農家」の耕作放棄地の割合がかなり高くなっている。

「農業センサス」における「土地持ち非農家」は、「調査客体候補名簿」に基づいて把握されることになっているが、住所地が当該調査区域内の場合は把握されるが住所が調査区域内にない場合は把握されない。したがって、「土地持ち非農家」は農地が所在する市町村と所有者の住所地が異なる場合は、どちらの側でも把握されていない可能性がある[24)]。

しかし、沖縄県においては貸し付け農地の69.1%は「土地持ち非農家」が所有する農地であり、借り入れ農地のうちの貸し付けの主体が把握できない部分を含め、その所有の実態を把握することは、農地の所有・利用関係の調整を進めるうえで重要な課題である。

第4節　小括

沖縄県においては第二次世界大戦後農地改革が実施されず、アメリカ軍統治下にあって農地法も適用されなかった。農地法が適用されたのは1972年５月、沖縄が日本に復帰した時点である。こうした状況から農地法体制への移行が大きな課題となった。一方この時期は、我が国の農地政策が、自作農主義から農地の流動化・集積の方向に大きく舵をきっていく時期であり、沖縄県における農地政策は、農地法による農地の権利移動の統制と農地の流動化、集積が同時に進行した。

この時期のもう一つの特徴として、全国的に過剰流動性による土地買い占めが吹き荒れ、そのあおりが沖縄にも及び、さらに復帰前年に長期旱魃と大型台風によって農業が大きな打撃を受け、一方では復帰を「記念」した沖縄国際海洋博覧会の開催にむけた開発ブームのなかで、多くの農地が農外の企業に買い占められていった。

こうした時代背景のなかで農地法が適用され、農地法の統制の下での農地の権利移動がなされるようになる。そこには次のような特徴がみられた。

まず、復帰直後には、小作地の所有権移転が活発になされる。これは、農地法が適用されたことにより復帰前に存在していた、法人、市町村、不在地主等が所有していた多様な形態の貸し付け小作地が農地法の規定に基づいて買収され農家へ売り渡されたこと、国管理の農地についても所管替え・所属替えによって農家へ売渡しがなされたものである。その意味では、農地法の適用は農業生産の基盤である農地の権利移動を公的に管理し、耕作の権利を保護するうえで大きな意義をもった。

耕作地有償所有権移転と利用権等の移動を併せた合わせた農地の権利移動は、復帰直後は少ないが、1976年から増加し、1982年に最も多くなる。1987年以降は減少に転じ、1995年は最も少なくなり、1996年以降はやや増加し、以後変動を伴いながら推移する。

耕作地有償所有権移転は、1976年から増加するが1986年以降は減少、横ばいで推移する。有償所有権移転の事由では、都府県に比べて、譲渡人「法人」の割合が相対的に大きいこと、「交換」の割合が低いことが特徴をなしている。譲渡人個人の「事由」では、「農業廃止」、「相手方の要望」（1987年～1995年）の割合が大きい。

農地の権利移動のルートとして法制的に異なる仕組みで設定されている農地法と農業経営基盤強化促進法の別では、農地法による移動が多く、農地の権利の移動は相対での移動が基本をなしている。また農業経営基盤強化促進法では再契約の割合が低いことも沖縄の特徴としてあげられる。農業経営基盤強化促進法は、基本的には、市町村による農用地利用集積計画の策定と集団的土地利用を目指したが、市町村におけるその進展は不十分であった。

2000年以降の自作地所有権移転の事由別構成は、譲渡人「法人」の割合が大きいことは、以前と同じであるが、「農業廃止」の割合がやや高くなり、「その他」の割合が大きくなっている。

自作地無償所有権移転では、同一世帯外への譲渡が多く、後継者への一括譲渡が少ないことが特徴をなしている。譲渡が分散的になされている。こうした移転の社会的背景に分割相続の慣行があると考えられる。このことは農地の分散をもたらす一方で、長男以外の者が農業に就業する契機ともなっている。

農地の賃借権の設定、使用貸借による権利の設定の事由では、「相手方の要望」の割合が比較的大きく、耕作者の状況に合わせて農地が移動している。

また2014年度からは農地中間管理事業がスタートした。農地中間管理事業は農地中間管理機構が農地の貸し手から農用地等について農地中間管理権（賃借権又は使用収益による権利）を取得し、その農用地等を借り手に貸し付ける事業である。農地の貸し手と借り手の関係では、耕地の借り入れ希望者（農地）に対して貸し手（農地）が圧倒的に少ないことが言える。一方で農地の借り手は、農地が存在する市町村の区域を超えて広範に応募するできることから、担い手と地域農業のつながりも課題となろう。

農地の貸し借りは、農地の管理制度の枠外でもなされており、この部分を含めた農地の移動を「農業センサス」によって捉えた。「1971年沖縄農業センサス」がとらえた農地の貸し借りでは、復帰前は、「預け・預かり」、「個人以外の土地所有者」からの借り入れが特徴をなしている。復帰後、一時、農地の貸し借りは減少したが、「1985年農業センサス」以降、徐々に増加した。しかし、2000年以降は頭打ち、減少に転じている。

農地の借り入れの割合では、農業経営体における割合は経営体の割合では高いものの、借り入れ面積の割合ではそれほど高くない。一方、総農家、自給的農家においても、借入農家、借入耕地の割合が比較的高く、小規模農家へも農地が貸されていることが特徴となっている。

今日、農地中間管理事業を中心とした農地の集積が大きな課題となっており、沖縄では農地の集積が少ないと言われており、その理由として、祖先崇拝の意識が強く、農地の資産保有意識が強い、といったことがよく言われる。しかし一方では、農地の利用の面においては貸し借りが柔軟になされる側面も併せ持っている。他者の利用を排除する「資産的保有」ではなく、一定の条件のもとでは柔軟な利用がなされる。すなわち農地は所有者が耕作しない場合、生活が困難な農家に耕作させる側面もあり、あるいは地域との精神的なつながりを維持する絆としての意義も持っている。沖縄においては、農地の所有と利用の関係、およびその移動はこのような性格を有しており、こうした性格を踏まえて取り組むことが求められる。

そこでは、農地の所有者にとっては、農地を利用する者との直接的あるいは間接的なつながりとともに、地域とのかかわりも農地の利用権が移動するうえでの重要なファクターをなす。そうした観点から言えば、農地の移動・集積はそれ自体を目的化するのではなく、地域をどのように作るか、そのなかで、農業はどのような役割を担うのか。農業の担い手と農地の所有者はどのような役割を担うのか。こうしたことの理解と合意の上に農地を利用する計画が必要である。

農地の権利の移動は、農地の所有者を単に農地の提供者として位置づけ、農地の権利をその所有者から借り手へ個別に移動させるのではなく、地域農業振興の計画を策定する中で地域づくりのメンバーとして位置づけ、そのなかで農地の所有と利用の関係を相互につくりあげる場が必要であろう。

そのためには、行政、農業委員会、JA、地域のメンバー、農業者による地域全体の将来計画と農業の位置づけ、役割を協議し、農地の保有者も巻き込んだ地域農業のあり方、農地利用の方向をつくることが必要と言える。地域の活性化を進める中で、農業の担い手の育成、農地集積の必要性を地域の課題として位置づける必要がある。そのなかで、農地の貸し手と借り手の交流の機会を設定することも有効であろう。また、すでにいくつかの自治体で実勢されている所有者不明の土地の把握、郷友会といった組織の活用も引き続き追求していくことも重要であろう。

注

1）農業生産法人の要件は、株式会社においてそれまで総株主の議決権の10分の１以下とされていた関連業者の議決権が廃止されるなどの改正がなされた。

2）文献〔２〕に示されている算式、「利用権設定（純増分）＝利用権設定－利用権更新分－賃貸借の解約等」による計算結果と、同資料の付表に示されている利用権設定（純増分）の数値は一致しない。

なお、権利移動面積（フロー）の把握の方法については、内閣府沖縄総合事務局農林水産部経営課、農林水産省農地政策課農地集積促進室のご教示をいただいた。記して感謝申し上げる。

3）沖縄県総合事務局農林水産部経営課による計算（非公式）では文献〔２〕における算式右辺の「利用権更新分」を「利用権の終了」（賃借権の終了）とすると、文献〔２〕のフロー図の付表の数値に近くなる。本書ではこの計算方法に倣った。

4）農林水産省『農地の移動と転用』の閲覧については、内閣府沖縄総合事務局農林水産部経営課、沖縄県農林水産部農政経済課、沖縄県農業会議において多大な便宜を図っていただいた。記して感謝申し上げる。

5）『農地の移動と転用』では、2009年までは「自作地有償所有権移転」、2010年以降は「所有権耕作地有償移転」と表章されている。

6）沖縄県農林水産部『沖縄県における農地一筆調査報告書』、1974年２月。

7）農地法上の所有制限に該当する小作地は、沖縄総合事務局農政課の推計では6,060ha、農林水産省農地業務課の把握では4,827haとされた。
農地制度資料編さん委員会『農地制度資料』第５巻（下）、復帰後の沖縄への農地法の適用、2001年３月。p.84、p.88.

8）そのほか、農地法第３条の手続きを経ない小作関係の解消（小作地取り上げ）もあったと考えらえるが、その面積は統計的には把握できない。

（農地制度資料編さん委員会『新農地制度資料　追巻　沖縄の復帰に伴う農地制度等』、農政調査会、1996年４月、pp.374-375）。

9）復帰前売買とは、復帰前に売買（貸借）の契約がなされていた権利の移動については農地法３条、５条の適用の対象としないという、措置である。この「取扱い」は、売買（貸借）の契約が復帰前になされた農地の権利移動であったが、なかには、農地法の許可を受けなければならない場合であるにもかかわらず、登記原因年月を農地法適用以前にあるとして、農地法の許可を受けることなく所有権移転等の登記が行われた事例があった。

このような方法は、復帰後も長期にわたり存在し、沖縄県は市町村農業委員会に対し、その防止を呼びかけている。

「農地の権利移動に関するいわゆる復帰前売買等の取扱いについて」（昭和63年12月26日・農政第870号　沖縄県知事から農業委員会会長あて）（沖縄県農林水産部『復帰時の沖縄農地制度資料』、1998年、p.169）。

なお、筆者は、『沖縄県農林水産行政史』第３巻「農地」（p.299）において、農地法適用時の特別措置として、「沖縄の復帰に伴う特別措置に関する法律第108条」に基づく措置として、①「農地法」第6条第1項の規定の猶予期間、②復帰前の農地の貸借関係の市町村への届け出、③復帰前の農地の売買について、の三つの事項を同列に並べて記述したが、②は「沖縄の復帰に伴う農林省関係法令の適用の特別措置等に関する政令第39条第6項」によるものであり、③の「復帰前売買」は復帰特別措置法によるものではなく、「取扱い」であった。ここに訂正しておきたい。

10）中間管理事業を加えた三つの制度の農地の権利移動の構成では、都府県では、農地法9.2％、農業経営基盤強化促進法69.6％、農地中間管理事業法21.2％、沖縄県では農地法49.0％、農業経営基盤強化促進法39.8％、農地中間管理事業法11.2％という構成になる。

11）分割相続については下記の文献を参照されたい。
石井啓雄・来間泰男『日本の農業　106・107　沖縄の農業・土地問題』、農政調査委員会、1976年12月。杉原たまえ『家族制農業の推転過程　ケニア・沖縄にみる慣習と経済の間』、日本経済評論社、1994年2月。仲地宗俊『沖縄における農地の所有と利用の構造に関する研究』（琉球大学農学部学術報告）、1994年12月。

12）仲地宗俊「価格低落局面における遠隔園芸産地の模索沖縄県今帰仁村」（田代洋一編『日本農業の主体形成』筑波書房、2004年4月）。

13）沖縄県における農地中間管理事業における農地移動については、2018年3月に農地保有合理化法人の『土地と農業』NO.48にその時点での整理を行ったが、ここでは、同報告での整理を基に2017年以降の動きを追加し、改めてその課題を検討したものである。

14）農林水産省ホームページ「農地中間管理機構の概要」
（https://www.maff.go.jp/j/keiei/koukai/kikou/attach/pdf/index-39.pdf）（2020年9月17日　最終閲覧）。

15）「農地中間管理事業の推進に関する法律の一部改正」（令和4年5月27日公布、令和5年4月1日施行）により、「借り受けを希望する者の募集等に関する規定」は削除された。

16）「人・農地プラン」は「農地中間管理事業の推進に関する法律の一部改正」（令和5年4月1日施行）によって、「地域計画」へと変更された。

17）前掲、仲地宗俊『沖縄における農地の所有と利用の構造に関する研究』、pp.63-64, pp.92-94.

18）不在村の貸し付け小作地所有者については、「沖縄の復帰に伴う特別措置に関する法律」による特別措置が講じられた。

19）土地持ち非農家
「2015年農林業センサス」では「農家以外で耕地及び耕作放棄地を5a以上所有している世帯をいう。」（「2015年農林業センサス」第2巻　農林業経営体調査報告書総括編「用語の解説」）。

20）市町村の単位では、市町村の範囲を超えた出作、入作があり、借入耕地面積と貸付耕地面積は一致するとは限らない。

21）農林水産省ホームページ。「相続未登記農地等の調査結果についてお知らせします」（maff.go.jp/j/keiei/koukai/attach/pdf/mitouki-1.pdf）（2017年10月27日　最終閲覧）

22）鹿児島県については田代洋一の指摘がある。

田代洋一「相続未登記農地の実態と農地集積」『土地と農業』No.47、2017年。（www.nouti.or.jp/GOURIKA/pdf Files/tochi And Nougyou/NO47/41-74.pdf）（2017年10月10日　最終閲覧）。

23）このことについては、前掲、石井啓雄・来間泰男『沖縄の農業・土地問題』の第1部Ⅲ「農地問題」の1．「『割当土地』と所有権確認」を参照されたい。

24）下地幾雄「土地持ち非農家の農地の所有・管理等に対する意識「非農家の農地の所有・管理意識等に関するアンケート調査結果」の分析」『土地と農業』No.25、1995年。

（www.nouti.or.jp/GOURIKA/pdf Files/tochi And Nougyou/NO25/25-09.pdf）

（2017年10月28日　最終閲覧）。

引用および参考文献

〔1〕関谷俊作『日本の農地制度』、農業振興地域調査会、昭和56年、p223.

〔2〕農林水産省ホームページ「農地の権利移動面積（フロー）の概要について」https://www.maff/go.jp/j/koukai/attach/pdf/index-19.pdf(2020年7月20日　閲覧)

〔3〕農地制度資料編さん委員会『農地制度資料』第5巻（下）復帰後の沖縄への農地法適用、農政調査委員会、2000年、pp.95-99.

〔4〕前掲、『農地制度資料』第5巻（下）、pp.95-99.

〔5〕沖縄総合事務局農林水産部監修『沖縄農業の動向』、昭和56年1月、p.126.

〔6〕農林水産省ホームページ。

農林水産省「農地転用等の状況について」（参考資料2）（ttps://www.maff.go.jp/nousin/noukei/totiriyo/tenyo_kisei/270403/pdf/sanko2.pdf）（2020年9月6日　最終閲覧）。

〔7〕沖縄県農林水産部『農業関係統計資料　総括統計表』、1984年8月。

〔8〕野原全勝「海洋博」（沖縄タイムス社『沖縄百科大事典』（上）、1983年5月。

当山正喜「土地ブーム」((沖縄タイムス社『沖縄百科大事典』（中）、1983年5月。

〔9〕沖縄県農業会議『沖縄県における農外資本による土地買占め実態調査報告書昭和51年度』昭和52年3月。

〔10〕前掲、『沖縄県における農外資本による土地買占め実態調査報告書昭和51年度』2ページ、表2注記。

〔11〕沖縄県農林水産部『復帰後の沖縄農地制度資料』、p.197.

〔12〕農林水産省『農地の移動と転用農地移動実態調査結果』（昭和54年）。

〔13〕農林水産省ホームページ「令和3年度の荒廃農地面積（令和4年3月30日現在）」（https://www.maff.go.jp/j/nousin/tikei/houkiti/attach/pdf/index-9.pdf）（2023年7月1日　最終閲覧）。

Ⅲ部　沖縄農業の新たな展開と課題および再編の方向

第７章　沖縄県における農業の６次産業化と異業種連携

我が国の農業は1950年代まで、農産物の生産のほかに食品の加工や販売といった副業を含む多品目生産・多就業の産業であった。1961年に農業基本法が制定され、そのもとで生産の合理化・効率化、生産性の向上が推し進められ、経済全体が高度成長へと進む中、これらの副業は農業から切り離され、第２次産業、第３次産業に取り込まれていった。農業は作物の栽培、家畜の飼養といった「生産」の分野に単純化していったばかりでなく、そのなかでも作目部門別に単一化が進んだ。その過程で農業からの労働力の流出、農地面積の減少が進み、農業総産出額も1980年代中期をピークに以降、停滞から後退の傾向をたどっている。

一方、そのなかでも地域の特産物を守る取り組みや農産物の直販といった取り組みも続けられた。1990年代の初期には「農業の６次産業化」の考え方が提起され、2000年代には農業生産関連事業が取り上げられた。さらに、６次産業化、農商工連携を事業として推進する制度が制定され、農業生産の多角化や他産業との連携の仕組みが作られてきた。

農業は、これまでの作物を栽培あるいは家畜を飼養し、それらを生産物として販売する形態から、それらを加工し販売する多角化、あるいは商工業、観光業との連携など他業種との連携を深めてきた。

６次産業化の事業は政策としては2022年度（令和４）から「農山漁村発イノベーション対策」の事業として再編されたが、農業生産の多角化、他の産業と連携をより進めるために、これまでの６次産業化の成果と課題の検証が欠かせない。

本章ではこうした我が国農業全体の動きを踏まえ、沖縄農業における６次産業化の展開と課題を整理する。

第１節　農業６次産業化の考え方と政策化

「農業の６次産業化」は、1990年代以降、農業・農村の多様な展開を考えるうえでのキーワードをなしてきたが、この考え方は、1994年（平成６）に今村奈良臣によって提唱された農業活性化の構想がその始まりとされている〔1〕。今村は、その考え方を次のようにまとめている。

「農業の６次産業化とは判りやすく言えば、近年の農業は農業生産、食料原料生産のみを担当するようにされてきて、２次産業的な分野である農産物加工や食品加工は、食品製造の企業にとりこまれ、さらに３次産業的分野である農産物の流通や農業・農村にかかわる情報やサービス、観光なども、そのほとんどは卸・小売業や情報サービス産業、観光業にとり込まれているのであるが、これらを農業にとりもどそうではないかという提案である。」〔2〕

すなわち、農業はもともと農産物の生産だけでなく、それらを原料とした加工や販売の過程までも含めた一連のつながりをもった総合的な産業であったが、市場経済の拡大のなかで、それらが分断され、農業は農業生産の枠の中に押し込まれ、さらにそれが縮小の途をたどりつつある。そこで、農業の活力を取り戻すために、加工や販売の活動を農業のなかに組み入れた農業の再編を行おうというものである。

今村はこの考え方を模式的に、「１次産業×２次産業×３次産業＝６次産業」〔3〕として示し、その基本的課題として、次の五つの点をあげている〔4〕。

〔第１の課題〕（前略）、所得と雇用の場を呼び込み、それを通して農村地域の活力をとりもどすこと。

〔第２の課題〕（前略）、安全、安心、健康、新鮮、個性などをキーワードとし、消費者に信頼される食料品などを供給すること。

〔第３の課題〕（前略）企業性を追求し可能な限り生産性を高め、コストの低減を図り、競争条件の厳しいなかで収益の確保を図ること。

〔第４の課題〕（前略）農村地域環境の維持・保全・創造、特に緑資源や水資源への配慮、美しい農村景観の創造などにつとめつつ、都市住民の農村へのアクセスの新しい道を切り拓くことに努めること。

〔第５の課題〕農業や農村のもつ教育力に着目し、（中略）、先人の培った知恵の蓄積、つまりむらのいのちを都市に吹き込むという、都市農村交流の新しい姿を作り上げること。

６次産業化は多くの場合、農産物の生産に加えて加工・販売を合わせて行うものとして、農業経営体の経営多角化の形態の一つとして捉えられているが、その原点は、農村の地域を基盤にその活性化や環境保全、都市農村交流などを含む幅広い活動として提起されたものであった。

一方、1900年代半ばから農業産出額の減少が続くなか、農業政策の面でも農林水産業の活性化、農林水産生産物の付加価値増大が検討されていた。こうした動きのなかで、平成12年度『食料・農業・農村白書』（2000年度）において、食品産業と農業との連携の必要性が打ち出され〔5〕、以後、各年度の白書において同様の記述がなされていく。2005年（平成17）の「食料・農業・農村基本計画」では「地産地消の推進」が打ち出され〔6〕、平成19年版『食料・農業・農村白書』（2007年）では、地産地消、産地直売所（農産物直売所）、農家民宿、農家レストランの仕組みと事例が紹介された〔7〕。同白書ではさらに、「多角化による農業の六次産業化は地域経済の活性化にも貢献」として「農業六次産業化」が紹介された。平成20年版『食料・農業・農村白書』（2008年）では、「地産地消の推進」、「農産物直売所は地産地消の活動の拠点」、「農業と宿泊業の連携強化により、農業生産の拡大が見込まれる」という記述とともにそれらの事例が紹介されている〔8〕。

また、「農業センサス」においても、「農産物の加工」「農産物の直接販売」などを「農業生産関連事業」として捉える調査がなされるようになる。「2000年農業センサス」において、「農産物の加工」「店や消費者に直接販売」「観光農園」が「農業生産関連事業」として把握され、さらに、「2005年農業センサス」から、「貸農園・体験農園等」「農家民宿」「農家レストラン」が「農業生産関連事業」の項目に加えられ、農業経営体の多様な経営活動が捉えられるようになった[1)]。このうち、「店や消費者に直接販売」は「2010年農業センサス」から「消費者に直接販売」に変更され、また同センサスから「海外への輸出」が加えられた。こうして、「2010年農業センサス」以降、「農産物の加工」、「消費者に直接販売」、「貸農園・体験農園等」、「観光農園」、「農家民宿」、「農家レストラン」、「海外への輸出」の７つの事業が「農業生産関連事業」として捉えられるようになる〔9〕。

政策の面では、2008年（平成20）５月に「中小企業者と農林漁業者との連携による事業活動の促進に関する法律」（農商工等連携促進法）が制定された〔10〕。これは、「中小企業者と農林漁業者が有機的に連携して実施する」事業を一定の要件のもとに認定し、これを支援する制度である。

そして、2010年（平成22）12月には「地域資源を活用した農林漁業者等による新事業の創出等及び地域の農林水産物の利用促進に関する法律」（「六次産業化・地産地消法」）〔11〕が公布され、農林漁業者による総合化事業計画の認定と支援が制度化された。この制度は、「農林水産物及び農山漁村に存在する土地、水その他の資源を有効に活用した農林漁業者等による事業の多角化及び高度化、新たな事業の創出等に関する施策並びに地域の農林水産物の利用の促進に関する施策を総合的に推進することにより、農林漁業等の振興、農漁村その他の地域の活性化及び消費者の利益の増進を図るとともに、食料自給率の向上及び環境への負荷の少ない社会の構築に寄与することを目的」（同法第１条）としている。

その仕組みは、６次産業化に関する一定の要件を満たした事業を総合化事業計画[2)]として認定し、認定を受けた事業者に対し、農業改良資金融通法等の特例、農地法の特例、野菜生産出荷安定法の特例等の支援措置を行うとされた〔12〕。こうして、それまで、農村活性化の考え方として提起されてきた「農業６次産業化」という用語は政策上の制度として農業者や農業への参入の機会をうかがっていた農外の企業等にも広く知られようになった。

もっとも、「六次産業化・地産地消法」による総合化事業計画の認定制度は６次産業化を政策的に進める仕組みをつくったが、一方、同法では、「農産物の加工」や「農産物の直接販売」を直接の対象としたことから、今村によって提唱された広い意味での農業６次産業化や「農業センサス」で定義された「農業生産関連事業」の考え方が、「農産物の加工」や「農産物の直接販売」の範囲に狭められて受け取られるという状況も生み出した。

さらに、2012年（平成24）12月に「農林漁業成長産業化ファンド事業」がスタートした。この事業は「株式会社農林漁業成長産業化支援機構法」[3)]に基づく事業で、その仕組みは、国による出資と融資、および民間からの出資によって「（株）農林漁業成長産業化支援機構」（A-FIVE）を組織し、そのもとにさらに同機構と民間等の出資による「サブファンド」を組織し、「６次産業化事業体」または農業法人の支援を行うとされた〔13〕。

「農林漁業成長産業化ファンド事業」は、支援機構とサブファンドが「６次産業事業体」に対して、直接出資や融資を行う仕組みであり、その規模も一般の農林漁業の事業体からすれば極めて大きなものであった。ファンド事業は農林漁業生産の企業化・大規模化を促したものと言えるが、事業の不振が続き、農林水産省は令和７年度中を目途に出資回収を終了し、その後解散する予定であることを公表している[4)]。

2022年度（令和４）からは、６次産業化を発展させた事業として「農山漁村発イノベーション対策」が始動した。この事業は、「地域の文化・歴史や森林、景観など農林水産物以外の多様な地域資源も活用し、農林漁業者はもちろん、地元の企業なども含めた多様な主体の参画によって新事業や付加価値を創出していく」事業であり〔14〕、６次産業化に比べて対象となる地域資源と支援する事業者の枠が拡大されている。

このほか「６次産業化総合化事業」に類似した事業として、先述の「農商工等連携事業」があるが、これについては、第４節でとりあげる。

次に、これらの事業の量的推移についてみておこう。「農業生産関連事業を行っている農業経営体」については、「2005年農業センサス」以降の各年「農業センサス」で把握されており、その事業内容については、農林水産省の「６次産業化総合調査報告」で把握されている。

次節で、沖縄における農業生産関連事業および「六次産業化・地産地消法」に基づく総合化事業について検討するが、ここではその前段として全国の農業生産関連事業と「六次産業化・地産地消法」に基づく総合化事業計画認定件数の推移についてみておきたい。

まず、2010年、2015年および2020年「農業センサス」によって、「農業生産関連事業を行っている実経営体」の数と事業の種類、およびその推移を示すと**表7-1**のようになる[5)]。

「農業生産関連事業を行っている実経営体」数は、「2010年農業センサス」の35万1,494経営体から、「2015年農業センサス」では25万1,073経営体に減少し、さらに「2020年農業センサス」では23万0,834経営体へと減少している。特に「2010年農業センサス」から「2015年農業センサス」にかけては減少率が28.6％と大幅に減少した。「2015年農業センサス」から「2020年農業センサス」にかけても減少しているが、減少率は8.1％に縮小し、また「2015年農業センサス」から「2020年農業センサス」の間の農業経営体総数の減少率21.9％に比べても小さい値となっている。

「2020年農業センサス」における団体経営体と個人経営体ごとの「農業生産関

表７-１　農業生産関連事業を行っている農業経営体数の推移　（単位：経営体、%）

	2010 年農業センサス		2015 年農業センサス		2020 年農業センサス	
農業生産関連事業を行っている実経営体数	351,494		251,073		230,834	
事業種類別（複数回答）	(384,816：100.0%)		(277,509：100.0%)		(312,292：100.0%)	
農産物の加工	34,172	(8.9)	25,068	(9.0)	29,950	(9.6)
消費者に直接販売	329,122	(85.5)	236,655	(85.3)	207,600	(66.5)
小売業	—	—	—	—	56,220	(18.0)
観光農園	8,768	(2.3)	6,597	(2.4)	5,275	(1.7)
貸農園・体験農園等	5,840	(1.5)	3,723	(1.3)	1,533	(0.5)
農家民宿	2,006	(0.5)	1,750	(0.6)	1,215	(0.4)
農家レストラン	1,248	(0.3)	1,304	(0.5)	1,244	(0.4)
海外への輸出	445	(0.1)	576	(0.2)	412	(0.1)
再生可能エネルギー発電	—	—	—	—	1,588	(0.5)
その他	3,215	(0.8)	1,836	(0.7)	7,255	(2.3)

資料：下記資料より筆者作成。
農林水産省『2010 年世界農林業センサス第２巻農林業経営体調査報告書―総括編―』、2012 年１月。
農林水産省『2015 年農林業センサス第２巻農林業経営体調査報告書―総括編―』
農林水産省『2020 年農林業センサス第２巻農林業経営体調査報告書―総括編―』
注：1）（　）内は、複数回答の計と構成割合である。
2）事業種類の「小売業」「再生可能エネルギー発電」は、『2020 年農林業センサス』において項目が立てられた。

連事業を行っている実経営体数」が占める割合では、団体経営体では20.8%を占めているのに対して個人経営体では7.8%にとどまっている〔15〕。

事業種類別の構成では、「2020年農業センサス」では、新たに「小売業」、「再生可能エネルギー発電」が加わったことから単純な比較はできないが、「農産物の加工」は「2010年農業センサス」から「2015年農業センサス」にかけて大幅に減少したが、「2020年農業センサス」ではやや増加している。

「消費者に直接販売」は「2015年農業センサス」の23万6,655経営体から「2020年農業センサス」では20万7,600経営体に減少したが、一方で、「2020年農業センサス」で新しく設定された「小売業」が５万6,220経営体を数えている。「小売業」は「自ら経営に参加している直売所等」が対象とされており[6]、「2015年農業センサス」までは「消費者に直接販売」に分類されていたと考えられる。その点でみると、消費者に販売する事業は増加していると考えられる。

「貸農園・体験農園等」は「2010年農業センサス」以来、大きく減少している。「農家民宿」も減少している。「再生可能エネルギー発電」は「2020年農業センサス」から農業生産関連事業の一つとして設定された項目であり[7]、貸農園・体験農園等」とほぼ同じ数が把握されている。事業種類としてもう一つ注目されることは「その他」の急増である。「その他」は「2010年農業センサス」では3,215経営体（全事業種類の0.8％)、「2015年農業センサス」では1,836経営体（同0.7％）にすぎなかったが、「2020年農業センサス」では7,255経営体（2.3％）に増加している。これまでの農業生産関連事業の枠には収まらない新しい事業が生まれてきていることを示唆している。

そこで、農林水産省「６次産業化総合調査」8)によって2013年度（平成25年度）以降の農業生産関連事業の年間総販売額の推移をみると、2013年度の１兆8,175億円から2017年度（平成29）には２兆1,044億円に増加している。この間の年間増加率は、2013～14年度2.7％、2014～15年度5.4％、2015～16年度3.0％、2016～17年度3.8％と増加しており、2018年度以降は横ばい、微減になっているものの、2013年度から2017年度にかけての増加率は15.8％になっており〔16〕、この間の農業総産出額の増加率9.5％〔17〕を大きく上回っている。

農業生産関連事業を営んでいる事業体（農業経営体）の事業種別１事業体当たり従事者数は、2019年度で、「農産物の加工」5.0人、「農産物直売所」で5.7人、「観光農園」で6.4人、「農家民宿」で4.2人、「農家レストラン」9.4人となっている9)。

もっとも、農業経営体による農業生産関連事業への取り組みは都道府県によっても大きな違いがある。「2020年農業センサス」における「農業生産関連事業を行っている事業体」が農業経営体に占める割合を都道府県別にみると**図7-1**のようになる。割合が最も高いのは東京都の59.4％で、次いで神奈川県、大阪府、京都府、奈良県、静岡県、埼玉県と続いており、農業生産関連事業は大都市及びその近郊において広く取り組まれていることが分かる。一方、割合が低い県は、沖縄県の8.0％を末尾に、青森県、秋田県、鹿児島県、宮城県と続く。これらの県は全国平均の21.5％に比べてもかなり低く、遠隔農業地帯では取り組みの割合が低い。

次に、「六次産業化・地産地消法」に基づく総合化事業計画の全国的展開についてみると、総合化事業計画の認定は、農林水産省の資料「六次産業化・地産地消法に基づく事業計画の認定の概要」によれば、2010年（平成23）の第１回から2021年（令和３）９月現在、全国で2,600件にのぼっている〔18〕。県別に六次産業総合化事業計画の累計認定件数が多いのは、北海道163件、兵庫県118件、宮崎県113件、長野県100件、岡山県93件、熊本県92件である。一方、認定件数が少ない県は、島根県16件、東京都19件、埼玉県22件、福井県22件、鳥取県23件、香川県24件、佐賀県25件である。

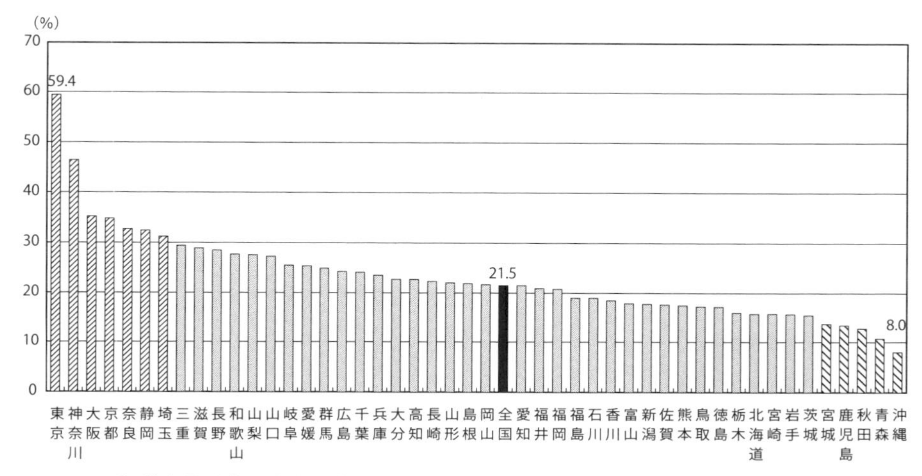

図7-1　都道府県別農業生産関連事業を行っている農業経営体の割合（消費者に直接販売を含む）（「2020年農林業センサス」）

資料：前掲、『2020年農林業センサス』より筆者作成。

第2節　農業6次産業化の展開

（1）農業生産関連事業

沖縄県における「農業生産関連事業を行っている実経営体」の数は「2010年農業センサス」の1,097経営体、「2015年農業センサス」の1,169経営体から「2020年農業センサス」では904経営体になっており、「2015年農業センサス」から「2020年農業センサス」にかけて22.7％減少している（**表7-2**）。これは全国における減少率8.1％を大きく上回っている。

「2015年農業センサス」から「2020年農業センサス」にかけて「農業生産関連事業を行っている農業経営体」数が減少するなか、業種別には、「農産物加工」は12.7％増加している。「消費者に直接販売」は大きく減少しているが、「2020年農業センサス」では「消費者に直接販売」のほかに「小売業」が加えられたことがあり、両者を合わせると広い意味で販売を行う事業の減少は5.8％になる。これらに対して、「観光農園」「貸農園・体験農園等」「農家民宿」は大きく減少している。

「2020年農業センサス」における「農業生産関連事業を行っている経営体」の

表7-2　農業生産関連事業を行っている農業経営体数の推移（沖縄県）　（単位：経営体、％）

事業体数	2010年農業センサス		2015年農業センサス		2020年農業センサス	
農業生産関連事業を行っている実経営体	1,097		1,169		904	
事業種類別（複数回答）	(1,279：100.0%)		(1,313：100.0%)		(1,234：100.0%)	
農産物の加工	168	(13.1)	134	(10.2)	151	(12.2)
消費者に直接販売	892	(69.7)	1,014	(77.2)	742	(60.1)
小売業	—	—	—	—	213	(17.3)
観光農園	38	(3.0)	32	(2.4)	21	(1.7)
貸農園・体験農園等	56	(4.4)	34	(2.6)	12	(1.0)
農家民宿	28	(2.2)	62	(4.7)	40	(3.2)
農家レストラン	20	(1.6)	17	(1.3)	13	(1.1)
海外への進出	2	(0.2)	5	(0.4)	2	(0.2)
再生可能エネルギー発電	—	—	—	—	4	(0.3)
その他	75	(5.9)	15	(1.1)	36	(2.9)

資料：前掲、『2010年世界農林業センサス』、前掲、『2015年農林業センサス』、前掲、『2020年農林業センサス』より筆者作成。
注：表7-1に同じ。

事業種類の構成は、「消費者に直接販売」が60.1％と最も多く、次いで「小売業」が17.3％を占めている。「農産物の加工」は12.2％となっており、「2015年農業センサス」の時点から、割合がやや高くなっている。「観光農園」「貸農園・体験農園等」「農家民宿」「農家レストラン」は実数が減少するとともに割合も低下している。

このうち、「農家民宿」については、農業経営体数は40経営体であるが「農業センサス」の把握と沖縄県農林水産部における「農林漁家民宿」10) を営んでいる農林漁家の数には大きな差があり、「農業センサス」における「農家民宿」には農業経営体の要件に満たない小規模農家による「農林漁家民宿」は含まれていないと考えられる11)。

沖縄県における農業生産関連事業の販売金額は、2010年度（平成22）の105億2,200万円から、2015年度（平成27）には189億2,900万円、2017年度（平成29）には206億7,300万円に増加したが、2018年度（平成30）は205億9,300万円と横ばいになり、2019年度（令和元）は194億6,200万円に減少している〔19〕。

さらに沖縄県における農業生産関連事業と地域との関連をみるために、農業生産関連事業を営んでいる事業体（農業経営体+農業協同組合等）の農産物加工原料の年間仕入金額の産地別構成と農産物直売所における年間販売金額の産地別構成を他の農業地域との比較を**表7-3**に示した。沖縄県は「農産物の加工」では、

表7-3　農業生産関連事業を営む事業体の年間仕入金額および販売金額の産地別構成（2019年度）（農業経営体・農業協同組合等）
（単位：%）

農業地域	農産物加工：加工原料の産地別年間仕入金額構成					農産物直売所：産地別年間販売金額構成				
	計	自家生産物	購入農産物			計	自家生産物	他の農家の農産物等		
			自都道府県産	他都道府県産	輸入品			自都道府県産	他都道府県産	輸入品
全国	100.0	24.4	57.3	13.0	5.3	100.0	12.5	76.3	10.5	0.7
北海道	100.0	18.0	75.4	2.8	3.9	100.0	32.6	63.7	3.1	0.7
東北	100.0	22.5	63.4	11.9	2.2	100.0	11.9	76.7	10.7	0.7
北陸	100.0	25.7	62.8	8.7	2.8	100.0	15.9	70.3	13.4	0.5
関東・東山	100.0	38.1	41.2	13.2	7.5	100.0	14.4	73.1	12.2	0.3
東海	100.0	19.0	62.3	15.8	2.9	100.0	12.9	72.8	14.0	0.3
近畿	100.0	33.9	57.9	5.3	2.9	100.0	6.8	79.7	13.0	0.4
中国	100.0	9.7	64.7	17.1	8.5	100.0	11.1	79.6	8.7	0.6
四国	100.0	7.7	59.5	22.8	10.0	100.0	5.1	87.6	6.6	0.7
九州	100.0	25.4	58.5	13.2	3.0	100.0	10.0	81.0	7.1	1.9
沖縄	100.0	42.3	44.9	1.0	11.8	100.0	6.3	72.0	20.7	1.0

資料：『令和元年度6次産業化総合調査』より筆者作成。政府統計の総合窓口（e-Stat）（https://www.e-stat.go.jp/）（2021年10月19日閲覧）

（原注）：1）調査対象者数および選定方法は、農産加工等の業態別区分ごとの標本調査（層別無作為抽出法）である。ただし、年間販売（売上）金額規模が一定額（農産加工は10億円、農産物直売所は5億円、観光農園、農家民宿及び農家レストランは1億円）以上の農業経営体等及び令和元年度に新たに農産加工等の事業を開始した農業経営体等については、その全てが調査対象者とされている。
（著者注：仕入金額および販売金額については、「農産加工」および「農産物直売所」が掲載されている。）

2）産地別年間仕入金額は、農産物の仕入金額の合計である。

3）産地別年間販売金額は、生鮮食品、農産加工品および花木の販売金額の合計である。

4）自家生産物は、農業経営体のみの結果である。

自家生産物42.3%（農業経営体のみ）、自県産農産物44.9%となっている。自家生産物の仕入割合は全国農業地域のなかで最も高い一方、自県産農産物の仕入金額の割合は関東・東山に次いで低い。また、「農産物直売所」における年間販売金額の産地別の構成では、自家生産物（農業経営体のみ）6.3%、自県産農産物72.0%、他都道府県産20.7%となっており、多くは自県産農産物を販売しているが、他都道府県産の割合が全国農業地域のなかで最も高い。これは、農産物直販の対象となる農産物の種類が少ないことの反映と考えられる。

農業経営体における農業生産関連事業の従事者数は、2010年（平成22）の2,200人から2017年度（平成29）には3,400人にのぼっており〔20〕、これは「2015年農業センサス」における沖縄の販売農家の農業就業人口の17.1%に相当する。農業生産関連事業は雇用の場としても大きな役割を果たしている。このように、農業生産関連事業は、地産地消の拡大、雇用の拡大などを通して地域経済への波及効果をもたらしており、その意義は大きいと言える[12)]。

(2)「六次産業化・地産地消法」に基づく総合化事業計画の認定

さて、先にみた「2020年農業センサス」における農業生産関連事業を行っている農業経営体の割合は、沖縄県は全都道府県のなかで最も低い値であったが、「六次産業化・地産地消法」に基づく認定では、2021年9月30日現在、61件が認定されており（うちファンド事業4件)、全国的には中位に位置する〔21〕。

もっとも、時系列的には、2011年度20件、2012年度19件、2013年度11件、2014年度3件、2015年度0件、2016年度3件、2017年度0件、2018年度4件、2019年度から2021年度は各1件と推移しており、制度実施直後の2011年度・2012年度に比べて、3年目にはほぼ半分に減り、4年目以降は0から4件の認定になっている〔22〕。総合化事業計画認定の件数は全国的にも2014年度以降減少の傾向にあるが〔23〕、沖縄県においては特にその傾向が大きい。この点については次節でとりあげる。

総合化事業計画認定事業者の経営組織の種別は、株式会社が最も多く27社にのぼり、次いで、有限会社16社、合資・合同会社1社、農事組合法人2法人、個人4、任意団体2、その他・不明5である〔24〕。77.2%が会社組織である（ファンド事業を除く)。

「六次産業化・地産地消法」に基づく総合化事業計画の事業内容は、全国では「加工・直売」が最も多く68.8%を占め、次いで「加工」が18.2%で、この両者を合わせると87.0%を占める。そのほか「加工・直売・レストラン」が7.1%、「直売」が2.9%という構成になっている〔25〕。ほとんどが「加工」と「販売」の組み合わせ、またはこれらの単独の形態である。総合化事業計画の対象が農産物の加工と販売を直接の対象としていることの反映といってよい。

沖縄県における6次産業化総合化事業計画の事業の種類は、前出資料（前掲、文献〔22〕）によって、事業内容を分類すると**表7-4**のようになる。最も多いのは加工と販売を併せ行うタイプで、全57件（ファンド事業を除く）のうち42件(73.7%）を占めている。このうち、17件は加工・販売に商品開発という文言が加わっている。42件以外では、加工・販売に観光農業（体験農業）を組み合わせたタイプ（4件)、加工・販売に循環型農業を組み合わせたタイプ（3件)、ブランド確立（地域特産物の開発）を打ち出したタイプ5件、単一の事業は少ないが、安定生産及び販売体制の構築、新商品開発、周年収穫体制の構築と新商品開発が

表 7-4　沖縄における六次産業化・地産地消法に基づく事業計画の事業内容（2021 年 9 月 30 日現在）

（単位：件、%）

事業内容	件数	割合
加工・販売または商品開発・加工・販売	42	73.7
加工・販売＋観光農業（体験農業）	4	7.0
加工・販売＋循環型農業	3	5.3
ブランド確立（地域特産物の開発を含む）	5	8.8
商品開発	2	3.5
その他	1	1.8
計	57	100.0

資料：沖縄総合事務局ホームページ「農山漁村の 6 次産業化推進」「六次産業化・地産地消法に基づく総合化事業計画の認定状況（令和 3 年 9 月 30 日）」より筆者作成。
（https://www.obg.go.jp/nousui/nousin/6jika/nintei-zyoukyou）
（2023 年 9 月 8 日閲覧）。

表 7-5　総合化事業計画において活用されている農林水産物

（1）果樹：パイナップル、マンゴー、シークヮーサー、パッションフルーツ、ドラゴンフルーツ、タンカン、バナナ、その他の表記（果樹、熱帯果実、沖縄産果実、柑橘類）
（2）工芸作物：ハーブ、コーヒー、アロエベラ、ピパーツ、ノニ、グアバ、島藍、月桃、大茎種砂糖キビ（黒糖）
（3）野菜：クワンソウ、島ニンニク、しょうが、鈴かぼちゃ、ミニトマト、かんしょ、人参、もやし、その他の表記（伝統的野菜、規格外野菜）
（4）その他作物：小麦、米粉、大豆、蕎麦、ブーゲンビレア、クーガ芋、モリンガ、なた豆、キャンドルブッシュ、カヤツリグサ
（5）畜産物：島豚、アグー（アグー交配豚）、猪豚、黒毛和種、ジャージ牛、乳牛、山羊、鶏肉、鶏卵
（6）水産物：モズク、すっぽん、海ぶどう
（7）林産物：生しいたけ
（8）その他：カイコ

資料：表 7-4 に同じ。
注：農林水産物の表記は前掲資料によった。

３件となっている。全国との比較では、加工と販売が結合したタイプあるいは加工・販売に加えて他の事業を組み合わせた事業タイプが大部分を占め、加工または販売のみの事業は極めて少ないということである。

さらに、総合化事業計画の対象農産物を部門別にみると、全国では、野菜の割合が31.4％と最も高く、次いで果樹が18.6％、畜産物12.6％、米11.8といった構成になっている（複数の農林水産物を対象としている総合化事業については全てカウント）[26]のに対して、沖縄県では果樹24.4％、畜産物24.4％、野菜19.7％、工芸作物17.9%という構成になっている（複数の農林水産物を対象としている総合化事業については全てカウント）〔27〕。これらの部門をさらに細かく作目・作物の種類で示すと**表7-5**にようになる。果樹・工芸作物・畜産物を中心に沖縄の亜熱帯性気候を生かした農産物や伝統的な食文化に根ざした独自の作目が多く活用されていることが示されている。

（3）沖縄県および市町村における6次産業化支援の取り組み

沖縄県の農業６次産業化への取り組みは、『沖縄21世紀ビジョン基本計画』（沖縄振興計画　平成24年度～平成33年度）の「亜熱帯性気候等を生かした農林水産業の振興」の「フロンティア型農林水産業の振興」において、「農林漁村の多面的機能の発揮・利用に向けて、地域の魅力ある素材の発掘や地域特性を生かしたツーリズムの推進、生産者と消費者や農山漁村と都市を結ぶコーディネーター等の人材育成を推進するなど、農林水産業の６次産業化による新市場開拓と農林水産資源の多様な活用を推進します」〔28〕と位置付けられている。

2022年５月に策定された「新・沖縄21世紀ビジョン基本計画」では、(「第４章　基本施策」、「３　希望と活力にあふれる豊かな島を目指して」、「(7) 亜熱帯海洋性気候を生かした持続可能な農林水産業の振興」) の「ウ　多様なニーズに対応するフードバリューチェーンの強化」の「食品産業など他産業との連携による農林水産物の付加価値向上」なかで、「これまでの６次産業化の取組を発展させ、食品産業など他産業との積極的な連携による県産農林水産物の高付加価値化に取り組」〔29〕むことが掲げられている。

さらに、沖縄県では「沖縄21世紀ビジョン基本計画」とは別に2016年（平成28）３月に、「沖縄県６次産業化推進基本方針」を、2022年３月に、「第２次沖縄県６次産業化基本方針」を策定し、６次産業化推進の基本方向を示した。

2016年「基本方針」では13)、「『地域と共生し、継続的な成長により、雇用を生み出す６次産業化事業体の育成』を目指す」ことを目標とし、６次産業化で目指すべき事業体の姿として、(1) 継続的に成長する自立した事業体、(2) 地域ぐるみで取り組む地域と共生する事業体、(3) 地域で雇用を生み出し地域で発展する事業体、を掲げ、「地域」を基盤とした６次産業化の推進を打ち出した。

支援策としては、「(1) ノウハウをもつ人材の育成、確保に向けた支援」、「(2)

業種間・産地間連携、地域ぐるみの取り組みに向けた支援」、「(3) 消費者を意識し地域の強みを生かした商品開発と販路形成に向けた支援」、「(4) 県産農林水産物の加工品への信頼感の確保に向けた支援（イメージアップ）」が挙げられている。

このうち、(2) について、「地域ぐるみの取り組みとは、『生産者・製造者・流通業者・販売者』だけではなく、地域を牽引する市町村が調整役を担い、地域の関係団体（JA、JF、商工会、観光協会、教育機関（給食センタなど含む））と連携し、それぞれの担う役割と生み出した付加価値（金銭以外の雇用創出による効果や地域活性化、地域課題の解決などを含む）を配分する仕組みで取り組むことである」として、地域の諸団体との連携、市町村による牽引・調整が打ち出されている。「地域」は６次産業化を推進していくうえでの重要な視点であったが、このことについての具体的な展開は見られなかった。

(3) では、取り組みの段階に応じた３つの段階にわたる支援を行うとしている。その第１段階は、「アグリチャレンジ起業者育成事業」で、個人経営者（農業者等）を対象に、基礎知識の修得・販路の確保などの基盤づくり、第２段階は、「６次産業化人材育成活性化事業」で、個別指導によるノウハウ習得と販路開拓を支援し、総合化事業計画の認定を目指す。そして、第３段階で、６次産業化に取り組む事業者等を対象に、ソフト支援の新商品開発費、市場調査費、販路開拓費の補助を行い、ハードの支援として、新商品開発の生産に必要な機器、建物への補助を行うとしている。さらにソフト支援で委託[14]による経営課題の解決サポート、人材育成研修会、異業種交流会の開催等がある。

さらに、「推進体制」のなかで、「特に、地域に密着した市町村の役割については、牽引役として地域における６次産業化の方向性などを定め支援することが６次産業化を推進するうえで重要であり、地域ぐるみによる取り組みを成功させるには地域の事業者や関係団体の調整役を担い、地域づくりに取り組むことが必要不可欠のものとなる」とし、市町村が果たす役割が協調されている[15]。

2022年「第２次沖縄県６次産業化推進基本方針」も基本的には、2016年「基本方針」を引き継いでいるが、2022年「基本方針」では、2016年「基本方針」で掲げられていた「基本目標」の記述が削除され、支援については、「戦略的な販路拡大と加工・販売機能の強化」、「農林水産物の付加化価値向上」といった、販売技術的支援が前面に掲げられている[16]。

以上が沖縄県における６次産業化支援の仕組みであるが、市町村でも独自の取り組みがなされている。早くから６次産業化支援に取り組んだ例としては、名護市の「なごアグリパーク」による６次産業化支援の取り組みがある。この事業は、名護市が「農産物等の加工による高付加価値化を目指す加工研究施設、販売施設と観光農園、地域農産物が食べられるレストラン等の機能を併せ持ち、名護市の６次産業化の拠点施設」を整備するもので、「施設整備するだけの経営体力に乏しい農家等の６次産業化を支援し、それに伴う農家所得の向上等を目指すもの」としている[17)]。

その他の市町村における支援の取り組みについては統一した調査結果はないが、沖縄県農林水産部よりの聞き取り、および市町村のホームページ等による情報の範囲で整理すると[18)]、６次産業化推進戦略を策定している市町村１市（糸満市）：糸満市６次産業化・地産地消推進戦略（2018年11月）、６次産業化支援施設を建設２市１町１村（名護市、うるま市、読谷村、西原町）、となっており、市町村として６次産業化支援に取り組んでいる事例はまだ少ない。

（4）「六次産産業化・地産地消法」に基づく総合化事業計画認定事業の取り組みの事例

六次産業化・地産地消法に基づく総合化事業計画として認定された事業体の具体的な取り組みについては、その先進的な取り組み事例が、農林水産省の「六次産業化事例集」、沖縄総合事務局農林水産部のホームページのほか、６次産業化に関する雑誌、さらにマスコミ等で広く紹介されている。ここでは、沖縄県の６次産業化総合化事業計画の取り組みをみるため、事業者に対する聞き取りと関連の資料により３件の事例をとりあげる。

①　農業生産法人　株式会社今帰仁ざまみファーム（現　株式会社眠り草本舗）

ざまみファームは今帰仁村でクワンソウを活用した６次産業化総合事業計画に取り組んでいる農業生産法人である。法人設立は2007年（平成19）11月である。当時法人の代表であった座間味久美子氏の叔父さん夫婦と義弟が今帰仁村でクワンソウを栽培していて、眠りにいい花があるということで事業化に取り組んだ。2012年（平成24）に「伝統的島野菜クワンソウを活用した新商品開発、加工製造及び観光農園事業」で「６次産業化・地産地消法」に基づく総合化事業計画の認定を受けた。

総合化事業の内容は、クワンソウの栽培（観光利用）－加工－販売、である。クワンソウは沖縄の伝統的な野菜であり、古くから入眠の効果があると言われてきた。久美子氏は女性の感性を生かし、癒し、健康をテーマに、クワンソウをハーブ、ピクルス、ドレッシング（ジュレ）に加工している。ドレッシングは委託である。加工のほか、観光利用として花摘みなどの取り組みを行った。

農林水産省の『６次産業化取組事例集』（2018年２月、2019年２月）のなかでは、「女性パワーでみんなをぐっすり！　沖縄の伝統的島野菜の機能性に着目した取組」のキャッチ・フレーズで紹介された。

経営の状況と課題としては、「台風が来ると花がダメになる、観光の収入が得られない、ハウスが必要」、「忙しい時期には労働力が不足、人手が欲しい」、「土地の拡大が必要、鑑賞の見栄えをよくするため土地をまとめたい」、といったことがあげられ、「６次産業化」の事業としての課題については、「事業の採択から終了まで５カ月しかない、２年またがりの事業が必要」、「プランナーは書類作成の指導だけでなく、一緒に事業を育てていく人が必要」、といったことをあげた。

（聞き取り：2015年９月９日、ざまみファーム）

付記１）農林水産省『６次産業化の取組事例集』2019年２月、も参照した。
　　２）2020年４月、法人代表が座間味久美子氏の長男である座間味栄太氏に交代し、2021年９月、法人の名称が「株式会社　眠り草本舗」に変更された。

②　農業生産法人　有限会社伊盛牧場

伊盛牧場は石垣島にある酪農と乳製品の製造・販売を営む農業生産法人である。代表者の伊盛米俊氏は1962年（昭和37）生、実家は石垣島で漁業を営んでおり、畜産との出会いは16歳の時、副業で牛飼いを始めたのがきっかけだった。

1988年（昭和63）に農用地開発公団の畜産基地建設事業で肉用牛飼養農家として入植した。その後、乳牛に転換し、1993年（平成５）に有限会社伊盛牧場として法人化した。当初、２頭からスタートし、北海道からホルスタインを導入したが長距離の輸送や気候の違いから多くの牛が死んでしまった。大きく影響したのは石垣島の気温の高さだった。そこで、牛舎に扇風機やミストを設置するなど、牛のストレスを減らす工夫を重ねた。

2009年（平成22）に牧場の近くで風景の良い場所に直売所をオープンし生乳を使ったジェラードの販売を始め、2012年（平成24）に六次産業化法による総合化事業計画が認定された。2013年（平成25）新石垣空港が開港したことに伴い、同空港内に２店舗目の直売所を開店し、2014年（平成26）農産物加工所、農産物販売お土産店を開店した。

スタッフ構成は、牧場５人（代表を含む）、加工場５～６人、直売所６人で、雇用者数は1996年（平成８）の８人から2015年（平成27）には26人に増えた。（2018年、34人）。

また、売上高は、2011年から８年間で333％増加している。（第４回「農水産業支援技術展」沖縄、2019年６月、講演資料による。）

「経営理念」として、次の三つのことを掲げている。

・第一次産業を基に安心安全な農産物を生産する。それをもとに地元での販売加工に取り組んで雇用、地元経済の循環に貢献する。

・農地を大切にし、堆肥の還元に力を入れる。

・これらの理念を、次世代にしっかり引き継いでいくことを常に心がけている。

事業展開の主な特徴として次のことがあげられる。

(1) 暖地型牧草による粗飼料自給率100％を維持している。

草地は15haで、入植したときは10haであったがぺんぺん草も生えない傾斜地だった。そこに堆肥や近所の豚舎から譲ってもらった豚糞を撒き続け改良していった。

(2) 牛が過ごしやすい牛舎環境と自家育成

牛舎は風通しを良くするように、扇風機、細霧機等を設置し、「過ごしやすい環境」に配慮している。１頭当たりの泌乳量を増やすよりも、「自家育成による石垣島生まれの暑さに強い牛群づくり」を目指している。牛の排せつ物は堆肥とし草地に散布する。

(3) 乳牛を活用した加工・販売事業の展開

生乳の販売だけでは経営的に成り立たず、加工にも着手した。搾乳のほぼ３分の２は生乳、３分の１を加工に利用する。加工はジェラートが中心で、パイナップル、マンゴー、紅芋、パパイヤなど石垣島の特産農産物も素材として活用している。農産物は地域の農家から買い上げている。加工品は、牧場の近くに開店した販売店「ミルミル本舗」と新石垣空港の売店で販売している。乳の加工利用だけでなく、廃牛はミンチ用に供しハンバーガーの素材として活用する。

こうした、加工販売の仕組みは、「流通に乗らない果実を農家と連携して買い上げ、地域全体の活性化につなげる」、「規格外の農産物を原料にして農家の所得向上につなげる」。販売については、「店舗が景勝地にあることで客が直接集まり、輸送コストや卸売業者へのマージンがかからない」、「景観も商品のうち」、という考え方のもとで取り組んだ。

６次産業化については、「農業だけだとリスクは大きいが、加工、販売までいけば利益も出やすくなる、小規模な事業者でも挑戦する価値はある」と考えている。そのうえで、今後の方向として、次のことをあげている。

・牛乳加工品（ソフトクリーム、ヨーグルト等）の開発と、乳用牛の廃牛を活用した牛肉加工品の開発に取り組むとともに、それぞれの加工施設を整備する。

・売上の増加に伴い、加工所が手狭になっている。平成28年度に新たに加工販売所の建設を予定している。完成により連携農家（果樹・野菜）の仕入れが倍増すると思われる。

・第１次産業は一つ（農業・水産・林業）と考え、それらの生産物および加工品を取り扱い、第１次産業者の所得の向上に寄与する。

（聞き取り：2017年10月17日、石垣市伊盛牧場）

付記１）伊盛米俊氏は「沖縄農水産業支援技術展」沖縄において、2016年以来、毎年、講演を行っており、その都度、聞き取りを行った。
　２）農林水産省『６次産業化の取組事例集』2019年２月も参照した。

③　農業生産法人　株式会社クックソニア

株式会社クックソニアは名護市にある農業生産法人である。「クックソニア」とは、法人代表の芳野幸雄氏によれば、「海から初めて陸上に上がった最古の植物」を意味し、県外から沖縄に移住し就農した吉野氏の「沖縄の大地に根を下ろして一から頑張るぞ」という気持を表しているという。

芳野氏は、東京で農産物の流通にかかわる仕事に携わった後、自ら野菜を作り販売したいという思いで2003年（平成15）に沖縄に移住、研修の期間を経て、2007年（平成19）に名護市に農地（約40ａ）を借り本格的な野菜作りを始めた。

2009年２月に新規参入者同士の情報交換と支援を目的に「沖縄畑人くらぶ」（畑人：ハルサー、農業者の意、筆者注）を結成した。メンバーは当初８人（県内４人、県外４人）からスタートし、現在は15人に増えている。前職は会社の営業など様々な分野にまたがるという。作物は各自で選択するが島野菜やスパイスなど数十種類に及ぶ。基本的には化学肥料や農薬をできる限り使わない栽培を行い、月１回、専門家を招いて勉強会を行っている。

「沖縄畑人くらぶ」は、「おいしい、うれしい、たのしい」を理念に、①食える農業、②新規就農支援、③地域への貢献を活動のモットーとしている。特に地域への貢献については、地域の人たちから農地を借りていることを自覚し、地域の一員として認めてもらう（地域の行事やイベントにも積極的に参加する）ことを心がけている。

2009年９月には、スパイス等の生産、商品開発、販売を行う組織として農業生産法人クックソニアを設立した。さらに、2011年４月には「やんばる畑人プロジェクト」を立ち上げ、やんばるの野菜を使ったメニューの開発、消費者の需要に合う食材の開発など意見の交換、情報の発信などの活動を展開していった。そして、2011年５月には６次産業化総合化事業計画の認定を受けた。６次産業総合化事業の取り組みは、野菜の生産（野菜・スパイス、ハーブなど）・加工（商品開発）・販売（直売、レストラン）を行うもので、そのなかには「沖縄畑人くらぶ」からの出荷もふくまれている。

その後も、2012年には名護市「新規就農希望者受入及び再生農地活用事業」「農産物販路拡大事業」に取り組み、2014年６月には、名護市が６次産業化を支援するために設立した名護市アグリパークに入所し加工製造、商品開発の研究を行い、同時にカフエ「Cookhal」を開店した。さらに、2020年には「ハルアッチャーアンマーズ」を立ち上げ、2021年には名護市内にレストランを開業するなど、６次産業化のコンセプトを軸に、地域の活性化、担い手支援など多彩な活動を展開している。

（聞き取り：2021年12月28日、名護市アグリパーク内Cookhal）

付記：「農業生産法人クックソニア」については、内藤重之「新規参入者による食と農を核とした地域活性化」（高橋信正編著『「農」の付加価値を高める　六次産業化の実践』筑波書房、2013年12月）、農林水産省６次産業化情報提供支援事業「6channel総集編vol.02『ザ・６次化』」（発行：アール・ピー・アイ）2016年８月、農林水産省『６次産業化取組事例集』同2019年、沖縄県農林水産部流通・加工推進課『見える！ 地域ぐるみ産業力』VOL.01、2020年３月、においても紹介されており、これらの文献・資料も参照した。

以上、６次産業化の３つの取り組み事例を紹介したが、これらの事業に共通していることは、地域の資源を活用しその特性を引き出すことによって６次産業化の総合化事業を展開しているということである。第２に地域との連携を強く意識し自社の事業だけでなく地域の雇用、他の事業者との連携など地域の活性化にも積極的に取り組んでいること、さらに、事業を展開するにあたって、明確な理念をもち、理念と経営の統一性を追求していることである。こうしたことが、個性ある安定した経営の構築につながっていると言えよう。

第３節　農業６次産業化取り組みの課題

（1）農業生産関連事業

第１節でみたように、農業生産関連事業を行っている農業経営体は全国的には、「2010年農業センサス」の35万1,494経営体から「2015年農業センサスに」には25万1,073経営体、さらに「2020年農業センサス」では23万0,834経営体へと減少してきている。

沖縄では、「農業センサス」の把握による農業生産関連事業を行っている農業経営体の割合は全国に比べてかなり低く、取り組みが弱い。（もっとも、体験型農家民宿では「農業センサス」の把握の対象となっていない規模の小さい農家による取り組みは把握されていないと考えられる。）

農林水産省の「６次産業化調査」によれば、農業生産関連事業は、農産物の販売、地域生産農産物の利用、雇用の面で地域の活性化に寄与していることが示されている。しかし、個別の農業経営体の経営規模が小さくかつ単一経営の割合が高い構造のもとでは、個々の経営体が農業生産関連事業に取り組むことはハードルが高いと考えられる。したがって、個別の農業経営体で多くの部門を抱えるのではなく、農水産産物の生産と加工、販売、あるいは農家民宿や農家レストランへの食材の供給などを複数の農家グループまたは地域で連携しつないでいく地域連携型の農業生産関連事業の組み立てが必要であろう。

(2)「六次産業化・地産地消法」に基づく総合化事業計画の認定事業

「六次産業化・地産地消法」に基づく総合化事業計画の認定件数は、2021年9月30日現在、57件（そのほかファンド事業4件）であるが、時系列的には2014年度以降大きく減少している。

総務省は、2016年12月から2019年3月まで、「農林漁業の6次産業化の推進に関する政策評価」を行った[19)]。同報告書の「第4章　評価の結果及び勧告」の「1　評価の結果」「(3) 農林漁業の6次産業化の取組に対する制度的支援」「オ　補助金・助言等による支援の状況」において、「補助金・交付金等による支援」「助言による支援」および「地域ぐるみの6次産業化の取組」をあげている〔30〕

沖縄県では2015年1月～3月に沖縄振興開発金融公庫が沖縄の「六次産業化・地産地消法」に基づく総合化事業計画認定事業者を対象にした調査を行っている(『公庫レポート』No.139)。同調査で示された沖縄における6次産業化総合化事業の問題と課題を要約すると次のことがあげられる〔31〕20)。

まず、「経営上の技術・ノウハウ等の課題」について（複数回答で有効回答数48、割合は有効回答数を100％とする。以下、同じ）、最も多いのは「農林水産物の加工方法の修得」(39.6％)、次いで、「農林水産物の販売方法の習得」(25.0％)、「栽培技術等の習得」(22.9％)となっている。技術の問題としては、「繁殖・肥育技術等の修得」(10.5％)、「漁獲・養殖技術等の修得」(2.1％) があげられている。(p.13. 図表13)。

第2の項目、「経営上の外部環境に関する課題」(有効回答数:35) として、「沖縄県産の農林水産物の動向」(生産量が少ない、加工数量が少ない、販売量が少ない) (57.1％)、次いで「本土産の農林水産物の動向（県内産との価格競争が厳しい、もうけが少ない)」(28.6％) があげられている。(p.13. 図表14)。

第3の項目は、「経営上の自社内部環境に関する課題」(有効回答数：46) である。ここでは「栽培（または飼養、漁獲、養殖）している農林水産物（数量が少ないこと、経費が高いことなど)」(32.6％) と、「農林水産物の販売先の確保、または農林水産物を加工した製品の販売先の確保」(32.6％) が同数となっている。（p.13. 図表15）。

調査の結果は、農林水産物の加工、販売、栽培の技術とともに、外部環境・事業者を含めて、６次産業化のための原料の生産量が少ないことを示している。事業者による生産量の増加も必要であるが、そのことを外部から支える地域の生産者との連携も重要であろう。

以上のことから、沖縄県における６次産業化の課題をまとめると次のようになろう。

第１は、地域農業における６次産業化の位置づけの問題である。先述の「沖縄県６次産業化推進基本方針」の「第３章　６次産業化推進の基本目標」では、「地域が主役となって」、「地域と共生」、「地域ぐるみで取り組む」、といった「地域」とのつながりが強調されている。

６次産業化総合化事業計画においては、農林生産物の生産と加工・販売が総合化された事業が基本になっていることから、農業経営体が個別に取り組むにはハードルが高い。したがって複数の農業経営体による連携・協同化あるいは地域（集落）を単位とする事業の取り組みも追及する必要がある。こうした地域的な取り組みを行うには、県および市町村における地域農業のなかでの６次産業化の位置づけと方向性を明らかにし、推進の体制をつくることが必要である。

第２は、事業者の育成の問題である。事業者の育成については、沖縄県の事業では６次産業化に取り組む意向のある農業者あるいは事業者に対して、その事業の状況に対応した３段階の事業が設定されているが、事業者同士の情報交換や連携を図る仕組みの形成も必要であろう。

第３は、プランナー事業の検討である。プランナーは現在、「６次産業化サポートセンター」に登録されたプランナーが事業者の依頼によって派遣される仕組みになっているが、事業者が抱える課題は多岐にわたる。個々のプランナーでは対応が困難であり、プランナーのチーム制も検討する必要があろう。

第４は、原料生産体制の強化である。前出の沖縄振興開発金融公庫『公庫レポート』では、「経営の外部環境に関する課題」として、「沖縄県産の農林水産物の動向（生産数量が少ない、加工数量が少ない、販売数量が少ない）」ことが、多くあげられ、「自社内部環境に関する課題」でも、「現在、栽培（または飼養、漁獲、養殖）している農林水産物（数量が少ないこと、経費が高いこと）」が多く指摘されていた。６次産業化は、農産物の加工・販売が前面に打ち出されていることから加工・販売に目が向けられたが、その原料となる農水産物の生産体制の確立も重要な課題であった。

第５は、６次産業化総合化事業と2022年度から農林水産省の事業として取り組みが始まった「農山漁村発イノベーション対策」との関連である。「農山漁村発イノベーション対策」は、これまでの６次産業化を発展させた事業とされ、その大枠は、事業の対象として「多様な農山漁村の地域資源」が、事業の分野として「多様な事業分野」が、事業の主体として「多様な事業主体」が掲げられている〔32〕。６次産業化に比べれば、事業の対象となる資源、事業の分野、事業の主体が大きく拡大されている。しかし、重要なことは、こうした事業は地域の活性化を促進するものでなければならないということであろう。そして地域住民の視点から多様な事業主体、事業分野、資源を結びつけ、調整し、事業として起動していくための立ち上げの仕組みが重要であろう。そのような役割を担いうるのは市町村、あるいはJAであろう。

先にみたこれまでの６次産業化の実績についての問題、課題では、特に沖縄については市町村の取り組みが弱いことがあった。この点を改めて整理することが求められる。

第４節　農商工等連携事業の取り組み

農商工等連携事業は「中小企業者と農林漁業者との連携による事業活動の促進に関する法律」に基づいている。同法は「中小企業者と農林漁業者が有機的に連携し、それぞれの経営資源を有効に活用して行う事業活動を促進することにより、中小企業の経営の向上及び農林漁業経営の改善を図り、もって国民経済の健全な発展に寄与することを目的」としている（同法、第１条）。そのなかで、「農商工等連携事業」は次のように定義されている。「中小企業の経営の向上及び農林漁業経営の改善を図るため、中小企業者（定義，略）と農林漁業者とが有機的に連携する事業であって、当該中小企業者及び当該農林漁業者のそれぞれの経営資源を相互に活用して、新商品の開発、生産若しくは需要の開拓又は新役務の開発、提供若しくは需要の開拓を行うものをいう」（同法、第２条４項）〔33〕。

「新商品の開発、生産若しくは需要の開拓」は、「六次産業化・地産地消法」における「６次産業化総合化事業」と同じであるが、「６次産業化総合化事業」との違いは、「６次産業化総合化事業」は農林漁業者を主体とし農林漁業のなかに加工と販売を取り込んでいく仕組みであるのに対して、「農商工等連携事業」は中小企業者と農林漁業者が連携しそれぞれの経営の改善を図るという点にある。

農林水産省「農商工等連携促進法に基づく農商工等連携事業計画の概要（令和３年２月12日現在）」によれば、農商工等連携事業の全国の認定件数は、815件になっている〔34〕。このうち農林漁業者が主体となっている取り組みは54件（6.6％）であり、ほとんどが商工業者が主体となっている。都道府県別には、北海道90件、愛知県67件、愛媛県27件、岐阜県26件、静岡県26件となっている。北海道、愛媛県を除けば、東海地方の各県で件数が多いことが目を引く。

同資料によれば沖縄県の認定件数は2021年２月現在21件である。連携の分野別内訳は農畜産物関係14、水産物関係６、林産物関係１となっている。「六次産業化・地産地消法」に基づく総合化事業計画では、水産の分野の取り組みは少ないが、農商工等連携事業では比較的多くの取り組みがみられる。

農林水産資源は食品加工産業における産業資源として重要な役割を果たしていることがわかる。沖縄県における製造業の安定化・拡大のためには農林水産業における生産の拡大、原料供給基盤の安定化が重要である。

第５節　農業と観光産業の連携

観光産業は沖縄経済のリーディング産業と位置付けられ、近年、入域観光客数が急速に増加してきた。沖縄県『観光要覧～沖縄県観光統計集～平成30年』「Ⅱ　沖縄観光に関する統計・調査資料」によれば、入域観光客数は、2012年度の592万4,700人から2018年度には1,000万4,300人に達した〔35〕。この間の増加率は68.9％にのぼる。なかでも外国人観光客の増加は著しく、増加率は684.5％にものぼった。

こうした流れのなか、2019年暮れから2020年初頭にかけて新型コロナウイルスが発生した。新型コロナウイルスは短期間のうちにパンデミックを引き起こし、感染は全世界に広がった。このことは国内外の人々の移動を大きく制約し、沖縄の観光業およびその関連産業にも大きな打撃を与えている。

観光業は農業との結びつきも強く、現在直面している課題は農業の側からも検討が求められている。そこで、この節では新たな局面に直面している沖縄の観光業と農業の関わり、その連携に向けた課題を検討する。

（1）近年の観光産業の推移

先述のように、沖縄県への入域観光客数は2012年度から2018年度にかけて急速に増加したが、2020年度（令和２）は、新型コロナの感染拡大により激減した。沖縄県観光スポーツ部の発表〔36〕によれば、2020年の入域観光客数は373万6,600人で、これは2019年の1,016万3,900人の36.8％にとどまっている（同発表では暦年で示されている）。観光業は大きな転換期に直面している。

新型コロナが発生、感染が拡大する以前の2018年度までの観光客の旅行の目的を、前出、沖縄県『観光要覧』によってみると、直近の2016年度、2017年度、2018年度で最も割合（複数回答による）が大きいのは「観光地めぐり」で、以下、「沖縄料理を楽しむ」（２位）、「保養･休養」（３位）、海水浴･マリンレジャー（2017年５位、2018年度４位）、「ショッピング」（2017年４位、2018年度５位）であった。「沖縄料理を楽しむ」、「保養・休養」、「海水浴・マリンレジャー」が大きな割合を占めている。これを、さかのぼって、2003年度、2004年度、2005年度でみると、「観光地めぐり」が72～74％、「戦跡地参拝」が12～19％で、両者を合わせると88％から94％を占めていた。2000年代初期の沖縄への入域観光客の多くは、観光地めぐりと戦跡地参拝を目的としていたとみられる。

観光客の平均滞在日数は、2016年度から2019年度は3.73日から3.78日である。さかのぼって、1980年度から1982年度は4.77日から4.85日であったから1980年代初期に比べて１日程度短くなっている。

観光客一人当たり県内消費額は、2012年度から2016年度にかけて６万7,459円から７万5,297円にやや増加し、2017年度は７万2,853円に減少し、2019年度は７万4,425円という推移をしている。項目別には2014年度以降、宿泊費が増加していることが目立つ。その他の費目は横ばい、もしくは増減を繰り返している。入域観光客は近年、大幅に増加しているが、滞在日数が短く、観光客一人当たり消費額は横ばいで推移しており、このことは観光産業における大きな課題となっている。

さらに、農家民泊や都市農村交流につながる旅行の一つである就学旅行についてみると、修学旅行入込人数は1989年の７万5,456人から2005年には42万6,536人へと大きく増加したが、2011年の45万Ｉ,550人、2014年の45万0,959人をピークに2016年以降は減少の傾向にある。

新型コロナの影響で入域観光客数が大幅に減少した今、ポストコロナに対応した観光の仕組みを構築すべきであろう。それは、爆買い・爆売りに依存した観光ではなく、沖縄の自然、文化、歴史、資源と連携した持続可能な観光である。観光地巡り、沖縄の料理を楽しむ、保養・休養、ショッピング、海水浴・マリンスポーツである。これらは、農業・漁業との連携が必要になる。

（2）農業と観光産業の連携

さて、観光客が沖縄に来る目的として、沖縄料理を楽しむ（２位)、保養・休養（３位)、海水浴・マリンスポーツ（４位）ショッピング（５位）が上位にあげられていた。これらはいずれも農業・漁業と強いつながりのある分野である。

沖縄料理については、沖縄の地域的な個性や風味を生み出す農産物・畜産物・水産物を供給できるのは農業・水産業である。また保養・休養についてはグリーン・ツーリズムや農林漁家民宿、都市農村交流がその場を提供することが出来る。

以下、それぞれについて、それらが現在どの程度観光と結びついているかみていこう。

まず、食材としての農水産物の利用である。『平成30年度　県内ホテルにおける県産農林水産物利用状況調査報告書』〔37〕によれば、県内ホテルにおける県産農水産部の利用率は、総合では2007年度以降30％前後で推移している。2009年度、2013年度には35.7％に達したが、2014年度以降は31.5％から33.6％の間で推移している。部門別には、畜産物と水産物では利用率が比較的高いが、畜産物では2013年度に54.1％に達した後は、43.9％～48％の間を推移している。水産物は2014年度に61.8％に達したが、変動が大きい。野菜と果実の利用率は低く、野菜は、2009年に33.7％の時期もあったが、2010年度以降は高い年度で28.3％にとどまっている。果実ではさらに低く、高い年度は2010年度の17.7％で、2011年度以降では2015年度の13.1％が高い。

前出『調査報告書』によれば、2017年度は、総合計で32.4％、野菜25.8％、果実7.7％、畜産物44.9％、水産物38.8％となっており、畜産物を除けばかなり低い。これらをさらに品目別に示すと次のようになる。

野菜のうち、モーウイ、ヘチマ、とうがん、チンゲンサイ、カラシナ、パパイヤ、小松菜、かんしょ（紅芋）、ゴーヤー、らっきょうの品目については利用率が70％を超えている。このうち、チンゲンサイ、カラシナ、小松菜を除く７品目は、沖縄県農林水産部が伝統的農産物として定義した野菜のグループである[22)]。

トマト、キャベツ、キュウリ、きのこ類、ニンジン、大根はホテルでの利用の総量は多いが県産に利用率は低い。果実では、シークヮーサーが89.9％とかなり高い利用率であるが、以下はすいか（43.2％）、パションフルーツ（41.0％）と比較的低い。かんきつ類、パインアップルの利用率は低い。特にパインアップルは利用量が多く国内では沖縄県でのみ生産されているが利用率は極めて低い。輸入品が多く利用されていると考えられる。

畜産物では牛乳83.3％、卵78.8％は高いが、豚肉、鶏肉、牛肉は低い。水産物では、サザエ、海ぶどうは90％を超え、ソデイカ（87.0％）、もずく（80.3％）、クロカジキ（77.0％）、アーサ（ひとえぐさ）（76.9％）も比較的高い。いずれも沖縄県の特産物である。

沖縄県の伝統的農産物は観光客が沖縄旅行に求める「沖縄料理を楽しむ」うえでの伝統的な食文化の大本をなす農産物であるが、利用されている品目はまだ少ない。その活用を増やしていくことが課題と言える。

そこで、県産食材を利用するうえでの課題について、前出『調査報告書』からみると次のことがあげられる。複数回答で、「県内でとれる農林水産物だけでは足りない」が最も多く63.4％を占め、次いで、「安定供給ができない」56.1％、「単価があがる」48.8％、「価格や収穫時期の変動」46.3％、「県産食材の種類が少ない」41.5％、「端境期の野菜不足」36.6％、「企画・サイズが合わない」29.3％、「卸売業者が県産食材を扱っていない」22.0％、となっている。生産の量や供給の安定性、価格が課題となっていることが示されている。

もっとも、これは利用者の側の捉え方であり、生産者の側にも価格や規格等の問題があると考えられる。利用者・生産者の双方から課題への接近が求められる。

また観光客はホテル以外でも食事をする機会も多く、沖縄県では2008年度から「おきなわ食材の店」の登録事業を実施している。登録の基準は「提供しているメニューの半分以上が地産地消メニューであること」であり、2008年度の事業開始から2020年１月までに313店舗が登録されている[23)]。こうした分野での伝統的農産物を活用した沖縄料理の提供も重要である。次に農業分野における保養・休養を目的とする観光への対応としては、体験農園・観光農園、グリーン・ツーリズム、農林漁家民宿などの取り組みがあげられる。

こうした事業の取り組みにつて、「2020年農業センサス」で把握された農業経営体11,310経営体のうち農業生産関連事業を行っている実農業経営体は904経営体で事業種類の重なりを含めた延べ数は1,234である。このなかでさらに保養・休養に関わると思われる事業種とその件数は、観光農園24，貸農園・体験農園等12、農家民宿40、農家レストラン13であり、その合計は86件である〔38〕。総農家の中での農業生産関連事業を行っている農家の数は把握できないが、農業経営体としての取り組みは極めて低調である。

もっとも、先述のように体験型農家民宿については、「農業センサス」では把握されていない小規模農家による取り組みはかなりあると考えらえる。

さらにショッピングについては、土産品なかで県産素材がどの程度使用されているかについては把握ができなかった。特許庁による地域団体商標登録については2021年９月30日現在、18品目が登録されている〔39〕。そのうちほぼ半数の８品目は織物類で、農業・水産物とみられるのは、石垣の塩（いしがきのしお）・沖縄黒糖（おきなわこくとう）・八重山かまぼこ（やえやまかまぼこ）・石垣牛（いしがきぎゅう）・沖縄シークヮーサー（おきなわしーくぁーさー）の５品目にとどまっている。

（3）農業と観光産業の連携の課題

入込観光客数は新型コロナが収束すれば増加に転ずるとみこまれるが、2018年までの観光業では、観光客の滞在日数が短く、一人当たり消費額が伸びていないことが課題となっていた。観光は農業とつながりが強く、農業と観光が連携することによって農業・観光産業の両者にとってそれぞれの分野のさらなる展開につながることが考えられる。しかしその連携は十分とは言えない。

観光客の沖縄への旅行目的として、「沖縄料理を楽しむ」、「保養・休養」、「ショッピング」の占める割合が比較的大きく、項目別の順位としても上位に位置しているが、こうした観光の内容に素材や場を提供することができる産業としての農業は、その機能を十分に生かしていない。

こうしたことを踏まえて農業と観光産業との連携の課題をまとめると次のようになろう。

第1に「沖縄料理を楽しむ」ということに対しては、料理の素材として県産農水産物の供給が考えられるが、県内のホテルにおける県産農産物の利用率は低い状態にある。特に野菜類、果実類の利用率は低い。沖縄の伝統的農産物は「沖縄料理」の大本をなす食材である。伝統的農産物の生産と利用を拡大する方策の検討が求められる。

第2の点は、「保養・休養」を目的とした観光には、都市農村交流体験、「農林漁家民宿」の活用等が考えられるが、いずれもそのための「場」の提供が少ない。

沖縄では、九州以北の農村において都市農村交流の場となる水田の風景や棚田の景観はない。しかし、九州以北にはない亜熱帯の農業や海、島嶼の景観がある。農林漁家民宿・農泊事業を推進するとともに、亜熱帯の資源の活用を図ることが重要である。

第3の点は、観光客の旅行内容のなかでは、「ショッピング」も比較的上位に位置している。「ショッピング」の内容は具体的には示されていないが、土産品の購入はその主要な内容をなすと考えられる。

土産品の素材として利用されている県産原料（農水産物）は把握できないが、地域団体商標登録あるいは地理的表示（GI）が認定されている商品も少ない。農水産物を利用した土産品の開発、さらにはその地域団体登録、地理的表示の活用による農水産物のブランド化を図ることも重要である。

第4に、こうした生産の体制や都市農村交流の場の形成には、農水産物の生産とそれを取り巻く環境条件との調和に基づく持続可能な生産体制の構築が重要である。

そして最後に、こうした生産の体制や場の形成には、農業の側からの構想・企画の提起が求められる。

第6節　小括

農業6次産業化は、農業生産が全体として停滞・減少するなかで、農業経営の多角化、農業生産の多様性の拡大、農業と他の産業の連携の可能性の拡大など、農業の新たな流れとして注目された。しかし、６次産業化という用語は多様に使われており議論のためには定義の整理が必要である。

農業６次産業化の基本的な考え方は、1990年代の初期に今村奈良臣が提起した考え方であって、それは、①農村地域の活力をとりもどす、②消費者に信頼される食料品の供給、③収益性の確保、④農村地域環境の維持・保全・創出、都市市民の農村へのアクセスの新しい道を拓く、⑤都市農村交流の新しい姿をつくりあげる、ことを通して、農業の再編を目指した事業と活動を意味した。その考え方は模式的に「第１次産業×第２次産業×第３次産業」と表された。

「農業センサス」では、農業の直接的生産以外で農業に関連する事業を「農業生産関連事業」として捉え、農業生産がもつ多角的な生産の形態に再び光を当てた。その対象として、「農産物の加工」、「消費者に直接販売」、「貸農園・体験農園等」、「観光農園」、「農家レストラン」があげられた。

農業生産関連事業は、全国的な分布では大都市およびその近郊の取り組みの割合が高く、遠隔地では割合が低い傾向にある。その件数の推移は停滞しており、農業経営体における広がりは限られている。経営の規模が小さく、単一経営が多い、農業就業者の高齢化が進んでいる状況のもとでは、個別の経営において経営の内容を多角化することは難しいと考えられる。特に、沖縄県においては、取り組んでいる農業経営体の数は少ない。農業経営体相互の連携、あるいは地域を主体とした取り組みが求められている。地域で異なる経営部門間で連携することによって相互に資源のやりくりが可能になり、地域の経済活性化につながると言える。

農林水産省は2010年（平成22）に「六次産業化・地産地消法」を制定し、農林漁業者が取り組む６次産業化総合化事業計画を認定することで事業を支援する制度を設定した。しかし、ここでは総合化事業計画の対象は、実質的には、「農産物の加工」と「直接販売」が対象とされ、「農業センサス」で捉えられた農業生産関連事業の多様な部分は後方に退けられた。

このほかに、６次産業化に似た事業として「農商工等連携事業」があるが、これは農林水産業者と商工業者の連携を要件とした。

沖縄県の「六次産業化・地産地消法」に基づく総合化事業計画は、2021年９月現在57件（ファンド事業を除く）が認定されており、その事業の内容は、「加工・販売または商品開発・加工・販売」が42件（76.7%）にのぼり、その他でも、加工・販売に体験農業あるいは循環型農業を併設した形になっている。事業に活用されている農林水産物は果樹、工芸作物、野菜、畜産物が多く、何れも亜熱帯地域の特性に根差した農林水産物である。

事業の組織形態では57件の認定事業のうち27件が株式会社であり、次いで有限会社16件、合資・合同会社１件、農事組合法人２件、個人４件、任意団体２件、その他・不明５件である。77.2%が会社組織である。

事業数の時系列の推移では制度の発足当時は多くの認定があったが、近年、その数は減少している。６次産業化の推進に関する問題と課題については、総務省による『農林漁業の６次産業化の推進に関する政策評価書』において、補助金・交付金等による支援、助言による支援の必要性とともに、市町村における６次産業化戦略等の策定及びそれに基づく６次産業化の実施に向けた取組の必要性が指摘されている。この点は沖縄県においてはより重要な課題である。

沖縄県の６次産業化推進の取り組みとしては、2021年度までは、「沖縄県６次産業化推進方針」（2016年３月策定）に基づき、2022年度からは「第２次沖縄県６次産業化推進方針」に基づいて推進されている。「第２次沖縄県６次産業化推進方針」では「戦略的な販路拡大と加工・販売機能の強化」、「農林水産物の付加価値向上」を柱とした支援方向が示されている。また地域的な取り組みもあげられたが、地域的な取り組みは具体的な展開は見られなかった。第３節の(4)取り組みの事例でみたように、自らの事業と地域との連携を追求している事業体では事業が発展的に展開している。

2022年度から始動した「農山漁村イノベーション対策」においては、事業の対象となる資源、事業分野、事業の主体においてそれまでの６次産業の内容から大幅に拡大、多様化された。ここでは、資源の活用と事業分野、事業主体を結び付け、地域の活性化の方向に展開させる方向性が重要になる。地域の経済と社会の実態を踏まえた、生産者や資源の組み合わせや仕組みの設計である。そうした企画を策定するのは、市町村における構想・戦略であり、その推進のための地域の協議の場をつくり、かつ事業の推進を支援していくことが必要である。そうした機能を担う主体として市町村やJAの役割は重要である。

農商工等連携事業では、2021年12月現在、沖縄県は21件が認定されており、６次産業化総合化事業に比べて水産分野の認定が比較的多い。農商工等連携事業においても沖縄独自の農林水産物が事業の基盤になっている。

観光事業との連携については、沖縄県の観光産業は、2012年以降、入域観客が急速に増加したが、2020年には新型コロナウイルスの発生・感染が拡大し、2020年４月以降入域観客数が大幅に減少し、ポストコロナの時代に向けて持続可能な観光の仕組みの構築が求められている。観光客は、沖縄への観光において、沖縄の料理、保養を求めている。しかし、ホテルにおける県産農産物・水産物の利用率は一部の生産物を除いて低い水準にあり、保養・休養を目的とした入域観光客に対する「農林漁家民宿」利用者の割合の低い（複数回答）。ポストコロナの観光業の構築には、沖縄の自然、文化、歴史、資源と連携した観光の取り組みが重要である。この点においても、市町村がこれらの事業を地域の施策のなかに取り込み、構想を策定し、行政とJAが軸となって構想を推進する仕組みを構築する必要があろう。

注

１）「2000年農業センサス」における「農業生産関連事業」は、「農産物の加工」、「店や消費者に直接販売」、「観光農園」、「その他（大部分は農作業の委託）」となっており、全体の62.6％は「農作業の委託」である。したがって、現在の「農業生産関連事業」と同じ内容で把握されるのは「2005年農業センサス」からと言える。

２）「六次産業化・地産地消法」における総合化事業とは、「農林漁業経営の改善を図るため、農林漁業者等が農林漁業及び関連事業の総合化を行う事業であって次に掲げる措置を行うもの」である。（「六次産業化・地産消法」第３条第４項）。
　①　自らの生産に係る農林水産物等をその不可欠な原材料として用いて行う新商品の開発、生産又は需要の開拓
　②　自らの生産に係る農林水産物等について行う新たな販売の方式の導入又は販売の方式の改善
　③　前二号に掲げる措置を行うために必要な農業用施設、林業施設又は漁業用施設の改良又は取得、新規の作物又は家畜の導入、地域に存在する土地、水その他の資源を有効に活用した生産の方式の導入その他の生産の方式の改善

３）「株式会社農林漁業成長産業化支援機構法」
e-Gov法令検索（https://elaws.e-gov.go.jp/document?lawid=424AC0000000083）（2023年９月8日　最終閲覧）。

４）農林水産省ホームページ「農林漁業成長産業化ファンド」

(https://www.maff.go.jp/j/shokusan/fund/fund.html)（2023年９月８日　最終閲覧）。

5）「2005年農業センサス」では、「消費者に直接販売」の把握が「2010年農業センサス」と異なり、接続しないことから、ここでは「2010年農業センサス」以降について整理した。(『2010年世界農林業センサス　第２巻　農林業経営体調査報告書―総括編―』、2012年１月、96頁の脚注)。

6）『2020年農林業センサス報告書　第２巻　農林業経営体調査報告書―総括編―』「利用者のために」「用語の解説」。

7）前掲、『2020年農林業センサス報告書　第２巻』「利用者のために」「用語の解説」。

8）「６次産業化総合調査」は、2010年度から実施されており、2010年度の報告書名は『農業・農村の６次産業化総合調査報告』、2011年度以降、『６次産業化総合調査報告』となっている。

　調査方法は、2010年度は調査対象の全数調査、2011年度以降は標本調査である。

　調査の機関は、2016年度以降は農林水産省が契約した民間業者が行っている。

9）農林水産省『令和元年度　６次産業化総合調査』

政府統計の総合窓口（e-Stat）(http://www.e-stat.go.jp/)（2021年10月18日　最終閲覧）を基に算出した。

10）「農林漁家民宿」は「農山漁村滞在型余暇活動のための基盤整備の促進に関する法律」による。沖縄県農林産部村づくり計画課からの聞き取りによる。(2019年６月現在)。

11）沖縄県における「農林漁家民宿」の数は、2014年で516戸にのぼる。

沖縄21世紀ビジョン　中間資料、沖縄県ホームページ　企画部企画調整課

「沖縄県PDCA実証結果（対象年度：平成27年度について)」

「農林水産部の「主な取り組み」検証票」

(https://www.pref.okinawa.jp/site/norin/norinkikaku/somu/documents/h27_3-7-ki.pdf)（2017年３月17日　最終閲覧）。

12）藤本高志・内藤重之は、伊江島における民泊体験型観光の地域内経済効果を測定し、「民泊事業は、移出事業として、移出による村内所得の15.9％（＝472百万円／2,963百万円）の所得効果を生む。」としている。

藤本高志・内藤重之「」離島地域における民泊体験型観光の特徴と地域内経済効果―沖縄県伊江村を事例として―」(『大阪経大論集』第64巻、第１号、2013年５月)。

13）沖縄県農林水産部「沖縄県６次産業化推進基本方針」、2016年３月。(沖縄県資料)、以下、沖縄県の６次産業化支援の取り組みについては、同資料による。

14）委託事業は、「沖縄県６次産業化サポートセンター」を設置し、６次産業化に関わるブランド戦略、販路拡大、財務等に関する専門家を派遣し事業者を支援する仕組みである。ここでは2018年度の『平成30年度「沖縄県６次産業化サポートセンター」委託業務　報告書』（2019年３月　沖縄県農林水産部　流通･加工推進課）によった。

15）「沖縄県６次産業化推進基本方針」の「支援施策の体系（課題に対する対応と行政の支援など)」。

16）沖縄県農林水産部「第２次沖縄県６次産業化推進基本方針」、2022年３月。

17）「なごアグリパーク」事業については、
『名護市農産物６次産業化支援拠点整備事業』（なごアグリパーク）説明資料（2018.4.1現在）名護市農林水産部園芸畜産課および名護市農林水産部園芸畜産課　聞き取り（2019年10月23日）。
（資料：『農業を支える街づくりを目指して』〜なごアグリパークにおける取組み〜（農産物６次産業化支援拠点施設整備事業）名護市農林水産部園芸畜産課。
一般財団法人　沖縄美ら島財団「なごアグリパーク指定管理業務担当」聞き取り（2019年10月23日）によった。
なお、同事業については、総務省「農林水産業の６次産業化の推進に関する政策評価」（2019年３月）の「地域ぐるみ６次産業化の取組等の状況」においても紹介されており、同報告も参照した。
総務省ホームページ（https://www.soumu.go.jp/main_content/000610694.pdf）（2019年６月10日　最終閲覧）。

18）当該市町村の６次産業化支援関連Webサイトおよび電話による聞き取り。
「うるマルシェ」（https://urumarche.com）（2022年７月21日　最終閲覧）。
「読谷村地域振興センター」（vill.yomitan.okinawa.jp https://www.vill.yomitan.okinawa.jp/soshiki/kikaku_seisaku/gyomu/shisetu1319.html）（2023年９月８日　最終閲覧）。
西原さわふじマルシェ（西原町農水産物流通・加工・観光拠点施設整備事業）（http://www.town.nishihara.okinawa.jp/goven-service/13/kankohkyoten.html）（2022年７月21日　最終閲覧）。
（www.town.nishihara.okinawa.jp/goven-service/13/kyotenbog.html）（2023年９月20日　最終閲覧）。
これらの施設は、いずれも指定管理方式で運営されている。

19）前掲、総務省『農林漁業の６次産業化の推進に関する政策評価書』2019年３月（注17　総務省ホームページ）。

20）図表を文章化し記述した。（図表は省略した）。
・　調査対象は沖縄県における認定農業者（53先）のうち、法人または団体の事業者（46先）である。
・　調査方法は、アンケート調査で郵送による自社記入、適宜電話または実訪によるヒアリングである。

21）県外の事業者との連携については、沖縄総合事務局経済産業部中小企業化および中小企業基盤整備機構（J-Net21）の教示による。

22）沖縄県農林水産部流通・加工推進課では、①戦前から食されている、②郷土料理に利用されている、③沖縄の気候・風土に適合している農産物を伝統農産物として定義し、28の品目を指定している。
沖縄食材情報「くゎっちー//おきなわ」「沖縄農林水産物データベース」（https://kuwachii-okinawa.com/agri.db/）（2018年12月27日　最終閲覧）。

23）沖縄県農林水産部　流通・加工推進室『GUIDE BOOK OKINWA FOOD SHOPS』2002年１月。

引用および参考文献

〔１〕今村奈良臣「新たな価値を呼ぶ、農業の６次産業化」～動き始めた農業の総合産業化戦～、財団法人21世紀村づくり塾『地域に活性化を生む、農業の６次産業化―パワーアップする農業・農村』（地域リーダー研修テキストシリーズ）、2003年３月。
〔２〕前掲、今村奈良臣「新たな価値を呼ぶ、農業の６次産業化」、p.2.
（引用元文献ではゴチック表記である。）
〔３〕前掲、今村奈良臣「新たな価値を呼ぶ、農業の６次産業化」、p.2.
（引用元文献ではゴチック表記である。）
〔４〕前掲、今村奈良臣「新たな価値を呼ぶ、農業の６次産業化」、pp.14-15.
（引用元文献のゴチック表記部分引用。）
〔５〕『図説　食料・農業・農村白書』平成12年度、農林統計協会、2001年、p.54.
〔６〕「食料・農業・農村基本計画」平成17年３月。農林水産省ホームページ（https://www.maff.go.jp/j/keikaku/k_aratana/pdf/20050325_honbun.pdf）（2019年 6 月 4 日　最終閲覧）。
〔７〕農林水産省『食料･農業･農村白書　～21世紀にふさわしい戦略産業を目指して～』平成19年版、2007年５月。
〔８〕農林水産省『食料・農業・農村白書～地域経済を担う魅力ある産業を目指して～』平成20年版、2008年６月。
〔９〕農林水産省『2010年世界農林業センサス』、「用語の解説」、平成24年１月。
〔10〕「農商工等連携促進法」
e-Gov法令検索（http://elaws.e-gov.go.jp/document?/awid=420AC0000000038）（2023年9月8日　最終閲覧）。
〔11〕「六次産業化・地産地消法」
e-Gov法令検索（https://elaws.e-gov.go.jp/document?/awid=422AC0000000067）（2023年9月8日　最終閲覧）。
〔12〕前掲、「六次産業化・地産地消法」
〔13〕「A-FIVE　株式会社農林漁業成長産業化支援機構」会社案内（パンフレット、2013年８月）。
「農林漁業成長産業化支援機構（A-FIVE）について」（パンフレット）（2016年11月）。
〔14〕農林水産省ホームページ
「農山漁村振興交付金のうち　農山漁村発イノベーション対策」（https://www.maff.go.jp/j/nousin/inobe/index.html）（2023年９月８日　最終閲覧）。
〔15〕『2020年農林業センサス報告　第３巻　農林業経営体調査報告書―農林業経営体分類編』
政府統計の総合窓口（e-Stat）（https://www.e-stat.go.jp/）（2022年３月７日　最終

閲覧）。
〔16〕農林水産省ホームページ「６次産業化総合調査」2018年度、2019年度。
（www.maff.go.jp/j/tokei/kouhyou/rokujika/index.html）
（2021年10月26日　最終閲覧）。（2010年度～ 2012年度調査は、東日本大震災の影響により、東日本の一部地域の調査がなされていないことから、時系列比較から除外されている。）
〔17〕「生産農業所得統計」（長期累年）
政府統計の総合窓口（e-Stat）（https://www.e-stat.go.jp/）（2021年10月26日　最終閲覧）。
〔18〕農林水産省ホームページ「認定事業計画の累計概要」
「六次産業化･地産地消法に基づく事業計画の認定の概要（令和３年９月30日現在）」（https://maff.go.jp/j/shokusan/sanki/6jika/nintei/attach/pdf/index-245.pdf）（2021年10月23日　最終閲覧）。
（注：このページは移転されている。新しいサイトには令和５年８月末の認定数が掲載されており、令和３年９月のページは削除されている。
新URL（https://www.maff.go.jp/j/nousin/inobe/6jika/attach/pdf/nintei-23.pdf（2023年９月８日　最終閲覧）。
〔19〕農林水産省『平成22年度　農業・農村の６次産業化調査報告』および前掲、『６次産業化総合調査報告』各年。
政府統計の総合窓口（e-Stat）（https://www.e-stat.go.jp/）（2021年10月18日　最終閲覧）。
〔20〕前掲、文献〔19〕。農業協同組合等の農産加工の雇用者数を除いた。
〔21〕農林水産省ホームページ　前掲、「六次産業化・地産地消法に基づく事業計画の認定の概要」（累計：令和３年９月30日現在）文献〔18〕。
沖縄のファンド事業については、文献〔22〕。
〔22〕沖縄総合事務局ホームページ「農山漁村の６次産業化推進」「六次産業化・地産地消法に基づく総合化事業計画の認定状況」（令和３年９月30日現在）。
（https://www.ogb.go.jp/nousui/nousin/6jika/nintei-zyoukyou）（2023年９月８日　最終閲覧）。
〔23〕農林水産省ホームページ「六次産業化・地産地消法認定総合化事業計画一覧」
（https://www.maff.go.jp/j/shokusan/sanki/6jiika/nintei/attach/pdf/index-206.pdf）（2021年10月23日　最終閲覧）。
新URL（https://www.maff.go.jp/j/nousui/inobe/6jiika/attach/pdf/nintei-24.pdf）（2023年９月８日　最終閲覧）。
〔24〕沖縄総合事務局ホームページ
前掲、「六次産業化・地産地消法に基づく総合化事業計画の認定状況」（文献〔22〕）。
〔25〕前掲、農林水産省ホームページ、「六次産業化・地産地消法に基づく事業計画の認定の概要」（文献〔18〕）。

〔26〕前掲、農林水産省ホームページ、(「六次産業化・地産地消法に基づく事業計画の認定の概要」、文献〔18〕)。
〔27〕前掲、沖縄総合事務局ホームページ「六次産業化・地産地消法に基づく総合化事業計画の認定状況」(文献〔22〕)。
〔28〕沖縄県『21世紀ビジョン基本計画』(沖縄振興基本計画　平成24年度～平成33年度)』(2012年5月)、p.77.(〔改定計画〕p.83.)。
〔29〕沖縄県『新・沖縄21世紀ビジョン基本計画』(沖縄振興計画　令和4年度～令和13年度)、2022年5月、p.117.
〔30〕前掲、総務省『農林漁業の6次産業化の推進に関する政策評価書』2019年3月(注17)。
〔31〕沖縄振興開発金融公庫『公庫レポート』(「沖縄の6次産業化認定企業の現状と今後の取組」に関する調査報告)(2015.5.　No.139)。
〔32〕前掲、「農山漁村振興交付金『農山漁村発イノベーション対策』」(文献〔14〕)
〔33〕前掲、「農商工等連携促進法」(文献〔10〕)。
〔34〕農林水産省ホームページ「はじめよう！農商工連携」「これまでの認定概要(令和3年2月12日　現在)。
「農商工等連携促進法に基づく農商工等連携事業計画の概要(令和3年2月12日　現在」(htpps://www.maff.go.jp/j/shokusan/sanki/noshyoko/attach/pdf/index-77.pdf)(2021年10月23日　最終閲覧)。同　令和5年2月現在(https://www.maff.go.jp/j/shokusan/sanki/nosyoko/attach/pdf/index-6.pdf)(2023年9月8日　最終閲覧)。
〔35〕沖縄県『観光要覧～沖縄県観光統計集～平成30年版』、2019年9月。(https://www.pref.okinawa.jp/site/bunka-sports/kankoseisaku/kikaku/report/youran/h30kankoyoran.html)(2021年10月25日　最終閲覧)。
〔36〕沖縄県ホームページ「令和2年(暦年)沖縄県入域観光客統計概況」
https://www.pref.okinawa.jp/site/bunka-sports/kankoseisaku/kikaku/statistics/tourists/documents/r2rekinen.pdf(2021年10月25日　最終閲覧)。
〔37〕沖縄県農林水産部流通・加工推進課/株式会社東京商工リサーチ沖縄支店『平成30年度　県内ホテルにおける県農林水産物利用状況調査報告書』、平成31年3月。
〔38〕農林水産省『2020年農林業センサス』。
〔39〕地域団体商標登録　特許庁「地域団体商標制度」「登録案件一覧」
(https://www.jpo/go/jp/torikumi/t_torikumi/t_dantai_syouhyou.html)(2018年11月13日　最終閲覧)。
(https//www.jpo.go.jp/system/trademark/gaiyo/chidan/shoukai/ichiran/index.html)(2023年8月現在、2023年9月8日　最終閲覧)。

第８章　沖縄農業の環境問題
―赤土等の流出防止対策の取り組み―

沖縄県においては、1972年の日本復帰後、大雨の後、陸地から土壌が周辺の海域へ流出する現象が頻発した。土壌の海への流出は、サンゴの成長を含む海域の生態系に大きな影響を与えたばかりでなく、モズクの養殖をはじめとする沿岸漁業に大きな影響を与え、社会的にも大きな問題になった。流出した土壌の多くは国頭マージと呼ばれる赤黄色の土壌とされるが、その他の島尻マージ、ジャーガル呼ばれる土壌の流出も指摘されている。これら土壌の海域への流出により島々の周辺の海が赤や褐色に染まったことから、この問題は「赤土等流出問題」と呼ばれた。

沖縄県は1973年（昭和48）に「沖縄県県土保全条例」を制定し、同年、「沖縄県赤土等流出防止対策協議会」を設置した。1976年（昭和51）には沖縄県公害防止条例を改正（1972年制定）し、赤土等の流出に対し法制的に対応した。また流出が顕著な市町村においても、「沖縄県赤土等流出防止条例」の策定や、赤土等流出の防止に関する協議会が設置された。こうした赤土等の流出防止の対策を求める声が社会的に高まるなか、沖縄県は1994年（平成６）に「沖縄県赤土等流出防止条例」を制定し、1995年に施行した。

赤土等の流出については、流出の要因やそれが生態系や環境に及ぼす影響、流出防止の対策など膨大な調査・研究がなされ、流出源別の調査では、その約８割は農地からの流出であるとする結果が示されている。農地からの土壌の流出は、農業生産における資源の流失でもある。

赤土等流出問題は沖縄県の農業と環境にかかわる大きな問題であり、持続可能な沖縄農業を構築するうえで、農業を取り巻く生態系、環境との共生は重要な課題である。また、現在、国連の提唱によって世界的な規模で取り組まれ、日本政府や沖縄県においても行政機関をはじめ多くの民間団体が取り組んでいるSDGsの取り組みを農業の側から推進するうえでも重要な課題である。

そこで本章では、これまでの農業における赤土等流出防止対策を整理するとともにその課題と方向を検討する。

第１節　赤土等流出問題の経緯

1991年に発行された沖縄県環境保健部『赤土流出防止対策の手引き』に1960年（昭和35）から1990年（平成２）までの「主要な赤土流出の状況」が「主な赤土流出の歴史的経過」の表としてまとめられている1)。同書の「赤土流出とその歴史的経緯」の項における解説によれば〔1〕、赤土等の流出は、昭和20年代（1945年～1955年）後半のパインブームによる畑の造成が始まりとされ、昭和30年代（1955年～1965年）には、米軍基地の建設、北部の森林地域を中心とした演習地の増加、中部地域における飛行場、弾薬庫、宿舎、住宅等の建設が増加したとされている。

同時に、この時期の赤土等の流出は、「パインアップルは沖縄県農業の重要な換金作物であり、その畑造成規模も農家が個人的に造成する程度でそこからの赤土流出は沿岸を極度に汚染する程の流出ではなかった。また、米軍統治下であったことから演習地からの赤土等汚染は深刻な社会問題にならなかった」〔2〕、としている。しかし、1960年代に西表島農業開発調査に参加し、後に亜熱帯農業の研究に従事した丸杉孝之助は、復帰前後の西表島におけるパインアップル栽培のための開墾によって、赤土の流出・土壌侵食が起こっていることに強い危機感を抱き、その対策を訴えていた2)。

日本復帰後の赤土等の流出については、前出、『赤土流出防止対策の手引き』からまとめると次のようになる〔3〕。

① 「（略）昭和47年（1972年）の本土復帰に伴い、特別措置法に基づく沖縄振興開発によって現在に至るまで北部地域でのダム建設、河川改修工事等の治水事業や県内各地での大小規模の道路整備等が実施」された。

② 「過去27年間の米軍統括下（原文ママ）における農業基盤整備の立ち遅れを取り戻すため県内各地において大規模な土地改良、ほ場整備、農地開発、農林道整備等の整備・開発が他の大型公共工事とほぼ同時期に集中的に、かつ急速に実施され」ている。

③ 「さらに、これら各種大型公共事業に加えて民間企業等による設備投資・資本投資も急速に増加し、昭和49年（1974年）～昭和51年（1976年）の期間

中には昭和50年の沖縄国際海洋博覧会開催年をピークにリゾートホテル・ゴルフ場等のレクレーション施設等の建設が増加し、その後、（中略）全国的な景気低迷後の内需主導による景気の拡大や昭和62年（1987年）の総合保養地域整備法の施行に伴って、再びリゾートホテル・ゴルフ場等の大型観光レジャー産業関連施設の開発建設増加、および人口増加に依る宅地造成開発や米軍演習場内の戦車道・訓練施設の建設等が加わって沖縄県内の赤土流出による汚染は加速度的に広がっている状況である」。

赤土等の流出がもたらした影響については、マスコミの報道をはじめ多くの調査報告があるが、沖縄県水産業中央会·沖縄県漁業振興基金は、1989年（平成元）、「赤土の流出が与える影響」を、主に漁業と海の生物の面から次のようにまとめている〔4〕。

「⑴漁業に直接与える影響」として、「網地に赤土が付着する」「養殖モズク等に赤土が付着する」「魚が見えず操業できない」「漁港内に赤土が堆積する」こと、「⑵赤土が海の生物に与える生理生態的影響」として、「魚類に対する影響」「植物に対する影響」「底生動物に対する影響」「サンゴ類やプランクトンに対する影響」「その他の影響」があげられている。

また、沖縄県農林水産部農政課は、1990年、『土砂流出防止基本方針』をまとめ〔5〕、「土砂流出による被害」として、ア　土壌資源の流亡と農作業の能率低下、イ　農用地等の埋没、ウ　森林の水源かん養・土砂流出防止機能の低下、エ　ダム機能の低下、オ　河川機能の低下、カ　道路機能の低下、キ　沿岸海域の汚染、ク　海浜の汚染、をあげている。

さらに、沖縄県環境保健部は前出、『赤土流出防止対策の手引き』において、「赤土流出の及ぼす影響」をさらに大きく８つの分野にわたって記している〔6〕。

①農地及び森林、②河川及びダム、③道路及び宅地、④陸生植物、⑤沿岸域、⑥海生生物（魚類、植物、底生動物、サンゴ類やプランクトン）、⑦漁業（漁獲、網地、養殖モズク、潜水機器漁業、漁港）、⑧観光、である。

赤土等の流出は、農業自体を含め漁業、河川や海の生態系など広い範囲に害を及ぼしていた。

第2節　赤土等流出の要因とメカニズム

赤土等の流出が環境、漁業に与える害が明らかにされるとともに、流出の要因についても、多くの調査研究がなされた。赤土等流出の要因は、流出源の把握さらに流出防止対策の方法に関わることから、これまでに明らかにされた流出の要因について概観しておきたい。

赤土等の流出に関する議論は復帰前からなされていた。丸杉孝之助は、1960年代以降の西表島におけるパインアップル畑の開墾からの赤土流出の背景について次のように述べている。

「赤土流出の社会経済的根源は、戦争直後の戦災住民の雇傭、沖縄復興に端を発している。当時は潜在主権しかなかった国有林、公有林野の開墾であり、技術営農指導の手遅れによって地力収奪を継続し、ついで、表土侵食、流亡を招いたもので、流出は農民の責にだけ帰することのできない要因によって引き起こされたものである」〔7〕。

「パインは戦争で沖縄の農民が焼土のなかに立ち上がり、アメリカの統治下で復興の手がかりとして把んだ作目であり、産業である。(中略) いわば沖縄住民の飢餓と困窮のなかから探り当てた作目である。川や海を赤く染める社会的根源はこの点にあることを銘記すべきである」〔8〕。

農地の所有権については復帰後農家へ売り渡され、農業経営の状況も今日とは大きく異なるが、西表島における当時の赤土等流出の背景にあった社会的・歴史的条件を鋭く指摘していると言える。

さらに、赤土等の流出問題が全県的な広がりをみせるなかで、その要因について土壌の物理的メカニズムの面から分析がなされた。翁長謙良は、米国における土壌流亡に関する研究の流れと土壌流亡量の予測式 (USLE式) の考案、拡張の過程を紹介した〔9〕。USLE式は土壌の流出に関わる複数の要素を係数化し流亡量を予測する算式である。

我が国では、農林水産省構造改善局が米国農務省土壌保全局の農地保全基準USLE式に準拠した算式「A=R・K・L・S・C・P」を定義している〔10〕。

算式の係数の要点を示すと次のようになる。

A：単位面積当たり流亡土量 (重量)。

R：降雨係数。各地域における降雨侵食指数EI値の年間平均値。

K：土壌係数。単位降雨当たりの流亡土量を与える係数。

L：斜面長係数。基準斜面長（20m）に対する比率から求められる係数。

S：傾斜係数。斜面勾配の関数。

C：作物係数。作物の種別とその生育状態で定まる係数。休閑状態を基準値（C＝1.0）とした流亡土壌の割合。

P：保全係数。畝立て方向、等高線栽培など保全的耕作の効果を示す係数。平畝、上下耕を基準値（P＝1.0）とした流亡土壌の割合。

USLE式は、土壌流出の要素を係数化し、土壌の流亡量を予測するものであるが、さらに、それらを自然的条件および社会的に形成された要因の視点からみることにより土壌流出全体の構造の解明の手掛かりにもなる。

日本土壌協会『耕地からの赤土砂流出―その予測と防止に向けて―』（1992）では、「赤土砂流出に関与する自然環境」の章を設け、沖縄における地形・地質的特性、降雨特性、土壌的特性、植生について検討し、「沖縄の自然条件は土壌浸食を受けやすい環境にある」、と述べている〔11〕。個別には次のことがあげられている。

①　地形・地質的特性は、「本島北部地域においては、大部分が山地または丘陵地で、山脚は急峻な地形をもって海岸に迫り、海岸沿いの平野の発達は極めて乏しい」（p.4）。

②　降雨特性は、「年平均降雨量は多く、年次間の変動も大きく、干ばつ年が出現する反面、多雨年も多い。加えて、梅雨や台風による雨のエネルギーが高いのみならず、侵食限界降雨の年間頻度が高い。さらに降雨の雨滴分布から求められる降雨エネルギーは周年を通して高い。このようなことから、沖縄においては土壌侵食を受けやすい降雨型に属していると言うことが出来る」（p.8）。

③　土壌的特性については、沖縄県に分布する主な土壌のうち、県全体の面積の55.1％を占める国頭マージは、「侵食に弱くガリが生じやすい」としている。（p.9）。

沖縄県農林水産部農政課の『土砂流出防止対策基本方針』(1990年) は、赤土流出の諸要因のうち、人的要因に係る部分に関して、それを、「各種開発行為に起因する土砂流出」、「農業的土地利用に起因する土砂流出」に分けて事例をあげている〔12〕。前者では、道路工事、ゴルフ場や観光・リゾート施設等工事、宅地造成、公共施設 (橋梁、空港等)、砕石工事、米軍及び自衛隊基地内の各種施設工事、土販売業者等による山腹等の削土、があげられ、後者では、土地改良事業等、民間による農用地開発等、農業生産活動、があげられている。

さらに、沖縄県が発行した『沖縄の自然と赤土汚染』と題する冊子では3)、赤土汚染発生の仕組みについて、次のように述べている。「赤土汚染はどのようにしておこるのでしょうか。この要因には、大きくわけて、沖縄の気候風土のような自然的なものと、開発工事のような人為的なものがあげられます。昔、沖縄で赤土問題がなかったことから、自然的な要因だけでは、赤土汚染は発生しないことがわかります。赤土汚染は、赤土が流出しやすい気候風土を考えに入れず人間が無理な開発などを行った結果、引き起こされたものと言えるでしょう」〔13〕、と述べ、自然的要因として、土壌、陸の地形、降雨、海の地形、をあげ、人為的要因については、川の流れを中心に上流から下流にかけて、パイン畑、リゾート開発、米軍演習、土木工事、農地開発を記した模式図を示している〔14〕。

大見謝辰男は、赤土等流出の要因とそのメカニズムについてより実態に即して捉え〔15〕、「赤土が流出しやすい自然的環境に、開発工事のような人為的インパクトが加わると赤土汚染が起きやすい」とし、自然的要因として、土壌条件、地形的条件、雨の強さの３つ面の特性をあげ、次のことを加えている。

「もちろん、このような自然的要因だけでは赤土汚染は発生しない。これに、開発などで山の緑を引きはがして裸地状態にするという人為的インパクトが加わって初めて赤土汚染が引き起こされる」。

そして、これらに加わる人為的要因として土地改良事業の進め方をあげ、次のように述べている。

・「沖縄の赤土汚染は、まぎれもなく細かい土が引き起こしているのに、その対策として有効な効果がほとんど期待できない砂防施設を20年以上も作り続けてきた」(p.44)。
・「その手法は農林水産省構造改善局が『土地改良事業計画設計基準』で示

した全国一律の防災対策であり、前述のように砂や石を止めるための砂防施設が基本となった」(pp.44-45)。

・「海と山がひとつながりの小さな島の亜熱帯特有の自然を考慮せず、全国一律の手法で開発が進められたため、赤土汚染は深刻化したといえよう」(p.45)。

また、沖縄県文化環境部が2001年に発行した、『考えよう赤土等流出について―自然はまってくれない―』と題した冊子では、赤土等の流出要因の基本的な枠組は自然的要因と人為的要因からなるとして、前出、『沖縄の自然と赤土汚染』と同じであるが、それぞれの内容については、変更がなされている。すなわち、自然的要因については、気候、土壌、植生、地形、とされ、人為的要因については、農業生産活動、リゾート開発、米軍演習、土木工事、があげられ、それらの関係が**図8-1**のように示されている〔16〕。

さらに、同年、赤土等流出防止対策検討会（沖縄総合事務局開発建設部）が発行した、『技術者のための赤土等対策入門～青い海と豊かな川を守るために～』では、赤土等流出の要因を自然的要因と人的要因に分けることは、沖縄県文化環境部と同様だが、それぞれの個別の要因の関連性の捉え方は大きく異なっている〔17〕。すなわち、ここでは、自然的要因がひとつにまとめられ、それに人的要因が作用する形ではなく、自然的要因のうちの植生要因と地形要因に人的要因が作用する関係として示されている（**図8-2**）。人的要因と自然的要因の関係としてはより実態を反映する形になったと言えるが、一方で、人的要因がひとまとめにされて、

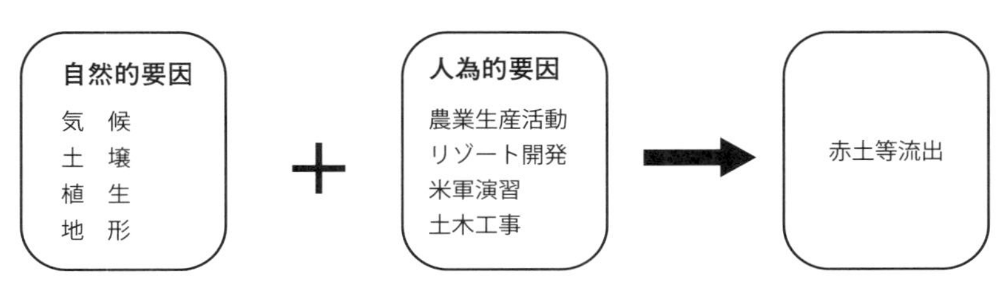

図8-1　赤土等の流出要因

出典：沖縄県文化環境部環境保全課『考えよう　沖縄の自然と赤土汚染について―自然はまってくれない―』2001年３月，p.3の図より引用。
注：囲み内は、引用元資料では彩色されている。

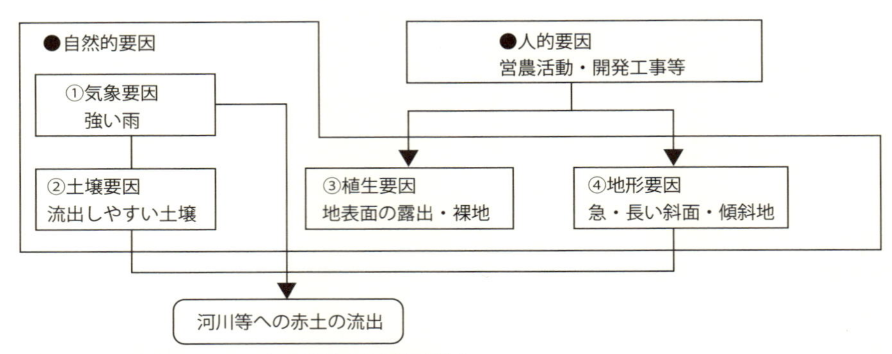

図8-2　発生源における赤土等流出要因の関連

出典：赤土等流出防止対策検討会『技術者のための赤土等対策入門書〜青い海と豊かな川を守るために〜』2001年3月、p.15　図2.1.2　より引用。

その内容が抽象的になっている。

以上、赤土等流出の要因について、これまでになされた主な説明をみてきたが、その中で、「人為的要因」「人的要因」とされる部分については、検討が必要である。

これまでの赤土等流出の要因（メカニズム）の説明では、自然的要因以外の諸要因、すなわち、農業生産活動、農地開発、リゾート開発、米軍演習、土木工事、が同じくくりで人為的要因としてまとめられているものが多い。しかし、農業生産活動と土木工事・リゾート開発、米軍演習は同じ次元での「人為的作用」ではない。また、「農業生産活動」として、一言でまとめられている項目についても、農地の利用・管理、作物の栽培管理といったほ場内での作業や活動と、それらを規模拡大、機械化、生産の効率化といった方向に追いやっていった農業政策―農業生産活動を規定する外部条件―が明確にされないままにひとくくりにされている。両者は規定するものと規定されるものの関係にあり、明確に区別される必要がある。さらに言えば、農業生産活動においては、農地は基本的な生産の手段であり、農民は元来それを失うことを回避しその保全に努めてきたのである。

我が国、特に沖縄ではほ場の形状や作物の種類、栽培の仕方は、ほ場のなかだけではなく、外部の条件、特に農業政策によって大きく規定されてきた。ほ場内での作業や活動とそれを外部から規定する条件を、同じ枠に赤土等流出の「人為的要因」としてまとめる方法は、規定するものと規定を受けるものの関係をあいまいにし、赤土等流出の全ての要因を「ほ場内の出来事」に求め、その解決を個々の農家のほ場の管理の問題に矮小化していくことになる。そのような対策が赤土等流出防止に効果をもちえなかったことは、これまでの個別的対策の結果が示している。

赤土等流出防止対策の効果を上げるためには、流出をもたらしている要因を構造的に把握し（要因間の関係も含めて）、対策を講ずる必要がある。その意味では、赤土等流出要因の人為的要因とされる部分の「農業生産活動」については、ほ場の形状や作物、農耕といったほ場のなかの現象だけでなく、これらを規定している農業政策、さらには経済の仕組みにも目を向ける必要がある。こうした、農業生産を規定している条件については、社会経済的要因として捉え、赤土等流出防止の対策もまた、そのことを視野に入れた対策を組み立てることが必要であろう。初期の西表島の赤土流出防止対策を訴えた丸杉の視点もまたそこにあったと言える。

そこで次に、赤土等流出の要因と深くかかわる赤土等の流出源と流出量の把握の問題に移ろう。赤土等の流出量については、沖縄県衛生環境研究所・沖縄県文化環境部（環境生活部）環境保全課によってUSLE式を用いた推計がなされている[4)]。推計は、これまで、1993年（平成５）、1996年（平成８）、2001年（平成13）、2011年（平成23）、2016年（平成28）年の５回実施されており、ここでは2001年以降の流出量の変化を示すと**表8-1**のようになる[5)]。

流出の全体量は2001年（平成13）の38万1,700㌧/年から、2011年（平成23）には29万8,300㌧/年に減少し、2016年（平成28）には27万0,900㌧/年になっている。2001年から2011年の10年の間に21.8％が減少、2011年から2016年の５年間では9.2％減少したことになる。区分・地目別に最も流出量が多い農地からの流出は、2001年の30万5,100㌧（79.9％）から2011年には25万5,100㌧（85.5％）、2016年には22万6,400㌧（83.6％）と、減少している。しかし流出量全体に占める割合は83.6％とかなり高い。赤土等の流出対策のなかで農地からの流出を抑制することが大きな課題と言える。

表 8-1　赤土等推定年間流出量の推移

単位：t/年、%

区　分	2001		2011		2016	
	流出量	割合	流出量	割合	流出量	割合
既存地目	312,600	81.9	262,300	87.9	233,800	86.3
森林	4,100	1.1	3,900	1.3	4,000	1.5
草地等	600	0.2	500	0.2	500	0.2
農地（耕地）	305,100	79.9	255,100	85.5	226,400	83.6
宅地	600	0.2	600	0.2	700	0.3
道路	400	0.1	500	0.2	500	0.2
水面・河川・水路	0	0.0	0	0.0	0	0.0
その他	1,800	0.5	1,700	0.6	1,700	0.6
米軍基地	22,800	6.0	11,300	3.8	9,600	3.5
裸地	19,400	5.1	8,000	2.7	6,800	2.5
その他	3,400	0.9	3,300	1.1	2,800	1.0
開発事業	46,300	12.1	24,700	8.3	27,500	10.2
公共事業	22,500	5.9	21,200	7.1	20,400	7.5
土地改良	5,500	1.4	3,900	1.3	5,700	2.1
区画整理	3,900	1.0	500	0.2	2,900	1.1
施設用造成	7,800	2.0	10,800	3.6	2,700	1.0
公園造成	600	0.2	200	0.1	0	0.0
河川事業	700	0.2	300	0.1	200	0.1
道路改良	2,300	0.6	3,300	1.1	2,700	1.0
公共その他	1,700	0.4	2,200	0.7	6,200	2.3
民間事業	23,800	6.2	3,500	1.2	7,100	2.6
リゾート関連	17,300	4.5	200	0.1	1,600	0.6
民間その他	6,500	1.7	3,300	1.1	5,500	2.0
合　計	381,700	100.0	298,300	100.0	270,900	100.0

資料：下記資料より筆者作成。
沖縄県『平成 13 年度流域赤土流出防止等対策事業沖縄県における赤土等流出源実態調査報告書』2002 年 3 月。
沖縄県『平成 23 年度赤土等に係る環境保全目標設定調査（赤土等流出源実態調査）報告書』2012 年 3 月。
沖縄県『沖縄県赤土等流出防止対策基本計画中間評価』2019 年 1 月。沖縄県ホームページ（https://www.pref.okinawa.jp/site/kankyo/hozen/documents/kihonnkeikakutyuukannhyouka.pdf）（2021 年 4 月 16 日　最終閲覧）。

注：1）2001 年、2011 年は、「平成 23 年度報告書」から引用した。2001 年の農地（耕地）からの流出量は再計算値である。
2）2016 年は、「中間評価」から引用した。割合は筆者が計算した。
3）表の作成にあたっては、比嘉榮三郎・大見謝辰男・花城可英・満本裕彰「沖縄県における年間土砂流出量について」（『沖縄県衛生環境研究所報』第 29 号、1995）および仲宗根一哉・比嘉榮三郎・満本裕彰・大見謝辰男「沖縄県における赤土等年間流出量（第 2 報）―赤土等流出防止条例施行後の年間流出量の推算―」の推算ー」（沖縄県衛生環境研究所報』も参照した。

第３節　赤土等流出防止対策―農業分野の取り組み―

（１）行政における総合的対策

赤土等の流出を防止する対策として、沖縄本島北部の町村では早くから、行政の課題として取り組んだ。恩納村が1975年に恩納村地域開発指導要領を制定したのをはじめ、東村（1979年）、宜野座村（1982年）、金武町（1984年）でも赤土等流出防止条例が制定された。このうち宜野座村では、赤土等流出等防止条例のほか、赤土等の流出防止対策推進協議会を設置し、『緑のマスタープラン』を作成、役場に赤土等流出対策担当の嘱託職員を置き、赤土パトロールの実施、「宜野座村赤土等の流出防止基本計画」を策定し、また集落の段階でも取り組みを行った[6)]。

沖縄県では、1994年（平成６）10月に「沖縄県赤土等流出防止条例」を制定し、1995年（平成７）10月に施行した。同条例は、「この条例は、事業行為に伴って発生する赤土等の流出を規制するとともに、土地の適正な管理を促進すること等によって、赤土等の流出による公共用水域の水質の汚濁（水底の底質が悪化することを含む。以下同じ。）の防止を図り、もって良好な生活環境の確保に資すること」を目的とし（第１条）、その方策として、「赤土等の流出防止」（第３条）で「事業行為をする者は、当該事業現場からの赤土等の流出を防止するため、必要な措置を講ずるように努めなければならない」ことを謳い、第５条で、「赤土等流出防止赤土等流出防止施設の設置義務等」を定めた。

その内容は、「特定事業行為者は、当該事業行為を実施する時は、前条第１項の規定により定められた赤土等流出防止施設に関する基準（以下「施設基準」という。）に適合する赤土等流出防止施設を設置し、かつ同行の規定により定められた赤土等流出防止施設の管理に関する基準（以下「管理基準」という。）により当該施設を管理しなければならない」というものである。

ここで、特定事業行為者とは、1,000㎡以上の一団の土地について事業行為をする者である。また、計画の事前届け出（第６条）を義務付け、管理基準によって同施設からの放流水の浮遊物質量は200㎎／ℓ以下でなければならないと定めた。（同条例施行規則第４条）。

農地については、「耕作の目的に供される土地の管理等」（第17条）に、「耕作の目的に供される土地（以下「耕作地」という。）を管理する者は、当該土地から赤土等の流出が生じないように周辺部への畦（けい）畔等の設置、土壌の団粒化の促進等を行い、当該土地の管理に努めなければならない。」と定められた。

一方、同条例については、その実効性をめぐって厳しい批判がなされた[7)]。

沖縄県の赤土等流出防止に係る総合的な計画としては、2013年９月に、『沖縄県赤土等流出防止基本計画』が策定され、その目的として、「沖縄県における赤土等の流出及びそれに伴う環境への影響等の現況と課題を踏まえ、海域に『環境保全目標』、陸域に『流出削減目標量』をそれぞれ設定し、赤土等の流出防止対策を総合的・計画的に推進していくこと」[18]が掲げられた。

同計画は、「『沖縄21世紀ビジョン』を推進する計画としての役割」、「『第２次沖縄県環境基本計画』の基本目標の一つである『環境への負荷の少ない循環型の社会づくり』を達成するために必要な計画」として位置づけられ、対象期間は、「『沖縄21世紀ビジョン基本計画』及び『沖縄21世紀ビジョン実施計画』に基づき平成25年度から平成33年度までの９年間」とされた[19]。

計画の内容は、「第１章　計画の基本的考え方」、「第２章　赤土等流出の現況と課題」、「第３章　計画の目標設定」、「第４章　計画の推進」、「第５章　モニタリング調査」、「第６章　実施の評価と計画の見直し」、で構成されている[20]。

そのうち、「第４章　計画の推進」では、県段階の組織として、〈赤土等流出防止対策協議会・幹事会・ワーキングチーム〉を設置し、地域〈市町村・流域協議会・農業協同組合・漁業協同組合・NPO・教育機関・企業〉（これらの組織に地域住民等が参加・協働する）と連携をとり推進する仕組みが示されている[21]。

続いて、2015年（平成27）には、前出、「沖縄県赤土等流出防止基本計画」を具体化した「沖縄県赤土等流出防止対策行動計画」が策定された。同計画は、前出「基本計画」の目標達成に向けて、「関係各機関が実施する対策」をまとめたものである。

計画の内容は、「第１章　沖縄県赤土等流出防止対策行動計画について」、「第２章　行動計画の推進」、「第３章　対象海域の選定」、「第４章　対象海域における削減計画の策定及び評価基準」、「第５章　進捗管理」、「第６章　定期評価の見直し」、で構成されている[22]。

そのほか、行政が主体となった赤土等流出対策についての取組みとして、沖縄県文化環境部は、研究者、技術者、実践者による赤土等流出防止に関する知見、技術、経験の交流を目的とした「赤土等流出防止交流集会」を1996年度以降毎年開催し、赤土等流出防止技術の向上に努めてきた。また、沖縄県のほかにも、自治体（東村、宜野座村）や民間団体がシンポジウム等を通した啓蒙活動が数多く行われた。

（２）「沖縄21世紀ビジョン基本計画」（沖縄振興計画）における赤土等流出防止対策の位置づけ

『沖縄21世紀ビジョン基本計画』においては、赤土等流出防止対策は、自然環境の保全と農林水産の二つの面から対策が位置づけられている。2012年『沖縄21世紀ビジョン基本計画』では、自然環境の保全の面からは、「第３章　基本施策」の「１　沖縄らしい自然と歴史、伝統、文化を大切にする島を目指して」「(1) 自然環境の保全･再生･適正利用」「イ　陸域･水辺環境の保全」の項において、「赤土等流出問題については、『沖縄県赤土等流出防止基本計画』に基づき流域協議会の設立・活動支援など流出防止に向けた地域住民の主体的な取組を促進するほか、赤土等流出の実態に応じた農地等の各種発生源対策の強化、既存対策施設の適切な維持管理、流出防止技術の研究開発、堆積土砂対策の検討など総合的な対策を検討します」[23] と記している。

農林水産業分野からのアプローチは、「第３章　基本政策」「３　希望と活力にあふれる豊かな島をめざして」「(7) 亜熱帯性気候を生かした農林水産業の振興」「カ　亜熱帯・島しょ性に適合した農林水産業の基盤整備」のなかで、「農業生産力の維持向上及び赤土等の流出を防止するため、営農支援の強化、ほ場勾配の抑制、グリーンベルトの設置、沈砂池等の整備を推進するとともに、台風等の影響を強く受ける沖縄の気象条件や侵食されやすい土壌条件に対応した防風・防潮施設、農用地保全施設等を整備し、農業生産基盤の強靭化を推進します」[24] として、技術的対策があげられている。

『沖縄21世紀ビジョン実施計画』でも、赤土等流出防止対策に関する事業が環境生活部と農林水産部の二つの部門で設定され、環境生活部では、「赤土等流出防止対策推進事業」の交流集会、講習会、「赤土等流出防止活動支援事業」による赤土等流出防止活動への支援、赤土等流出防止啓発への支援、農林水産部の事業では、「水質保全対策事業（耕土流出防止型）」（承排水路、沈砂池、浸透池等の流出水対策、農地の勾配修正、グリーンベルト、畑面植生等の発生源対策)、「沖縄の自然環境保全に配慮した農業活性化支援事業」、「赤土等流出防止営農対策促進事業」が掲げられている〔25〕。

2022年『新・沖縄21世紀ビジョン基本計画』では、「第４章　基本政策」の「１　沖縄らしい自然と歴史、伝統、文化を大切にする島を目指して」、「(3) 持続可能な海洋共生社会の構築」の「ア　海洋島しょ圏としてのSDGsへの貢献」のなかで、「④赤土等流出防止に向けた総合対策」として位置づけられている〔26〕。2022年『新・沖縄21世紀ビジョン基本計画』では、SDGsへの貢献のなかの一つの項目として立てられているのが新しい点と言える。

また、農林水産業分野では、同じく「第４章　基本政策」の「３　希望と活力にあふれる豊かな島を目指して」「(7) 亜熱帯性気候を生かした持続可能な農林水産業の振興」の「キ　魅力と活力ある農産漁村地域の振興と脱炭素社会への貢献」「①環境に配慮した持続可能な農林水産業の推進」の項において、「赤土等流出の実態に応じた農地等の各種発生源対策の強化、沈砂池等の対策施設の維持管理、農業環境コーディネーターの活動支援など地域や住民と一体となった総合的な赤土等流出防止対策に取り組みます」〔27〕と記されている。

2012年「沖縄21世紀ビジョン基本計画」では、「赤土等流出防止対策」は農業の基盤整備のなかに位置づけられていたが、2022年『新・沖縄21世紀ビジョン基本計画』では、「環境」の視点からの位置づけがなされていることが変更点と言える。

(3) 農業分野における赤土等流出防止のための技術的対策の提起

赤土等流出防止の対策については農業分野において技術的対策を中心に多くの対策が提起された。ここではこれらの対策を年代順に整理しておきたい。

1960年代に西表島のパインアップル畑開墾地からの赤土流出を問題にした丸杉孝之助は、赤土等の流出を防止する対策として、当時の西表島の農民が置かれた政治的状況、経済的状況の全般的改善を提起し、個別的には、①パイン畑の土地保有の改革、②パイン畑の輪作、③土地保全のための営農対策（パイン、牧草、肉牛の組み合わせ)、④敷草栽培、の実施を提起した〔28〕。

1980年代には、土壌学や農業土木の分野から赤土等流出防止対策に関して多くの提起がなされた。翁長謙良は、「土砂流亡の抑止対策は基本的には圃場内でなされるべきであり、圃場外への流出は土壌の劣化や流域環境を考慮してできるだけ避けるべきである。／このような観点から水田のもつ貯水や洪水調節機能を畑地に持たせることにより土砂流亡の軽減が期待できる」〔29〕、とする考え方から土壌流出抑止対策を検討した。その結果、「降雨量の多い沖縄では、一時的に地表湛水ができるように平坦区画を水田形式とする改良Zinggテラスなるものが実用的である。／すなわち、同一工区（所有区）に一時的に流出土砂と表流水の貯水機能をもたせる平坦区画を緩傾斜区画の下方に設置するもの」〔30〕8) である。

さらに大屋一弘は、赤土等の流出を防止（抑制）する第１の方法として、「水田の造成」をあげ、その利用方法として、「水生作物」の栽培、「水田を利用した田畑輪換あるいは輪作体系を取り入れる」ことをあげている〔31〕9)。

そのうえで、「水利その他の条件が悪く止むなく畑地造成の方向をとるなら、できるだけ傾斜の緩い畑を作る」こととし、その場合の土壌侵食防止には、「土壌と被覆を中心に」すえる必要があるとしている。土壌の面では、「有機物やカルシウム（炭カル）などの施用」「サブソイラーによる心土破砕を行い透水性を維持改善する」ことが必要であり、土壌被覆については、「耕土の保全効果は抜群」で「最も確実で実行しやすい」方法として、「敷草、堆肥散布などによる土壌被覆（マルチ）」をあげ、そのほか「永年作物を取り入れる」、「収穫期の異なる作物を混作する」、「成長が早く土壌被覆度の高い作物を栽培する」ことなどをあげている〔32〕。

翁長、大屋の提起は水田の造成等、沖縄農業の農法の転換を含む大規模なものだった。しかし、農法変革の条件となる農業を取り巻く経済、農業政策の側での展開はみられなかった。

山田一郎は、赤土流出防止技術として、土木工学的な技術に触れつつ、主として「営農的赤土流出防止対策」をとりあげ、その方法と効果を次のように紹介している〔33〕。

１）雨滴の土壌への衝撃を弱めるために植生や被覆資材等により裸地部分を被覆する方法、２）表面流去水の水量を低減するために圃場の深耕、土壌破砕、植生等により雨水を浸透させる方法、３）表面流去水の流速を低減するために植生、植物残渣等障害物を設置する方法、４）団粒形成を促進させる方法、である。

また、行政機関等からも対策の提起がなされた。沖縄県農林水産部『土砂流出防止対策基本方針』（1990年４月）では、「対策の方向」を、「生産基盤の整備等事業実施に伴う対策」と「土壌保全･管理に関する営農指導の推進」に分け、「生産基盤の整備等事業実施に伴う対策」では、「計画設計段階での対策」、「施工段階での対策」、「管理段階での対策」を指示している。「土壌保全・管理に関する営農指導の推進」では、「農家意識の高揚と営農指導の推進」があげられ、「農業生産活動における防止対策の推進」について、等高線栽培、マルチング、うね切、パインアップル園地更新の際の古株すき込み、深耕、緑肥作物の栽培、グリーンベルト、段階法面の管理等について、県・市町村・関係団体が指導することをあげている〔34〕。

前出、『耕地からの赤土砂流出―その予測と防止に向けて―』では、赤土等の流出を防止するための対策を網羅的に取り上げている〔35〕。大きくは、土木的対策と営農的防止対策である。土木的対策の具体的な手法としては、区画の形態、排水路・承水路の配置、砂防施設をあげている。営農的防止対策では、マルチング、ミニマムティレッジ、深耕、栽培様式および作付様式の改善をあげている。

また、Ⅶの２「営農的防止対策の技術的評価」でも上記対策のほか、草生栽培（カバークロップ）、等高線栽培、土壌の団粒化、輪作および間作、パインアップルの更新技術があげられている〔36〕。同書の特徴は、これらの対策を単に紹介するだけでなく、その技術的および経済的評価を行っていることである。

例えば「防止対策の経済的評価」では、オポチュニティコストの考え方と線形計画法（LP；Linear Programming）による防止対策コストの評価、営農計画を紹介している〔37〕。これらの手法が現在そのまま当てはまるものではないが、赤土等流出防止対策を地域の営農計画と連動させて組み立てる必要があるという考え方は、今日も重要な視点だと言える。

沖縄県農林水産部は、1995年10月、農林水産業分野全般に係る赤土等流出防止の方針として『赤土等流出防止対策基本方針』を策定した。同「基本方針」では「赤土等流出防止対策指針」として、「土地改良事業等における赤土等流出防止対策指針」、「林業関係事業における赤土等流出防止対策指針」、「主要作物別の赤土等流出対策指針」を提示している。同書ではまた、「赤土等流出防止の推進体制」として、県全体の「農政推進連絡会議」を設置、そのもとに地域ごとに「地域農業推進会議」を設置し、赤土等流出防止対策を推進することを記している。地域は、北部、中部、南部、宮古、八重山の５つの地域に分けられ、「地域農業推進会議」の構成メンバーは県の出先機関と市町村・関係団体とされている〔38〕。

前出「基本方針」を承けて沖縄県農林水産部ではさらに『土地改良事業等における赤土等流出対策設計指針』（1995年10月）を公表した。同「設計指針」は、前出「基本方針」における「土地改良事業等における赤土等流出防止対策指針」の部分をより詳細に記したもので、「発生源対策」、「流出防止対策」の土木的対策が記されている。

さらに、沖縄県衛生環境研究所、比嘉らは「農地での土壌流出防止対策とその効果」において、ソフト対策として、マルチング、カバークロップ、ミニマムティレッジ、輪作・間作をあげ、ハード対策として、圃場整備、大規模緩衝帯の設置、圃場面の高さをあげている〔39〕。

前出、『技術者のための赤土等対策入門書～青い海と豊かな川を守るために～』でも、「対策編」を設け、「流出源における対策」（開発事業における対策、営農地（耕作地）における対策、米軍基地内における対策）、「河川域における対策」、「河口部・海域部における対策」を記している。営農地における対策では、基盤整備時と営農時について対策を示している。それぞれの対策について、対策の内容、効果、経済性、維持管理性、問題点を整理し一覧にまとめていることが特徴である〔40〕。

これらの対策は同じものが取り上げられているものも多いことから、土木的対策、農地管理対策、耕耘・営農対策に分けてまとめると以下のようになる。

土木的対策：沈砂池の設置、圃場の勾配修正、暗渠の設置
農地管理対策：畦畔の設置、等高線栽培、グリーンベルト、足場板
耕耘・営農対策：マルチング、カバークロップ、ミニマムティレッジ、輪作・間作、有機物の施用、緑肥、サトウキビ枯葉梱包フィルター、サトウキビ作型の夏植えから春植え株出しへの転換

（4）赤土等流出防止に向けた地域および農家を対象とした事業の取り組み

赤土等流出防止対策は、土木的対策、農地管理対策、耕耘・営農対策といった個別対策が中心をなしてきたが、2000年代から地域および農家の協議を促進する

事業も展開された。

その最初の事業として、2002年度（平成14）～2004年度（平16）に、「流域環境保全農業確立体制モデル事業」[10]が、流域の農家の参加を組み入れた事業として実施された。この事業は、環境省の委託業務として沖縄県が実施したもので、内閣府、環境省、沖縄総合事務局、沖縄県の各機関が支援機関として参加した。石垣島轟川流域を対象に、総合的な対策方針として「流域環境保全農業確立モデル方針」、および「轟川流域農地赤土対策マスタープラン」を作成した。

「モデル方針」[11]の特徴は、河川の流域を対象に、赤土流出防止対策を営農対策、地域支援組織体制及び土木的対策の３つの分野別に行動目標を設定したことにあり、それぞれ次のように設定された。

①営農対策：農家の協力を得た営農対策の推進

②地域支援組織体制：地域一体となった持続的な赤土対策推進体制の構築

③土木的対策：発生状況及び意見を集約した効率的な農地からの赤土対策の推進

さらに、目標に向けた取り組みを３つのステージに分けて推進した。

ステージ１：地域の現況把握と課題整理及び体制の構築

ステージ２：具体的対策の検討と住民参加促進

ステージ３：対策推進と管理運用確立

また、地域が一体となった赤土等対策を推進していくために、地域支援ワーキング、営農・農地対策ワーキング、流域対策ワーキングの分野で構成する流域協議会が設置された。

「マスタープラン」[12]では、営農対策として、土地利用計画と営農普及マニュアルが作成され、営農普及マニュアルのなかに、葉ガラ梱包、敷き草マルチ、緑肥、グリーンベルトなどの赤土の流出を抑制する資材が組み込まれた。土木的対策では、農地対策（勾配修正、斜面長修正）、下流対策（排水路、河川）が検討された。地域活動では、石垣市赤土等流域防止営農対策地域協議会（2004年９月発足）が既存の石垣島周辺海域環境保全対策協議会（1999年９月発足）と連携を取ることにより、地域が一体となった赤土等流出対策を推進することが計画された。この事業は、轟川流域の農家を赤土等流出対策の担い手として位置づけ、流域協議会の育成と協議を取り入れた点でそれまでの赤土等流出防止対策の枠を超える意義をもったが、期間内の事業にとどまった。

「流域環境保全農業確立体制モデル事業」は2004年度（平成16）に終了するが、農林水産部門では2005年度（平成17）以降も、赤土等の流出を防止する事業が２年から３年ごとに実施された。その主な事業を時系列であげると次のようになる。

①「土地利用参加者による赤土等総合対策開発事業」（2005年度～ 2007年度）

②「赤土等流出対策支援システム確立モデル事業」（2008年度～ 2009年度）

③「環境保全営農支援モデル事業」（2010年度～ 2011年度）

④「沖縄の自然環境保全に配慮した農業活性化支援事業」（2012年度～ 2016年度）

⑤「赤土等流出防止営農対策促進事業」（2017年度～）

これらの事業の概要は次のとおりであった。

①「土地利用参加者による赤土等総合対策開発事業」[13]は、土地利用参加者が赤土等流出防止対策を行う上での支援対策プログラムを策定するもので、対策支援のプログラムは、情報提供、対策支援、認定公表の三つのサービス分野からなり、活動の主体（中核）を対策支援センター（地域協議会）が担う、とされた。

それぞれのサービスの内容は、情報提供サービスは、圃場カルテ、危険度マップなどの土地の危険度情報、地域に適した対策情報（対策メニュー）を提供するもので、対策支援サービスは、資材支援として営農対策目標及び土地利用者が実施する年間予定対策量の資材準備を行う、認定公表サービスは、赤土等流出防止対策の結果を広く公開することによって、公的支援・民間資金を得る、ことが想定された。

この事業は、対策支援センター（地域協議会）が中心となり、対策への支援を三つのサービス部門が対策の支援を分担して行い、全体としてつなげていくシステムをつくり、先の石垣島轟川流域を対象とした「流域環境保全農業確立モデル事業」をほかの地域にも広げる意味をもっていた。

しかしながら、対策支援の中核に位置する対策支援センター（地域協議会）の運営システムは具体化されず構想の提示にとどまった。

②「赤土等流出対策支援システム確立モデル事業」[14]は、地域の農家や行政が一体となった継続的な対策の実施のための手法の確立を目的とした事業で、赤土等流出総合対策支援プログラムの適応実証等、赤土等流出システム確立に向

けた各種調査を行うものとされた。

「支援に向けた今後の課題」として､「赤土等流出防止対策の環境便益の評価」「地域ぐるみの流域危険区域の土地利用の見直し」「基金創設の可能性を含めた地域支援方法」「農家の適正な赤土等対策に対する所得補償等」「対策の推進体制である「地域協議会」の機能向上と運営体制の強化が検討の課題としてあげられた。

③「環境保全営農支援モデル事業」[15]は、「企業等が行うCRM（Cause Related　Marketing→寄付つき商品の販売等）の手法により環境保全営農支援体制を構築することを検討したものである。事業の仕組みは、東村、宜野座村、石垣市を対象とし、「赤土流出防止に確実に効果のある条件を設定し」、そのもとで栽培された作物を対象に「土壌保全の認証マーク」を交付し、それらの農産物を県内外で販売する、ものであった[16]。

④「沖縄の自然環境保全に配慮した農業活性化支援事業」[17]は、農家が行う対策に対する支援体制を構築し、自立的かつ持続的な実施を促すことを目指したもので、その方策として、支援を行う人材（耕土流出防止コーディネーター）やコーディネート組織の育成、対策に伴う資金や労働力を確保するための手法を確立することを目的とした。

事業内容は、市町村への委託を通して、コーディネート組織の育成、育成システムの構築、組織運営システムに開発を行うものであり、市町村において赤土等流出対策を担う「コーディネート組織」が育成されることになった。

⑤「赤土等流出防止営農対策促進事業」[18]は、農地からの赤土等流出防止を推進し、漁業や海域生態系の保全を図ることを目的とし、地域協議会および農業環境コーディネーターの活動を支援するとともに、地域協議会の活動資金を確保するための手法を確立し、持続的な赤土等流出防止体制の構築を図ることを目的とした。

以上、赤土等の流出を防止する対策の流れをみてきたが、大きく言えば、当初の「沖縄県赤土等流出防止条例」と並行した土木的対策とそして農地管理対策へと対象が拡大してきた。農地管理（営農）対策について言えば、グリーンベルト設置、輪作、マルチ、サトウキビ夏植えの転換など多くの対策が提起された。しかしそれらは対策の手段であって、誰が対策に取り組むのかといった担い手の視点は必ずしも明確ではなかった。しかもこれらの対策は個々の圃場単位で個別に実施しても効果は薄い。個別の圃場単位ではなく、赤土等が流出する地域を単位とした取り組みが必要である。2012年度から「地域」を対象とした事業が取り組まれ、「地域協議会」の設立およびコーデネーターの育成が追求されてきた。農家を主体とした「地域協議会」づくり、および対策に取り組むための資材、労力に対する支援体制の構築が課題と言える。

第４節　赤土等の流出および流出防止対策に対する農家の意識と対応

第３節まで､赤土等流出防止対策について主に行政の側からの取り組み（事業）をみてきたが､農家の側ではこの問題をどのようにとらえ、対応してきたのか。本節では、調査事例を基に農家の側の認識と対応についてみていく。

一つは、2000年11月に、宜野座村の農家を対象に赤土等の流出や対策に対する農家の意識や各種対策について農家の評価を聞き取りで行った調査である〔41〕。

聞き取りの対象が少なく定性の把握にとどまるが､「効果があると思われる対策でも費用や労力がかかる」こと､「同じ対策でもその効果への評価は経営の作目によって異なり、こうした問題については地域の話し合いが必要である」こと、を指摘している。

二つ目は、2005年～2006年にかけて、石垣島において坂井らが行った調査「石垣島における農地からの赤土流出の実態と農家の意識」〔42〕である。同調査は、赤土等流出に対して対策を行っている農家と対策を行っていない農家のグループ、計47戸の農家を対象に、「赤土流出の原因」､「流出防止対策についての評価」について聞き取り調査を行ったもので、次のことが明らかにされた。

- 「赤土流出の原因」として､「水路･道路からの雨水の流入」､「圃場の急勾配」が高い割合を占めている。(複数回答)
- 「流出防止技術の効果」では､「草地への転換」､「農地周辺に畦を設置」､「農地の端に草木を植える（グリーンベルト）｣､「緑肥の栽培」が高い評価を得ている。(５段階評価平均)
- 「赤土防止技術の取り組み易さ」では、「緑肥の栽培」、「農地の端に草木を植える｣､「農地周辺に畦を設置」で評価が高い。(５段階評価平均)
- 「赤土流出防止のために、今後必要なこと」は､「営農対策への経済的補償」

の割合が最も高く、次いで、「土木的工事」、「指導・啓蒙」、「地域の話し合い」となっている。（農家計、複数回答）

三つ目は、2007年９月～11月にかけて、二つ目の調査と同じ石垣島において26戸の農家を対象に行われた坂井らによる調査「南西諸島における農地からの赤土流出防止政策の方向性」〔43〕である。調査農家は「赤土流出防止対策を実施している農家」15戸、「実施していない農家」11戸で、次のことが明らかにされた。（項目の割合は同論文中の表による。回答は複数回答である。）

・「対策農家」における「対策を実施した理由」は、「経営上の損失を減らすため」が86.7％と最も割合が高く、次いで「他人の圃場に迷惑をかけないため」46.7％、「河川や海の汚染防止のため」46.7％となっている。
・「非対策農家」に対する「対策を実施しない理由」については、「費用がかかる」54.5％、以下、「作物の生育に影響がない」と「作業が不便になる」が同率で45.5％、「効果がない」27.3％、「労力がかかる」と「雑草が侵入する」が同率で18.2％、「面積が減る」9.1％、となっている。
・「赤土の流出を防ぐために必要な施策（指摘農家割合）」では、「土木工事」が73.1％と最も割合が高く、次いで「経済的支援」53.8％、「労力の支援」38.5％、「技術の指導」26.9％、「流出圃場の公表」23.1％となっている。

これらの調査結果には農家の側からの赤土等流出要因の認識、対策の評価、必要な支援が示されている。

四つ目は、2010年度～2012年度の科研費研究による調査である〔44〕。

同研究では、赤土等流出防止の対策と仕組みを検討することを主な目的とし、地域としての対策への取り組み、株出し栽培の促進と支援策、対策費の検討、支援基金の活用、水田を利用した対策など多様な方法が検討されている[19)]。

これらの一連の調査から浮かび上がるのは、赤土等の流出について、農家も濃淡はあるが問題を認識しており、対策の必要性を認識している。しかし、農家が赤土等流出防止の対策を講ずるにおいては、費用と労力がかかり、その支援の在り方が対策全体の進展における大きな課題となっている。

費用の支援については、前出、「赤土等流出対策支援システム確立モデル事業」

において、公的資金と民間資金の活用が提起されている。公的資金では、「中山間直接支払制度」「農地・水・環境保全向上対策」20）の活用、「地域の支援」があげられており、また前述、科研費研究のなかで、兪　炳強が、民間資金を確保する方法として、①赤土等対策支援を目的とした新たな寄附金による基金造成、②現在の環境資源保全を目的とした寄附金・募金基金と連携しながら赤土等流出防止対策への資金支援を拡充する、ことを提起している〔45〕。

「地域の支援」としては、前出、「『赤土等に係る環境保全目標（案）』への農地分野の基本的な対応方針」では、「ボランティア活動や環境学習」、「グリーンベルト植え付け体験と環境学習」をあげており、こうした活動は各地で取り組まれている。民間団体の支援として、「NPO　持続可能な美ら島農業推進協議会」が、2011年10月から2012年３月にかけて、石垣島堆肥センターの堆肥をサトウキビ株出し栽培農家に助成した〔46〕ことも地域支援の具体的な事例と言えよう。

赤土等流出対策の考え方については、横川　洋による赤土GAPに基づくプログラムの構想もある。この構想は、「今後、沖縄県により環境保全目標が設定されるという前提のもとに、これを最上位目標とした高い農業環境プログラムの体系を構築することである。環境保全目標の下では、赤土等流出防止条例も改正され、現在は努力規程にとどまっている農家の営農に規制がかけられるものと想定している」〔47〕ことがまず前提としてあり、赤土GAPはそれとの関連で、「赤土等流出に関する基準値＝赤土での適切な農業活動準則＝赤土GAP」〔48〕と説明されている。すなわち、赤土GAPとは、赤土等流出防止条例が改正され、農家の営農に規制がかけられることを前提にその水準を示す基準値（農業活動準則）と理解できる。

この構想では、赤土GAPをもとに３つの段階のプログラムが想定されている〔49〕。その一つは、赤土GAPの水準に達していない場合で、「プログラムのメニューを実施することにともなう環境回復費用は汚染者負担原則（PPP）ではなく、共同負担原則（換言すれば、弱いPPP）に基づいて助成措置がとられる（助成の形式は、直接支払いや現物支給など）」、二つ目は、「本来、赤土GAPの達成は農家の最低義務であるから、農家は営農のなかで赤土GAP水準の営農技術を実践しなければならない。原理的には営農のなかで汚染者負担原則（PPP）が適用されていると解釈できる」。三つ目は、「赤土GAP水準を超えてさらに貢献するためのプログラム・メニューが必要であるが、これは国が19年度から開始している農地・水・環境保全向上事業の中の赤土等に関するプログラム・メニューである。このメニューを実施することによる環境保全貢献に対しては、共同負担原則を適用して、社会からの報酬としての助成（助成の形式は同上）が行われる」、である。

しかし、本章第２節で述べた「赤土等流出の要因とメカニズム」、さらに第３章の復帰後の土地改良の過程を踏まえるならば、農家の営農を「原理的」に「汚染」とする考え方は一面的であって、そのことをもって「農家の営農に規制をかけること」は実効性をもちえないであろう。さらに、赤土等流出と関連する農地の大部分を占めるサトウキビ作農家、特に中小規模の農家について言えば、「弱いPPP」としても、新たなコストの負担に対応できる経営的余力はない言わざるを得ない。（第５章、「サトウキビの生産費と収益性」を参照）。

支援の方法としては、一定の地域を単位にまとまって赤土等の流出防止対策に取り組む地域団体の育成、その方向へ向けての活動支援、資金支援である。そのモデルは、「中山間地域等直接支払制度」、あるいは「多面的機能支払交付金」（旧農地・水保全管理支払制度）があげられる。（この点は、横川構想に同意しうる。）ここでは、赤土等流出防止の対策に取り組むうえでの地域農業のあり方を視野に入れた議論も求められる。

第５節　小括

日本復帰後、陸地からの土壌の流出が頻発した。土壌の海域への流出は、漁業に害を与えたばかりでなくサンゴにも害を及ぼし、河川と海と生態系を破壊した。赤土等の流出の背景には、沖縄の自然条件、地勢、土壌、降雨の特性に加えて、復帰後の開発事業、農地造成、土地改良、軍用地などがあった。流出した土壌は赤黄色が多く海が赤褐色に染まったことから、土壌の流出が引き起こした問題は「赤土等流出問題」と呼ばれた。

赤土等の流出は社会的問題となり、流出の要因を巡る議論および流出を防止する方法についての議論が広くなされた。

流出の要因とメカニズムは、沖縄の地形、土壌の性質、亜熱帯気候に位置する気候条件のもとでの降雨の特性などの自然的条件、農業生産および営農、リゾート開発、米軍基地、土木工事などの人的要因が作用して流出が起こると説明された。しかし、こうした要因の説明では、農業生産および営農、リゾート開発、米軍基地、土木工事といった性格の異なる事項が同一にされていると同時に、農業生産および営農についても、農地の管理、作物の栽培などほ場内の作業である人為的要因とこれらを規定する農業政策（ほ場の規模拡大、機械化、生産の効率化）を中心とした経済的要因が同じレベルで組み込まれていた。これらの要因については、相互の関連を明らかにし構造的にとらえる必要があろう。

流出源としては、農地からの流出が全流出量の約８割以上を占め、赤土等の流出防止は農業分野における対策が大きな課題となっている。

赤土等流出防止の対策としては、行政の面から1995年に「沖縄県赤土等流出防止条例」が施行され、2013年には『沖縄県赤土等流出防止基本計画』が策定され、取り組みの大枠が示された。流出防止対策技術の面では、1980年代に農法の転換を含む多くの赤土等の流出を防止する対策案が提起された。実施された対策は、土木的対策として、沈砂池の設置、圃場の勾配修正、暗渠の設置、農地管理対策として、畦畔の設置、等高線栽培、グリーンベルト、足場板、営農対策として、マルチング、カバークロップ、輪作・間作、有機物の施用、緑肥、サトウキビ枯葉梱包フイルター、サトウキビ作型の夏植えから春植え株出しへの転換などがあげられる。

土木的対策は一定の地域を対象に事業が実施されるが、農地管理対策や営農的対策は個々の農家が対象とされる場合が多い。しかし、農地は所有者または耕作者が異なる土地がつながっており、特定の地点だけの対策では効果は低い。実態としても、周辺の道路や隣接の畑から流入するケースも指摘されている。その意味では、地域的問題であり、地域対策である。また、農家が対策を行うには、資材の準備、作業が必要であり、農家を対象とした意識調査の結果でも、経済的負担が大きいという結果が示されている。

以上のことから赤土等流出防止対策の課題として、大きく二つのことがあげられる。その一つは、先に述べた各対策を担う主体の形成であり、もう一つは、対策に要する費用の支援である。

対策の主体としては、これまで、対策支援センター、流域協議会、地域協議会といった組織の形成が取り組まれ、現在、コーディネイト組織育成の事業が取り組まれている。

こうしたことから今後の赤土等流出防止対策の方向としては、次のことがあげられる。

第1の対策を担う主体の形成につては、二つの段階での取り組みがあげられる。その一つは県段階における「赤土等流出対策協議会」の拡充と機能の強化である。沖縄県においては、行政の赤土等流出の問題の関係者で構成する「赤土等流出防止対策協議会」が構成されているが、農民を代表する団体であるJA、製糖業関係者、水産業、観光業等の代表も参画した県民ぐるみの赤土等流出対策の協議体を組織し、それぞれの分野を含めた赤土等流出防止体制を構築する必要があろう。この県段階の組織は、赤土等流出対策の必要性と意義と時期ごとの進展状況を社会に発信し、市町村への支援と資金の確保活動を行う。

二つ目の段階は、市町村における「赤土等流出防止対策地域協議会」の構成と活動である。

「赤土等流出防止対策地域協議会」は赤土等の流出の問題に取り組んでいる市町村において行政を中心に組織され、農家による対策を支援する仕組みになっているが、さらに地域的な取り組みを支援する方向を追求する必要があろう。先述したように赤土等の流出防止対策は個々の圃場単位では限界があり、地域単位で取り組むことが必要である。そこでは農家を主体とした「赤土等流出防止対策協議会」の構成が必要となる。そこでは例えば、農林水産省の事業である「中山間地域直接支払」あるいは「多面的機能支払交付金」(旧農地・水保全管理支払)のような地域を対象とした対策活動を行い、その活動を支援する方法である。

赤土等流出防止対策にかかる第2の課題である対策に要する費用の確保に関しては、本文で述べたような公的資金と民間資金の活用がある。公的資金では、先述の農林水産省の事業をモデルにした県独自の資金が考えられる。

民間資金については、県段階の赤土等流出防止対策協議会において確保し、公的資金と合わせて地域の「地域対策協議会」を支援する。したがって、県段階の赤土等流出防止対策協議会は資金の確保も行なえる組織として構築する必要がある。資金の確保・運営については基金の設立も検討の対象になろう。基金の設立には沖縄県・市町村、農業関係団体を中心に、製糖業団体、観光業団体等にも協力を求める。

注

1）沖縄県環境保健部『赤土流出防止対策の手引き』、1991年、pp.3-4.
「主な赤土流出の歴史的経過」（資料として、「沖縄タイムス」、「琉球新報」が記されている）。そのほか、赤土等流出防止対策検討会（沖縄総合事務局開発建設部）『技術者のための赤土等対策入門書～青い海と豊かな川を守るために～』（2001年３月）p.5でも、「赤土等流出に係る年表」が掲載されている。

2）文献〔７〕、文献〔８〕を参照。

3）同冊子は、発行者が沖縄県であることは記されているが発行年は表記されていない。しかし、大見謝辰男「沖縄県における赤土汚染の現状」（『沖縄県公害衛生研究所報』第26号、1992）に、同冊子からのチャート図の引用（一部修正）があり、そこでは、「沖縄県環境保健部、1990年」、と記されている。また、同冊子に掲載されている、写真の11点の撮影時期は1984年から1990年（うち７点）となっており、同冊子は1990年に発行されたと考えられる。

4）沖縄におけるUSLE式の適用について詳しくは、
比嘉榮三郎・大見謝辰男・花城可英・満本裕彰「沖縄県における年間土砂流出量について」（『沖縄県衛生環境研究所報』第29号、1995）
仲宗根一哉・比嘉榮三郎・満本裕彰・大見謝辰男・「沖縄県における赤土等流出量（第２報）―赤土等流出防止条例施工後の年間流出量の推算―」（『沖縄県衛生環境研究所報』第32号、1998）。
比嘉榮三郎・満本裕彰「USLE式による土壌流出予測方法」（『沖縄県衛生環境研究所報』第35号、2001）参照。
前掲、『耕地からの赤土砂流出―その予測と防止に向けて―』では、宜野座村を対象としたUSLE式による赤土砂流出量の推計がなされている。

5）赤土等の年間流出量の推定は、1993年（平成５）、1996年（平成８）にもなされているが、この間の数値に変更（修正）があり統計の接続が直接的でないことから、**表8-1**からは除外した。

6）宜野座村赤土等の流出汚染防止条例（1982年12月）
宜野座村「緑のマスタープラン『水と緑と太陽に里』をつくるために」
宜野座村・（株）沖縄計画機構「宜野座村赤土等の流出防止対策事業計画」1989年３月。

7）「総特集　海を殺すな！『赤土条例』と環境行政の貧困」（『魚まち』第９号、編集工房いゆまち、1996年４月）。参照。

8）引用文中「改良Zinngテラス」は、翁長によれば、「米国の半乾燥地帯で採用されている」、いわゆるZinngテラスの改良型である。

9）「水田を利用した田畑輪換あるいは輪作体系」は吉田武彦『水田軽視は農業を亡ぼす』（農山漁村文化協会、1985年）に基づいている。

10）環境省・沖縄県『平成14～16年度　流域環境保全農業確立体制整備モデル事業』（ダイジェスト版）「第１章　流域環境保全農業確立モデル事業の目的」2005年３月。

以下、注18）までの事業については沖縄県農林水産部営農支援課・農業環境班のご教示をいただいた。記して感謝申し上げる。

また資料は、委員会報告書であることから注）で示した。以下、注18）まで同じ。

11）轟川流域農地赤土対策推進検討委員会（事務局：沖縄県農林水産部営農推進課）「流域環境保全農業確立モデル方針　要約版」（赤土等流出対策アクションプログラム）（前掲、『平成14～16年度　流域環境保全農業確立体制整備モデル事業』、所収。

12）轟川流域農地赤土対策推進検討委員会（事務局：沖縄県農林水産部営農推進課）「轟川流域農地対策マスタープラン　要約版」（沖縄県石垣市）（前掲、『平成14～16年度　流域環境保全農業確立体制整備モデル事業』、所収。

13）沖縄県農林水産部営農支援課、『土地利用者参加による赤土等流出総合対策支援プログラム』2008年３月。

14）沖縄県農林水産部営農支援課（赤土等流出対策支援システム確立検討委員会）「赤土等に係る環境保全目標（案）への農地分野の基本的な対応方針」、2010年３月。

15）中央開発・碧コンサルタンツ・沖縄環境地域コンサルタント共同体『平成22年　地域協力型環境保全営農支援モデル事業』、2011年３月。

16）結果は、『平成23年　地域協力型環境保全営農支援モデル事業』、にまとめられている。

17）沖縄県の自然環境保全に配慮した農業活性化支援事業検討委員会、『沖縄県の自然環境保全に配慮した農業活性化支援事業』。

18）「平成29年度赤土等流出防止営農対策促進事業」（資料）。

19）同科研費研究の個別テーマは、仲地宗俊「地域農業を踏まえた赤土等流出防止プログラムと地域環境の保全」、坂井教郎「赤土等流出防止のための株出し栽培の促進と支援策」、髙木克己「農家による赤土等流出対策の技術と費用の検討」、兪炳強「赤土等流出防止対策の観光客の経済的評価と支援基金活用」、吉永安俊・仲村一郎・仲村渠　将「水田を利用した赤土等流出防止対策」仲村一郎「赤土等流出防止対策と結合した水田活用のためのイネ品種の選定と栽培法の研究」内藤重之「沖縄における米の生産・出荷の実態と泡盛酒造業者の原料米使用意向の解明」である。

20）「農地・水・環境保全向上対策」は2011年度から「農地・水保全管理支払」に名称が変更され、2014年度からは「日本型直接支払」のなかの「多面的機能支払交付金」に移行した。

引用および参考文献

〔１〕沖縄県環境保健部『赤土流出防止対策の手引き』、1991年、p.1.（注１）参照。
〔２〕前掲、『赤土流出防止対策の手引き』、p.2.
〔３〕前掲、『赤土流出防止対策の手引き』、pp.1-2.
〔４〕（社）沖縄県水産業中央会・（財）沖縄県漁業振興基金『沖縄沿岸の赤土汚染―赤土等流出の現状と防止策―』、1989年３月、pp.6-11.
〔５〕沖縄県農林水産部『土砂流出防止対策基本方針』、1990年4月、pp.2-3.（項目のみを示した）。
〔６〕前掲、『赤土流出防止対策の手引き』、「Ⅰ．赤土流出と環境」の「３．赤土流出の及ぼす影響」を要約した。（p.26、pp.26-28、p.31、pp.31-32、pp.33-34）。
〔７〕丸杉孝之助「開墾に伴う流出と生態系変化」（沖縄県環境保健部『昭和56年度　赤土流出機構調査結果』、1983年３月）、p.56.
〔８〕前掲、丸杉孝之助「開墾に伴う流出と生態系変化」、p.54.
〔９〕翁長謙良「沖縄島北部地方における土壌侵食の実証的研究」（「琉球大学農学部学術報告」第33号、1986年、pp.124-128。後に翁長謙良　退官記念『沖縄の赤土流出問題―開発と自然の調和を求めて―』2000年６月、に収録、pp.51-55）。
〔10〕農林水産省構造改善局計画部『土地改良事業計画指針　農地開発（改良山成畑工）』参考資料「土壌流亡予測手法及び適用事例」、1992年５月。
〔11〕財団法人　日本土壌協会『耕地からの赤土砂流出―その予測と防止に向けて―』、1992年３月、pp.3-13.
〔12〕前掲、沖縄県農林水産部農政課『土砂流出防止対策基本方針』（1990年４月）。
〔13〕沖縄県『沖縄の自然と赤土汚染』、p.5.
〔14〕前掲、『沖縄の自然と赤土汚染』、pp.5-9.
〔15〕大見謝辰男「沖縄の赤土汚染と農業」（『農業と経済』、1997年10月）、pp.41-45.
〔16〕沖縄県文化環境部環境保全室『考えよう赤土等流出について―自然はまってくれない―』、2001年３月、p.3.
〔17〕赤土等流出防止対策検討委員会（沖縄総合事務局開発建設部）、『技術者のための赤土等対策入門書～青い海と豊かな川を守るために～』、2001年３月、p.15.
〔18〕沖縄県『沖縄県赤土等流出防止対策基本計画』、2013年９月、p.2.
〔19〕前掲、『沖縄県赤土等流出防止対策基本計画』、p.3.
〔20〕前掲、『沖縄県赤土等流出防止対策基本計画』、目次。
〔21〕前掲、『沖縄県赤土等流出防止対策基本計画』、p.51.
〔22〕沖縄県『沖縄県赤土等流出防止対策基本計画』、2015年３月、目次。
〔23〕沖縄県『沖縄21世紀ビジョン基本計画』〔改定計画〕（沖縄振興計画　平成24年度～平成33年度）、2017年５月、p.24.
〔24〕前掲、『沖縄21世紀ビジョン基本計画』〔改定計画〕、p.82.
〔25〕沖縄県『沖縄21世紀ビジョン実施計画』（前期：平成24年度～平成28年度）、2012年９月。

沖縄県『沖縄21世紀ビジョン実施計画』（後期：平成29年度～平成33年度）、2017年10月。
〔26〕沖縄県『新・沖縄21世紀ビジョン基本計画』、2022年５月、p.44.
〔27〕前掲、『新・沖縄21世紀ビジョン基本計画』、p.121.
〔28〕前掲、丸杉孝之助「開墾に伴う流出と生態系変化」、pp.54-68.
〔29〕翁長謙良「土壌侵食の要因と土砂流出抑止対策」（財団法人　沖縄協会『赤土流出機構及び流出防止対策に関する調査・研究』1987年３月、p.25）。
〔30〕前掲、翁長謙良「土壌侵食の要因と土砂流出抑止対策」、pp.25-26.
〔31〕大屋一弘「土壌流亡と土壌管理」（前掲、『赤土流出機構及び流出防止対策に関する調査・研究』、p.14）。
〔32〕前掲、大屋一弘「土壌流亡と土壌管理」pp.14-15.
〔33〕山田一郎「沖縄における赤土特性と流出防止技術について」（九州農業試験場『九州農業研究』、第59号、1997年５月）。
〔34〕前掲、沖縄県農林水産部『土砂流出防止対策基本方針』、1990年４月。
〔35〕前掲、『耕地からの赤土砂流出―その予測と防止に向けて―』、「Ⅵ　赤土砂流出防止対策技術」。
〔36〕前掲、『耕地からの赤土砂流出―その予測と防止に向けて―』、「Ⅶ　防止対策の技術的ならびに経済的評価」「営農的防止対策の技術的評価」。
〔37〕前掲、『耕地からの赤土砂流出―その予測と防止に向けて―』、「Ⅶ　防止対策の技術的ならびに経済的評価」「３　防止対策の経済的評価」、pp.119-139.
〔38〕沖縄県農林水産部『赤土等流出防止対策基本方針』、1995年10月、p.5.
〔39〕比嘉榮三郎・満本裕彰・仲宗根一哉・大見謝辰男「農地での土壌流出防止対策とその効果」（『沖縄県衛生環境研究所報』、第32号、1998）。
〔40〕前掲、『技術者のための赤土等対策入門書～青い海と豊かな川を守るために～』、2001年３月、対策編　pp.55-75.
〔41〕仲地宗俊「沖縄県における農地からの赤土等流出防止に関する自治体の対策と農家の対応」（『農村計画学会誌』Vol,21,No.3、2002年12月）。
〔42〕坂井教郎・仲地宗俊・白玉久美子・安田　元「石垣島における農地からの赤土流出の実態と農家の意識」（『2007年度日本農業経済学会論文集』）2007年12月。
〔43〕坂井教郎・仲地宗俊・内藤重之・白玉久美子・久田紗綾「南西諸島における農地からの赤土流出防止政策の方向性」（『島嶼研究』第10号）2010年６月。
〔44〕『亜熱帯島嶼地域における赤土等流出防止プログラムの策定と地域環境保全システムの構築』（平成22年度～平成24年度科学研究費補助助成事業（科学研究費補助金）基盤研究（C）研究成果報告書）、2013年３月。（研究代表者　仲地宗俊）。
〔45〕兪　炳強「赤土等流出防止対策の観光客の経済的評価と支援基金活用」（前掲、『亜熱帯島嶼地域における赤土等流出防止プログラムの策定と地域環境保全システムの構築』）。
〔46〕干川　明「石垣島でサトウキビ株出し栽培農家に対する堆肥の助成」（沖縄県環境

生活部環境保全課『平成24年度　赤土等流出防止交流集会　発表予稿集』)。

〔47〕横川　洋「沖縄における持続可能な赤土等流出防止プログラム構想―環境直接支払いを軸にしたポリシーミックス構想」(横川　洋・高橋佳孝編著『生態調和的農業形成と環境直接支払い』、青山社、2011年11月)、p.250.

〔48〕前掲、横川　洋「沖縄における持続可能な赤土等流出プログラム構想」、p.252.

〔49〕前掲、横川　洋「沖縄における持続可能な赤土等流出プログラム構想」、p.252.

第９章　沖縄農業の課題と再編の方向

本章では終章として、Ⅰ部　沖縄農業の歴史過程（第１章、第２章）、Ⅱ部　沖縄農業の構造問題（第３章、第４章、第５章、第６章）、Ⅲ部　沖縄農業の新たな展開と課題および再編の方向（第７章、第８章）を踏まえて、沖縄農業の課題と再編の方向を検討する。

本書の執筆には次のような問題意識があった。沖縄の産業における農業の構成比は年々低下しており、経済におけるシェアは小さい。しかし、農業は地域の経済と社会の維持において大きな役割を担っており、その存在は地域の経済と社会の持続性にかかわる大きな課題である。そこで、こうした観点から沖縄農業における構造の分析と再編の方向を検討する。

農業の後退は沖縄農業のみの現象ではなく、日本農業全体で進行している傾向である。全国的な農業生産の後退と停滞は、格差の拡大、地域経済の縮小といった経済全体の動きとつながっており、新自由主義とグローバル経済のもとで進んだ規制緩和、農産物の輸入自由化の拡大、農業を保護する諸政策の後退のなかで進行している。こうした流れに歯止めをかけ、地域経済の活性化を図ることが求められており、そのためには、地域経済の重要な柱であり、人々の生活のよりどころとなっている農業の再編・再構築が求められる。

本書は、直接的には沖縄農業を対象にするが、しかしそれは、孤立した存在ではなく、日本農業の多様性を担う独自の農業として日本列島の南端に存在している。したがって、その構造を強化することは、日本農業の多様性の一端を担うだけでなく、地域経済を担う産業として地域の社会と経済の強靭化に寄与することになろう。

経済のグローバル化との関連ではさらに、本書執筆の最中に生起した世界の社会と経済を大きく揺るがした新型コロナウイルス感染症の問題との関連についても意識せざるを得ない。新型コロナウイルスは2019年暮に中国武漢で発生したと言われるが、それは2020年初頭にはたちまちパンデミックを引き起こし全世界に拡大していった。

新型コロナウイルスの世界規模での急速な感染の広がりは、グローバル経済のもとでの世界規模での大規模な人と物の移動が巨大な媒介の作用をしたことは、広く指摘されている。グローバル経済の矛盾が顕わになった局面と言える。各国は国境を越える移動を制限し、国内でも感染が波状的に拡大する都度政府は「緊急事態宣言」・「まん延防止等重点措置」を発し、人々の移動の制限や経済の活動を規制する措置をとった。その結果、産業によっては、販売・流通・生産が大幅に縮小し、地域的にも経済活動が大きく減退した。このことは、改めて地域経済の確立と、地域経済の柱をなす地域農業を強固にしていくことの重要性を浮かび上がらせた。

第１節　沖縄農業の構造再編の課題

構造再編の方向を検討するまえに、まず、これまで述べてきた沖縄農業の特質と課題について整理しておきたい。

第１の点は、すでに広く指摘されていることであるが、沖縄農業を規定する地理的要因についてである。沖縄県は亜熱帯地域に位置し、多くの島嶼からなっている。その気候的条件はこの地域で栽培される作物を規定し、一部の島を除けば水源に乏しく水稲が栽培できる地域は限られ、農業は畑作が主体をなしてきた。また島々の地理的条件は農地の規模を制約し、農家当たりの経営耕地面積は零細であった。島しょ条件はさらに農産物の島外への輸送と島外からの生産資材の購入に圧倒的な不利な条件として作用し続けた。

第２の点は、沖縄農業の歴史過程の問題である。農業生産の基礎をなす農地の所有と利用について、明治中期まで農地は共同体である「村」を単位とした割り替え＝「地割」のもとにおかれ、日本本土において近世期農業を担った小農経営の成立をみなかった。すなわち、「経営」として自立する基盤をもたなかった。1899年（明治32）から1903年（明治36）に土地整理が実施され私的所有が法認され、以降は私的所有に基づいた零細分散錯圃の耕作形態が存続した。

戦前期は、甘藷とサトウキビ、養豚が農業生産と農家経営の柱をなした。そのもとで農具の装備は貧弱であり、生産力は低位であった。

第３の点は、このこともすでに歴史の一過程をなしているが、第二次世界大戦後アメリカ軍統治下におかれた沖縄農業の構造の特質である。第二次世界大戦後、アメリカ軍の占領・統治下におかれ、軍事基地の建設と維持を目的に運営された経済のもとで産業構造の第３次産業の肥大化が急速に進んだ。農業の部門では、日本の農政の枠外におかれ、農地改革は実施されず、農地法は適用されず、食料農産物の生産を支える制度はなく、1960年代に原料農産物であるサトウキビの価格が他の作物に対して有利であったことからサトウキビ単作化が急速に進んだ。また1960年代から1990年代までの日本農業展開の枠組みをなした農業基本法からも枠外の存在であった。

第４の点は、1972年（昭和47）５月の施政権の日本への返還（日本復帰）後の農業政策における日本の法律・制度の適用と本土農業との一体化追求路線のなかでもたらされた農業の変容である。農業分野への法律・制度の適用にあたっては、急激な変動を避けるために様々な特例措置が講じられたが、そのなかでも、土地改良など農業生産基盤の整備、構造改善事業の推進などが急速に進められた。

復帰後の農業政策は、「沖縄振興開発特別措置法」・「沖縄振興特別措置法」、「沖縄振興開発計画」・「沖縄振興計画」を基礎に、当初は本土との格差是正、次いで自立的経済を目指して進められた。沖縄振興計画においては、基本計画において全体の方向が示され、実施計画（農林水産業分野については農林業振興計画も併せて）によって具体的な事業が実施された。振興計画の体系と実施は沖縄農業の展開を大きく規定した。

復帰後の沖縄農業の主な動きと構造的特徴をまとめると次のようになる。

(1)　総農家数および農業経営体数の大幅な減少

総農家数は、「1975年農業センサス」の４万8,018戸から「2020年農業センサス」には１万4,747戸へと３分の１以下に、農業経営体数は、「2005年農業センサス」の１万8,038経営体から「2020年農業センサス」には１万1,310経営体へと15年の間に37.3％減少した。

(2)　農業産出額が停滞から漸減

農業産出額が復帰後1980年代半ばまで急速に伸びたが、以後、停滞し長期的に漸減が続いている。作目の構成も1980年代半ばまで、サトウキビ、野菜、豚が主要な地位にあったが、80年代半ば以降、花き、肉用牛、葉たばこ、果実等が伸び多様化が進んだ。特にそれまで沖縄農業の基幹作物の地位にあったサトウキビが大幅に後退した。

(3) 農業経営組織の面では農業経営体の約9割は単一経営である

作目構成は、全体として多様であるが、個別の農業経営体の農業経営組織としては、それぞれの作目が単一に経営され、「2020年農業センサス」における単一経営経営体の割合は88.1%にのぼっている。

(4) 農村・離島地域からの人口の流出と都市部への集中

復帰後の経済変動のなか、農村・離島地域から人口が流出し地域社会の維持が困難になっている一方、沖縄本島中南部へ集中する傾向が進んだ。農村・離島地域では高齢化・過疎化が、都市地域では過密化が進んだ。農業の面では、離島地域でも、宮古、八重山の比較的規模の大きい島々はサトウキビと肉用牛のシエアが大きく、一方、規模の小さな島では、1経営体当たりの経営規模が大きくサトウキビ単一経営の島と経営規模が零細な島が存在する。都市地域では小規模多品目生産が多い。

(5) サトウキビ生産の大幅な後退

かつて、沖縄農業において基幹的作物とされたサトウキビは、1989年から1990年代以降、生産農家、収穫面積、生産量ともに大幅に後退した。1㌧当たり農家手取り額は生産費を下回る状況にあり、10a当たり収量も1989年を境に長期的に低落の傾向にあり、その年次変動も大きくなっている。

(6) 農地の所有と利用における小規模零細所有と個別分散利用

畑作農業としての性格をもち、土地制度のうえでも第2次世界大戦後農地改革が実施されず農地法も1972年の日本復帰まで適用されなかった沖縄の農業においては、農地が集団的に利用される社会経済的条件はなく、個別分散的な土地利用が続いた。農地の貸借は戦前期来の「預け・預かり」も広く存在した。

1980年に制定された農用地利用増進法・農業経営基盤強化促進法は農用地利用増進計画による農地の集団的利用を誘導するものであったが、沖縄では集団的利用の形成には至らなかった。さらに2014年度からはじまった農地中間管理事業では借り手が県全域、全国規模での農地借り入れが可能になり、地域的な土地利用計画を欠いた状態のもとでは農地の利用の個別分散化が進む可能性がある。

(7) 農業多様化の進展と課題―6次産業化の課題―

1990年代以降、農業生産の新たな展開方向として農業の6次産業化が注目されてきた。これは、農産物の生産のみに依存してきた農業に加工や販売の部門を取り込み、農業を多様化・多角化していく意義をもった。6次産業化制度立ち上げの初期段階においては沖縄県でも多くの取り組みが認定されたが、2017年度以降は低迷している。その要因としては、事業の仕組みの問題もあるが、元々6次産業化の基礎となる農業生産関連事業の割合が低いこと、農家が個別的に取り組むことが困難であるといった構造的な問題があげられる。

また、観光業との関連においては、近年の観光の急速な増大のもとで観光分野からの食材等の需要増が期待されるが、ホテル等における県内農林水産物の利用の割合は低い。

(8) 農業生産と環境・生態系の維持—赤土等流出防止への取り組み

日本本復帰後、陸地から海への赤土等が流出する現象が頻発し漁業や海の生態系に害を及ぼした。その原因は、復帰後急速に進められた公共工事、土木工事、農地造成、土地改良事業などをあげられた。地目との関連では、流出の約8割は農地からの流出とされている。赤土等の流出は、生態系と環境に害を与えるだけでなく、農業生産の基盤としての耕土の喪失をもたらす大きな問題となっている。

沖縄の条件に依拠しかつ持続的な地域農業を確立していくためには、これらの課題に取り組むことが求められる。

第2節　沖縄農業の構造再編に向けた視座

前節で、沖縄農業の特質と課題をあげたが、地域農業の強化と再編に向けては、課題に取り組むための視座が求められる。本節ではそのことを検討したい。

(1) 持続可能な農業生産の構築

まず第1にあげられるべき点は、包括的な視座として「持続可能な農業生産」の考え方を据えることである。「持続可能な農業」は今日、農業の構造を把握しシステムを構築していくうえでのキーワードをなしており、2022年5月に策定された『新・沖縄21世紀ビジョン基本計画』の農林水産業部門の項目として、「亜熱帯海洋性気候を生かした持続可能な農林水産業の振興」が掲げられ、2022年12月『新・沖縄21世紀農林水産業振興計画』でも、「持続可能な農林水産業」が大きなテーマとなっている。

『新・沖縄21世紀農林水産業振興計画』では、「計画の目標」として、「地域経済の活性化や農林漁業者の所得向上など、魅力と活力ある持続可能な農林水産業を実現する」〔1〕ことが謳われ、さらに、「計画策定の基本的視点」の一つとして、「(1) 農林漁業者の所得の向上」があげられているが、そこでは、「農林水産業を持続的に展開する」方法として、「経営規模拡大」「生産技術の高位平準化」「生産量の安定的確保」といった個別の対応や技術の問題があげられている（第１章）〔2〕。

また、「第３章　施策・事業展開」の「７　魅力と活力ある農山漁村地域の振興と脱炭素社会への貢献」「(1)環境に配慮した持続可能な農林水産業の推進」（第３章）〔3〕では、「家畜排せつ物等のリサイクルシステム」「生産資材廃棄物の適正処理」「環境保全型農業」「赤土等流出防止対策」があげられている。

しかし、『新・沖縄21世紀農林水産業振興計画』では、「持続可能な農業」が個別的に用語としてあげられるにとどまっている。特に、「持続可能な農業」を構築するうえで重要な柱をなす地力維持のシステムについてはほとんど述べられていない。

そこで改めて、「持続可能な農業」についての概念的な枠組みを整理し沖縄農業の方向を検討する視座としたい。

「持続可能性」の包括的な考え方としては、「はしがき」および「序章」で述べたSDGsの考え方がある1)。農業の分野に引き付けてみると、矢口芳生は「持続可能な社会の農業および持続可能な農業」を、「風土および自然条件を踏まえ、投入物や機械の適正な使用等、農業技術の適正な活用（生命・生物機能利用および環境許容内適正投入）により、環境資源を保全し、農民に適正な利益を与え、安全な食料と繊維原料等を適正な価格で長期的に安定して供給する産業である」〔4〕と幅広く定義している。

また、坂井教郎は、持続型農業に関する先行の議論を整理し、技術と経済、さらに社会経済の面を統合した「持続型農業」の考え方を次ようにまとめた。

「持続型農業とは、持続性（＝一定の生産力水準を長期にわたって維持すること）

の高い農業生産の方法である。それにはまず生態的に再生産可能な技術が用いられ、それが経済的に成り立ち、社会的に受け入られる必要がある。そのためには、生産性、安定性、公平性、自立性といった点にも配慮した生産力水準の設定が必要になる」〔5〕。

すなわち、持続可能な農業とは、「生態的に再生産可能な技術」と「それが経済的に成り立つ」こと（農家の所得が確保できる）、さらに、それが社会的に受け入れられることの三つの面が同時に成り立つ仕組みであるということができる。

農業生産の基本をなす地力の維持、作物の養分の適切な供給、そうした資材の投入と労働の結果が農地資源の再生産のみならず、労働力の再生産、生産の担い手の生計の維持に結びつくシステムが構築される必要がある。

このことを第１節でまとめた沖縄農業の変動と状況に照らして検討しよう。

沖縄の農業においては、復帰後、総農家数、農業経営体が急速に減少の傾向をたどっていることが大きな問題であった。したがって、農業を持続可能なシステムにするためには、農業生産の担い手である農家が存続しうる体制を構築することが第１に必要である。

このことは、農家のなかで最も大きい割合を占めているサトウキビ作農家に顕著に表れているが、サトウキビ以外の作目部門でも流れは共通しており、多様な農業生産と経営が成り立つ条件の形成が必要である。

第２の点は、「生態的に再生産可能な技術」の考え方である。農業生産の技術は作目部門によっても異なり多様であるが、共通の性格としては、農地を基本的な生産手段として行われるということである。

農地を基本的な生産手段とし作物および家畜を生産の対象とする農業の分野では古くから、地力の維持についての議論がなされてきた。我が国では、1961年に制定された「農業基本法」のもとで、経営の「合理化」が推進され、他方では農産物の輸入が増大したことから、農業の後退、農村からの労働力の流出、兼業化の進行、生産基盤の脆弱化、農村の疲弊をもたらした。こうした政策は1990年代初めに変更が迫られ、1999年（平成11）に「食料・農業・農村基本法」が制定された。

「食料・農業・農村基本法」は、食料の安定供給の確保、多面的機能の発揮、農業の持続的発展、農村の振興を、基本理念として打ち出し、「農業の持続的な発展」の考え方として、「必要な農地、農業用水その他の農業資源及び農業の担い手が確保されるとともに、地域の特性に応じてこれらが効率的に組み合わされた望ましい農業構造が確立されるとともに、農業の自然循環機能（農業生産活動が自然界における生物を介在する物質の循環に依存し、かつ、これを促進する機能をいう。以下同じ。）が維持増進されること」（第４条）と説明している。

「農業の自然循環機能」を具体化するための施策として、さらに環境保全型農業を推進する３つの施策（環境三法）、「持続性の高い農業生産方式の導入の促進に関する法律」（1999年７月）、「家畜排せつ物の管理の適正化及び利用の促進に関する法律」（1999年７月）、「肥料取締法の一部を改正する法律」（1999年７月）、が制定され、実施されている。

沖縄の農業について言えば、沖縄農業は、地理的に限定された島々の農地を基盤にして成り立っている畑作農業である。農地の総面積においても個別農家の経営面積においてもその広がりは限定されていることが「持続性」を形成するうえでの重要な条件をなす。こうした狭小な地域で農業生産を維持していくためには、農業生産の基盤である農地の地力の維持・増進が極めて重要である。

（2）多様な農業生産の形成

視座の二つ目は、多様な農業生産の形成に関する点であり、先に述べた、「農家の存続」を多様な生産の側面から支える考え方である。

①　農業生産の多角化、他産業との連携

沖縄の農業は、第二次世界大戦後、1960年代にサトウキビ単作化が進行し、復帰後の現在、農業経営体の経営組織別構成において単一経営経営体が88.1％を占めている。そのもとで農家の減少が急速に進んだ。

1990年代のはじめに農業の６次産業化の考え方が提起され、2010年度には「六次産業化・地産地消法に基づく事業計画」の認定が制度化された。農業６次産業化は、農業生産を作物の栽培や家畜の飼育で完結する段階から、これに加工や販売を組み合わせ、農業経営を総合化する事業である。このことは、農業者の所得の増大および就業機会の拡大に寄与すると考えられた。

しかし、６次産業化は、制度においても実践においても、個々の農林漁業者による農林水産物の加工や販売が主な対象とされ、６次産業化に参画できたのは主

に農業生産法人（農地所有適格法人）であり、小規模の農業者ではそもそもその取り組みは困難であった。

2022年度から、６次産業を発展させた事業として、「農山漁村発イノベーション対策」がスタートした[2)]。この事業への取り組みも、多様な農業生産を形成する一つの可能性として位置づけられよう。この事業も農産物の生産のみを行う農業から地域の資源も活用した多様な生産を支援する取り組みと言える。

また、観光業等、他の産業との連携も農業の多様な生産・販売の面を拡大すると考えられる。

② 地域の条件に立脚した多様な農業生産の維持

沖縄農業は我が国全体の農業のなかでは、亜熱帯島嶼地域に立地する農業としての特性をもつが、県内でもさらにいくつかの地域に分かれ、それぞれ地域の特性に基づいた農業を展開している。沖縄本島は、中南部の都市近郊と北部の農村地帯、離島では宮古・八重山の比較的規模の大きい離島と沖縄本島西部の小規模離島がある。それぞれの地域における特産物、都市近郊や小規模離島における自給的農家の生産も維持していくことが全体としての持続可能な農業の構築につながる。

（３）島嶼畑作における農業の多面的機能の把握

視座の３点目は、農業の多面的機能の把握についてである。農業が地域社会において果たす役割を具体化するうえで、「多面的機能」は今日重要な概念となっている。我が国における「多面的機能」の考え方は、「食料・農業・農村基本法」において示されている。すなわち、「国土の保全、水源のかん養、自然環境の保全、良好な景観の形成、文化の伝承等農村で農業生産活動が行われることにより生ずる食料その他の農産物の供給の機能以外の多面にわたる機能（以下「多面的機能」という。）については、国民生活及び国民経済に果たす役割にかんがみ、将来にわたって、適切かつ十分に発揮されなければならない」（第３条）という考え方である。

日本学術会議でも2001年、農林水産大臣からの諮問「地球環境・人間生活にかかわる農業及び森林の多面的な機能の評価について」に対する答申（同タイトル）のなかで、「多面的機能の内容と評価」として[〔6〕]、農業の多面的機能については、

①持続的食料供給が国民に与える将来に対する安心、②農業的土地利用が物質循環系を補完することによる環境への貢献、③生産・生活空間の一体性地域社会の形成・維持、森林の多面的機能については、「生物多様性保全」、「地球環境保全」、「土砂災害防止／土壌保全」、「水源涵養」、「快適環境形成」、「保健･レクレーション」、「文化」、「物質生産」をあげている。

また、「水産業・海洋の多面的機能」について、平成11年度及び12年度の漁業白書に依拠しつつ、健全なレクレーションの場の提供、沿岸域の環境保全、海難救助や防災への貢献、固有の文化の継承、があげられている。

日本学術会議による「多面的機能」の「環境への貢献」は、「稲作を前提とした農業による物質循環の形成というわが国の多面的機能の特徴が色濃く表され」[7]たものと言え、その点は「食料・農業・農村基本法」における「国土の保全」「水源のかん養」も同じと言えよう。

『新・沖縄21世紀農林水産業振興計画』において、「農業の多面的機能」の用語は随所で使われているが、沖縄においては、農業は畑作を主体としていることから、亜熱帯、島しょ、畑作を基盤とした独自の「農業の多面的機能」の考えを打ち出すべきであろう。さらに言えば、復帰後、急速な開発と都市化のなかで失われていった沖縄の農村の風景やたたずまいを再生させていく視点も必要であろう。

（4）環境と調和する農業生産の形成

環境と調和する農業の形成に関しては、先述の「環境三法」による「環境保全型農業」があるが、沖縄ではもう一つの課題として赤土等流出防止への取り組みがある（第8章）。

赤土等の流出を防止するため、これまで行政的対策、土木的対策、ほ場管理、営農面の対策など多くの対策が講じられてきた。しかし、なお、赤土等流出の地目別構成では、約80％が農地からの流出と言われている。赤土等流出防止は、環境と調和する農業を形成する取り組みの一環であるともに、持続可能な農業を構築していくための一環でもある。

（5）農業再編の推進に向けた条件

以上は、農業再編の方向を検討するうえでの視座であるが、しかし、農業の再編を具体的に進めるためには、農業再編の取り組みを進める仕組みの形成も重要である。以下、その点について、二つのことをあげたい。

① 沖縄における農業の自然・社会条件を踏まえた地域農業振興計画の策定

沖縄農業は畑作農業であり、農地の利用において個別分散的利用が主な形態をなし、生産活動における組織化も立ち遅れてきた。1972年の日本復帰後は、日本本土の農政・制度の適用と、園芸作物の県外出荷の条件ができたことから、園芸部門においては、専門農協が組織され、組織的経営と販路開拓を行う動きも生まれてきたが、生産の組織化・集団化にはなお多くの課題が残されている。

事業の取り組みにおいては、多くの場合、複数の農家のまとまり・組織化が求められるが、こうした農業の歴史過程と農家の性格を踏まえた市町村やJAのリードと支援が重要である。

② 地域における土地利用計画の策定

我が国における農地利用の制度的枠組みは、農用地利用増進事業、経営基盤強化促進法において、借地による規模拡大・農地集積、農用地利用集積計画に基づく土地利用が進められた。これに対して、沖縄県の農業は、畑作農業、農地の所有と利用の独自の歴史的条件のもとで、計画的土地利用の形成、農地の利用の調整の仕組みが形成される条件を欠いていた。

2014年度からは農地中間管理事業が実施されるようになり、担い手への集積が大きな課題となっているが、土地利用に関する調整の仕組みを欠いたままでは、個別分散的な土地利用がさらに進むことが考えられる。まず、地域の社会・経済の将来像を描き、そのなかで農業はどのように位置づけられ、どのような役割をになうのか、先述の地域農業振興計画と連動した土地利用計画を策定し、その中で担い手の位置づける必要があろう。

(6) 社会の変動への対応

農業が持続的に展開するためには社会の潮流に対応することも必要である。ここでは現在の大きな社会的潮流として二つの点を取りあげる。

① SDGsの取り組みと農業・農民の視点の確立

SDGsについては、本書「はじめに」および「序章」において述べたが、国連の提唱に基づき、我が国でも、2016年５月に政府内に「持続可能な開発目標（SDGs）推進本部」を設置し[3]、なかでも農林水産業分野はSDGsと強く結びつく面が多くあり、農林水産省は、ホームページにおいて、SDGsの17の目標と169のターゲットを紹介するとともに、食料産業とのかかわりを掲げている[4]。

また、沖縄県でも2019年（令和元年）11月、「沖縄県SDGs推進本部」を設置し、「沖縄県SDGs推進方針」を決定した[5]。SDGsは社会的に大きな潮流となっており、沖縄農業における「持続可能な農業」構築の取り組みもこの流れを踏まえることは重要である。と同時に、SDGsには農業・農民の観点からは検討を要する部分もあり、農業・農民の立場を堅持しつつ対応することが必要であろう。

②　ポストコロナ社会へ向けた産業における農業の位置づけ

2019年に発生した新型コロナウイルス感染症のパンデミックは全世界の人々の生活と経済のあり方を大きく揺さぶった。

新型コロナウイルスの感染は、人口が多い都市地域で爆発的に拡大し、人口が都市地域へ過度に集中することの問題を改めて浮きあがらせた。農村地域は経済の基盤が弱く、交通機関などの社会的資本の蓄積が不十分であり、生産活動は弱く生活の場としても不便な面が多い。地域の生産と生活の維持を図り、均衡のとれた国土利用と生活圏の確立が求められている。その意味では、農業生産の拡大、農村社会の維持は改めて重要な意味をもつと言えよう。

新型コロナウイルスのパンデミックが知らしめたもう一つの経済的問題は、地域の産業が域外の経済の動きに左右される傾向の強い産業へ過度に依存することの不安定性である。新型コロナウイルスの感染が拡大していた時期の沖縄の観光業の落ち込みは顕著であった。新型コロナ終息後の観光業の再建は地域経済全体の大きな課題である。しかし、かつてのような短期間に大量の観光客を受け入れ、爆買い、爆売りに依存するような観光は見直されなければならない。観光業の量から質への転換ということがよく言われる。

その内容は明確ではないが、観光業の量から質への転換は、これまでの入域観光客の人数を追求する観光ではなく、沖縄の食文化、海と島嶼、亜熱帯の景観、芸能、民芸、など楽しむことを含めた観光の仕組みを構築することであろう。その観点から、農業と観光の連携は今後の観光業の再建において大きな課題である。

第３節　沖縄農業再編の方向

最後に、以上の沖縄農業の課題および農業再編に向けた検討の視座を踏まえて、沖縄農業の再編の方向をまとめることにしたい。先に視座としてあげた項目に即して整理すると次のようになる。第１は持続可能な農業の柱をなす要件の構築、そのための、①担い手の経営の安定化・支援、②地力維持システムの構築、③多様な農業生産の維持（農業経営の多角化、他産業との連携、地域条件に立脚した農業生産の形成）、第２は、島嶼畑作農業の多面的機能の明確化および環境保全への取り組み、第３は、これらの取り組みを推進・支援する体制の構築、地域農業振興計画（土地利用計画）の策定である[6)]。

以下、項目ごとに記すと次のようになる。

1　持続可能な農業の構築に向けた多様な農業生産の形成

（1）担い手の経営の支援

①　サトウキビ作の位置づけと経営支援

現在、沖縄の農業が直面している最も大きな課題は、第１に、沖縄の農家の多くが栽培し土地利用においても大きな割合を占めてきたサトウキビ作の傾向的な後退があり、その生産を安定させる体制を確立することである。サトウキビ作の後退は、生産農家および収穫面積の減少のみならず、10ａ当たり収量の減少、年次変動の増幅として表れていた。その背景には、第５章でみように、復帰後一時、引き上げらえたサトウキビ価格は、1982年以降、引き上げ幅が圧縮され、1985年以降生産費との乖離が大きくなり農家のサトウキビ離れが進んだことがある。

価格の低水準のもとで農家のサトウキビ離れ、他作物への転作、兼業化、離農が進んだ。農家のサトウキビ離れは労働力の不足をもたらし、そのことは収穫労働力の不足として表れ、それに対応して機械化進められ、さらに肥培管理の省力化が進んだ。

サトウキビ10ａ当たり収量については、その引き上げの方法として技術的面から多くの指摘・提言がなされてきた。しかし、サトウキビの生産は依然不安定である。この問題については、構造的な課題として大きく二つの点があげられる。その一つは、サトウキビの生産者の所得を支える価格の設定である。現在のサトウキビ価格水準のもとでは、サトウキビ経営規模階層3.0 ～ 5.0ha層以下の階層ではサトウキビ単作で生計を維持することは困難であり、ほかの作物あるいは兼業との組み合わせをせざるを得ない。サトウキビ作農家の90％強はこのグループに属すると考えられ、規模拡大の方向は容易ではない。こうした状況の下では技術の改善も限られよう。サトウキビを地域維持作物として位置づけ、農家の所得をカバーしうる価格を設定し、生産者のインセンティブを喚起することが必要である。

また、他の作物との組み合わせ、経営規模に応じた機械装備の検討も必要であろう。

さらに、地力の低下の問題が考えられる。地域農業の持続性の観点も含め、地力の維持・増進が重要な課題と言えよう。

②　地力維持システムの構築

地力の維持・増進の方法として、輪作あるいは有機質肥料（堆肥）の投入が有効であることは古くから指摘されており、サトウキビ作についても同様の報告がなされている[7)]。堆肥の投入については、沖縄県『さとうきび栽培指針』において、夏植えで10ａ当たり4.5㌧、春植えで3.0㌧の堆肥投入が指導されている〔8〕ほか、沖縄県の「サトウキビプロジェクト」のなかでも土づくりの方法として取り上げられている[8)]。

堆肥の施肥については、個別経営において、耕種と畜産が複合で営まれている場合は、経営内における堆肥の製造、耕地への投入は可能であるが、沖縄県の農業経営組織は、単一経営経営体の割合が極めて高い。そこで、浮かび上がるのが、地域を単位とした耕種経営と畜産経営の連携を軸とした地域複合の形成である。

沖縄県における地域複合の事例としては、かつて1970年代から伊江島において島全体を対象とした地域複合が形成され広く紹介された[9)]。

その仕組みは、農協の堆肥センター・畜産センターおよび製糖工場を核にして、堆肥センターにおいて、家畜のふん尿とサトウキビ搾汁の副産物として製糖工場から生み出されるバガスを原料として堆肥を製造し、それをサトウキビ作農家に提供したもので、サトウキビ作農家のグループと畜産農家のグループの地域複合化が形成されていた。また、耕種農家の間でもサトウキビ作農家と葉タバコ農家の間で、それぞれの栽培時期の違いを利用した輪作関係が形成されていた。この仕組みは現在では変化しているが[10)]、ここで、1970年代から90年代においての伊

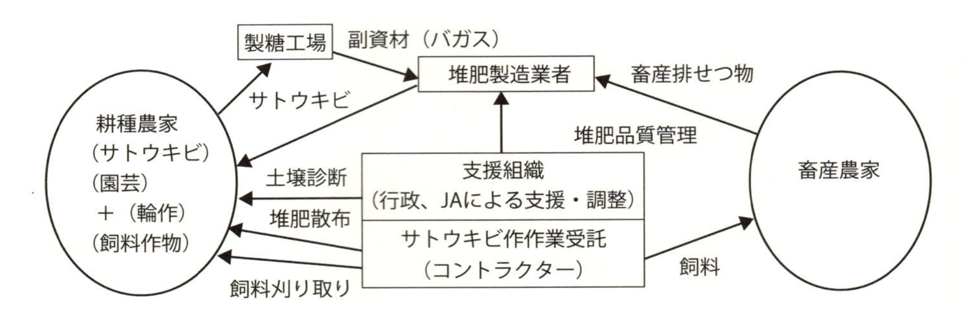

図9-1　耕畜連携（サトウキビ作＋畜産農家）の模式図

注：前掲、仲地宗俊「亜熱帯島嶼農業の展開と共生の課題」、p.160. 図4-6.（注６）文献）を参考に筆者作成。

江島における地域複合の事例を取り上げたのは、仕組みの有効性だけではなく、それが行政と農協による企画と強力な支援によって成り立っていた点で、現在の複合経営を形成するうえでも参考になると考えたことによる。

そこで、現段階における地域複合の考え方を**図9-1**に示した。その核となるのは耕種部門と畜産部門の結合（耕畜連携）した地域複合および耕種部門における輪作の形成である。

図9-1について、説明を加えると、サトウキビ農家は製糖工場にサトウキビを販売する、製糖工場は粗糖製造の過程で発生したバガスを堆肥の原料として堆肥製造者に提供する。同時に畜産農家は家畜排せつ物を堆肥製造者に提供する。堆肥製造業者は家畜排せつ物とバガスを原料に堆肥を製造する。堆肥はサトウキビ農家または園芸農家へ提供することで耕種農家と畜産農家の結合を形成する。その意味で家畜排せつ物は地域おける農地の地力の維持・増進を支える資源としての意義をもつ。

もっとも、サトウキビ作農家の堆肥投入には二つの問題がある。その一つは堆肥の価格が高いことであり、二つ目は投入の労力がないことである。したがって、耕種農家と畜産農家の結合は単に推奨するだけでは進展しない。堆肥の利用を促進し支援する仕組みが必要である[11)]。支援組織は、地域の行政機関とJAが企画・運営の主体となり、地域おける堆肥の需給の情報の把握、土壌診断、堆肥製造業者の堆肥の品質管理を担い、耕種農家に対する経費支援、堆肥散布支援を行う。

そのため、作業部門として作業受託や場合によっては、サトウキビ農家における飼料作物の輪作、その収穫、畜産農家への提供を行う部門を設置する。

サトウキビと飼料作物の輪作においては、土地利用の調整も必要になろう。

（2）多様な農業生産の構築

①　農業多角化と他産業との連携

農業６次産業化は、農業生産の多角化を拡大するうえで意義をもっていたが、そこでは個別の農林漁業事業者を対象とし、事業も主として加工・販売が対象とされた。しかし、小規模の農家では加工、販売の作業までを行うことは難しい状況にあった。

2022年には、「農山漁村発イノベーション対策」がスタートした。この取り組みは、「（前略）６次産業化を発展させて、地域の文化・歴史や森林、景観など農林水産物以外の多様な地域資源も活用し、農林漁業者はもちろん、地元の企業なども含めた多様な主体の参画によって新事業や付加価値を創出していく（略）」取組みを支援するものである〔9〕。

ここでは、６次産業化総合化事業に比べて、対象となる事業や事業の主体が幅広く多様化されていることが特徴となっている。主体は地域が担うことが期待されており、したがって地域の役割がより大きくなっている。市町村・地域による計画づくり、取り組み、運営の支援が不可欠である。

また、農業と他産業との連携も農業の展開の大きな課題である。とりわけ、観光業および福祉関連事業との間には連携可能な接点が多い。

観光業については、新型コロナウイルスの感染拡大によって、インバウンドを主体とした観光は大きな害を受けた。今、その見直しとともに、新たな観光のあり方が求められている。

新しい観光は、爆買いを当てにするマスツーリズムや特定の富裕層を対象にしたセレブ観光ではなく、多くの人々が、地域の文化、景観や食事を楽しみ、休養と保養の時間を過ごす観光を享受できる取り組みにシフトしていくことになろう。そのためには、地域の文化と環境を保全し、食材を提供する農業との連携の強化が必要である。

②　地域の多様な農業生産の支援

沖縄農業はその自然的条件と歴史的過程によって日本農業のなかで際立った地域性を有する地域であるが、一方でその中においてもまたいくつかの地域に分けられる。大きくは、沖縄本島と離島の地域性があり、沖縄本島中南部では人口集中、離島からは人口が流出している。比較的面積の規模が大きい、宮古島、石垣島とそれ以外の島々の違い、さらに島の規模（サトウキビ生産量）の差に基づく、分蜜糖工場が立地する島々と含蜜糖工場が立地する島々の違いもある。

特に沖縄本島中南部においては、自給的農家がほぼ半数を占める。こうした小規模・零細農の農業は、都市近郊の地理的条件を生かした少量多品目の生産を行い、都市地域の消費者に野菜等を供給しているとともに、伝統野菜、地場野菜の生産を維持し、高齢者の生きがい農業、都市農村交流の場を提供している。こうした、小規模の野菜生産者は「農業センサス」では把握されていないと考えられるが、地産地消、高齢者や退職後の生きがいの場にもなっている。

こうした都市近郊における直接販売の形態は、地域資源の活用、地産地消、都市農村交流、高齢者の健康維持、において大きな役割を担っており、技術指導・組織作りなどを支援していく必要がある。

離島地域は、宮古地域、八重山地域の比較的規模の大きい離島と大東諸島（南大東・北大東）および沖縄本島西部地域の離島に分けられる。宮古地域・八重山地域の農業は、サトウキビ＋肉用牛、大東諸島はサトウキビ単作である。沖縄本島西部の離島は、伊平屋島、伊是名島、伊江島、久米島、粟国島のサトウキビのある島とサトウキビがない渡名喜島、座間味島、渡嘉敷島に分けられる。

小規模離島は農業の規模は小さいが、伊平屋島、伊是名島、渡嘉敷島には沖縄では栽培地域が限定されている水稲が生産されており、渡名喜島、粟国島には地域作物としてモチキビが栽培されている。農業の地域的多様性を維持する観点から地域特産作物しての振興が求められる。

2　島嶼畑作地帯における農林水産業の多面的機能の発揮

我が国における農業多面的機能は水田稲作を基盤として概念化されている。これに対して、畑作を主体とした沖縄農業では、「亜熱帯・島嶼・畑作地帯における多面的機能」として、島嶼の地域性を基盤として農林水産業を一体とした多面的機能を形成し、地域維持、離島における地域社会の維持の機能を打ち出すことである。その内容としては、『新・沖縄21世紀農林水産業振興計画』を踏まえると次のことがあげられる。

① 地域社会の維持（離島の定住条件の形成）
② 都市近郊農業の果たす役割（都市農村交流）
③ 高齢化社会における生きがい農業としての役割
④ 亜熱帯農業景観（サトウキビ、パインアップル、熱帯果樹)、島嶼景観、海浜景観、を通しての観光資源の形成
⑤ 伝統文化（地域の祭り、祭祀、海に関する祭り)、による地域社会の精神的まとまり、観光資源の形成

さらに、いずれの項目にも関連するが、日本復帰後の急速な開発と都市化のなかで失われていった沖縄の農村の風景やたたずまいを再生させる取り組みも必要であろう。これについては、農林水産省の事業である「多面的機能交付金」制度等の活用が考えられる。

3　農業分野における環境問題への取り組み

農業生産と環境に関わる問題では赤土等の流出を防止することが大きな課題である。農業生産が、生態系、環境との調和がとれた仕組みのもとで営まれることは、持続可能な農業の観点からも重要な課題である。赤土等の流出防止については、これまで行政的面での対策、土木的対策、農地管理の対策が講じられてきた。しかし、なお赤土等流出の約80％は農地からの流出とされている。

赤土等流出対策の具体的な方向としては次のことが求められる。

① これまでの対策は、赤土等の流出問題に比較的理解がある農家を対象に個別ほ場単位で「対策」が実施されてきた。しかし、赤土等の流出は面的であり、地域的である。したがって、対策は面的・地域的に取り組まれる必要があり、そのためには農家を主体にした組織を編成や地域協議会の機能の拡充が重要である。

② JAによる取り組みの強化

赤土等の流出に対しては、これまで行政が事業として取り組んできた。しかし、それを農家の問題として捉える時、JAが関わりをもつことが重要である。先

述の地域協議会においてもJAを主要なメンバーとして参画させ、指導的役割を担えるようにすることが重要である。

4　地域農業振興計画と土地利用計画の策定

沖縄県においては、畑作が農業の主体をなしてきた自然的条件や、農地の所有と利用の歴史的条件から、農地の利用は分散的になされ、農地の利用における集団的利用の仕組みは形成されてこなかった。

現在、施行されている農地中間管理事業では、地域における担い手の育成や農地の貸し借りに関する地域内での話し合いを基に農地の貸し借りを進めることになっているが、地域活性化、どのような農業を振興していくのかを地域の全構成員で話し合い、そのうえで作目の構成、担い手の確保、担い手へ農地を集積していく方法について議論していくことが必要であろう。その場合、地域の活性化や地域として進めるべき農業の方向については、農業者、担い手（予定者）だけでなく、土地持ち非農家も含めた話合いが求められる。

さらに当面、急ぐべき対策として所有者不明土地の把握、未登記土地の把握等を把握し農業分野での活用を図る必要がある。

5　行政・JAの支援

沖縄の農業においては、生産の組織化・集団化への取り組みが弱い。したがって、農地の利用（土地利用計画）、地域複合、「農山漁村発イノベーション」等への取り組みにおいては、地域の歴史、慣行を踏まえた、市町村およびJAの強力な支援が必要である。

注

1）SDGsについては、本書「はしがき」を参照。

2）パンフレット　令和４年度版　農山漁村振興交付金
「農山漁村イノベーション対策の活用について」（農林水産省）2022年３月。

3）SDGs日本政府
SDGs実施指針改定版
https://www.mofa.go.jp/mofaj/gaiko/oda/pdf/sdgs/pdf/kantei_2019.pdf（2021年１月14日　最終閲覧）。

4）農林省ホームページ　https://www.maff.go.jp/j/shokusan/sdgs/sdgs_target.html

（2020年11月11日　最終閲覧）。
５）SDGs沖縄県
沖縄県ホームページ「沖縄県SDGs推進本部」（https://www.pdf.okinawa.lg.jp/site/kikaku/chosei/sdgs/setti.html）（2023年９月７日　最終閲覧）。
６）仲地宗俊「亜熱帯島嶼農業の展開と共生の課題」「５．沖縄農業における地域性と共生の課題」（矢口芳生　編集代表、仁平恒夫　編著『北海道と沖縄の共生農業システム』、農林統計協会、2011年11月）では、「沖縄農業における持続性に関わる課題」として、①サトウキビ生産の維持、②耕種部門と畜産部門を結びつけるシステムの形式、③赤土等流出への対策、をとりあげた。
７）後藤忍・永田茂穂「亜熱帯地域の暗赤色土畑における堆肥の連用がサトウキビの収量と土壌理化学性に及ぼす影響」（『日本土壌肥料学雑誌』第79巻第１号、2008）pp.9-16.
井上健一・橋口健一郎「バガス堆肥の施用が暗赤色土の土壌水分およびサトウキビの生育に及ぼす効果」（ノート）（『日本土壌肥料学雑誌』第82巻５号、2011）pp.398-400.
８）沖縄県『さとうきび増産計画』、2015年12月。
９）伊江島の地域複合を紹介した文献
農林水産省九州農業試験場農業経営部『亜熱帯地域における農業の展開』1987年３月。
九州農業試験研究推進会議事務局『地域営農システムの形成と展開（特産物－肉用牛－花き園芸）―高位地域農業複合化推進研究―』、1987年３月。
仲地宗俊・安里精善「沖縄における地域農業組織化の条件と農協の役割」（全）国農業協同組合中央会『共同組合奨励研究報告　第十九輯』、1993年12月）。
権藤幸憲・麓　誘一郎・小林恒夫「環境保全を目的とした耕種部門と畜産部門の連携システムに関する研究―沖縄県伊江島の事例研究―」（(2005) Coastal Bioenvironment, Vol.4.）。
10）伊江島の2017年現在の肉用牛飼養農家は140戸（2019年11月５日聞き取りでは148戸）、肉用牛飼養頭数は4,420頭である。堆肥は村営の伊江村堆肥センターにおいて製造され、袋詰め（完熟）、フレコン（完熟）、バラ（完熟、中熟）製品を販売している。農家の要望によって堆肥の配達、散布も行う。肉用牛飼養農家のうち、70～80戸が堆肥センターと契約し原料を出している。残りの農家は自経営で堆肥化している。耕種作物で堆肥を投入しているのは、葉タバコ、キク、ラッキョウ、飼料作物である。２～３年前まで、葉タバコについてはJTが、花卉については「太陽の花」が、サトウキビについてはJAから堆肥利用の助成があったが今はない。堆肥は在庫が増えており、これをいかにさばくかが課題である。
　耕種作物の輪作は、葉タバコ―甘藷・ラッキョウで行われている。
（伊江村役場農林水産課パンフ「沖縄県伊江村における肉用牛生産事業」、「伊江村堆肥センター」および2019年11月５日、伊江村役場にて聞き取り（11月７日、電話にて補足）による。）

11）金岡正樹・仲地宗俊・田中章浩・相原貴之・西村和志「沖縄本島南部野菜作農家における堆肥利用実態と促進策の一考察」（日本農業経済学会『2008年度　日本農業経済学会論文集』、2008年12月）。

引用および参考文献

〔１〕沖縄県『新・沖縄21世紀農林水産業振興計画～まーさん・ぬちぐすいプラン～』（令和４年度～令和13年度）、2022年12月、p.2.

〔２〕前掲、『新・沖縄21世紀農林水産業振興計画～まーさん・ぬちぐすいプラン～』、p.2.

〔３〕前掲、『新・沖縄21世紀農林水産業振興計画～まーさん・ぬちぐすいプラン～』、p.2.

〔４〕矢口芳生「持続可能な経済社会と農業」（日本農業経済学会編『農業経済学辞典』、丸善出版、2019年）、p.35.

〔５〕坂井教郎『亜熱帯島嶼条件下における持続型農業の農法論的研究』2002年、p.74.（鹿児島連合大学院博士学位論文）。

〔６〕日本学術会議ホームページ
「地球環境・人間生活にかかわる農業及び森林の多面的な機能の評価について」（答申　平成13年11月）。
（https://www.scj.go.jp/ja/info/kohyo/pdf/shimon-18-1.pdf）
（2023年９月８日　最終閲覧）。

〔７〕矢部光保「日本農業の多面的機能」（日本農業経済学会編『農業経済学事典』、丸善出版、2019年11月）、pp.336-337.

〔８〕沖縄県農林水産部『さとうきび栽培指針』2014年３月。

〔９〕農林水産省ホームページ
農林水産省「農山漁村振興交付金のうち　農村漁村発イノベーション対策」（http://www.maff.go.jp/j/nousui/inobe/index.html）
（2023年３月９日　最終閲覧）。

あとがき

1975年に沖縄県農業会議の勤務を経て1981年に琉球大学農学部に勤務し、以来、農業経済の研究と教育に従事してきた。この間、多くの方にたくさんのことを教えていただきお世話になってきた。教育・研究における恩師の先生方、先輩、研究の仲間たち、大学の同僚の皆さん、農業関係の行政（国・県・市町村)、農業関係の各団体、そして多くの農家の方々。沖縄農業への恩返しは私の長い間の課題であった。

沖縄農業の問題および課題については、近年、多くの研究者が関心を寄せるようになり、経済学の視点と方法で農業生産を分析する農業経済学の分野においても、詳細な分析に基づく研究成果が多く発表されてきた。しかし一方、農業生産の面では本書「はしがき」で記したように、1990年代初期以降低迷の状態が続いている。沖縄農業とそれを取り巻く社会や経済とどういう関係にあるのか、農業全体の構造はどのようになっているのか、といったことについて、構造的に捉える必要があるのではないか、という思いがあった。

そのためには、沖縄の社会と経済のなかで、農業の持続可能な生産の仕組みと多様性を検討する必要があった。こうして序章と９つの章を設定した。最終の第９章は、第８章までの検討をまとめるともに、沖縄の農業生産の方向をまとめた。その大きな柱は、持続的農業の構築、農業生産の多面的機能が発揮されるシステムの形成、多様な農業の形成である。

残された課題も少なくないが、本書が持続可能な沖縄農業の構築に向けた議論の素材の一部にでもなれば幸いである。

本書の執筆にあたっては、多くの方々にご指導いただきお世話になった。脱稿にあたって感謝と御礼を申し上げたい。

来間泰男沖縄国際大学名誉教授には、本書執筆の構想の段階から相談に乗っていただき全般にわたって多くのご指導をいただいた。琉球大学農学部在職時の恩師、福仲　憲先生には長年の学恩に感謝申し上げたい。沖縄農業経済研究の先達である安谷屋隆司氏、山里敏康氏、宮平眞孝氏には長い間ご厚誼をいただき沖縄農業の変遷、新しい動きなどについてご教示いただいた。

内藤重之琉球大学農学部教授、杉村泰彦琉球大学農学部教授には研究会等を通して若い感性から沖縄農業を捉える視点を提起していただいた。出花幸之介博士（元沖縄県農業研究センター）には長い間のサトウキビ研究の蓄積に基づき筆者の初歩的質問にも丁寧に対応していただいた。沖縄国際大学兪　炳強教授には統計的検討に関してご指導いただいた。

また本書は、沖縄農業の歴史過程の整理から現在進行中の事業まで多くの事項を検討の対象としたことから、資料も広い分野にかかわり多岐にわたった。その入手、閲覧には多くの方のご協力をいただいた。記して感謝申し上げたい。

まず、資料全般については、琉球大学農学部農業経済学資料室所蔵の各種資料を閲覧・利用させていただいた。繁雑さをいとわずご協力いただいた内藤重之教授、杉村泰彦教授にはこの面からもお礼を申し上げたい。

復帰後の沖縄農業を政策の面から枠づけた「沖縄振興計画」（沖縄21世紀ビジョン基本計画）、「沖縄農林水産業振興計画」に関しては、沖縄県企画部企画課および農林水産部農林水産総務課にご教示いただいた。また農業の地域性に関した離島関係の資料について沖縄県企画部地域・離島課にご協力いただいた。

サトウキビに関する資料については沖縄県農林水産部糖業農産課にご協力いただいた。

農地の権利移動に関する資料については、内閣府沖縄総合事務局農林水産部経営課をはじめ、沖縄県農林水産部農政経済課、沖縄県農業会議にご協力をいただいた。さらに農地の権利移動面積の時系列把握については、沖縄総合事務局農林水産部経営課および農林水産省経営局農地政策課のご教示をいただいた。厚く御礼申し上げたい。

また、農地の移動・集積に関する新しい制度である農地中間管理事業については、沖縄県農業振興公社（農地中間管理機構）、沖縄県農林水産部農政経済課には、制度の仕組みから制度による農地の移動を含めご教示いただいた。

農業６次産業化については、内閣府沖縄総合事務局農林水産部食料産業課、沖縄県農産加工・流通推進課に、制度と沖縄県における取り組みについてご教示いただいた。「なごアグリパーク」の機能と運営については、名護市農林水産部園芸畜産課、沖縄美ら島財団「なごアグリパーク指定管理業務担当」にご協力をいただいた。また、6次産業化総合化事業の実践事例については、有限会社伊盛牧場代表取締役の伊盛米俊氏、株式会社今帰仁ざまみファーム代表取締役の座間味久美子氏（当時)、クックソニア代表取締役の茅野幸雄氏には多忙な時間を割いてヒアリングに対応していただいた。

農業と環境の問題、赤土等の流出防止対策については、沖縄県農林水産部営農支援課農業環境班、沖縄県環境部環境保全課水環境・赤土対策班の担当者から多くのことをご教示いただいた。

地域の農業、地域の農産物の流通については、JAおきなわ農業事業本部営農販売部、ファーマーズ推進部、同ファーマーズマーケットいとまん「うまんちゅ市場」、伊江村役場農林水産課、伊江村観光協会にご協力をいただいた。

そのほか、農業関連の機関、団体には資料、文献の利用についてご協力をいただいた。これらについては、それぞれの記述の際に、注あるいは文献として記載させていただいた。改めて御礼申しあげたい。

さらに、出版にあたっては、出版事情が厳しいなか、筑波書房の鶴見治彦社長には快く出版をお引きうけくださり、厚く御礼申しあげたい。

最後に、私の在職の頃から、さらに退職後も、研究の時間をつくってくれかつ支えてくれた妻・智には心から感謝したい。妻の支えがなければ本書は完成しなかった。

著者略歴

仲地 宗俊（なかち　そうしゅん）

琉球大学名誉教授
1946年　沖縄県生まれ
九州大学大学院農学研究科博士課程（農政経済学専攻）単位取得退学
博士（農学）

主な業績
「沖縄における農地の所有と利用の構造に関する研究」『琉球大学農学部学術報告』第41号、1994年12月（単著）
「戦前期沖縄農業における土地利用形態の地域性」『農耕の技術と文化』、21、1998年11月（単著）
「価格低落局面における遠隔園芸産地の模索―沖縄県今帰仁村―」 田代洋一編『日本農業の主体形成』、筑波書房、2004年４月 （著書・分担執筆・単著）
「アメリカ軍統治下における沖縄の農業」 戦後日本の食料・農業・農村編集委員会編集、編集担当　甲斐　諭 『高度経済成長期Ⅱ―農業構造の変貌―』、農林統計協会、2014年12月 （著書・分担執筆・単著）、など

現代 沖縄農業論―持続可能な農業の構築に向けて―

2025年2月28日　第１版第１刷発行

著　者　仲地 宗俊
発行者　鶴見 治彦
発行所　筑波書房
東京都新宿区神楽坂２−16−５
〒162−0825
電話03（3267）8599
郵便振替00150−３−39715
http://www.tsukuba-shobo.co.jp

定価はカバーに表示してあります

印刷／製本　中央精版印刷株式会社

ISBN978-4-8119-0690-4　C3061